"十二五"职业教育国家规划教材

经全国职业教育教材审定委员会审定

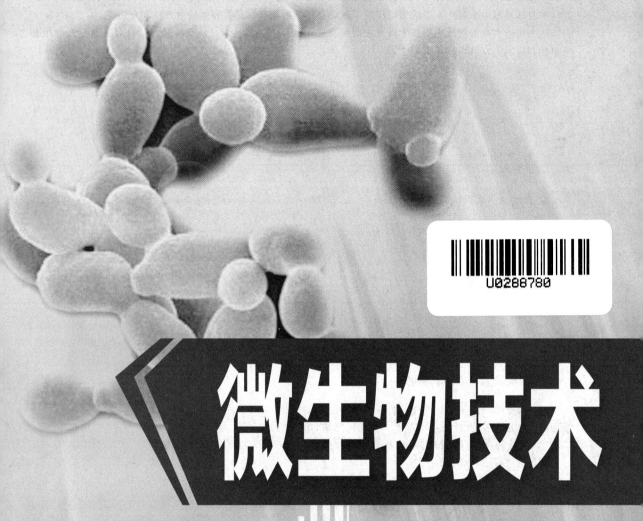

U0288780

微生物技术

（第二版）

潘春梅　　张晓静　　主编

化学工业出版社

·北京·

本书全面系统地阐述了微生物技术的基本理论、基础知识和基本实践操作方法。全书共十单元，包括微生物技术的基本要求，微生物形态观察技术、培养技术、生长测定技术、分离纯化及鉴定技术、选育技术、菌种保藏技术，环境微生物及其检测技术，病毒学技术和免疫学技术。各单元附有相关的技能训练、阅读材料和复习参考题。本书的编写注重了理论与技能的兼容，具有较强的启发性和实用性。

本书可作为高等院校生物技术类专业课程教材，也可供食品科学、质量检验、饲料等其他专业师生和从事生物技术工作的科技人员参考。

图书在版编目（CIP）数据

微生物技术/潘春梅，张晓静主编．—2版．—北京：化学工业出版社，2017.9（2024.2重印）

"十二五"职业教育国家规划教材

ISBN 978-7-122-30097-3

Ⅰ.①微… Ⅱ.①潘…②张… Ⅲ.①微生物-生物技术-高等职业教育-教材 Ⅳ.①Q93

中国版本图书馆 CIP 数据核字（2017）第 156089 号

责任编辑：李植峰 迟 蕾

责任校对：宋 玮 装帧设计：张 辉

出版发行：化学工业出版社（北京市东城区青年湖南街 13 号 邮政编码 100011）

印 装：三河市双峰印刷装订有限公司

787mm×1092mm 1/16 印张 18¼ 字数 443 千字 2024 年 2 月北京第 2 版第 7 次印刷

购书咨询：010-64518888 售后服务：010-64518899

网 址：http://www.cip.com.cn

凡购买本书，如有缺损质量问题，本社销售中心负责调换。

定 价：49.80 元

《微生物技术》（第二版）编审人员

主　　编　潘春梅　张晓静

副 主 编　宁豫昌　赵志军　陈　玮

参编人员　（按姓名汉语拼音排列）

陈　玮（三门峡职业技术学院）

龚　婷（河南牧业经济学院）

李领川（中州大学）

刘　畅（河南牧业经济学院）

宁豫昌（河南牧业经济学院）

潘春梅（河南牧业经济学院）

史兴山（黑龙江职业学院）

舒黛廉（河南牧业经济学院）

孙璐璐（黑龙江职业学院）

王慧杰（河南牧业经济学院）

王　静（河南牧业经济学院）

杨向科（河南牧业经济学院）

张　粟（河南牧业经济学院）

张晓峰（河南牧业经济学院）

张晓静（河南牧业经济学院）

赵志军（河南牧业经济学院）

主　　审　边传周（河南牧业经济学院）

前　言

微生物技术是高等职业院校生物技术类专业的一门核心专业基础课，其内容广泛，发展迅速。通过本课程的学习，应使学生对微生物学有较全面的了解，掌握本学科的基本理论、基础知识和基本实践操作技能，培养分析和解决相关问题的能力，能更好地快速胜任有关微生物技术方面的多个岗位的工作。本书适用于生物技术类专业的教学，也可供食品科学、质量检验、饲料等其他专业师生和从事生物技术工作的科技人员参考使用。

本书是以河南牧业经济学院（原郑州牧业工程高等专科学校）的微生物学国家级精品课程和国家级精品资源共享课建设项目为依托，编写人员具有较丰富的课改、教材建设经验。在编写过程中，严格按照教育部颁布的教育改革文件精神，把以能力为本位作为教育教学的指导思想，贯穿"教、学、做合一"的理念，以岗位需求为导向，重点培养学生的职业能力、实践能力和创新精神。教材在内容设计上，坚持"必需"、"够用"的原则，基于工作任务为载体构建教学内容，以完成工作任务为行动导向和学习目标，设计了十个教学情境，即十个单元，分别介绍微生物技术的基本要求，微生物形态观察技术、培养技术、生长测定技术、分离纯化及鉴定技术、选育技术、菌种保藏技术，环境微生物及其检测技术，病毒学技术和免疫学技术。在结构体系上，每一单元都包含了该微生物技术所要求掌握的理论知识和多项技能训练内容，注重理论的实用性和技能的可操作性。本书注重了理论与技能的兼容，具有较强的启发性和实用性。

在此，对悉心审阅本书并给予中肯指导的边传周教授表示衷心的谢意！另外，在编写过程中参考了一些同仁的著作和论文，在此深表谢意！

本教材配套立体资源丰富，读者可从国家精品资源共享课网站、河南牧业经济学院网站和化学工业出版社教学服务网站（www.cipedu.com.cn）免费下载。

限于编者的知识水平和能力，书中难免会存在不足之处，欢迎同行和广大读者批评指正。

编者
2017 年 3 月

目　　录

第一单元　微生物技术的基本要求

模块一　认识微生物

一、微生物的定义

微生物（microorganism，microbe）并非生物分类学上的名词，而是存在于自然界的一群个体微小（一般＜0.1mm）、结构简单、肉眼看不见或看不清楚，必须借助光学或电子显微镜放大数百倍、数千倍甚至数万倍才能观察到的低等生物的总称。它们大多为单细胞，少数为多细胞，还包括一些无细胞结构的生物。因其生活习性、繁殖方式、分类地位及分布范围相近，研究技术也颇为相同，故把它们归入"微生物技术"的研究范围。

二、微生物的主要类群

微生物的类群十分庞杂，它们形态各异，大小不同，生物特性差异极大。根据其是否具有细胞结构可分为两大类：一大类是具有细胞结构的，包括原核类的细菌、放线菌、蓝细菌、支原体、立克次氏体、衣原体、古生菌等和真核类的真菌（酵母菌、霉菌和蕈菌）、显微藻类及原生动物；第二大类是无细胞结构的病毒、亚病毒（类病毒、拟病毒和朊病毒）。

微生物
- 小（个体微小）
  - 微米级：光学显微镜下可见（细胞）
  - 纳米级：电子显微镜下可见（细胞器、病毒）
- 简（结构简单）
  - 单细胞
  - 简单多细胞
  - 非细胞（即"分子生物"）
- 低（进化地位低）
  - 原核类：细菌，放线菌，蓝细菌，支原体，立克次氏体，衣原体，古生菌等
  - 真核类：真菌（酵母菌，霉菌，蕈菌），显微藻类，原生动物
  - 非细胞类：病毒，亚病毒（类病毒，拟病毒，朊病毒）

三、微生物的主要特点

微生物具有生物的共同特点：基本组成单位是细胞（非细胞类例外）；主要化学成分相同，都含有蛋白质、核酸、多糖、脂类等；新陈代谢等生理活动相似；受基因控制的遗传机制相同；有繁殖能力。微生物还具有与动植物不同的特点，可以归纳如下。

1. 体积小，比表面积大

把一定体积的物体分割得越小，它们的总表面积就越大，物体的表面积和体积之比称为比表面积。如果把人的比表面积值定为1，则大肠杆菌（$E.coli$）的比表面积可高达30万！一个如此突出的小体积特大表面积的系统，正是微生物与一切大型生物相区别的关键所在。

2. 代谢能力强，代谢类型多

微生物的代谢能力比动植物强得多。它们个体小，比表面大，一个或几个细胞就是一个独立的个体，能迅速与周围环境进行物质交换，因而具有很强的合成与分解能力。有资料表明，大肠杆菌每小时可分解自重 $1000\sim10000$ 倍的乳糖，乳酸细菌每小时可产生自重1000

倍的乳酸，产朊假丝酵母（*Candida utilis*）合成蛋白质的能力是大豆的 100 倍，是肉用公牛的 10 万倍。微生物高效率地吸收转化能力具有极大的应用价值。

微生物代谢类型之多是动植物所不及的。它们几乎能分解地球上的一切有机物，也能合成各种有机物。微生物的代谢产物极多，仅抗生素已发现 9000 多种。微生物有多种产能方式，有的利用分解有机物放出的能量；有的从无机物的氧化中获得能量；有的能利用光能，进行光合作用。有的能进行有氧呼吸；有的能进行无氧呼吸。有的能固定分子态氮；有的能利用复杂有机氮化物。有的微生物具有抗热、冷、酸、碱、高渗、高压、高辐射剂量等极端环境的特殊能力。

3. **生长繁殖快，容易培养**

微生物的繁殖速度是动植物无法比拟的。有些细菌在适宜条件下每 20min 就繁殖一代，24h 就是 72 代。微生物的快速繁殖能力应用在工业发酵上可以大大提高生产率，运用于科学研究中可以大大缩短科研周期。当然，必须防止病原微生物和腐败微生物的危害。

微生物培养容易，能在常温常压下利用简单的营养物质，甚至工农业废弃物生长繁殖，积累代谢产物。利用微生物发酵法生产食品、医药、化工原料等具有许多优点：设备简单，不需要高温、高压设备；原料广泛，可用廉价的甘薯粉、米糠、麸皮、玉米粉及废糖蜜、酒糟等工农业副产品；不需要催化剂；产品一般无毒。工艺独特，成本低廉，可因地制宜，就地取材。

4. **适应能力强，易发生变异**

微生物具有极灵活的适应性，这也是动植物无法比拟的。为了适应多变的环境条件，微生物在长期进化中产生了许多灵活的代谢调控机制，并有很多种诱导酶。微生物对环境条件尤其是恶劣的"极端环境"具有惊人的适应能力。例如，海洋深处的某些硫细菌可在 100℃以上的高温下正常生长，一些嗜盐细菌能在 32% 的盐水中正常活动。

微生物个体微小，易受环境条件影响，加之繁殖快，数量多，容易产生大量变异的后代。利用这一特性选育优良菌种比较方便。例如，青霉素生产菌产黄青霉（*Penicillium chrysogenum*）1943 年每毫升发酵液只含约 20 单位的青霉素。经过多年的选育，变异逐渐积累，该菌目前每毫升发酵液青霉素含量已接近 10 万单位。当然，事物总是一分为二的。微生物容易发生变异的特性在某些方面对人类也有害，如致病菌对青霉素等抗生素的抗药性，几十年来由于变异的不断积累，使抗生素的治疗效果不断下降。这一特性还常导致菌种衰退。

5. **分布广泛，种类繁多**

微生物在自然界分布极为广泛。土壤、空气、河流、海洋、盐湖、高山、沙漠、冰川、油井、地层下以及动物体内外、植物体表面等各处都有大量的微生物在活动。例如，在人体肠道中经常聚居着 100～400 种不同种类的微生物，个体总数超过 100 万亿个；1974 年 4 月和 1977 年 2 月，科学家们发现东太平洋深达 1 万多米的海底温泉中存在既耐高温（100℃）又耐高压（1.15×10^8 Pa）、在厌氧条件营自养生活的硫细菌；20 世纪 70 年代末，人们用地球物理火箭从 74km 的高空采集到微生物，后来又在 85km 的高空找到了微生物；有人在南极洲深 128m 和 427m 的沉积岩中找到了活细菌。由此可见，微生物的分布比高等生物广泛得多。

微生物的种类繁多。据统计，目前已发现的微生物有约 15 万种。更大量的微生物资源还有待发掘。随着分离、培养方法的改进和研究工作的深入，微生物的新种、新属、新科，甚至新目、新纲不断发现。有人估计已发现的微生物种类至多也不超过自然界中微生物总数的 10％。可以相信，随着人类认识和研究工作的发展，总有一天微生物的总数会超过动植物的总和。

四、微生物的分类单位和命名

分类是人类认识微生物，进而利用和改造微生物的一种手段，微生物技术工作者只有在掌握了分类学知识的基础上，才能对纷繁的微生物类群有一清晰的轮廓，了解其亲缘关系与演化关系，为人类开发利用微生物资源提供依据。

微生物分类是指按微生物的亲缘关系把它们安排成条理清楚的各种分类单元或分类群（taxon）。在此，命名是指按照国际命名法规给有机体一个科学名称。

1. 微生物的分类单位

微生物的主要分类单位，依次为界（kingdom）、门（phylum 或 division）、纲（class）、目（order）、科（family）、属（genus）、种（species）。其中种是最基本的分类单位，它是一大群表型特征高度相似，亲缘关系极其相近，与同属内其他种有着明显差异的菌株的总称。另外，每个分类单位都有亚级，即在两个主要分类单位之间，可添加"亚门"、"亚纲"、"亚目"、"亚科"等次要分类单位。在种以下还可以分为亚种、变种、型、菌株等。

在种内，有些菌株如果在遗传特性上关系密切，而在表型上存在较小的某些差异，一个种可分为两个或两个以上小的分类单位，称为亚种（subspecies）。亚种以下的分类等级，通常表示能用某些特殊的特征加以区别的菌株类群。例如，在细菌分类中，以生物变型（biovar）表示特殊的生化或生理特征，血清变型（serovar）表示抗原结构不同，致病变型（pathovar）表示某些寄主的专一致病性，噬菌变型（phagovar）表示对噬菌体的特异性反应，形态变型（morphovar）表示特殊的形态特征。

2. 微生物的命名

微生物的命名和其他生物一样，都按国际命名法命名，即采用林奈氏（Linnaeus）所创立的"双名法"。每一种微生物的学名都依属于种而命名，由两个拉丁字或希腊字或拉丁化的其他文字组成，印刷斜体表示。属名在前，规定用拉丁字名词表示，字首字母要大写，由微生物的构造、形状，或由著名的科学家名字而来，用以描述微生物的主要特征。种名在后，用拉丁字形容词表示，字首字母小写，为微生物的色素、形状、来源、病名或著名的科学家姓名等，用以描述微生物的次要特征。例如，*Pseudomonas aeruginosa*（铜绿假单胞菌），*Pseudomonas* 是属名（假单胞菌），*aeruginosa* 是种名加词，是拉丁语形容词，原意为"铜绿色的"。此外，由于自然界的生物种类太多了，大家都在命名，为了更明确，避免误解，故在正式的拉丁名称后面附着命名者的姓。例如。金黄色葡萄球菌的学名为：*Staphylococcus aureus* Rosenbach 1884，依次代表属名、种名、命名人的姓和命名年份。当泛指某一属细菌而不特指该属中任何一个种（或未定种名）时，可在属名后加 sp. 或 spp.，例如 *Mycobacterium* sp.。

五、微生物的应用

我国劳动人民很早就已经认识到微生物的存在，并在生产中应用它们，积累了丰富的经验。据考古学推测，我国在 8000 年以前已经出现了曲蘖酿酒了，4000 多年前我国酿酒已十分普遍。2500 年前我国人民已利用微生物制酱、酿醋，知道用曲治疗消化道疾病。公元 6 世纪（北魏时期），我国贾思勰的巨著《齐民要术》详细地记载了制曲、酿酒、制酱和酿醋等工艺，并记述了不同的轮作方式，强调豆类和谷类作物的轮作制。公元 9 世纪到 10 世纪我国已发明用鼻苗法种痘，用细菌浸出法开采铜。

到了现代，微生物的应用范围已相当广泛，传统上微生物在酒类酿造、食品发酵和污水处理等方面都扮演着重要角色；随着科技发展的脚步，许多由微生物生产的产品也被一一开发。

微生物产品一般依据其用途来区分，例如：①医药品，包括抗生素、激素、疫苗、免疫调节剂、血液蛋白质等；②农业用品，包括家畜用药、微生物肥料、微生物杀虫剂、微生物除草剂等；③特殊用品和食品添加剂，包括氨基酸、维生素、有机酸、核苷酸等；④大宗化学品和能源产品，包括酒精、甘油、甲烷等；⑤环保产品，包括垃圾处理或分解环境污染物的微生物等；⑥其他产品，包括有助于金属滤取的微生物、遗传工程蜘蛛丝蛋白质等。

另外，也可以将微生物产品依据生产的来源进行分类，例如：①微生物菌体，包括烘焙酵母、菇类、藻类、乳酸发酵用的种菌、冬虫夏草、益生菌、改善环境的各种微生物制剂等；②微生物酵素，包括淀粉酶、纤维素酶、蛋白酶、微生物凝乳酶、脂肪酶、葡萄糖异构酶、胆固醇氧化酶等；③微生物代谢物，包括发酵产物如酒精、乳酸、丁醇与丙酮等，生长因子如氨基酸、维生素、柠檬酸等，二级代谢产物如抗生素、生物碱等；④遗传工程蛋白质，包括人类激素如胰岛素、生长激素；免疫调节剂如干扰素；血液蛋白质如凝血因子、血清白蛋白、基因重组疫苗如 B 型肝炎疫苗等。

模块二　微生物技术的基本要求

一、无菌操作

微生物技术的操作对象基本上都是用肉眼无法观察到的微小有机体，例如细菌、病毒、霉菌的孢子，而这些不同类别的微生物充斥着我们的环境，空气中、水中、手上、衣服上、桌面上、各种的实验器皿和器械表面……因此，在进行微生物技术操作的同时，要注意尽量避免作业系统受到环境微生物的污染，此外，还要防止作业系统内的微生物污染环境，尤其要避免有害微生物或者携带某些特殊基因的微生物进入环境中。所以，在进行微生物技术操作时，必须做到无菌操作。

所谓无菌操作，是指在操作过程中人为地排除一切微生物或一切不需要的微生物。它是一项最基本的微生物操作技术。无菌操作的要点是：①杀死规定作业系统（如试管、三角瓶和培养皿）中的一切微生物，使作业系统变成无菌，例如在进行器皿和器械的准备时，应当用报纸、牛皮纸等包扎器皿和器械，并进行湿热或者干热灭菌；在进行微生物的接种、取样之前，要把接种环放在火焰上灼烧（图1-1）；②在作业系统与外界的联系之间隔绝一切微生物穿过（如用火焰封闭三角瓶和试管等的开口，用棉花过滤空气、用滤器过滤水等），例如常用棉塞封住试管管口或三角瓶瓶口，要在酒精灯火焰上方打开试管口、三角瓶瓶口或者培养皿盖等，打开的同时注意不要将试管塞或者瓶塞随意放置（图1-2、图1-3）；③在无菌室、超净操作台或空气流动较小的清洁环境中，进行接种或其他不可避免的敞开作业时，防止不需要的微生物侵入作业系统；④要避免操作系统内的微生物进入环境，造成不必要的污染，例如实验操作结束后，应当把一些使用完毕的菌种、培养物等放置在高压蒸汽灭菌锅内进行彻底灭菌。

二、微生物技术的安全要求

微生物技术人员在工作的时候，要接触各种微生物、试验样品及检验过程中的物品，这

图 1-1　灼烧

图 1-2　在火焰上
方打开试管塞

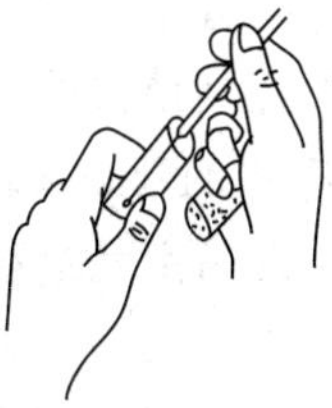

图 1-3　试管塞打开
后正确的放置方法

些物质中有些对人体有毒害作用，有些还具有易燃易爆性质；同时，各种仪器、电器、机械等设备，在使用中也可能存在危险性。因此，在进行微生物技术操作的时候，要牢记以下安全要求：①必须熟悉仪器、设备性能和使用方法，按规定要求进行操作；②实验室内应保持通风良好，避免不必要的污染；③凡接触微生物的实验，工作人员应小心使用，确保安全，使用后必须用酒精消毒手和台面，有条件的必须在无菌室超净工作台操作；④在无菌室操作时，必须穿工作服、戴工作帽及口罩，使用前必须经紫外线照射或其他方法消毒，才可使用，操作必须严格无菌操作，以免污染；⑤不使用无标签（或标志）容器盛放的试剂、试样；⑥实验中产生的废液、废物应集中处理，不得任意排放；所用的培养物、被污染的玻璃器皿及阳性的检验标本，都必须用消毒水浸泡过夜或煮沸或高压蒸汽灭菌等方法处理后再清洗；⑦在实验室中使用高压蒸汽灭菌锅时，必须熟悉操作过程，操作时不得离开，时刻注意压力表，不得超过额定范围，以免发生危险；⑧严格遵守安全用电规程，不使用绝缘损坏或接地不良的电器设备，不准擅自拆修电器；⑨实验完毕，实验人员必须洗手及消毒后方可进食，不准把食物、食具带进实验室，实验室内禁止吸烟；⑩实验室应配备消防器材，实验人员要熟悉其使用方法并掌握有关的灭火知识；⑪实验结束，人员离室前要检查水、电、燃气和门窗，确保安全。

三、微生物实验室要求及建设

微生物实验室所处的位置非常重要，一般位于建筑物的一端，有利于隔离和处理，房间坐北朝南。大体可划分三个区：第一区设办公室、会议室及仓库等，培养基室或试剂室亦可设置在此区内；第二区设有样品收集室、刷洗室、一般实验室；第三区设无菌室。实验室以整齐、清洁、光线充足的单独房间为宜。室内酌情设置橱柜桌凳、水池、超净台等，以辅助日常工作的开展。地面用水磨石或瓷砖、塑料贴面，便于清理消毒处理。

1. 微生物实验室建设所需要的基本设备和器具

（1）必须配置的设备

① 恒温培养箱、恒温振荡器、CO_2 培养箱、厌氧培养设备，用于微生物培养。

② 高压蒸汽灭菌锅和电热干燥箱，用于物品灭菌。

③ 显微镜（附有油浸物镜头），用于观察微生物形态等。

④ 超净工作台，无菌操作用。

⑤ 冰箱和冷藏柜，用于贮存培养基、血清、抗生素及菌种等。

⑥ pH 计，制备培养基用。

⑦ 接种针、接种环和酒精灯等，用于挑取标本、灭菌接种器具。

⑧ 发酵罐，用来进行微生物发酵的装置。

（2）辅助设备　超速离心机、电子天平、荧光显微镜、酶标仪、平皿等玻璃器皿、温度计、试管及试管架、漏斗、乳钵、标本缸、载玻片、吸管、注射器、各种容量的烧瓶等，可根据需要购置其他仪器及用具。

2. 无菌室的建设要求

微生物无菌室是进行微生物无菌操作的工作场所，实验样品的接种、分离、鉴定等操作都要在此完成。无菌室的建设应符合如下条件：无菌室应设有缓冲间和无菌操作间。无菌室应矮小、平整，面积不宜过大，约 4～5m² 即可，高 2.5m 左右，可以用板材和玻璃建造。室内采光面积大，从室外应能看到室内情况。无菌室内不得使用易燃材料装修，内部装修应平整、光滑，无凹凸不平或棱角等，四壁及屋顶应用不透水之材质，便于擦洗及杀菌。无菌室与缓冲间进出口应设拉门，门与窗平齐，门缝要封紧，两门应错开，以免空气对流造成污染（图 1-4）。

图 1-4　无菌室

无菌操作间和缓冲间都必须密闭，要安装合乎要求的空调及空气过滤设备，所有进入无菌室的空气都要经过过滤处理，无菌操作间洁净度至少应达到 10000 级，如能达到千级或百级更好，超净台洁净度应达到 100 级。洁净度的验收标准为 100 级洁净室平板杂菌数平均不得超过 1 个菌落，10000 级洁净室平均不得超过 3 个菌落。室内温度保持在 20～24℃，湿度保持在 45%～60%。无菌操作间和缓冲间均设有日光灯及供消毒空气用紫外灯，杀菌紫外灯离工作台以 1m 为宜，照明灯、紫光灯、空气过滤设备和空调开关都要安装在室外。

3. 无菌室的使用与管理

无菌室应保持清洁整齐，室内仅存放必须的用具如酒精灯、酒精棉、火柴、镊子、接种针、接种环、玻璃铅笔。严禁堆放杂物，以防污染。严防一切灭菌器材和培养基污染，已污染者应停止使用。无菌室应备有工作浓度的消毒液，如 5% 的甲酚溶液，70% 的酒精，0.1% 的新洁尔灭溶液等。无菌室应定期用适宜的消毒液灭菌清洁，以保证无菌室的洁净度符合要求。工作人员进入无菌室前，必须用肥皂或消毒液洗手消毒，然后在缓冲间更换专用工作服、鞋、帽子、口罩和手套（或用 70% 的乙醇再次擦拭双手），方可进入无菌操作间进行操作。

无菌室使用前应将所有物品置于操作之部位（待检物除外），打开无菌室内的紫外灯辐照灭菌 30min 以上。进行操作时，关闭紫外灯，同时打开超净台进行吹风。操作完毕，应及时清理无菌室，再用紫外灯辐照灭菌 20min。

操作应严格按照无菌操作规定进行，操作中少说话，不喧哗，以保持环境的无菌状态。吸取菌液时，必须用吸耳球吸取，切勿直接用口接触吸管。接种针（环）每次使用前后，必须通过火焰灼烧灭菌，待冷却后，方可接种培养物。带有菌液的吸管、试管、培养皿等器皿应浸泡在盛有 5% 来苏尔溶液的消毒桶内消毒，24h 后取出冲洗。如有菌液洒在桌上或地上，应立即用 5% 石炭酸溶液或 3% 来苏尔溶液倾覆在被污染处至少 30min，再做处理。工作衣帽等受到菌液污染时，应立即脱去，高压蒸汽灭菌后洗涤。凡带有活菌的物品，必须经消毒后，才能在水龙头下冲洗，严禁污染下水道。

无菌室应每月检查菌落数。在超净工作台开启的状态下，取内径 90mm 的无菌培养皿若干，无菌操作分别注入融化并冷却至约 45℃ 的营养琼脂培养基约 15mL，放至凝固后，倒置于 30～35℃ 培养箱培养 48h，证明无菌后，取平板 3～5 个，分别放置工作位置的左中右等处，开盖暴露 30min 后，倒置于 30～35℃培养箱培养 48h，取出检查。100 级洁净区平板杂菌数平均不得超过 1 个菌落，10000 级洁净室平均不得超过 3 个菌落。如超过限度，应对无菌室进行彻底消毒，直至重复检查合乎要求为止。

四、微生物技术常用设备及器材

（一）常用仪器的管理与使用

（1）恒温培养箱　有隔水和非隔水式两种类型，温度可以调节，使用控温仪进行温度控制，其目的是可以避免由于温度偶然升高导致微生物死亡或生长受影响，也可以避免发生火灾。

一般培养细菌温度为 37℃，附带的温度计可指示每时每刻的温度。培养箱在初次使用时，要每天观察温度变化，可以在箱门外面贴一张记录表，随手将温度记录在表中，此表为质控图，记录每天的温箱温度，一旦发现温度升高或降低，应及时调整。温箱温度正常的波动幅度应为所设定温度±0.5℃。温箱内可放置一水盘或湿布，并经常更换以保持箱内一定的湿度，防止干燥。

（2）恒温振荡器　或称摇床，是一种温度可控的恒温箱和振荡器相结合的仪器，是科研和生产中精密培养不可缺少的实验室设备，适用于菌种的振荡培养。恒温振荡器的种类有用空气恒温的气浴恒温振荡器、用水恒温的水浴恒温振荡器和 0～50℃的全温恒温振荡器等。恒温振荡器通常配备有不锈钢万用夹具或万能弹簧架，具有数显控温、无级调速和良好的热循环功能。

（3）显微镜　显微镜油镜头是用来观察细菌菌体形态及标本的，应注意保护。使用结束后，应用擦镜纸擦去油镜头上的香柏油，再用擦镜纸蘸上二甲苯（或乙醇-乙醚混合液）擦拭。但要注意二甲苯不应久存于镜头上，以免镜头上胶质被溶化而导致镜片移位。旋转转换器，使各物镜呈八字形，放回原箱。避免阳光曝晒，不能用强酸、强碱、氯仿、乙醚或酒精擦拭。

（4）冰箱　冰箱是微生物实验室用于贮存制备好的培养基、菌种、菌液、药物、血清及标本等的必需设备。温度可以随意调节，使用时箱内禁止放入温热物品。放置冰箱内的器皿应加盖加塞，取放物品动作要快并迅速关闭箱门，以免箱内温度上升，定期进行清洁、整理及除冰。

（5）离心机　离心机要安放在合适地方，以保证离心机稳固和水平。操作时，液体注入离心管中后，连同外护套等金属管放在粗天平上平衡，离心时金属管底应垫以橡皮或棉花，以防玻璃离心管破碎。离心沉淀开始或停止时，使速度逐渐增快或减慢。关闭电门后，应待其自然停止旋转，不得用手强行制止。离心机必须保持干燥与清洁，每 1～2 个月给机器轴心加机油一次。

（6）超净工作台　超净工作台也称净化工作台，是当前国内外最普遍应用的无菌操作装置。其原理是内设鼓风机，驱动空气通过高效滤器净化后，让净化后空气徐徐通过台面空间，使工作场地构成无菌环境。根据净化后气流方向的不同，超净工作台有几种类型：侧流式为净化后气流由左侧或右侧通过台面流向对侧；直流式为气流从下向上或相反方向流动；外流式为气流迎着操作者面吹来。三者都能达到净化效果。

目前市面超净工作台种类繁多，适合不同工作要求。超净工作台占据空间面积小，启动电源后立即可用，操作极其方便。根据使用滤垫微孔密度不同，不仅可滤掉细菌等微生物，对病毒透过也有一定防止作用，大大提高了工作效率。超净工作台的缺点是因尘埃堵塞需经常更换滤垫。为此，工作台需安放在清洁无尘的房间，尘土过多易使滤器很快堵塞，降低净化作用。使用中要经常检查滤器是否淤滞，一旦发现气流变弱，如酒精灯火焰不摆动，说明滤器已阻塞应及时更换。在工作环境中尘埃较多时，为延长滤器寿命，可用 5～8 层纱布贴盖在第一级滤口外以阻挡较大的尘埃。

（7）生物安全柜　在操作原代培养物、菌毒株以及诊断性标本等具有感染性的实验材料时，需要用到一种类似于超净工作台的设备，即生物安全柜。该设备可以实现保护操作者本人、实验室环境以及实验材料的作用，避免操作时可能产生的感染性气溶胶和溅出物的污染。一般来说，广义上的生物安全柜同时提供对操作者、环境和样品的保护，而超净工作台提供的主要是对样品的保护。

根据生物安全防护水平的差异，生物安全柜可分为一级、二级和三级三种类型。一级生物安全柜可保护工作人员和环境而不保护样品。其气流原理和实验室通风橱基本相同，不同之处在于排气口安装有 HEPA 过滤器，将外排气流过滤进而防止微生物气溶胶扩散造成污染。一级生物安全柜本身无风机，依赖外接通风管中的风机带动气流，由于不能保护柜内产品，目前已较少使用；二级生物安全柜是目前应用最为广泛的柜型。按照中华人民共和国医药行业标准 YY 0569—2011《生物安全柜》中的规定，二级生物安全柜依照入口气流风速、排气方式和循环方式可分为 4 个级别：A1 型，A2 型，B1 型和 B2 型。所有的二级生物安全柜都可提供对工作人员、环境和产品的保护。三级生物安全柜是为生物安全防护等级为 4 级实验室而设计的，柜体完全气密，工作人员通过连接在柜体的手套进行操作，俗称手套箱（glove box），试验品通过双门的传递箱进出安全柜以确保不受污染，适用于高风险的生物试验，如进行 SARS、埃博拉病毒相关实验等。

（8）pH 计　制备培养基时，校正 pH 值的精度要求不高，误差为±0.1 即可。使用 pH 计校正 pH 值时，可将电极放入盛有培养基的容器内，在磁力搅拌器的作用下，边测 pH 值边滴加碱或酸校正。有条件的实验室可配置袖珍 pH 计，用来校正配量很少的培养基的 pH 值。

（9）CO_2 培养箱　哺乳动物离体培养的细胞与体内生长的细胞一样，都需要在恒定温度条件下才能生存，温度变化值一般不应超过±0.5℃。因此要求培养箱应具有较高的灵敏度；电热恒温箱的质量关键在于控温装置的优劣。

CO_2 培养箱已成为普遍应用的设备，优点是箱内能恒定地提供一定量的 CO_2（通常为 5%），可使培养液维持稳定的 pH 值，减少调 pH 值的麻烦。用 CO_2 培养箱培养细胞，培养容器需与外界保持通气状态，因此需用培养皿、螺帽培养瓶或用消毒棉堵塞容器口的办法，以保证通气。箱内空气应保持干净，如箱内有紫外灯时，应定期开启紫外灯进行消毒；如无紫外灯时，可定期用酒精擦拭消毒以减少箱内微生物。此外，箱内尚需置水槽以维持湿度，避免培养液蒸发。水槽内注入的蒸馏水需为无菌水，并应加无腐蚀性和无挥发性的防腐剂，以防生霉。

（10）电热干燥箱　电热干燥箱主要用于烘干和干热灭菌玻璃器皿。在干热灭菌时，温度一般要达到 160℃。由于温度较高，而且需灭菌的玻璃器皿数量较大，因此应选择比较大型规格的电热干燥箱（650mm×500mm×500mm）。箱体太小不仅会增加灭菌次数，还容易使包裹的纸或棉花烧焦，烧焦的残渣对细胞生长不利。有些电热干燥箱往往带有鼓风机，鼓风电热干燥箱虽然升温较慢，但温度均匀，效果较好。鼓风与升温应同时开始，待温度达到 100℃时可停止鼓风。禁止先升温后鼓风，因上升温度较高时，鼓风能使新鲜空气进入局部的高温区，有时会引起火灾或使玻璃器皿破裂。干热灭菌后，要待温度降到 60℃ 以下时，再打开箱门，以免玻璃器皿突然遇到冷空气而炸裂。塑料器械、塑料制品、橡胶等不能在电热干燥箱内灭菌。

（11）发酵罐　发酵罐是实验室和生产中用于微生物发酵的装置，广义的发酵罐是指为一个特定生物化学过程的操作提供良好而满意的环境的容器。工业发酵中一般指进行微生物深层培养的设备。按照微生物的生长代谢需要，可分为好气型发酵罐和厌气型发酵罐。按发酵罐设备特点，可分为机械搅拌通风发酵罐和非机械搅拌通风发酵罐。发酵罐主体一般为不锈钢板制成的圆筒，其容积在 $1m^3$ 至数百 m^3，结构严密，经得起蒸汽的反复灭菌，内壁光滑，耐腐蚀性能好，内部附件尽量减少（避免死角）、物料与能量传递性能强。机械搅拌通风发酵罐通常连接有通气、搅拌、接种、加料、冷却、pH 检测等装置。实验室所用的发酵罐系统是由蒸汽发生器、空气压缩机、贮气罐和发酵罐和控制面板组成的。

（12）水纯化装置　组织培养对水的质量要求极高，配制各种溶液一般都要用经玻璃器皿蒸馏三次的蒸馏水，至少也得用二蒸水。不能用金属蒸馏器，因为易混入金属离子。

（13）洗刷装置　已包装好并已灭菌的塑料产品多为一次性用品，只限使用一次；组织培养使用器皿量大，玻璃器皿、吸管需循环反复使用。

（14）抽滤装置　培养液用抽滤的方法进行除菌处理。抽滤装置有一次性定型产品和反复使用的滤过装置及玻璃砂滤器。

（15）加样器　有各种类型和规格的加样器。实验室常用的是微量加样器，其吸入量和注入量是可调的。按样品吸头数量分为单头和多头；按加样量是否可调节，可分为固定式和可调式两种。固定式加样器只能加一个固定量。可调式加样器的量可调动变量，分为 $50\mu L$、$100\mu L$、$200\mu L$、$1000\mu L$ 等几种。使用时安装与加样器相应的特制吸头。

（二）微生物技术常用的器皿

微生物技术所用的器皿，在使用前需经洗涤、包装、灭菌（干热或湿热）后方能使用，因此，对其质量、洗涤和包装方法均有一定的要求。其中，玻璃器皿主要用于微生物的培养、保存、吸取菌液等，一般选用中性硬质玻璃，能耐受高温（121℃）、高压（0.1MPa）和短时火焰灼烧。另外，新购置的玻璃器皿中含有游离碱，长期使用后会在内壁析出，呈乳白色碱膜，器皿变得不透明，影响观察，同时也会影响培养基的酸碱度。不同玻璃器皿的洗涤方法、高温灭菌前的包装方式、灭菌彻底与否均会影响实验结果，以下介绍实验用玻璃器皿和接种工具的类别、洗涤方法和包装方式。

1. 器皿的种类、规格和使用

（1）试管　微生物学实验室所用的玻璃试管，其管壁必须比化学实验室用的厚些，这样在塞棉花塞时，管口才不会破损。试管的形状要求直口（勿使用翻口），不然，微生物容易从棉塞与管口的缝隙间进入试管而造成污染，也不便于加盖试管帽。有的实验要求尽量减低试管内水分的蒸发，则需要使用螺口试管，盖以螺口胶木帽或塑料帽。培养细菌一般用金属帽（例如铝帽）或棉塞（图 1-5），也有的用硅胶泡沫塑料塞。试管根据用途可分为三种型号。

① 大试管（$\phi 18mm \times 180mm$）　可用于盛装制平板的固体培养基；可用于制备琼脂斜面；也可用于盛装液体培养基进行微生物的振荡培养。

② 中试管（$\phi 6mm \times 160mm$）　可用于制备琼脂斜面、盛液体培养基，或用于菌液、病毒悬液的稀释及血清学试验。

③ 小试管 [$\phi(10\sim12)mm \times 100mm$]　一般用于糖发酵试验或血清学试验，和其他需要节省材料的试验。

（2）德汉氏小管　一种用于观察细菌在糖发酵培养基内产气情况的小套管（$\phi 6mm \times$

9

36mm），倒置于盛有液体培养基的试管或三角烧瓶内（图1-6A）。

（3）小塑料离心管 小塑料离心管有1.5mL和0.5mL两种型号，主要用于微生物分子生物学实验中小量菌体的离心、DNA（或RNA）分子的检测、提取等（图1-6B）。

（4）吸管

① 玻璃吸管 微生物学实验室常用的刻度玻璃吸管为：0.1mL、1mL、2mL、5mL、10mL，一般用于吸取溶液和菌悬液。这种吸管一般有两种类型，一种称为血清学吸管，这种吸管刻度指示的容量包括管尖的液体体积，使用时要将所吸液体吹尽（图1-7A）；另一种类型称为测量吸管，这种吸管其刻度指示的容量不包括管尖的液体体积，使用时不能将所吸液体吹尽，而是到达所设计的刻度为止（图1-7B）。此外，吸取不计量的液体，如染色液、离心上清液、无菌水、少量抗原、抗体、酸、碱溶液等可用具乳胶头的毛细吸管，即滴管（图1-7C）。

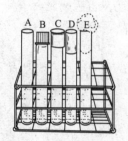

图1-5 试管与试管帽（塞）
A—细菌学试管；B—螺帽；C—塑料帽；D—金属帽；E—棉塞

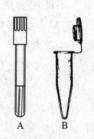

图1-6 德汉氏小管（A）和小塑料离心管（B）

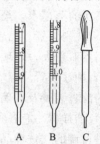

图1-7 吸管和滴管
A—血清学吸管；B—测量吸管；C—滴管

② 微量吸管 微量吸管又称微量加样器，主要用于吸取微量液体，规格型号较多，每个微量吸管在一定范围内可调节几个体积，并标有使用范围，如：0.5～10μL、2～10μL、10～100μL、100～1000μL等。使用时：a. 将合适大小的塑料吸嘴牢固地套在微量吸管的下端；b. 旋动调节键[图1-8(a)]，使数字显示器[图1-8(b)]显示出所需吸取的体积；c. 用大拇指按下调节键[图1-8(c)]并将吸嘴插入液体中；d. 缓慢放松调节键，使液体进入吸嘴，并将其移至接收试管中；e. 按下调节键，使液体进入接收管；f. 按下排除键，以去掉用过的空吸嘴或直接用手取下吸嘴。

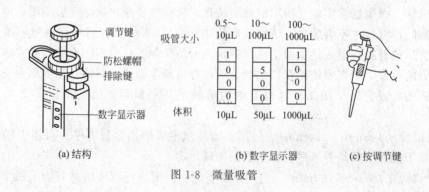

图1-8 微量吸管

（5）培养皿 在微生物学实验中，培养皿是进行微生物培养、分离纯化、菌落计数、菌落形态观察、遗传突变株筛选、噬菌斑测定、基因工程菌株筛选等最常用的玻璃器皿。常用的培养皿皿底直径90mm、高15mm，皿底、皿盖均为玻璃制成，但有特殊需要时，可使用陶器皿盖，因其能吸收水分，使培养基表面干燥。例如测定抗生素生物效价时，培养皿不能倒置培养，则用陶器皿盖为好。

（6）三角烧瓶与烧杯　三角烧瓶有 100mL、250mL、500mL 和 1000mL 等不同规格的，常用于盛无菌水、培养基和振荡培养微生物等。常用的烧杯有 50mL、100mL、250mL、500mL 和 1000mL 等，用来配制培养基与各种溶液等。

（7）注射器　一般有 1mL、2mL、5mL、10mL、20mL、25mL 等不同容量的注射器。注射抗原于动物体内可根据需要使用 1mL、2mL 和 5mL 的；抽取动物心脏血或绵羊静脉血可采用 10mL、20mL、50mL 的。微量注射器有 $10\mu L$、$20\mu L$、$50\mu L$、$100\mu L$ 等不同的型号。一般在免疫学或纸色谱、电泳等实验中滴加微量样品时应用。

（8）载玻片与盖玻片　普通载玻片大小为 75mm×25mm，常用于微生物涂片、染色进行形态观察及免疫学中的凝集反应等。盖玻片为 18mm×18mm。

（9）双层瓶　由内外两个玻璃瓶组成（图 1-9），内层小锥形瓶内放香柏油，供油镜头观察微生物时使用，外层瓶盛放二甲苯（或乙醇-乙醚混合液），用以擦净油镜头。

（10）滴瓶　用来装各种染料、生理盐水等（图 1-10）。

图 1-9　双层瓶　　　　　　　　　　　　　　　　图 1-10　滴瓶

（11）接种工具　微生物接种使用的工具有接种环、接种针、接种钩、接种铲、玻璃涂布器等（图 1-11）。制造环、针、钩、铲的金属可用铂或镍，原则是软硬适度，能经受火焰反复烧灼，又易冷却。接种细菌和酵母菌用接种环和接种针，其铂丝或镍丝的直径以 0.5mm 为适当，环的内径约 2～4mm，环面应平整。

图 1-12 表示一个简易地制作接种环的方法。接种某些不易与培养基分离的放线菌和真菌时，常用接种钩或接种铲，其丝的直径要粗一些，约 1mm。用涂布法在琼脂平板上分离单个菌落时需用玻璃涂布器，是将玻璃棒弯曲（图 1-13）或将玻璃棒一端烧红后压扁而成的。

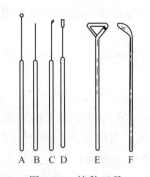
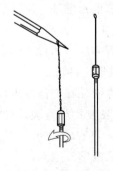
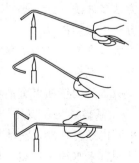

图 1-11　接种工具　　　　　　　图 1-12　制作接种环的　　　　图 1-13　玻璃涂
A—接种环；B—接种针；C—接种钩；　　一种简易方法　　　　　布器的制作
D—接种铲；E，F—玻璃涂布器

（12）西林瓶　西林瓶指的是一种密封的小瓶，常用于存放注射用的药物以及疫苗、血清等（图1-14）。

2. 玻璃器皿的清洗方法

清洁的玻璃器皿是实验得到正确结果的先决条件，因此，玻璃器皿的清洗是实验前的一项重要准备工作。清洗方法根据实验目的、器皿的种类、所盛的物品、洗涤剂的类别和沾污程度等的不同而有所不同。

（1）新玻璃器皿的洗涤方法　新购置的玻璃器皿含游离碱较多，应在酸溶液（2%的盐酸或洗涤液）内先浸泡数小时，以中和游离碱。浸泡后用自来水冲洗干净。

图1-14　西林瓶

（2）使用过的玻璃器皿的洗涤方法

① 试管、培养皿、三角烧瓶、烧杯等　可用瓶刷或海绵沾上肥皂（或洗衣粉、去污粉）等洗涤剂刷洗，然后用自来水充分冲洗干净。热的肥皂水去污能力更强，可有效地洗去器皿上的油污。洗衣粉和去污粉较难冲洗干净而常在器壁上附有一层微小粒子，故要用水多次甚至10次以上充分冲洗，或可用稀盐酸摇洗一次，再用水冲洗，然后倒置于铁丝框内或有空心格子的木架上，在室内晾干。急用时可盛于框内或搪瓷盘上，放电热干燥箱内烘干。

玻璃器皿经洗涤后，若内壁的水均匀分布成一薄层，表示油垢完全洗净，若挂有水珠，则还需用洗涤液浸泡数小时，然后再用自来水充分冲洗。

装有固体培养基的器皿应先将其刮去，然后洗涤。带菌的器皿在洗涤前先浸在2%煤酚皂溶液（来苏尔）或0.25%新洁尔灭消毒液内24h或煮沸0.5h，再用上法洗涤。带病原菌的培养物应先行高压蒸汽灭菌，然后将培养物倒去，再进行洗涤。盛放一般培养基用的器皿经上法洗涤后，即可使用，若需精确配制化学药品，或做科研用的精确实验，要求自来水冲洗干净后，再用蒸馏水淋洗三次，晾干或烘干后备用。

② 玻璃吸管　吸过血液、血清、糖溶液或染料溶液等的玻璃吸管（包括毛细吸管），使用后应立即投入盛有自来水的量筒或标本瓶内（量筒或标本瓶底部应垫以脱脂棉花，否则吸管投入时容易破损），免得干燥后难以冲洗干净，待实验完毕，再集中冲洗。若吸管顶部塞有棉花，应先用牙签等工具将其拔出，或将吸管尖端与装在水龙头上的橡皮管连接，用水将棉花冲出，然后再装入吸管自动洗涤器内冲洗，没有吸管自动洗涤器的实验室可用冲出棉花的方法多冲洗片刻。必要时再用蒸馏水淋洗。洗净后，放搪瓷盘中晾干，若要加速干燥，可放电热干燥箱内烘干。

吸过含有微生物培养物的吸管亦应立即投入盛有2%煤酚皂溶液或0.25%新洁尔灭消毒液的量筒或标本瓶内，24h后方可取出冲洗。

吸管的内壁如果有油垢，同样应先在洗涤液内浸泡数小时，然后再行冲洗。

③ 载玻片与盖玻片　用过的载玻片与盖玻片如滴有香柏油，要先用擦镜纸擦去或浸在二甲苯内摇晃几次，使油垢溶解，再在肥皂水中煮沸5～10min，用软布或脱脂棉花擦拭，立即用自来水冲洗，然后在稀洗涤液中浸泡0.5～2h，自来水冲去洗涤液，最后用蒸馏水换洗数次，待干后浸泡于95%乙醇中保存备用。使用时在火焰上烧去乙醇。用此法洗涤和保存的载玻片和盖玻片清洁透亮，没有水珠。

检查过活菌的载玻片或盖玻片应先在2%煤酚皂溶液或0.25%新洁尔灭溶液中浸泡

24h，然后按上述洗涤与保存。

3. 玻璃器皿的包装

（1）培养皿的包装

① 筒装　将洗涤干净并风干的培养皿按顺序放入金属（铜或不锈钢）圆筒内的带底框架中（图1-15），加盖，置干燥箱内干热灭菌或高压蒸汽灭菌，冷却后备用。

② 纸包装　用旧报纸将5～8套培养皿卷成一排，第1套和最后1套的皿盖朝外，卷筒两端的报纸折叠后压紧。包好后置干燥箱内干热灭菌或高压蒸汽灭菌，冷却后备用。

（2）吸管的包装

① 筒装　灭菌用的金属筒有长方形（图1-16）和圆柱形两种，筒底垫放干净的玻璃棉，避免吸管放入筒内时，其尖端碰断。每支待灭菌的吸管在粗头端0.5cm处塞入一小段约1.5cm长的棉花，目的是避免在使用时将口腔中的杂菌吹入无菌的实验材料中造成人为污染，同时也防止不慎将实验用的菌液吸入口中。塞入的棉花小柱松紧要适当，过紧，吸取费力，过松，棉花会下滑，灭菌方式与培养皿的灭菌相同。

② 纸包装　包装方法如图1-17所示。将塞好棉花柱的玻璃吸管尖端斜放在旧报纸条的近左端，以45°角为宜，并将左端多余的一段纸覆折在吸管上，左手按住吸管尖端的纸折，右手转动吸管，使报纸条将吸管裹紧，右端多余的报纸打一个小结。多根包好的玻璃吸管再用一张大报纸包好，灭菌方式同上。

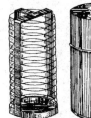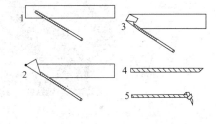

图1-15　装培养皿的金属筒　　　图1-16　装吸管的金属筒　　　图1-17　吸管的包装方法和步骤

③ 塑料吸嘴　将洗净的塑料吸嘴放入带插孔的塑料盒内或适宜的烧杯内，外加牛皮纸，用线绳扎好，高压蒸汽灭菌，但不能进行干热灭菌。

（3）试管和三角瓶的包装　试管管口可用棉花塞、塑料帽、硅胶泡沫塞塞好，外加一层牛皮纸包好，棉线绳扎紧。三角烧瓶一般用纱布包裹的棉花塞，或4～6层纱布、包装布、铝箔封口，外加牛皮纸、棉线绳扎紧。进行干热灭菌或湿热灭菌。

空的玻璃器皿一般用干热灭菌，若用湿热灭菌，则要多用几层报纸包扎，外面最好加一层牛皮纸或铝箔。具塑料帽的试管不可用干热灭菌，棉花塞或纱布封口的试管、三角瓶可进行干热灭菌。

阅读材料　微生物学发展简史

微生物学（Microbiology）是一门在细胞、分子和群体水平上研究微生物的形态构造、生理代谢、遗传变异、生态分布和分类进化等生命活动基本规律，并将其应用于工业发酵、医药卫生、生物工程和环境保护等实践领域的科学，其根本任务是发掘、利用、改善和保护有益微生物，控制、消灭或改造有害微生物，为人类社会的进步服务。

（一）微生物的发现

实际上人类在真正看到微生物之前，就已经在生产与日常生活中积累了不少关于微生物

13

作用的经验规律，并且应用这些规律，创造财富，减少和消灭病害。民间早已广泛应用的酿酒、制醋、发面、腌制酸菜泡菜、盐渍、蜜饯等。古埃及人也早已掌握制作面包和配制果酒的技术。这些都是人类在食品工艺中控制和应用微生物活动规律的典型例子。积肥、沤粪、翻土压青、豆类作物与其他作物的间作轮作，是人类在农业生产实践中控制和应用微生物生命活动规律的生产技术。种痘预防天花是人类控制和应用微生物生命活动规律在预防疾病保护健康方面的宝贵实践。尽管这些还没有上升为微生物学理论，但都是控制和应用微生物生命活动规律的实践活动。

真正看见并描述微生物的第一个人是荷兰商人安东·范·列文虎克（Antony Van Leeuwenhoek，1632～1723），他自制了世界上第一台显微镜，其放大倍数为50～300倍。他的显微镜，构造很简单，仅有一个透镜安装在两片金属薄片的中间，在透镜前面有一根金属短棒，在棒的尖端搁上需要观察的样品，通过调焦螺旋调节焦距。1676年利用这种显微镜，列文虎克观察到了一些细菌和原生动物，当时称为微动体，首次揭示了微生物世界（图1-18）。由于他的划时代贡献，1680年被选为英国皇家学会会员。

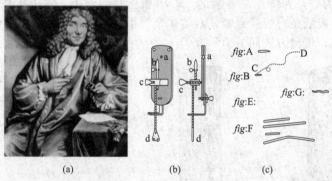

(a)　　　　　　　(b)　　　　　　　(c)

图1-18　列文虎克用自制显微镜发现并且描绘了微生物的草图

（二）微生物学发展的奠基者

继列文虎克发现微生物世界以后的200年间，微生物学的研究基本上停留在形态描述和分门别类的阶段。直到19世纪中期，以法国的路易·巴斯德（Louis Pasteur，1822～1895）（图1-19）和德国的罗伯特·柯赫（Robert Koch，1843～1910）（图1-20）为代表的科学家才将微生物的研究从形态描述推进到生理学研究阶段，揭示了微生物是造成腐败发酵和人畜疾病的原因，并建立了分离、培养、接种、灭菌和染色等一系列独特的微生物技术，从而奠定了微生物学的基础，同时开辟了医学和工业微生物等分支学科。

图1-19　微生物学奠基者——路易·巴斯德　　图1-20　微生物学奠基者——罗伯特·柯赫

1. 巴斯德

巴斯德是微生物学的奠基人，他在微生物学研究领域的卓越贡献主要集中在以下几方面。

(1) 彻底否定了"自然发生说" 1857 年他利用曲颈瓶试验证实，空气中确实含有微生物，它们引起有机质的腐败。巴斯德自制了一个具有细长而弯曲颈的玻璃瓶，其中盛有有机物水浸液，经加热灭菌后，瓶内可一直保持无菌状态，有机物不发生腐败，因为弯曲的瓶颈阻挡了外面空气中微生物直达有机物浸液内，一旦将瓶颈打断，瓶内浸液中才有了微生物，有机质发生腐败。

(2) 免疫学——预防接种 1877 年，巴斯德研究了鸡霍乱，发现将病原菌减毒可诱发免疫性，以预防鸡霍乱病。其后他又研究了牛、羊炭疽病和狂犬病，并首次制成狂犬疫苗，证实其免疫学说，为人类防病、治病作出了重大贡献。

(3) 证实发酵是由微生物引起的 巴斯德证实酒精发酵是由酵母菌引起的，还发现乳酸发酵、醋酸发酵和丁酸发酵都是由不同细菌所引起的。为进一步研究微生物的生理生化奠定了基础。

(4) 其他贡献 一直沿用至今的巴斯德消毒法和家蚕软化病问题的解决也是巴斯德的重要贡献。他不仅在实践上解决了当时法国酒变质和家蚕软化病的实际问题，而且也推动了微生物病原学说发展，并深刻影响医学的发展。

2. 柯赫

柯赫是细菌学的奠基人，在病原菌的研究及微生物学实验方法的建立等方面作出了突出的贡献。

在病原菌研究方面的主要贡献：①具体证实了炭疽病菌是炭疽病的病原菌；②发现了肺结核病的病原菌，这是当时死亡率极高的传染性疾病，因此柯赫获得了诺贝尔奖；③提出了证明某种微生物是否为某种疾病病原体的基本原则——柯赫法则。

柯赫在微生物基本操作技术方面的贡献更是为微生物学的发展奠定了技术基础，这些技术包括：①配制培养基；②利用固体培养基分离纯化微生物的技术；③创立了许多显微镜技术，如细菌鞭毛染色法、悬滴培养法、显微摄影技术等。这些技术仍是当今微生物学研究的重要基本技术。

(三) 现代微生物学的发展

进入 20 世纪，由于电子显微镜的发明，同位素示踪原子的应用，生物化学、生物物理学等边缘学科的建立，推动了微生物学向分子水平的纵深方向发展。表 1-1 列举了现代微生物学发展过程中的一些重要事件。

表 1-1 现代微生物学发展过程中的一些重要事件

年　　代	现代微生物学发展的重要事件
1923	《伯杰氏鉴定细菌学手册》第一版
1929	Fleming 发现青霉素
1933	Ruska 研制出第一台透射电镜
1935	Stanley 得到结晶烟草花叶病毒
1941	Beadle 和 Tatum 提出一个基因一个酶的假设
1953	Watson 和 Crick 提出 DNA 的双螺旋结构

续表

年　　代	现代微生物学发展的重要事件
1961～1966	Nirenberg,Khorana 等人阐明遗传密码
1970	Arber 和 Smith 发现限制性内切核酸酶
1979	正式宣布天花被消灭
1982	重组乙肝病毒疫苗研制成功
1986	第一个遗传工程生产的疫苗(乙肝疫苗)被批准用于人类
1995	流感嗜血菌基因组测序完成
1996	酵母基因组测序完成
1997	发现纳米比亚硫珍珠状菌,这是已知的最大细菌大肠杆菌基因组测序完成
2000	发现霍乱弧菌有两个独立的染色体
2004～至今	禽流感在全球流行,引起极大关注
2005	发现幽门螺杆菌是引起胃炎和胃溃疡的病原体
2008	公布 370 种细菌、28 种古菌、3 种病毒的全基因组序列
2010	研究发现流感病毒致死机理 发现野油菜黄单胞菌群体感应的跨界信号交流
2011	病毒神秘基因可使毛虫变自杀僵尸

　　20 世纪，微生物学与生命科学及其他学科汇合、交叉，获得了全面、深入的发展。首先，它与遗传学、生物化学汇合，形成了微生物遗传学和微生物生理学，同时其他各分支学科都得到迅速发展。随后，微生物生态学、环境微生物学等许多新的分支学科也在与生态学、环境科学等学科的交叉中发展起来。20 世纪 50 年代，微生物学研究全面进入分子水平，并与分子生物学等学科进一步渗透，使微生物学发展成为生命科学中发展最快、影响最大、体现生命科学发展主流的前沿科学。另一方面，微生物学也为生命科学作出了多方面的贡献。糖酵解及许多氨基酸、核苷酸等的合成途径都是通过对微生物的研究搞清楚的。许多代谢途径首先是在微生物中发现，再从动物组织中找到，最后在植物中得到证明。因为，许多生化反应在不同细胞中都是相同的。微生物是研究生命科学的理想材料，如转化、转导、接合、代谢阻遏、遗传密码、转录、翻译、mRNA、tRNA 等许多基本概念，绝大部分都是以微生物为研究材料发现和证实的。微生物学、生物化学和遗传学相互渗透，促进了分子生物学的形成，深刻地影响了生命科学的各个方面。因此，微生物学是现代生命科学的带头学科之一，正处于整个生命科学发展的前沿。

　　21 世纪微生物学将进一步向地质、海洋、大气、太空等领域渗透，使更多的边缘学科得到发展，如地质微生物学、海洋微生物学、大气微生物学、太空微生物学及极端环境微生物学等。微生物与能源、信息、材料、计算机的结合也将开辟新的研究领域。微生物学的研究技术和方法也将会在吸收其他学科的先进技术的基础上，向自动化、定向化和定量化发展。

📖 复习参考题

一、名词解释

微生物、微生物学、无菌操作、超净工作台

二、问答题

1. 微生物包括哪些类群？

2. 微生物的主要特点有哪些？

3. 微生物主要的分类单位是什么？如何对微生物进行命名？

4. 试述列文虎克、巴斯德和科赫在微生物学发展史上的杰出贡献。

5. 在工作中如何做到无菌操作？

6. 微生物学技术常用的设备和器材有哪些？

第二单元　微生物形态观察技术

模块一　显微镜的种类及结构

一般来说，显微镜分为光学显微镜和电子显微镜。

光学显微镜是一种精密的光学仪器。当前使用的光学显微镜由一套透镜配合，因而可选择不同的放大倍数对物体的细微结构进行放大观察。普通光学显微镜通常能将物体放大1500～2000倍，最大的分辨力为0.2μm。光学显微镜的种类很多，常用的有普通光学显微镜、暗视野显微镜、相差显微镜、荧光显微镜等。

电子显微镜是利用电子束作为光源，透过磁场当做透镜来折射会聚电子束。与光镜相比，电镜用电子束代替了可见光，用电磁透镜代替了光学透镜并使用荧光屏将肉眼不可见电子束成像。现在电子显微镜的最大放大倍率可达到100万倍，其最大分辨力约为0.1～0.2nm，可直接观察到微生物的超显微结构。常用的电子显微镜有透射电子显微镜（transmission electron microscopy，TEM）和扫描电子显微镜（scanning electron microscopy，SEM）。

本部分主要介绍在微生物形态观察中常用的普通光学显微镜、暗视野显微镜和相差显微镜。

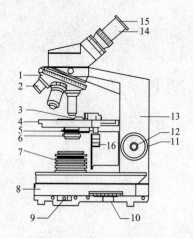

图2-1　显微镜结构示意图
1—物镜转换器；2—物镜；3—游标卡尺；4—载物台；5—聚光器；6—虹彩光圈；7—光源；8—镜座；9—电源开关；10—光源滑动变阻器；11—粗调螺旋；12—微调螺旋；13—镜臂；14—镜筒；15—目镜；16—标本推动器

一、普通光学显微镜的基本构造

现代普通光学显微镜的构造可分为两大部分：一为机械装置，一为光学系统，这两部分很好的配合，才能发挥显微镜的作用（图2-1）。

1. 机械装置

显微镜的机械装置包括镜座、镜臂、镜筒、转换器、标本推动器及调焦装置等。

（1）镜座和镜臂　镜座位于显微镜底部，呈马蹄形，是显微镜的基本支架，它由底座和镜臂两部分组成，在它上面连接有载物台和镜筒。镜臂有固定式和活动式两种，活动式的镜臂可改变角度，镜臂支持镜筒。

（2）镜筒　镜筒是由金属制成的圆筒，上接目镜，下接转换器。镜筒有单筒和双筒两种，单筒又可分为直立式和后倾式两种，而双筒则都是倾斜式的，倾斜式镜筒倾斜45°。双筒中的一个目镜有屈光度调节装置，以备在两眼视力不同的情况下调节使用。

（3）物镜转换器　物镜转换器是两个金属碟所合成的一个转盘，其上装3～4个物镜，一般是三个接物镜（低倍、高倍、油镜）。Nikon 显微镜装有四个物镜。转动转换器，可以按需要将其中的任何一个接物镜和镜筒接通，与镜筒上面的接目镜构成一个放大系统。

（4）载物台　载物台又称镜台，为方形或圆形的盘，用以载放被检物体，中心有一个通光孔。在载物台上有的装有两个金属标本夹，用以固定标本；有的装有标本推动器，将标本固定后，能向前后左右推动。有的推动器上还有刻度，能确定标本的位置，便于找到变换的视野。

（5）标本推动器　标本推动器是移动标本的机械装置，它是由一横一纵两个推进齿轴的金属架构成的，好的显微镜在纵横架杆上刻有刻度标尺，构成很精密的平面坐标系。如果须重复观察已检查标本的某一部分，在第一次检查时，可记下纵横标尺的数值，以后按数值移动推动器，就可以找到原来标本的位置。

（6）调焦装置　调焦装置是调节物镜和标本间距离的机件，包括粗动螺旋即粗调节器和微动螺旋即细调节器，利用它们使镜筒或载物台上下移动，调节物镜和标本间的距离，当物体在物镜和目镜焦点上时，则得到清晰的图像。

2. 光学系统

显微镜的光学系统由目镜、物镜、聚光器及光源组成。

（1）目镜　安装于镜筒上端，由两块透镜组成，分别称接目镜和场镜。目镜把物镜造成的像再次放大，不增加分辨力，上面一般标有 7×、10×、15× 等放大倍数，可根据需要选用。

（2）物镜　安装在镜筒下端的转换器上，因接近被观察的物体，故又称接物镜。它由多块透镜组成，其作用是将物体作第一次放大，形成一个倒立的实像，是决定成像质量和分辨能力的重要部件。物镜上通常标有数值孔径、放大倍数、镜筒长度、焦距等主要参数（图 2-2）。如：NA 0.25；10×；160/0.17；16mm。其中"NA 0.25"表示数值孔径（numerical aperture，简写为 NA），"10×"表示放大倍数，"160/0.17"分别表示镜筒长度和所需盖玻片厚度（mm），"16mm"表示焦距。物镜的性能取决于物镜的数值孔径、镜筒长度及所要求盖玻片的厚度等主要参数。

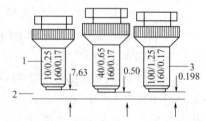

图 2-2　显微镜物镜的主要参数
1—放大倍数与数值孔径；2—工作距离；3—镜筒长度及所需盖玻片厚度

（3）聚光器　安装在载物台下，一般由聚光透镜、虹彩光圈和升降螺旋组成，其作用是将光源射出的光线通过聚光器会聚成光锥照射标本，增强照明度和造成适宜的光锥角度，提高物镜的分辨力。在聚光器的下方装有虹彩光圈（可变光圈），它由十几张薄金属片组成，中心形成圆孔，推动把手可随意调整透进光的强弱。调节聚光镜的高度和虹彩光圈的大小，可得到适当的光照和清晰的图像。

（4）光源　较新式的显微镜其光源通常是安装在显微镜的镜座内，并有电流调节螺旋，可通过调节电流大小调节光照强度；老式的显微镜大多是采用安装在镜座上的反光镜，反光镜是一个两面镜子，一面是平面，另一面是凹面，可以将投射在它上面的光线反射到聚光器透镜的中央，照明标本。在使用低倍和高倍镜观察时，用平面反光镜；凹面镜能起到会聚光线的作用，在使用油镜或光线弱时可用凹面反光镜。

二、普通光学显微镜的光学原理

1. 光学显微镜的成像原理

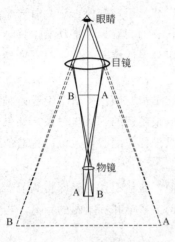

图 2-3　普通光学显微镜成像原理

现代普通光学显微镜利用目镜和物镜两组透镜来放大成像，故常被称为复式显微镜。普通光学显微镜的成像原理如图 2-3 所示。

2. 显微镜的性能

显微镜分辨能力的高低决定于光学系统的各种条件。被观察的物体必须放大率高，而且清晰，物体放大后，能否呈现清晰的细微结构，首先取决于物镜的性能，其次为目镜和聚光镜的性能。

(1) 数值孔径　也叫做镜口率（或开口率），简写为 NA，在物镜和聚光器上都标有它们的数值孔径，数值孔径是物镜和聚光器的主要参数，也是判断它们性能的最重要指标。数值孔径和显微镜的各种性能有密切的关系，它与显微镜的分辨力成正比，与焦深成反比，与镜像亮度的平方根成正比。

数值孔径可用下式表示：

$$NA = n \times \sin\frac{\alpha}{2}$$

式中　n——物镜与标本之间的介质折射率；

　　　α——最大入射角（即物镜的镜口角）。

所谓镜口角是指从物镜光轴上的物点发出的光线与物镜前透镜有效直径的边缘所张的角度（见图 2-4）。

由上式可见，物镜与标本之间的介质折射率愈大，光线投射到物镜的角度愈大（该角度的大小决定于物镜的直径和焦距），数值孔径就愈大，显微镜的效能就愈大。

几种常用介质的折射率如下：空气为 1.0，水为 1.33，玻璃为 1.5，甘油为 1.47，香柏油为 1.52。

镜口角 α 的理论限度为 $180°$，$\sin\frac{\alpha}{2}$ 的最大值为 1，因为空气

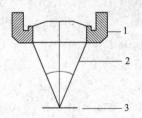

图 2-4　物镜的镜口角
1—物镜；2—镜口角；
3—标本面

的折射率为 1，所以干燥物镜的数值孔径总是小于 1，一般为 0.05~0.95；油浸物镜（油镜）如用香柏油（折射率为 1.52）浸没，则数值孔径最大可接近 1.5。理论上数值孔径的极限等于所用浸没介质的折射率，但实际上从透镜的制造技术看，是不可能达到这一极限的。通常在实用范围内，高级油浸物镜的最大数值孔径是 1.4。

(2) 分辨力　显微镜的分辨力是指显微镜能够辨别两点之间最小距离的能力。它与物镜的数值孔径成正比，与光波长度成反比。因此，物镜的数值孔径愈大，光波波长越短，则显微镜的分辨力愈大，被检物体的细微结构也愈能明晰地区别出来。因此，一个高的分辨力意味着一个小的可分辨距离，这两个因素是成反比关系的，显微镜的分辨力是用可分辨的最小距离来表示的。

$$D = \frac{\lambda}{2\mathrm{NA}}$$

式中　D——能辨别的两点之间最小距离；

　　　λ——光波波长（肉眼所能感受的光波平均波长为 $0.55\mu m$）；

　　NA——数值孔径。

假如用数值孔径为 0.65 的高倍物镜，它能辨别的两点之间的距离为 $0.42\mu m$。而在 $0.42\mu m$ 以下的两点之间的距离就分辨不出，即使用倍数更大的目镜，使显微镜的总放大率增加，也仍然分辨不出。只有改用数值孔径更大的物镜，增加其分辨力才行。例如，用数值孔径为 1.25 的油镜时，能辨别的两点之间最小距离 D 为 $0.22\mu m$。

因此，可以看出，假如采用放大率为 40 倍的高倍物镜（$\mathrm{NA}=0.65$）和放大率为 24 倍的目镜，虽然总放大率为 960 倍，但其分辨的最小距离只有 $0.42\mu m$。假如采用放大率为 90 倍的油镜（$\mathrm{NA}=1.25$）和放大率为 9 倍的目镜，虽然总的放大率为 810 倍，但却能分辨出 $0.22\mu m$ 间的距离。

由此可见，D 值愈小，分辨力愈高，物像愈清楚。根据上式，可通过减低波长，增大折射率，加大镜口角来提高分辨力。紫外线作光源的显微镜和电子显微镜就是利用短光波来提高分辨力以检视较小的物体的。

（3）放大率　最后的物像和原物体两者大小之比例，即放大倍数。显微镜总的放大倍数是目镜与物镜放大倍数的乘积。因此，显微镜的放大率（V）等于物镜放大率（V_1）和目镜放大率（V_2）的乘积，即：$V = V_1 V_2$。

（4）焦深　在显微镜下观察一个标本时，焦点对在某一像面时，物像最清晰，该像面为目的面（或称焦平面）。在视野内除目的面外，还能在目的面的上面和下面看见模糊的物像，这两个面之间的距离称为焦深。物镜的焦深和数值孔径及放大率成反比：即数值孔径和放大率愈大，焦深愈小。因此调节油镜比调节低倍镜要更加仔细，否则容易使物像滑过而找不到。

3. 油镜的工作原理

微生物学研究用的显微镜，其物镜通常有低倍物镜（16mm，10×）、高倍物镜（4mm，40×～45×）和油镜（1.8mm，95×～100×）三种。油镜通常标有黑圈或红圈，也有的以 "OI"（oil immer-sion）字样表示，它是三者中放大倍数最大的。根据使用不同放大倍数的目镜，可使被检物体放大 1000～2000 多倍。

使用时，油镜与其他物镜的不同是载玻片与物镜之间不是隔一层空气，而是隔一层油质，称为油浸系。这种油常选用香柏油，因香柏油的折射率 $n=1.52$，与玻璃相同。当光线通过载玻片后，可直接通过香柏油进入物镜而不发生折射。因油浸系物镜常以香柏油为介质，此物镜又叫油镜，其放大率为 $90×～100×$，数值孔值大于 1。如果玻片与物镜之间的介质为空气，则称为干燥系，当光线通过玻片后，受到折射发生散射现象，进入物镜的光线显然减少，这样就减低了视野的照明度，干燥系物镜是以空气为介质，如常用的 $40×$ 以下的物镜，数值孔径均小于 1（见图 2-5）。

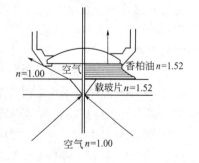

图 2-5　油镜的工作原理

油镜的焦距和工作距离（标本在焦点上看得最清晰时，物镜与样品之间的距离）最短，光圈开得最大，因此，在使用油镜观察时，镜头离标本十分近，需特别小心。

三、几种特殊的光学显微镜

1. 暗视野显微镜

（1）基本原理　在日常生活中，室内飞扬的微粒灰尘是不易被看见的，但在暗的房间中若有一束光线从门缝斜射进来，灰尘便粒粒可见了，这是光学上的丁达尔（Tyndall）现象。

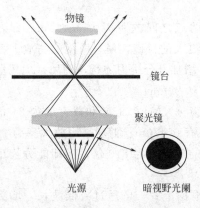

暗视野显微镜就是利用此原理设计的。它的结构特点主要是使用中央遮光板或暗视野聚光器，常用的是抛物面聚光器，使光源的中央光束被阻挡。不能由下而上地通过标本进入物镜，从而使光线改变途径，倾斜地照射在观察的标本上，标本遇光发生反射或散射，散射的光线投入物镜内，因而整个视野是黑暗的，暗视野照明方式如图 2-6 所示。在暗视野中所观察到的是被检物体的衍射光图像，并非物体的本身，所以只能看到物体的存在和运动，不能辨清物体的细微结构，但被检物体为非均质时，并大于 1/2 波长，则各级衍射光线同时进入物镜，在某种程度上可观察物体的构造。一般暗视野显微

图 2-6　暗视野照明方式示意图

镜虽看不清物体的细微结构，但却可分辨 $0.004\mu m$ 以上的微粒的存在和运动，这是普通显微镜（最大的分辨力为 $0.2\mu m$）所不具有的特性，可用以观察活细胞的结构和细胞内微粒的运动等。

（2）基本结构　暗视野显微镜基本结构是将普通显微镜光学组加上挡光片。普通显微镜只要聚光器是可以拆卸的，支架的口径适于安装暗视野聚光器，即可改装成暗视野显微镜。在无暗视野聚光器时，可用厚黑纸片制作一个中央遮光板，放在普通显微镜的聚光器下方的滤光片框上，也能得到暗视野效果。挡光片是用来挡住光源中间的光线，让光线只能从周围射入标本，大小约和光圈大小相同。不同倍率用不同的光圈，所以要制作不同的挡光片。

（3）使用方法

① 安装暗视野聚光器（或自制中央遮光板获得暗视野效果）。制作中央遮光板的方法：a. 将显微镜聚光器调到最高位置，用低倍镜对好焦距；b. 取下目镜，从镜筒中观察并调节光阑的大小，使其与镜筒中所见物镜的视野相等；c. 用厚黑纸剪制中央挡光板，外圈直径与滤光片框架相同，中央部分的大小与调节好的光阑孔径一样（可用半透明的小纸片，放在通光孔处聚光镜镜面上，纸上显示的光斑即为光阑的孔径，再用圆规量取大小）；d. 将中央挡光板放在滤光片框架上，开大光阑进行样品观察。如需使用高倍镜作暗视野观察，应按高倍镜对焦后的视野大小重新制作中央挡光板；e. 存好各自制作的中央遮光板，以便在后面的实验中使用。

② 选用强的光源，但又要防止直射光线进入物镜，所以一般用显微镜灯照明。

③ 在聚光器和标本片之间要加一滴香柏油，目的是不使照明光线于聚光镜上面进行全反射，达不到被检物体，而得不到暗视野照明。

④ 放置标本片。

⑤ 升降聚光器，将聚光镜的焦点对准被检物体，即以圆锥光束的顶点照射被检物。如果聚光器能水平移动并附有中心调节装置，则应首先进行中心调节，使聚光器的光轴与显微镜的光轴严格位于一直线上。

⑥ 先用低倍镜观察后用高倍镜观察，找到所需观察的物像。调焦方法与普通光学显微

镜相同。

2. 相差显微镜

（1）相差显微镜的特点　相差显微镜是一种将光线通过透明标本细节时所产生的光程差（即相位差）转化为光强差的特种显微镜。相差显微镜能观察到透明样品的细节，适用于对活体细胞生活状态下的生长、运动、增殖情况及细微结构的观察。因此，是微生物学、细胞生物学、细胞和组织培养、细胞工程、杂交瘤技术等现代生物学研究的必备工具。相差显微镜是由荷兰籍德国人 Frits Zernike 于 1932 年设计成功的，并获 1953 年诺贝尔物理奖。

光线通过比较透明的标本时，光的波长（颜色）和振幅（亮度）都没有明显的变化。因此，用普通光学显微镜观察未经染色的标本（如活的细胞）时，其形态和内部结构往往难以分辨。然而，由于细胞各部分的折射率和厚度的不同，光线通过这种标本时，直射光和衍射光的光程就会有差别。随着光程的增加或减少，加快或落后的光波的相位会发生改变（产生相位差）。光的相位差人肉眼感觉不到，但相差显微镜能通过其特殊装置——环状光阑和相板，利用光的干涉现象，将光的相位差转变为人肉眼可以察觉的振幅差（明暗差），从而使原来透明的物体表现出明显的明暗差异，对比度增强，使人能比较清楚地观察到在普通光学显微镜和暗视野显微镜下都看不到或看不清的活细胞及细胞内的某些细微结构。

（2）相差显微镜的成像原理　镜检时光源只能通过环状光阑的透明环，经聚光器后聚成光束，这束光线通过被检物体时，因各部分的光程不同，光线发生不同程度的偏斜（衍射）。由于透明圆环所成的像恰好落在物镜后焦点平面和相板上的共轭面重合。因此，未发生偏斜的直射光便通过共轭面，而发生偏斜的衍射光则经补偿面通过。由于相板上的共轭面和补偿面的性质不同，它们分别将通过这两部分的光线产生一定的相位差和强度的减弱，两组光线再经后透镜的会聚，又复在同一光路上行进，而使直射光和衍射光产生光的干涉，变相位差为振幅差。这样在相差显微镜镜检时，通过无色透明体的光线使人眼不可分辨的相位差转化为人眼可以分辨的振幅差（明暗差）。

相差显微镜的成像原理和装置如图 2-7 所示。

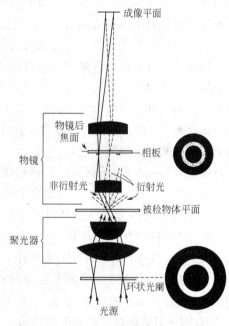

图 2-7　相差显微镜成像原理和装置

（3）相差显微镜的结构和装置　相差显微镜与普通光学显微镜的基本结构是相同的，所不同的是它具有四部分特殊结构：即环状光阑、相板、合轴调节望远镜及绿色滤光片。

① 环状光阑　相差显微镜的聚光器光阑是环状光阑，照明光线只能从环状的透明区进入聚光镜再斜射到标本上（斜射角度远小于暗视野聚光器），产生直射光和绕射光。大小不同的环状光阑与聚光镜一起形成转盘聚光器，其转盘前端有标示孔，表示位于聚光镜下面的光阑种类，不同的光阑应与各自不同放大率的物镜配套使用。例如，标示孔的符号为"10"时，表示应与 10× 物镜匹配；符号为"0"时，为明视野非相差的通光孔（图 2-8）。

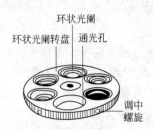

图 2-8　相差显微镜的环状光阑

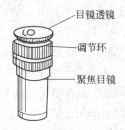

图 2-9　合轴调节望远镜

② 相板　位于物镜内部的后焦平面上。相板上有两个区域，直射光通过的部分叫"共轭面"，衍射光通过的部分叫"补偿面"。带有相板的物镜叫相差物镜，常以"Ph"字样标在物镜外壳上。

相板上镀有两种不同的金属膜：吸收膜和相位膜。吸收膜常为铬、银等金属在真空中蒸发而镀成的薄膜，它能把通过的光线吸收掉 $60\%\sim93\%$，相位膜为氟化镁等在真空中蒸发镀成，它能把通过的光线相位推迟 1/4 波长。

根据需要，两种膜有不同的镀法，从而制造出不同类型的相差物镜。如果吸收膜和相位膜都镀在相反的共轭面上，通过共轭面的直射光不但振幅减弱，而且相位也被推迟 $\lambda/4$，衍射光因通过物体时相位也被推迟 $\lambda/4$，这样就使得直射光与衍射光维持在同一个相位上。根据相长干涉原理，合成光等于直射光与衍射光振幅之和，因背景只有直射光的照明，所以通过被检物体的合成光就比背景明亮。这样的效果叫负相差，镜检效果是暗中之明。

如果吸收膜镀在共轭面，相位膜镀在补偿面上，直射光仅被吸收，振幅减少，但相位未被推迟，而通过补偿面的衍射光的相位，则被推迟了两个 $\lambda/4$，因此衍射光的相位要比直射光相位落后 $\lambda/2$。根据相消干涉原理，这样通过被检物体的合成光要比背景暗，这种效果叫正相差，即镜检效果是明中之暗。

负相差（negative contrast）物镜用缩写字母"N"表示，正相差（positive contrast）物镜用缩写字母"P"表示，由于吸收膜对通过它的光线的透过率不同，可分为高、中、低及低低，如 Olympus 镜中光的透过率分为：7%、15%、20%、40%四个等级，因此分为高（High 略写为 H）、中（Medium 略写为 M）、低（Low 略写为 L）及低低（Low-Low 略写成 LL）四类，构成了负高（NH）、负中（NM）、正低（PL）和正低低（PLL）四种类型相差物镜，这些字母符号都写在相差物镜的外壳上。可根据被检物体的特性来选择使用不同类型的相差物镜。

③ 合轴调节望远镜　是相差显微镜一个极为重要的结构。环状光阑的像必须与相板共轭面完全吻合，才能实现对直射光和衍射光的特殊处理。否则应被吸收的直射光被泄掉，而不该吸收的衍射光反被吸收，应推迟的相位有的不能被推迟，这样就不能达到相差镜检的效果。由于环状光阑是通过转盘聚光器与物镜相匹配的，因而环状光阑与相板常不同轴。为此，相差显微镜配备有一个合轴调节望远镜（在镜的外壳上标有"CT"符号），用于合轴调节（如图 2-9）。使用时拔去一侧目镜，插入合轴调节望远镜，旋转合轴调节望远镜的焦点，便能清楚看到一明一暗两个圆环。再转动聚光器上的环状光阑的两个调节钮，使明亮的环状光阑圆环与暗的相板上共轭面暗环完全重叠。如明亮的光环过小或过大，可调节聚光器的升降旋钮，使两环完全吻合。如果聚光器已升到最高点或降到最低点而仍不能矫正，说明玻片太厚了，应更换。调好后取下合轴调节望远镜，换上目镜即可进行镜检观察。

④ 绿色滤光片　由于使用的照明光线的波长不同，常引起相位的变化，为了获得良好的相差效果，相差显微镜要求使用波长范围比较窄的单色光，通常是用绿色滤光片来调整光源的波长。

（4）使用方法

① 使用相差显微镜观察时，首先根据观察标本的性质及要求，挑选适合的相差物镜。

② 将标本片放到载物台上。载玻片、盖玻片的厚度应遵循标准，不能过薄或过厚。切片不能太厚，一般以 $5\sim10\mu m$ 为宜，否则会引起其他光学现象，影响成像质量。

③ 打开光源，旋转转盘聚光器，将"0"对准标示孔（即明视野）。先使用低倍相差物镜，按普通光学显微镜操作方法进行光线调节和调焦，在明视野下看到要观察的物体。旋转环状光阑，使光阑的直径和孔宽与所使用的相差物镜相适应，即相差物镜为 $10\times$ 时应用"10"标示孔的光阑。

④ 视场光阑与聚光器的孔径光阑必须充分开大，而且光源要强。因环状光阑遮掉大部分光，物镜相板上共轭面又吸收大部分光。

⑤ 取下一侧目镜，换上合轴调节望远镜，调整环状光阑与相板上的共轭面圆环完全重叠吻合。一边从合轴调节望远镜内观察，并用左手固定其外筒；一边用右手转动合轴调节望远镜内筒使其升降，对准焦点后就能看到环状光阑的亮环和相板的黑环，此时可将望远镜固定住。微微转动聚光器两侧的调节钮，使两环完全重合。如果亮环和黑环大小不一致，可升降聚光器使其一致。如亮环比黑环小而位于内侧时，应降低聚光器使亮环放大；反之，则应升高聚光器，使亮环缩小。如若升到最高限度仍不能完全重合，则可能是载玻片过厚之故，应更换。合轴调整完毕，抽出合轴调节望远镜，换回目镜。注意：在换用不同倍率相差物镜的同时要更换相对应的环状光阑，并重新合轴。

⑥ 放上绿色滤光片，即可进行镜检，镜检操作与普通光学显微镜方法相同。

模块二　显微镜操作技术

一、准备工作及观察要求

（1）显微镜的放置　从显微镜柜或镜箱内拿出显微镜时，要用右手紧握镜臂，左手托住镜座，使显微镜保持直立，平稳地将显微镜搬运到离桌子边缘约10cm左右的实验桌上。

（2）目镜调节　根据使用者的个人使用情况，双筒显微镜的目镜间距可以适当调节，而左目镜上一般还配有屈光度调节环，可以适应眼距不同或双眼视力有差异的观察者。

（3）聚光器数值孔径值的调节　调节聚光器虹彩光圈值与物镜的数值孔径值相符或略低。有些显微镜的聚光器只标有最大数值孔径值，而没有具体的光圈数刻度。使用这种显微镜时可在样品聚焦后取下一目镜，从镜筒中一边看着视野，一边缩放光圈，调整光圈的边缘与物镜边缘黑圈相切或略小于其边缘。因为各物镜的数值孔径值不同，所以每转换一次物镜都应进行这种调节。

在聚光器的数值孔径值确定后，若需改变光照度，可通过升降聚光器或改变光源的亮度来实现，原则上不应再对虹彩光圈进行调节。当然，有关虹彩光圈、聚光器高度及照明光源强度的使用原则也不是固定不变的，只要能获得良好的观察效果，可根据具体情况灵活运用。

（4）观察要求

① 将显微镜放在实验台上自己身体的左前方，右侧放好记录本或绘图纸。显微观察时，

姿势要端正，应双眼同时睁开观察，这样即可减少眼睛疲劳，也便于边观察边绘图记录。

② 在目镜保持不变的情况下，使用不同放大倍数的物镜所能达到的分辨率及放大率都是不同的，一般情况下，特别是初学者，进行显微观察时应遵守从低倍镜到高倍镜再到油镜的观察程序，因为低倍数物镜视野相对较大，易发现目标及确定检查的位置。

二、光源的调节

不带光源的显微镜，可利用灯光或自然光通过反光镜来调节光照，光线较强的天然光源宜用平面镜，光线较弱的天然光源或人工光源宜用凹面镜，但不能用直射阳光，直射阳光会影响物像的清晰并刺激眼睛。将 10× 物镜转入光孔，将聚光器上的虹彩光圈打开到最大位置，用左眼观察目镜中视野的亮度，转动反光镜，使视野的光照达到最明亮最均匀为止。自带光源的显微镜，可通过调节电流旋钮来调节光照强弱。凡检查染色标本时，光线应强；检查未染色标本时，光线不宜太强。可通过扩大或缩小光圈、升降聚光器、旋转反光镜或调节电流旋钮来调节光线。适当调节聚光器的高度可改变视野的照明亮度，但一般情况下聚光器在使用中都是调到最高位置。

三、低倍镜的使用方法

将标本片放置在载物台上，用标本夹夹住，移动推动器，使被观察的标本处在物镜正下方，转动粗调节旋钮，使标本调至接近物镜处。从目镜观察并同时用粗调节旋钮慢慢下降载物台，直至物像出现，再用细调节旋钮使物像清晰为止。用推动器移动标本片，找到合适的目的物，将它移到视野中央进行观察并记录所观察到的结果。

在任何时候使用粗调节旋钮聚焦物像时，必须养成先从侧面注视小心调节标本靠近物镜，然后从目镜观察，慢慢调节标本离开物镜进行准焦的习惯，以免因一时的误操作而损坏镜头及玻片。

四、高倍镜的使用方法

在低倍物镜下找到合适的观察目标并将其移至视野中心后，轻轻转动物镜转换器将高倍镜移至工作位置，在转换物镜时要从侧面观察，避免镜头与玻片相撞。然后从目镜观察，调节光照，使亮度适中，缓慢调节粗调节旋钮，慢慢下降载物台直至物像出现，再用细调节旋钮调至物像清晰为止，找到需观察的部位，移至视野中央进行观察并记录所观察到的结果。

在一般情况下，当物像在一种物镜视野中已清晰聚焦后，转动物镜转换器将其他物镜转到工作位置进行观察时物像将保持基本准焦的状态，这种现象称为物镜的同焦。利用这种同焦现象，可以保证在使用高倍镜或油镜等放大倍数高、工作距离短的物镜时仅用细调节旋钮即可对物像清晰聚焦，从而避免由于使用粗调节旋钮时误操作而损坏镜头或载玻片。

五、油镜的使用方法

在高倍镜下找到合适的观察目标并将其移至视野中心后，将高倍镜转离工作位置，在待观察的样品区域滴加一滴香柏油，将油镜转到工作位置，油镜镜头此时应正好浸泡在镜油中。将聚光器升至最高位置并开足光圈，保证其达到最大的效能。调节照明使视野的亮度合适。微调细调节旋钮使物像清晰，利用推进器移动标本仔细观察。

另一种常用的油镜观察方法是在低倍镜下找到要观察的样品区域后，用粗调节旋钮将载物台下降，将油镜转到工作位置，然后在待观察的样品区域滴加香柏油。从侧面注视，用粗调节旋钮将载物台缓缓地上升，使油镜浸入香柏油中，使镜头几乎与标本接触。从目镜内观察，放大视场光阑及聚光镜上的虹彩光圈（带视场光阑油镜开大视场光阑），上调聚光器，使光线充分照明。用粗调节旋钮将载物台徐徐下降，当出现物像一闪后改用细调节旋钮调至最清晰为止。

有时按上述操作还找不到目的物，则可能是由于油镜头下降还未到位，或因油镜上升太快，以至眼睛捕捉不到一闪而过的物像。遇此情况，应重新操作。另外，应特别注意不要因在下降镜头时用力过猛或调焦时误将粗调节器向反方向转动而损坏镜头及载玻片。

六、显微镜使用后的处理

观察完毕，下降载物台，将油镜头转出，先用擦镜纸擦去镜头上的油，再用擦镜纸蘸少许乙醇-乙醚混合液（3∶7）或二甲苯，擦去镜头上残留油迹，最后再用擦镜纸擦拭 2～3 次即可。注意：向一个方向擦拭。

将各部分还原，转动物镜转换器，使物镜头不与载物台通光孔相对，而呈"八"字形位置，再将聚光器下降，反光镜与聚光器垂直，用一个干净手帕将接目镜罩好，以免目镜头沾污灰尘。最后用柔软纱布清洁载物台等机械部分，然后将显微镜放回柜内或镜箱中。

七、显微镜的维护和保养

（1）整体保养　显微镜要放置在干燥阴凉、无尘、无腐蚀的地方。使用后，要立即擦拭干净，用防尘透气罩罩好或放在箱子内。

（2）机械系统的维护保养　使用后，用干净细布擦净，定期在滑动部位涂些中性润滑脂。如有严重污染，可先用汽油洗净后再擦干。但切忌用酒精或乙醚清洗，因为这些试剂会腐蚀机械和油漆，造成损坏。

（3）光学系统的维护保养　使用后，用干净柔软的绸布轻轻擦拭目镜和物镜的镜片。有擦不掉的污迹时，可用长纤维脱脂棉或干净的细棉布蘸少许擦镜液（二甲苯或乙醇-乙醚混合液）擦拭。然后用干净细软的绸布擦干或用吹风机吹干即可。要注意的是擦镜液千万不能渗入到物镜镜头内部，否则会造成腐蚀损坏物镜。聚光镜和反光镜用后只要擦干净即可。

模块三　细菌形态观察技术

细菌是一类细胞细短（直径约 0.5μm，长度 0.5～5μm）、结构简单、种类繁多、主要以二分裂方式繁殖和水生性较强的单细胞原核微生物。

细菌是自然界中分布最广、数量最大，与人类关系极为密切的一类微生物。在我们周围，到处都有大量细菌存在。凡在温暖、潮湿和富含有机物质的地方，都有大量的细菌活动。在它们大量集居处，常会散发出特殊的臭味或酸败味。如用手去抚摸长有细菌的物体表面时，就有黏、滑的感觉。在固体食物表面如果长出水珠状、鼻涕状、浆糊状、颜色多样的细菌菌落或菌苔时，用小棒去试挑一下，常会拉出丝状物。长有大量细菌的液体，会呈现混浊、沉淀或飘浮一片片小"白花"，并伴有大量气泡冒出。

当人类还未研究和认识细菌时，细菌中的少数病原菌曾猖獗一时，夺走无数生命；不少腐败菌也常常引起食物和工农业产品腐烂变质。因此，细菌给人的最初印象常常是有害的，甚至是可怕的。实际上，随着微生物学的发展，当人们对它们的生命活动规律认识越来越清楚后，情况就有了根本的改变。目前，由细菌引起的传染病基本上都得到了控制。与此同时，还发掘和利用了大量的有益细菌到工、农、医、环保等生产实践中，给人类带来巨大的经济效益和社会效益。例如，在工业上各种氨基酸、核苷酸、酶制剂、乙醇、丙酮、丁醇、有机酸及抗生素等的发酵生产；农业上如杀虫菌剂、细菌肥料的生产和在沼气发酵、饲料青贮等方面的应用；医药上如各种菌苗、类毒素、代血浆和许多医用酶类的生产等；以及细菌在环保和国防上的应用等，都是利用有益细菌的例子。

一、细菌的形态和大小

（一）细菌细胞的形态和排列方式

细菌细胞的基本形态有球状、杆状、螺旋状三种（图 2-10），分别称为球菌、杆菌和螺旋菌，其中以杆状最为常见，球状次之，螺旋状较为少见。仅有少数细菌或一些细菌在培养不正常时为其他形状，如丝状、三角形、方形、星形等。

1. 球菌

球菌单独存在时，细胞呈球形或近球形。根据其繁殖时细胞分裂面的方向不同，以及分裂后菌体之间相互粘连的松紧程度和组合状态，可形成若干不同的排列方式（图 2-11）。

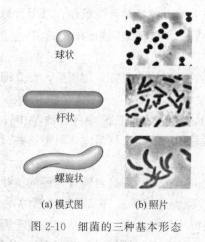

图 2-10　细菌的三种基本形态

(a) 模式图　　(b) 照片

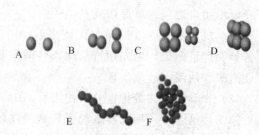

图 2-11　球菌的形态及排列方式

A—单球菌；B—双球菌；C—四联球菌；
D—八叠球菌；E—链球菌；F—葡萄球菌

（1）单球菌　细胞沿一个平面进行分裂，子细胞分散而独立存在，如尿素微球菌。

（2）双球菌　细胞沿一个平面分裂，子细胞成双排列，如褐色固氮菌。

（3）四联球菌　细胞按两个互相垂直的平面分裂，子细胞呈田字形排列，如四联微球菌。

（4）八叠球菌　细胞按三个互相垂直的平面分裂，子细胞呈立方体排列，如尿素八叠球菌。

（5）链球菌　细胞沿一个平面分裂，子细胞成链状排列，如溶血链球菌。

（6）葡萄球菌　细胞分裂无定向，子细胞呈葡萄状排列，如金黄色葡萄球菌（*Staphylococcus ureae*）。

细菌细胞的形态与排列方式在细菌的分类鉴定上具有重要的意义。但某种细菌的细胞不一定全部都按照特定的排列方式存在，只是特征性的排列方式占优势。

2. 杆菌

杆菌细胞呈杆状或圆柱状，形态多样。不同杆菌其长短、粗细差别较大，有短杆或球杆状（长宽非常接近），如甲烷短杆菌属；有长杆或棒杆状（长宽相差较大），如枯草芽孢杆菌。不同杆菌的端部形态各异，有的两端钝圆，如蜡状芽孢杆菌；有的两端平截，如炭疽芽孢杆菌；有的两端稍尖，如梭菌属；有的一端分支，呈"丫"或叉状，如双歧杆菌属，有的一端有一柄，如柄细菌属。也有的杆菌稍弯曲而呈月亮状或弧状，如脱硫弧菌属。杆菌的细胞排列方式有"八"字状、栅栏状、链状等多种（图 2-12）。

3. 螺旋菌　螺旋菌细胞呈弯曲状，常以单细胞分散存在。根据其弯曲的情况不同，可

分为以下三种。

（1）弧菌　菌体呈弧形或逗号状，螺旋不足一周的称为弧菌，如霍乱弧菌。这类菌与略弯曲的杆菌较难区分（图2-13）。

（2）螺菌　菌体坚硬、回转如螺旋状，螺旋满2～6周的称为螺菌，如迂回螺菌。

（3）螺旋体　菌体柔软、回转如螺旋状，螺旋超过6周的称为螺旋体，如梅毒密螺旋体。

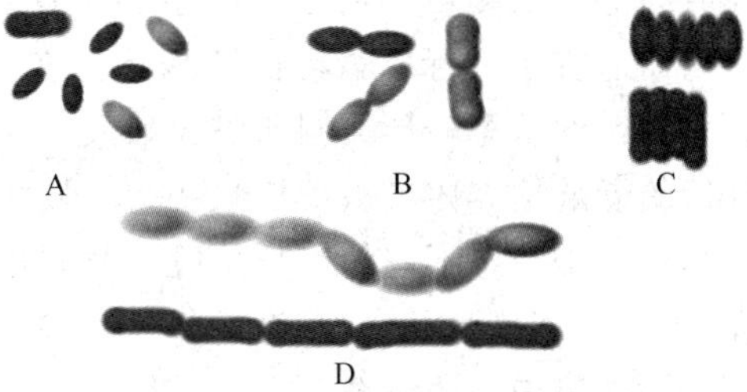

图 2-12　杆菌的形态及排列
A—单杆菌；B—双杆菌；C—栅栏状
排列的菌；D—链杆菌

（二）细菌细胞的大小

细菌细胞大小的常用度量单位是微米（μm），而细菌亚细胞结构的度量单位是纳米（nm）。不同细菌的大小相差很大（图2-14）。一个典型细菌的大小可用大肠杆菌作代表。它细胞的平均长度为$2\mu m$，宽$0.5\mu m$。迄今为止所知的最小细菌是纳米细菌，其细胞直径仅有50nm，甚至于比最大的病毒还要小。而最大细菌是纳米比亚硫磺珍珠菌，它的细胞直径为$0.32\sim1.00$mm，肉眼清楚可见。

细菌细胞微小，采用显微镜测微尺能较容易、较准确地测量它们的大小；也可通过投影法或照相制成图片，再按照放大倍数测算。

球菌大小以直径表示，一般约$0.5\sim1\mu m$；杆菌和螺旋菌都是以"宽×长"表示，一般杆菌为$(0.5\sim1)\mu m\times(1\sim5)\mu m$，螺旋菌为$(0.5\sim1)\mu m\times(1\sim50)\mu m$。但螺旋菌的长度是菌体两端点间的距离，而不是真正的长度，它的真正长度应按其螺旋的直径和圈数来计算。

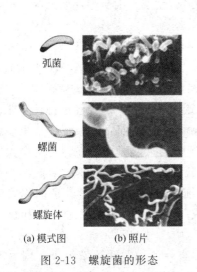

弧菌

螺菌

螺旋体

(a) 模式图　　(b) 照片

图 2-13　螺旋菌的形态

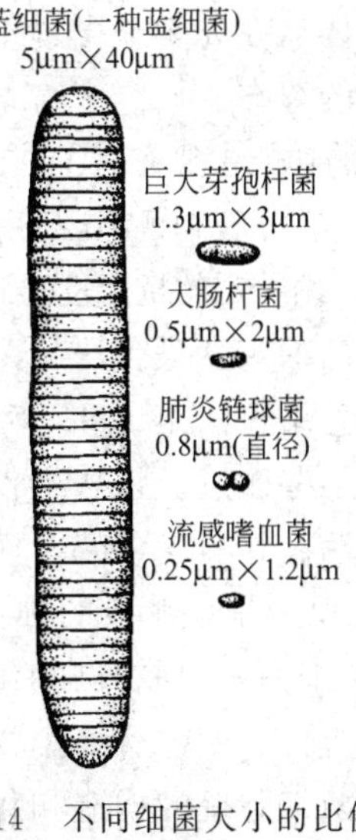

颤蓝细菌(一种蓝细菌)
5μm×40μm

巨大芽孢杆菌
1.3μm×3μm

大肠杆菌
0.5μm×2μm

肺炎链球菌
0.8μm(直径)

流感嗜血菌
0.25μm×1.2μm

图 2-14　不同细菌大小的比例

在显微镜下观察到的细菌大小与所用固定染色的方法有关。经干燥固定的菌体比活菌体的长度一般要缩短$1/3\sim1/4$；若用衬托菌体的负染色法，其菌体往往大于普通染色法甚至比活菌体还大。

细菌的大小和形态除了随种类变化外，还要受环境条件（如培养基成分、浓度、培养温度和时间等）的影响。在适宜的生长条件下，幼龄细胞或对数期培养物的形态一般较为稳定，因而适宜于进行形态特征的描述。在非正常条件下生长或衰老的培养体，常表现出膨大、分枝或丝状等畸形。例如巴氏醋酸菌在高温下由短杆状转为纺锤状、丝状或链状，干酪乳杆菌的老龄培养体可从长杆状变为分枝状等。少数细菌类群（如芽孢细菌、鞘细菌和黏细菌）具有几种形态不同的生长阶段，共同构成一个完整的生活周期，应作为一个整体来描述研究。

二、细菌细胞的构造

典型的细菌细胞的构造可分为基本构造和特殊构造（图2-15）。

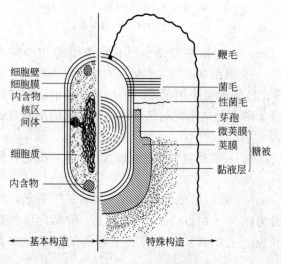

图2-15　细菌细胞的模式构造

细菌的基本构造是指为所有的细菌细胞所共有的，而可能为生命所绝对必需的细胞构造，包括细胞壁、细胞膜、细胞质及其内含物和核区。

细菌的特殊构造是指某些细菌所特有的，可能具有某些特殊功能的细胞构造，如芽孢、糖被、鞭毛、菌毛和性菌毛等。

（一）细菌细胞的基本构造

1. 细胞壁

细胞壁是位于细胞最外面的一层厚实、坚韧的外被。其厚度因菌种而异，一般在 $10 \sim 80nm$ 之间，其重量占细胞干重的 $10\% \sim 25\%$。通过染色、质壁分离或制成原生质体后在光学显微镜下可观察到，或用电子显微镜观察细菌超薄切片等方法，也可证明细胞壁的存在。

细胞壁的功能主要有：①固定细胞外形和提高机械强度，使其免受渗透压等外力的损伤；②为细胞的生长、分裂和鞭毛运动所必需；③阻拦大分子有害物质（某些抗生素和水解酶）进入细胞；④赋予细菌特定的抗原性、致病性（如内毒素）以及对抗生素和噬菌体的敏感性。

（1）细菌的革兰染色法　由于细菌细胞既微小又透明，因此一般要经过染色才能作显微镜观察。革兰染色法是1884年由丹麦病理学家 Christain Gram 创立的，而后一些学者在此基础上作了某些改进。该法不仅能观察到细菌的形态而且还可将所有细菌区分为两大类。其主要过程分为：结晶紫初染、碘液媒染、95%乙醇脱色和番红等红色染料复染4步（图2-16）。染色反应呈蓝紫色的称为革兰阳性细菌（G^+ 细菌）；染色反应呈红色的称为革兰阴性细菌（G^- 细菌）。现在已知细菌革兰染色的阳性或阴性与细菌细胞壁的构造和化学组成有关。

（2）细菌细胞壁的构造和化学组成　根据细菌细胞壁的构造和化学组成不同（图2-17和表2-1），可将其分为 G^+ 细菌与 G^- 细菌。G^+ 细菌的细胞壁较厚（$20 \sim 80nm$），但化学组成比较单一，只含有90%的肽聚糖和10%的磷壁酸；但 G^- 细菌的细胞壁较薄（$10 \sim 15nm$），却有多层构造（肽聚糖和脂多糖层等），其化学成分中除含有肽聚糖以外，还含有一定量的类脂质和蛋白质等成分。此外，两者在表面结构上也有显著不同。

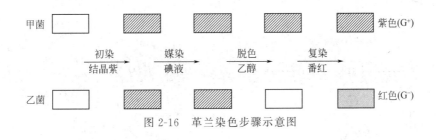

图 2-16　革兰染色步骤示意图

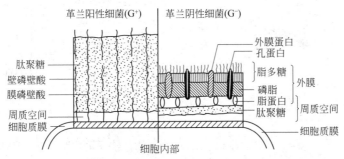

图 2-17　G$^+$细菌与 G$^-$细菌细胞壁构造的比较

表 2-1　G$^+$细菌与 G$^-$细菌细胞壁成分的比较

成　分	占细胞壁干重比例/%	
	G$^+$细菌	G$^-$细菌
肽聚糖	含量很高（30～95）	含量较低（5～20）
磷壁酸	含量较高（<50）	0
类脂质	一般无（<2）	含量较高（约 20）
蛋白质	0	含量较高

肽聚糖　肽聚糖又称黏肽、胞壁质或黏肽复合物，是细菌细胞壁中特有成分，是一种杂多糖的衍生物。

每一个肽聚糖单体是由 3 部分组成（图2-18）。

① 双糖单位　由 N-乙酰葡萄糖胺（以 G 表示）和 N-乙酰胞壁酸（以 M 表示）以 β-1,4-糖苷键交替连接起来，构成肽聚糖骨架。溶菌酶是一种可以作用于肽聚糖 β-1,4-糖苷键的分解

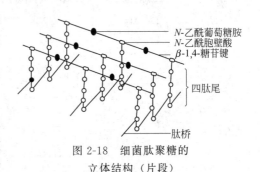

图 2-18　细菌肽聚糖的立体结构（片段）

酶，可将肽聚糖分解成许多 N-乙酰葡萄糖胺和 N-乙酰胞壁酸，从而破坏细胞壁的骨架，它广泛存在于卵清、人的泪液和鼻腔、部分细菌和噬菌体内。

② 短肽尾　一般是由 4 个氨基酸连接成的短肽链连接在 N-乙酰胞壁酸分子上。在 G$^+$细菌如金黄色葡萄球菌中 4 个氨基酸是按 L 型与 D 型交替排列的方式连接而成的，即 L-丙氨酸，D-谷氨酸，L-赖氨酸，D-丙氨酸（图 2-19）；在 G$^-$细菌如大肠杆菌中为 L-丙氨酸，D-谷氨酸，m-DAP（内消旋二氨基庚二酸），D-丙氨酸。两者的差异主要在第 3 个氨基酸分子上（图 2-20）。

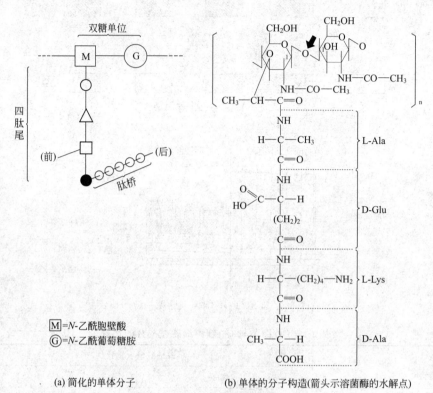

(a) 简化的单体分子   (b) 单体的分子构造(箭头示溶菌酶的水解点)

图 2-19 G$^+$ 细菌肽聚糖的单体图解

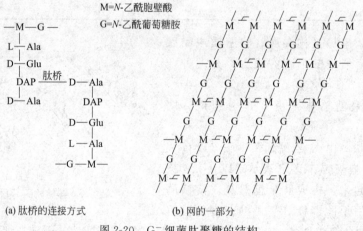

(a) 肽桥的连接方式   (b) 网的一部分

图 2-20 G$^-$ 细菌肽聚糖的结构

③ 肽桥 肽桥将相邻"肽尾"相互交联形成高强度的网状结构。不同细菌的肽桥类型不同。在 G$^+$ 细菌如金黄色葡萄球菌中肽桥为甘氨酸五肽，这一肽桥的氨基端与甲肽尾中的第 4 个氨基酸的羧基相连接，而它的羧基端则与乙肽尾中的第 3 个氨基酸的氨基相连接，从而使前后两个肽聚糖单体交联起来形成网状结构；在 G$^-$ 细菌如大肠杆菌中没有特殊的肽桥，其前后两个单体间的联系仅由甲肽尾的第 4 个氨基酸 D-丙氨酸的羧基与乙肽尾第 3 个氨基酸 m-DAP 的氨基直接相连形成了较稀疏、机械强度较差的肽聚糖网套。目前所知的肽聚糖有 100 多种，而不同种类的区别主要表现在肽桥的不同（表 2-2）。

表 2-2　细菌肽聚糖中几种主要的肽桥类型

类型	甲肽尾上连接点	肽　桥	乙肽尾上连接点	实　　例
Ⅰ	第四氨基酸	—CO·NH—	第三氨基酸	*E.coli*(G⁻)
Ⅱ	第四氨基酸	—(Gly)5—	第三氨基酸	*S.aureus*（G⁺）
Ⅲ	第四氨基酸	—(肽尾)1~2—	第三氨基酸	*M.luteus*[①]（G⁺）
Ⅳ	第四氨基酸	—D-Lys—	第二氨基酸	*C.poinsettiae*[②]（G⁺）

[①] *Micrococcus luteus*（藤黄微球菌）。

[②] *Corynebacterium poinsettiae*（星星木棒杆菌）。

磷壁酸　磷壁酸又称垣酸，是 G⁺ 细菌细胞壁所特有的成分，约占细胞干重的 50%。主要成分为甘油磷酸或核糖醇磷酸。根据结合部位不同可分为两种类型：壁磷壁酸和膜磷壁酸。

磷壁酸的主要生理功能为：①协助肽聚糖加固细胞壁；②提高膜结合酶的活力。因磷壁酸带负电荷，可与环境中的 Mg^{2+} 等阳离子结合，提高这些离子的浓度，以保证细胞膜上一些合成酶维持高活性的需要；③贮藏磷元素；④调节细胞内自溶素的活力，借以防止细胞因自溶而死亡；⑤作为某些噬菌体特异性吸附受体；⑥赋予 G⁺ 细菌特异的表面抗原，因而可用于菌种鉴定；⑦增强某些致病菌（如 A 族链球菌）对宿主细胞的粘连，避免被白细胞吞噬，并有抗补体的作用。

外膜　也称外壁，是 G⁻ 细菌所特有的结构。它位于细胞壁的最外层，厚 18~20nm。由脂多糖、磷脂双分子层与脂蛋白组成。因含有脂多糖，也常被称为脂多糖层。外膜的内层是脂蛋白，连接着磷脂双分子层与肽聚糖层；中间是磷脂双分子层，它与细胞膜的脂双层非常相似，只是其中插有跨膜的孔蛋白；外层是脂多糖。

脂多糖（LPS）　脂多糖是 G⁻ 细菌细胞壁所特有的成分，位于 G⁻ 细菌细胞壁最外面的一层较厚（8~10nm）的类脂多糖类物质，由类脂 A、核心多糖和 O-特异侧链 3 部分组成。类脂 A 是由 2 个氨基葡萄糖组成的二糖，分别与磷酸和长链脂肪酸相连；核心多糖是由 5~10 种糖，主要是己糖或己糖胺组成；O-特异侧链（也称 O-抗原）是由 3~5 个单糖组成的多个重复单位聚合而成，O-抗原具有抗原特异性。

LPS 主要功能有：①类脂 A 是 G⁻ 细菌致病性内毒素的物质基础；②与磷壁酸相似，也有吸附 Mg^{2+}、Ca^{2+} 等阳离子以提高这些离子在细胞表面浓度的作用；③由于 LPS 结构的变化，决定了 G⁻ 细菌细胞表面抗原决定簇的多样性，据统计（1983），国际上已报道根据 LPS 的结构特性而鉴定过沙门菌属的表面抗原类型多达 2107 个；④是许多噬菌体在细胞表面的吸附受体；⑤具有控制某些物质进出细胞的部分选择性屏障功能。

脂多糖要维持其结构的稳定性需要足量 Ca^{2+} 的存在。如果用螯合剂除去 Ca^{2+}，LPS 就解体。这时，G⁻ 细菌的内壁层肽聚糖就暴露出来，因而就可被溶菌酶所水解。

蛋白质　在 G⁻ 细菌细胞壁中含有较多的蛋白质，主要有外膜蛋白、脂蛋白、嵌合在脂多糖和磷脂层上的蛋白等。另外还有存在于周质空间的周质蛋白（包括各种负责溶质运输的蛋白以及各种水解酶类和某些合成酶类）。在 G⁺ 细菌细胞壁中也有蛋白质，但含量较少。

（3）革兰染色的机制　对细菌细胞壁的详细分析，为解释革兰染色的机制提供了较充分的基础。目前多用物理机制来解释革兰染色现象。革兰染色结果的差异主要基于细菌细胞壁的构造和化学组分不同。通过初染和媒染，在细菌细胞膜或原生质体上染上了不溶于水的结晶紫与碘的大分子复合物。G$^+$细菌由于细胞壁较厚、肽聚糖含量较高和交联紧密，故用乙醇洗脱时，肽聚糖层网孔会因脱水而明显收缩，再加上的 G$^+$ 细菌细胞壁基本上不含类脂，故乙醇处理不能在壁上溶出缝隙，因此，结晶紫与碘复合物仍牢牢阻留在其细胞壁内，使其呈现蓝紫色。G$^-$ 细菌因其细胞壁薄、肽聚糖含量低和交联松散，故遇乙醇后，肽聚糖层网孔不易收缩，加上它的类脂含量高，所以当乙醇将类脂溶解后，在细胞壁上就会出现较大的缝，这样结晶紫与碘的复合物就极易被溶出细胞壁。因此，通过乙醇脱色，细胞又呈现无色。这时，再经番红等红色染料复染，就使 G$^-$ 细菌获得了新的颜色——红色，而 G$^+$ 细菌则仍呈蓝紫色（实为紫中带红）。

革兰染色不仅是分类鉴定菌种的重要指标，而且由于 G$^+$ 细菌和 G$^-$ 细菌在细胞结构、成分、形态、生理、生化、遗传、免疫、生态和药物敏感性等方面都呈现出明显的差异，因此任何细菌只要通过简单的革兰染色，就可提供不少其他重要的生物学特性方面的信息（表 2-3）。

表 2-3　G$^+$ 细菌与 G$^-$ 细菌一系列生物学特性的比较

比较项目	G$^+$ 细菌	G$^-$ 细菌
1. 革兰染色反应	能阻留结晶紫而染成紫色	可经脱色而复染成红色
2. 肽聚糖层	厚，层次多	薄，一般单层
3. 磷壁酸	多数含有	无
4. 外膜	无	有
5. 脂多糖(LPS)	无	有
6. 类脂和脂蛋白含量	低(仅抗酸性细菌含类脂)	高
7. 鞭毛结构	基体上着生 2 个环	基体上着生 4 个环
8. 产毒素	以外毒素为主	以内毒素为主
9. 对机械力的抗性	强	弱
10. 细胞壁抗溶菌酶	弱	强
11. 对青霉素和磺胺	敏感	不敏感
12. 对链霉素、氯霉素和四环素	不敏感	敏感
13. 碱性染料的抑菌作用	强	弱
14. 对阴离子去污剂	敏感	不敏感
15. 对叠氮化钠	敏感	不敏感
16. 对干燥	抗性强	抗性弱
17. 产芽孢	有的产	不产

（4）缺壁细菌　细胞壁是细菌细胞的基本构造，在特殊情况下也可发现有几种细胞壁缺损的或无细胞壁的细菌存在。

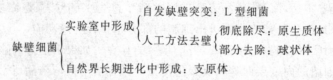

① 原生质体（protoplast）　指在人工条件下用溶菌酶除尽原有细胞壁或用青霉素抑制细胞壁的合成后，所留下的仅由细胞膜包裹着的圆球状渗透敏感细胞，一般由 G$^+$ 菌形成；

② 球状体　指还残留部分细胞壁的原生质体，一般由 G$^-$ 菌形成。

原生质体和球状体的共同特点：无完整的细胞壁，细胞呈球状，对渗透压较敏感，即使有鞭毛也无法运动，对相应噬菌体不敏感，细胞不能分裂等。在合适的再生培养基中，原生质体可以回复，长出细胞壁。原生质体或球状体比正常有细胞壁的细菌更易导入外源遗传物质和渗入诱变剂，故是研究遗传规律和进行原生质体育种的良好实验材料。

③ L 型细菌 1935 年时，在英国李斯特预防医学研究所中发现一种由自发突变而形成细胞壁缺损的细菌——念珠状链杆菌，它的细胞膨大，对渗透压十分敏感，在固体培养基表面形成"油煎蛋"似的小菌落。由于李斯德（Lister）研究所的第一字母是"L"，故称 L 型细菌。许多 G^+ 菌和 G^- 菌都可形成 L 型。目前 L 型细菌的概念有时用得较杂，甚至还把原生质体或球状体也包括在内。严格地说，L 型细菌专指在实验室中通过自发突变形成的遗传性稳定的细胞壁缺陷菌株。

L 型细菌虽然丧失合成细胞壁的能力，但是由于质膜完整，在一定渗透压下不影响其生存和繁殖，但是不能保持原有细胞形态，菌体形成高度多形态的变异菌。

④ 支原体 是在长期进化过程中形成的、适应自然生活条件的无细胞壁的原核微生物。其细胞膜中含有一般原核生物所没有的甾醇，因此虽缺乏细胞壁，其细胞膜仍有较高的机械强度。

2. 细胞膜和间体

（1）细胞膜 又称细胞质膜，是一层紧贴在细胞壁内侧，包围着细胞质的柔软、脆弱、富有弹性的半透性薄膜，厚约 7～8nm，约占细胞干重的 10%。通过质壁分离、鉴别性染色、原生质体破裂等方法可在光学显微镜下观察到，或采用电子显微镜观察细菌超薄切片等方法，均可证明细胞膜的存在。

细胞膜的主要化学成分有磷脂（约占 20%～30%）和蛋白质（约占 50%～70%），还有少量糖类（如己糖）。其中蛋白质种类多达 200 余种。

通过电子显微镜观察时，细胞膜呈现 3 层结构，即在上下两层暗的电子致密层中间夹着一较亮的电子透明层。这是因为，细胞膜的基本结构是由两层磷脂分子整齐地排列而成。每一磷脂分子由 1 个带正电荷且能溶于水的极性头（磷酸端）和 1 个不带电荷且不溶于水的非极性尾（烃端）所构成。极性头朝向膜的内外两个表面，呈亲水性；而非极性的疏水尾（长链脂肪酸，其链长和饱和度与细菌的生长温度有关）则埋藏在膜的内层，从而形成一个磷脂双分子层。

常温下，磷脂双分子层呈液态，具有不同功能的周边蛋白和整合蛋白可在磷脂双分子层表面或内侧作侧向运动，犹如漂浮在海洋中的冰山（图 2-21）。这就是 J. S. Singer 和 G. L. Nicolson（1972 年）提出的细胞膜液态镶嵌模式。

细胞膜的功能为：①能选择性地控制细胞内外的物质（营养物质和代谢产物）的运送与交换；②维持细胞内正常渗透压的屏障作用；③合成细胞壁各种组分（肽聚糖、磷壁酸、LPS 等）和糖被等大分子的重要场所；④进行氧化磷酸化或光合磷酸化的产能基地；⑤许多酶（β-半乳糖苷酶、细胞壁和荚膜的合成酶及 ATP 酶等）和电子传递链的所在部位；⑥鞭毛的着生点，并提供其运动所需的能量等。

（2）间体（mesosome） 或称中体，是一种由细胞膜内褶而形成的囊状构造，其中充满着层状或管状的泡囊（图 2-22）。在 G^+ 菌中均有一个至数个发达的间体，但许多 G^- 菌中没有。

间体的生理功能：①间体在细胞分裂时常位于细胞的中央，因此认为可能与 DNA 复制与横隔壁形成有关；②位于细胞周围的间体可能是分泌胞外酶（如青霉素酶）的地点；③间体作为细胞呼吸时的氧化磷酸化中心，起着真核生物中线粒体的作用。但近年来也有学者提出不同的观点，认为"间体"仅是电镜制片时因脱水操作而引起的一种赝像。

3. 细胞质及其内含物

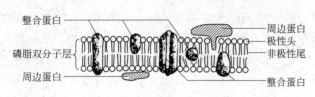

图 2-21　细胞膜的模式构造

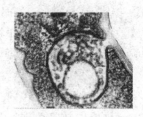

图 2-22　白喉杆菌的间体

细胞质（cytoplasm）是指被细胞膜包围的除核区以外的一切半透明、胶体状、颗粒状物质的总称。其含水量约为80%。细胞质的主要成分为核糖体、贮藏物、各种酶类、中间代谢物、质粒、各种营养物质和大分子的单体等，少数细菌还存在类囊体、羧酶体、气泡或伴胞晶体等。

（1）核糖体　是以游离状态或多聚核糖体状态存在于细胞质中的一种颗粒状物质，由RNA（50%～70%）和蛋白质（30%～50%）组成，每个菌体内所含有的核糖体可多达数万个，其直径为18nm，沉降系数为70S，由50S与30S两个亚基组成。它是蛋白质的合成场所。

链霉素、四环素、氯霉素等抗生素通过作用于细菌核糖体的30S亚基而抑制细菌蛋白质的合成，而对人的80S核糖体不起作用，因此可用于治疗细菌性疾病。

（2）贮藏物　在许多细菌细胞质中，常含有各种形状较大的颗粒状内含物，多数是细胞贮藏物，如聚-β-羟丁酸、异染颗粒、多糖类贮藏物、硫粒等。这些内含物常因菌种而异，即使同一种菌，颗粒的多少也随菌龄和培养条件不同而有很大变化。往往在某些营养物质过剩时，细菌就将其聚合成各种贮藏颗粒，当营养缺乏时，它们又被分解利用。种类较多，表解如下：

$$
\text{贮藏物}
\begin{cases}
\text{碳源及能源类}
\begin{cases}
\text{糖原：大肠杆菌、克雷伯菌、蓝细菌和芽孢杆菌等}\\
\text{聚-}\beta\text{-羟丁酸（PHB）：固氮菌、产碱菌、肠杆菌等}\\
\text{硫粒：紫硫细菌、丝硫细菌、贝氏硫杆菌等}
\end{cases}\\
\text{氮源}
\begin{cases}
\text{藻青素：蓝细菌含有}\\
\text{藻青蛋白：蓝细菌含有}
\end{cases}\\
\text{磷源（异染颗粒）：迂回螺菌、白喉棒杆菌、结核分枝杆菌}
\end{cases}
$$

① 聚-β-羟丁酸颗粒　是细菌所特有的一种与类脂相似的贮藏物，具有贮藏能量、碳源和降低细胞内渗透压的作用。PHB易被脂溶性染料苏丹黑着色，在光学显微镜下可以看见。现已发现60属以上的细菌能合成并贮藏PHB，如假单胞菌属、根瘤菌属、固氮菌属、芽孢菌属等。PHB无毒、可塑、易降解，可用来制作医用塑料器皿和外科手术线等。

近年来，在许多好氧细菌和厌氧光合细菌中还存在类PHB化合物。

② 异染颗粒　其主要成分是多聚偏磷酸盐，可用美蓝或甲苯胺蓝染成紫红色，功能为贮藏磷元素和能量，并可降低渗透压。因最先在迂回螺菌中被发现，故又称迂回体或揆转菌素。异染粒也存在于多种细菌中，如白喉杆菌和鼠疫杆菌具有特征性的异染颗粒，常排列在菌体的两端，又叫极体，在菌种鉴定上有一定意义。

③多糖类贮藏物（糖原和淀粉）　在真细菌中以糖原为多。这类颗粒用碘液处理后，糖原呈红棕色，淀粉粒呈蓝色，可在光学显微镜下检出。细菌糖原和淀粉是碳源和能源性贮藏物。

④硫粒　其功能是贮藏硫元素和能源。某些细菌（如贝氏硫菌属、发光硫菌属）在环境中还原性硫丰富时，常在细胞内以折光性很强的硫粒的形式积累硫元素；当环境中还原性硫缺乏时，可被细菌重新利用。

⑤藻青素　一种内源性氮源贮藏物，同时还兼有贮存能源的作用。通常存在于蓝细菌中。

（3）气泡　在许多光合营养型、无鞭毛运动的、水生细菌细胞质中含有气泡。其大小为$(0.2\sim1.0)\mu m\times75nm$，其功能是调节细胞相对密度以使细胞漂浮在最适水层中获取光能、O_2和营养物质，每个细胞含有几个到几百个气泡。

4. 核区与质粒

（1）核区（nuclear region）　又称核质体、原核、拟核或核基因组。细菌的核区位于细胞质内，没有核膜，没有核仁，没有固定形态，结构也很简单。构成核区的主要物质是一个大型的反复折叠高度缠绕的环状双链DNA分子，长度为$0.25\sim3.00mm$，另外还含有少量的RNA和蛋白质。其功能是存储、传递和调控遗传信息。在正常情况下，每个细胞中只含有1个核，但由于核的分裂常在细胞分裂之前进行，加上细菌生长迅速，分裂不断进行，故在一个菌体内，经常可以看到已经分裂完成的2个或4个核，而细胞本身尚未完成分裂。细菌在一般情况下均为单倍体，只有在染色体复制时间内呈双倍体。

（2）质粒（plasmid）　很多细菌细胞质中，除染色体外还有质粒。它是存在于细菌染色体外或附加于染色体上的遗传物质，绝大多数由共价闭合环状双链DNA分子所构成，分子质量较细菌染色体小，约$(2\sim100)\times10^6$Da。每个菌体内有一个或几个，也可能有很多个质粒，每个质粒可以有几个甚至$50\sim100$个基因。不同质粒的基因可以发生重组，质粒基因与染色体基因间也可重组。很多细菌，如杆菌、痢疾杆菌、铜绿假单胞菌、根瘤土壤杆菌、金黄色葡萄球菌、乳酸链球菌等均具质粒。

按其功能，质粒可分为：①致育因子（F因子），它是最早发现的与细菌有性接合有关的质粒；②抗药性质粒（R因子），对某些抗生素或其他药物表现抗性；③大肠杆菌素质粒（Col因子），使大肠杆菌能产生大肠杆菌素，以抑制其他细菌生长；④有的质粒对某些金属离子具有抗性，包括碲（Te^{6+}）、砷（As^{3+}）、汞（Hg^{2+}）、镍（Ni^{2+}）、钴（Co^{2+}）、银（Ag^+）、镉（Cd^{2+}）等；⑤有的质粒对紫外线、X射线具有抗性；⑥在假单胞菌科中还发现了一类极为少见的分解性质粒，能分解樟脑、二甲苯等。现在研究得较多而且较为清楚的是大肠杆菌的F因子、R因子和Col因子。

质粒可以从菌体内自行消失，也可通过物理化学手段，如用重金属、吖啶类染料或高温处理将其消除或抑制；没有质粒的细菌，可通过接合、转化或转导等方式，从具有质粒的细菌中获得，但不能自发产生。这一现象表明：质粒存在与否，无损于细菌生存。但是，许多次生代谢产物如抗生素、色素等的产生以及芽孢的形成，均受质粒的控制。质粒既能自我复制、稳定遗传，也可插入细菌染色体中或携带的外源DNA片段共同复制增殖；它可通过转化、转导或接合作用单独转移，也可携带着染色体片段一起转移。所以质粒已成为遗传工程中重要的运载工具之一。

（二）细菌细胞的特殊构造

1. 芽孢

某些细菌在其生长发育后期，在细胞内形成的一个圆形或椭圆形、厚壁、折光性强、含水量低、抗逆性强的休眠构造，称为芽孢。因在细胞内形成，故又称为内生孢子。由于每一个营养细胞内仅形成一个芽孢，故芽孢无繁殖能力。

芽孢是整个生物界抗逆性最强的生命体，在抗热、抗化学药物、抗辐射和抗静水压等方面尤为突出。如肉毒梭状芽孢杆菌的芽孢在100℃沸水中要经过5.0～9.5h才能被杀死，至121℃时，平均也要10min才杀死。巨大芽孢杆菌芽孢的抗辐射能力要比大肠杆菌强36倍。芽孢的休眠能力更为突出，在常规条件下，一般可存活几年甚至几十年，据文献记载，有些芽孢杆菌甚至可以休眠数百年、数千年甚至更久。如：环状芽孢杆菌的芽孢在植物标本上（英国）已经保存200～300年；普通高温放线菌的芽孢在湖底冻土中（美国）已保存7500年；一种芽孢杆菌的芽孢在琥珀内蜜蜂肠道中（美国）已保存2500万～4000万年。

（1）产芽孢细菌的种类　能否形成芽孢是细菌种的特征。能产生芽孢的细菌种类不多，最主要的是革兰阳性杆菌的两个属，即好氧性的芽孢杆菌属和厌氧性的梭菌属。球菌中只有芽孢八叠球菌属产生芽孢，螺旋菌中发现有少数种产芽孢。

（2）芽孢的类型　芽孢形成的位置、形状、大小因菌种而异，在分类鉴定上有一定意义。例如巨大芽孢杆菌、枯草芽孢杆菌、炭疽芽孢杆菌等的芽孢位于菌体中央、卵圆形、小于菌体宽度；肉毒梭菌等的芽孢位于菌体中央，椭圆形，直径比菌体大，使原菌体两头小中间大而呈梭形；破伤风梭菌的芽孢位于菌体一端，正圆形，直径比菌体大，使原菌体呈鼓槌状（图2-23）。

（3）芽孢的结构　在产芽孢的细菌中，芽孢囊就是指产芽孢菌的营养细胞外壳。成熟的芽孢具有多层结构（图2-24）。由外到内依次为：①芽孢外壁，主要成分是脂蛋白，透性差，有的芽孢无此层；②芽孢衣，主要含疏水性角蛋白，芽孢衣非常致密，通透性差，能抗酶、抗化学物质和多价阳离子的透入；③皮层，皮层很厚，约占芽孢总体积的一半，主要含芽孢肽聚糖及DPA-Ca，赋予芽孢异常的抗热性，皮层的渗透压很高；④核心，由芽孢壁、芽孢膜、芽孢质和核区四部分构成，含水量极低。

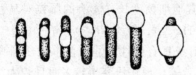

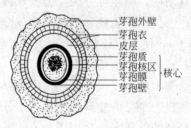

芽孢外壁
芽孢衣
皮层
芽孢质
芽孢核区
芽孢膜 } 核心
芽孢壁

图2-23　细菌芽孢的类型　　　　　　　图2-24　芽孢的构造

（4）芽孢的抗热机制　关于芽孢耐热的本质至今尚无公认的解释。较新的是渗透调节皮层膨胀学说。该学说认为，芽孢的耐热性在于芽孢衣对多价阳离子和水分的透性很差以及皮层的离子强度很高，从而使皮层产生极高的渗透压去夺取芽孢核心的水分，其结果造成皮层的充分膨胀，而核心部分的生命物质却形成高度失水状态，因而产生耐热性。除渗透调节皮层膨胀学说外，还有别的学说来解释芽孢的高度耐热机制。例如，针对在芽孢形成过程中会合成大量的为营养细胞所没有的DPA-Ca，该物质会使芽孢中的生命大分子物质形成稳定而耐热性强的凝胶。总之，芽孢耐热机制还有待于深入研究。

（5）研究芽孢的意义　研究细菌芽孢有着重要的理论和实践意义。①芽孢的有无、形态、大小和着生位置等是细菌分类和鉴定中的重要形态学指标；②这类菌种芽孢的存在，有利于提高菌种的筛选效率，有利于菌种的长期保藏；③是否能杀灭一些代表菌的芽孢是衡量和制定各种消毒灭菌标准的主要依据；④许多产芽孢细菌是强致病菌。例如，炭疽芽孢杆菌、肉毒梭菌和破伤风梭菌等；⑤有些产芽孢细菌可伴随产生有用的产物，如抗生素短杆菌肽、杆菌肽等。

（6）伴胞晶体　少数芽孢杆菌，例如苏云金芽孢杆菌在其形成芽孢的同时，会在芽孢旁形成一颗菱形或双锥形的碱溶性蛋白晶体（δ内毒素），称为伴胞晶体（图 2-25）。伴胞晶体对 200 多种昆虫尤其是鳞翅目的幼虫有毒杀作用，因此常被制成生物农药——细菌杀虫剂。

(a) 芽孢与伴胞晶体　　(b) 伴胞晶体的电镜示意图

图 2-25　苏云金芽孢杆菌的伴胞晶体

（7）细菌其他休眠状态的结构　少数细菌还产生其他休眠状态的结构，如固氮菌的孢囊等。固氮菌在营养缺乏的条件下，其营养细胞的外壁加厚、细胞失水而形成一种抗干旱但不抗热的圆形休眠体——孢囊，与芽孢一样，也没有繁殖功能。在适宜的外界条件下，孢囊可萌发，重新进行营养生长。

2. 糖被

有些细菌在一定营养条件下，可向细胞壁表面分泌一层松散、透明的黏液状或胶质状的多糖类物质即糖被。这类物质用碳素墨水进行负染色法在光学显微镜下可见。根据糖被有无固定层次、层次薄厚可细分为荚膜（或大荚膜）、微荚膜、黏液层和菌胶团（图 2-26）。

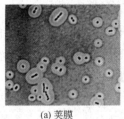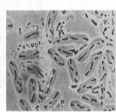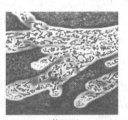

(a) 荚膜　　　　　　(b) 黏液层　　　　　　(c) 菌胶团

图 2-26　细菌的糖被

荚膜（或大荚膜）　较厚（约 200nm），有明显的外缘和一定的形态，相对稳定地附着于细胞壁外。它与细胞结合力较差，通过液体振荡培养或离心便可得到荚膜物质。

微荚膜　较薄（<200nm），光学显微镜不能看见，但可采用血清学方法证明其存在。微荚膜易被胰蛋白质酶消化。

黏液层　量大且没有明显边缘，又比荚膜疏松，可扩散到周围环境，并增加培养基黏度。

菌胶团　荚膜物质互相融合，连为一体，多个菌体包含于共同的糖被中。

产糖被细菌由于有黏液物质，在固体琼脂培养基上形成的菌落，表面湿润、有光泽、黏状液，称为光滑型（smooth，S 型）菌落。而无荚膜细菌形成的菌落，表面干燥、粗糙，称为粗糙型（rough，R 型）菌落。

糖被的化学组成主要是水，约占重量的 90% 以上，其余为多糖类、多肽类，或者多糖蛋白质复合体，尤以多糖类居多。如肺炎链球菌荚膜为多糖；炭疽杆菌荚膜为多肽；巨大芽孢杆菌为多肽与多糖的复合物。

糖被的主要功能：①保护作用，可保护细菌免于干燥；防止化学药物毒害；能保护菌体免受噬菌体和其他物质（如溶菌酶和补体等）的侵害；能抵御吞噬细胞的吞噬；②贮藏养料，当营养缺乏时，可被细菌用作碳源和能源；③堆积某些代谢废物；④致病功能，糖被为主要表面抗原，是有些病原菌的毒力因子，如 S 型肺炎链球菌靠其荚膜致病，而无荚膜的 R 型为非致病菌；糖被也是某些病原菌必须的黏附因子，如引起龋齿的唾液链球菌和变异链球菌等能分泌一种己糖基转移酶，使蔗糖转变成果聚糖，它可使细菌黏附于牙齿表面，引起龋齿；肠致病大肠杆菌的毒力因子是肠毒素，但仅有肠毒素产生并不足以引起腹泻，还必须依靠其酸性多糖荚膜（K 抗原）黏附于小肠黏膜上皮才能引起腹泻。

产糖被细菌常给人类带来一定的危害，除了上述的致病性外，还常常使糖厂的糖液以及酒类、牛乳等饮料和面包等食品发黏变质，给制糖工业和食品工业等带来一定的损失。但也可使它转化为有益的物质，例如，肠膜状明串珠菌的葡聚糖糖被已用于代血浆成分——右旋糖酐和葡聚糖的生产。从野油菜黄单胞菌糖被提取的黄原胶可用作石油开采中的井液添加剂，也可用于印染、食品工业；产生菌胶团的细菌用于污水处理。此外，还可利用糖被物质的血清学反应来进行细菌的分类鉴定。

产糖被与否是细菌的一种遗传特性，可作为鉴定细菌的依据之一。但是要注意糖被的形成也与环境条件密切相关。

3. 鞭毛

鞭毛是着生于某些细菌体表的细长、波浪形弯曲的丝状蛋白质附属物，其数目为 1~10 根，是细菌的运动器官。鞭毛长 15~20μm，但直径很细，仅 10~20nm。观察细菌是否具有鞭毛，可采用以下方法：①使用电子显微镜直接观察；②菌体经特殊染色后鞭毛增粗，可在普通光学显微镜下观察到；③借助暗视野显微镜，不用染色即可观察到鞭毛丛；④观察生长在琼脂平板培养基上的菌落特征，如有鞭毛的细菌常形成边缘不规则的菌落；⑤观察在半固体直立柱穿刺接种线上群体的扩散情况，如有鞭毛的细菌除了在穿刺接种的穿刺线上生长外，在穿刺线的两侧均可见羽毛状或云雾状浑浊生长；⑥观察细菌在水浸片或悬滴标本中的运动情况。

大多数球菌（除尿素八叠球菌外）不生鞭毛，杆菌中有的生鞭毛有的不生鞭毛，螺旋菌一般都生鞭毛。根据细菌鞭毛的着生位置和数目，可将具鞭毛的细菌分为 5 种类型（图 2-27）。

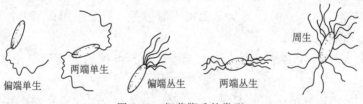

图 2-27　细菌鞭毛的类型

（1）偏端单生鞭毛菌　在菌体的一端只生一根鞭毛，如霍乱弧菌；

（2）两端单生鞭毛菌　在菌体两端各生一根鞭毛，如鼠咬热螺旋体；

（3）偏端丛生鞭毛菌　菌体一端生出一束鞭毛，如荧光假单胞菌；

（4）两端丛生鞭毛菌　菌体两端各生出一束鞭毛，如红色螺菌；

（5）周生鞭毛菌　菌体周身都生有鞭毛，如大肠杆菌、枯草杆菌等。

鞭毛的着生位置和数目是细菌种的特征，具有分类鉴定的意义。

鞭毛的主要化学成分为蛋白质，有少量的多糖或脂类。

原核生物（包括古生菌）的鞭毛都有共同的构造，由基体、鞭毛钩（也称钩形鞘）和鞭毛丝组成，G^+细菌和G^-细菌的鞭毛构造稍有差别。

G^-细菌的鞭毛结构最为典型，以大肠杆菌为例（图2-28）。

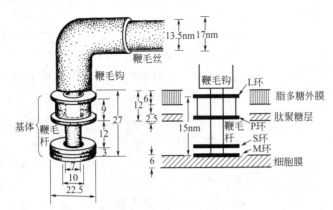

图 2-28　G^-细菌鞭毛的详细构造

基体（basal body）由4个环组成，由外向内分别称作L、P、S、M环。其中L环和P环分别包埋在细菌细胞壁的外膜（脂多糖层）和内壁层（肽聚糖层），而S环和M环分别位于细胞膜表面和细胞膜内。这4个环由直径较小的鞭毛杆串插着，在L环与P环之间还有一个圆柱体结构。S-M环周围有一对驱动该环快速旋转的Mat蛋白，S-M环基部还有一个起键钮作用的Fli蛋白，它根据发自细胞的信号让鞭毛正转或逆转。

鞭毛钩（hook）接近细胞表面连接基体与鞭毛丝，较短，弯曲，直径约17nm。

鞭毛丝（filament）着生于鞭毛钩上部，伸在细胞壁之外，长约$15\sim20\mu m$。鞭毛丝由许多直径为4.5nm的鞭毛蛋白亚基沿中央孔道（直径为20nm）作螺旋状缠绕而成，每周有$8\sim10$亚基。鞭毛丝抗原称为H抗原，可用于血清学检查。

G^+细菌的鞭毛结构较简单，除其基体仅有S环和M环外，其他均与G^-细菌相同。

鞭毛具有推动细菌运动的功能。鞭毛通过旋转而使菌体运动，犹如轮船的螺旋桨。鞭毛的运动速度很快，一般每秒可移动$20\sim80\mu m$。例如，铜绿假单胞菌每秒可移动$55.8\mu m$，是其体长的$20\sim30$倍。

鞭毛运动是趋性运动。能运动的细菌对外界环境的刺激很敏感，可以立即做出改变原来运动方向的反应。若生物向着高梯度方向运动称为正趋性，反之则称为负趋性。根据环境因子性质的不同，可细分为趋化性、趋光性、趋氧性、趋磁性等。

4. 菌毛

菌毛又称纤毛、伞毛、纤毛或须毛，是一种着生于某些细菌体表的纤细、中空、短直（长$0.2\sim2.0\mu m$，宽$3\sim14nm$）且数量较多（每菌大约有$250\sim300$条）的蛋白质类附属物，具有使菌体附着于物体表面的功能。菌毛存在于某些G^-细菌（如大肠杆菌、伤寒沙门菌、铜绿假单胞菌和霍乱弧菌等）与G^+细菌（链球菌属和棒杆菌属）中。

菌毛具有以下功能：①促进细菌的黏附，尤其是某些G^-细菌致病菌，依靠菌毛而定植致病（如淋病奈氏球菌黏附于泌尿生殖道上皮细胞）；菌毛也可以黏附于其他有机物质表面，而传播传染病（如副溶血弧菌黏附于甲壳类表面）；②促使某些细菌缠集在一起而在液体表面形成菌膜（醭）以获取充分的氧气；③是许多G^-细菌的抗原——菌毛抗原。

41

5. 性菌毛

又称性毛，构造和成分与菌毛相同，但性菌毛数目较少（1~4根）、较长、较宽。性菌毛一般多见于G^-细菌中，具有在不同性别菌株间传递遗传物质的作用，有的还是RNA噬菌体的特异性吸附受体。

三、细菌的生长繁殖

细菌一般进行无性繁殖，表现为细胞的横分裂，称为裂殖（其中最主要和最普通的是二分裂）。绝大多数类群在分裂时产生大小相等、形态相似的两个子细胞，称同形裂殖。但有少数细菌在陈旧培养基中却分裂成两个大小不等的子细胞，称为异形裂殖。

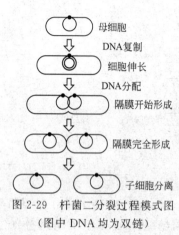

图2-29　杆菌二分裂过程模式图
（图中DNA均为双链）

母细胞
⬇ DNA复制
细胞伸长
⬇ DNA分配
隔膜开始形成
⬇
隔膜完全形成
⬇
子细胞分离

细菌二分裂的过程：首先从核区染色体DNA的复制开始，形成新的双链，随着细胞的生长，每条DNA各形成一个核区，同时在细胞赤道附近的细胞膜由外向中心作环状推进，然后闭合在两核区之间产生横隔膜，使细胞质分开。进而细胞壁也向内逐渐伸展，把细胞膜分成两层，每一层分别形成子细胞膜。接着横隔壁亦分成两层，并形成两个子细胞壁，最后分裂为两个独立的子细胞（图2-29）。

少数细菌以其他方式进行繁殖。例如，柄细菌的不等二分裂，形成一个有柄细胞和一个极生单鞭毛的细胞；暗网菌的三分裂形成网眼状的菌丝体；蛭弧菌的复分裂以及生丝微菌等10余属芽生细菌的出芽繁殖。近年来通过电子显微镜的观察和遗传学的研究，发现在埃希菌属、志贺菌属、沙门菌属等细菌中还存在频率较低的有性接合。

四、细菌的群体特征

1. 菌落特征

将单个微生物细胞或一小堆同种细胞接种在固体培养基的表面（有时为内部），当它占有一定的发展空间并处于适宜的培养条件时，该细胞就迅速生长繁殖。结果会形成以母细胞为中心的一堆肉眼可见，并有一定形态、构造的子细胞集团，这就是菌落。如果菌落是由一个单细胞发展而来的，则它就是一个纯种细胞群或克隆。如果将某一纯种的大量细胞密集地接种到固体培养基表面，结果长成的各"菌落"相互联接成一片，这就是菌苔。

描述菌落特征时须选择稀疏、孤立的菌落，其项目包括大小、形状、边缘情况、隆起形状、表面状态、质地、颜色和透明度等（图2-30）。多数细菌菌落圆形，小而薄，表面光滑、湿润、较黏稠，半透明，颜色多样，色泽一致，质

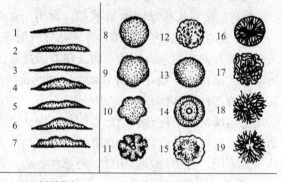

(a) 侧面观察　　(b) 正面观察

图2-30　细菌的菌落特征

侧面观察：1—扁平；2—隆起；3—低凸起；4—高凸起；
5—脐状；6—草帽状；7—乳头状；
正面观察：8—圆形、边缘完整；9—不规则、边缘波浪状；
10—不规则、颗粒状、边缘叶状；11—规则、放射状、边缘叶状；
12—规则、边缘扇边形；13—规则、边缘齿状；
14—规则、有同心环、边缘完整；15—不规则、毛毯状；
16—规则、菌丝状；17—不规则、卷发状、边缘波状；
18—不规则、呈丝状；19—不规则、根状

地均匀，易挑取，常有臭味。这些特征可与其他微生物菌落相区别。

　　不同细菌的菌落也具有自己的特有特征，对于产鞭毛、荚膜和芽孢的种类尤为明显。例如，对无鞭毛、不能运动的细菌尤其是各种球菌来说，随着菌落中个体数目的剧增，只能依靠"硬挤"的方式来扩大菌落的体积和面积，因而就形成了较小、较厚及边缘极其圆整的菌落。对长有鞭毛的细菌来说，其菌落就有大而扁平、形态不规则和边缘多缺刻的特征，运动能力强的细菌还会出现树根状甚至能移动的菌落。有荚膜的细菌，其菌落往往十分光滑，并呈透明的蛋清状，形状较大。凡产芽孢的细菌，因其芽孢引起的折光率变化而使菌落的外形变得很不透明或有"干燥"之感，并因其细胞分裂后常成链状而引起菌落表面粗糙、有褶皱感，再加上它们一般都有周生鞭毛，因此产生了既粗糙、多褶、不透明，又有外形及边缘不规则特征的独特菌落。

　　同一种细菌在不同条件下形成的菌落特征会有差别，但在相同的培养条件下形成的菌落特征是一致的。所以，菌落的形态特征对菌种的分类鉴定有重要的意义。菌落还常用于微生物的分离、纯化、鉴定、计数及选种与育种等工作。

　　2. 其他培养特征

　　培养特征除了菌落外，还包括普通斜面划线培养特征、半固体琼脂穿刺培养特征、明胶穿刺培养特征及液体培养特征等。

　　(1) 普通斜面划线培养特征　　在琼脂斜面中央划直线接种细菌，一般要培养 1～5d，观察细菌生长的程度、形态、表面状况等（图 2-31）。若菌落与菌苔特征发生异样情况，表明该菌种受杂菌污染或发生变异，应分离纯化。

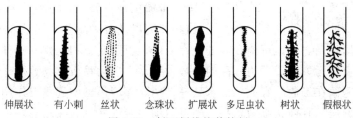

| 伸展状 | 有小刺 | 丝状 | 念珠状 | 扩展状 | 多足虫状 | 树状 | 假根状 |

图 2-31　斜面划线培养特征

　　(2) 半固体琼脂穿刺培养特征　　在半固体培养基中穿刺接种，培养后观察细菌沿穿刺接种部位的生长状况等方面（图 2-32）。如为不运动细菌只沿穿刺部位生长，能运动的细菌则向穿刺线四周扩散生长。各种细菌的运动扩散形状是不同的。

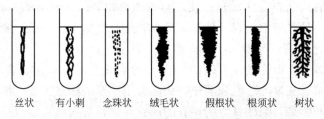

| 丝状 | 有小刺 | 念珠状 | 绒毛状 | 假根状 | 根须状 | 树状 |

图 2-32　半固体琼脂穿刺培养特征

　　(3) 明胶穿刺培养特征　　在明胶培养基中穿刺接种，经培养后观察明胶能否水解及水解后的状况（图 2-33）。凡能产生溶解区的，表明该菌能形成明胶水解酶（即蛋白酶）。溶解区的形状也因菌种不同而异。

　　(4) 液体培养特征　　将细菌接种于液体培养基中，培养 1～3d，观察液面生长状况（如

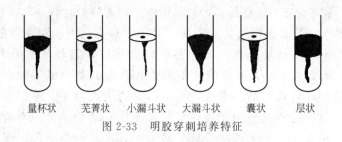

量杯状　　芜菁状　　小漏斗状　　大漏斗状　　囊状　　层状

图 2-33　明胶穿刺培养特征

膜和环等）、混浊程度、沉淀情况、有无气泡和颜色等（图 2-34）。多数细菌表现为混浊，部分表现为沉淀，一些好氧性细菌则在液面大量生长形成菌膜或菌环等现象。

五、常用常见的细菌

1. 革兰阴性菌

（1）假单胞杆菌属　直或略弯曲杆菌，多单生，大小为$(0.5\sim1.0)\mu m\times(1.5\sim5.0)$

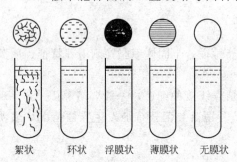

絮状　环状　浮膜状　薄膜状　无膜状

图 2-34　液体试管培养特征

μm。无芽孢，端生单根或多根鞭毛，罕见不运动者。本属菌营养要求不严，属化能有机营养型。多数为好氧菌。大部分菌种能在不含维生素、氨基酸的培养基上很好生长。有些种能产生不溶性的荧光色素和绿脓菌青素、绿菌素等蓝、红、黄橙、绿的色素。本属菌具有很强分解蛋白质和脂肪的能力，但能水解淀粉的菌株较少。

本属菌种类繁多，广泛存在于土壤、水、动植物体表以及各种含蛋白的食品中。假单胞杆菌是最重要的食品腐败菌之一，可使食品变色、变味，引起变质；在好气条件下还会引起冷藏食品腐败、冷藏血浆污染；假单胞杆菌的少数种会对人、动物或植物致病，如铜绿假单胞菌等。但多数假单胞菌在工业、农业、污水处理、消除环境污染中起重要作用。

（2）黄单胞菌属　直杆状细菌，端生鞭毛运动，专性好氧。在培养基上可产生一种非水溶性的黄色色素（一种类胡萝卜素），其化学成分为溴芳基多烯，使菌落呈黄色。所有的黄单胞菌都是植物病原菌，可引起植物病害。水稻黄单胞菌引起水稻白叶枯病。而导致甘蓝黑腐病的野油菜黄单胞菌，可作为菌种生产荚膜多糖，即黄原胶，它在纺织、造纸、搪瓷、采油、食品等工业上都有广泛的用途。

（3）醋酸杆菌属　细胞呈椭圆到杆状，直或稍弯曲，$(0.6\sim0.8)\mu m\times(1.0\sim3.0)\mu m$，单生、成对或成链。某些种常出现各种退化型，其细胞呈球形、伸长、膨胀、弯曲、分枝或丝状等形态。周毛运动或不运动，不形成芽孢。属于化能有机营养型，呼吸代谢，从不发酵，氧是最终氢受体。在中性或酸性（pH 4.5）时氧化乙醇成醋酸。其中的醋化醋杆菌通常存在于水果、蔬菜、酸果汁、醋和酒中，此菌常用于醋酸酿造工业。醋酸杆菌中有的种可引起菠萝的粉红病和苹果、梨的腐烂病，有的菌株在生长过程中可以合成纤维素，这在细菌中是极其罕见的。

（4）埃希菌属　又叫大肠杆菌属，短杆菌，单生或成对，周生鞭毛，许多菌株产荚膜和微荚膜，有的菌株生有大量菌毛，化能有机营养型，兼性厌氧菌。能分解乳糖、葡萄糖，产酸产气，能利用醋酸盐，但不能利用柠檬酸盐，在伊红美蓝培养基上菌落呈深蓝黑色，并有金属光泽。

该属中最具典型意义的代表种是大肠杆菌（E.coli）。正常条件下，大多数大肠杆菌是人和动物肠道内的正常菌群，但在特定条件下（如移位侵入肠外组织或器官）又是条件致病菌，可导致大肠杆菌病；另外，该属中也有少数与大肠杆菌病密切相关的病原性大肠杆菌存在。大肠杆菌是食品中常见的腐败细菌。卫生细菌学上常以"大肠菌群数"和"细菌总数"作为饮用水、牛乳、食品、饮料等卫生检定指标；本菌还是进行微生物学、分子生物学和基因工程研究的重要试验材料和对象。

（5）沙门菌属　寄生于人和动物肠道内的无芽孢直杆菌，兼性厌氧菌。除极少数外，通常以周生鞭毛运动。绝大多数发酵葡萄糖产酸产气，不分解乳糖，可利用柠檬酸盐。在肠道鉴别培养基上，形成无色菌落。

本属种类特别繁多，已发现1860种以上的沙门菌。沙门菌是重要的肠道致病菌，除可引起肠道病变外，尚能引起脏器或全身感染，如肠热症、败血症等。误食被沙门菌污染的食品，常会造成食物中毒。

（6）肠杆菌属　肠杆菌属的性状与埃希菌属相似。在人的肠内虽比大肠杆菌少，但广泛存在于土壤、水域和食品中，也是食品中常见的腐败菌。少数菌株显示出强的腐败力，也有些菌种能在 $0\sim4℃$ 增殖，造成包装食品冷藏过程中的腐败。

（7）变形杆菌属　菌体形态常不规则，有明显多形性。无荚膜、无芽孢、有菌毛、有周生鞭毛，活泼运动。属兼性厌氧菌。在普通琼脂上生长良好，肉汤培养物均匀混浊且有菌膜。广泛分布于动物肠道、土壤、水域和食品中。有些菌种如普通变形杆菌，是食品的腐败菌，并能引起食物中毒，也是伤口中较常见的继发感染菌和人类尿道感染最多见的病原菌之一。

（8）巴氏杆菌属　菌体呈球杆状或短杆状，两端钝圆，大小为 $(0.25\sim0.4)\mu m\times(0.5\sim2.5)\mu m$。单生或成双。用瑞氏染色或美蓝染色可见典型两极着色。无鞭毛，不形成芽孢，新分离的强毒菌株有荚膜。好氧或兼性厌氧菌。对营养要求较严格，在普通培养基上生长贫瘠，在麦康凯培养基上不生长。多杀性巴氏杆菌是本属中最重要的畜禽致病菌，对多种动物可致病。

（9）里氏杆菌属　菌体形态杆状或椭圆形，大小 $(0.3\sim0.5)\mu m\times(0.7\sim6.5)\mu m$，偶见个别长丝状，长 $11\sim24\mu m$。多为单生，少数成双或成短链排列。可形成荚膜，无芽孢，无鞭毛。瑞氏染色可见两极着色。本菌营养要求高，在普通培养基和麦康凯培养基上不生长。鸭疫里氏杆菌是本属的代表种，此菌主要感染雏鸭，引起急性或慢性的败血症和浆膜炎。

（10）光合细菌　光合细菌简称PSB，是地球上出现最早、自然界中普遍存在、具有原始光能合成体系的原核生物，是在厌氧条件下进行不放氧光合作用的细菌的总称，是一类没有形成芽孢能力的革兰阴性菌，是一类以光作为能源、能在厌氧光照或好氧黑暗条件下利用自然界中的有机物、硫化物、氨等作为供氢体兼碳源进行光合作用的微生物。

光合细菌广泛分布于自然界的土壤、水田、沼泽、湖泊、江海等处，主要分布于水生环境中光线能透射到的缺氧区。其适宜水温为 $15\sim40℃$，最适水温为 $28\sim36℃$。它的细胞干物质中蛋白质含量高达到60%以上，其蛋白质氨基酸组成比较齐全，细胞中还含有多种维生素，尤其是B族维生素极为丰富，维生素 B_2、叶酸、泛酸、生物素的含量也较高，同时还含有大量的类胡萝卜素、辅酶Q等生理活性物质。因此，光合细菌具有很高的营养价值。在水产养殖中，光合细菌能够降解水体中的亚硝酸盐、硫化物等有毒物质，实现充当饵料、净化水质、预防疾病、作为饲料添加剂等功能。光合细菌适应性强，能忍耐高浓度的有机废水，对酚、氰等毒物有一定的忍受和分解能力，具有较强的分解转化能力。它的诸多特性，使其在无公害水产养殖中具有巨大的应用价值。

2. 革兰阳性菌

（1）微球菌属　菌体呈球状，单生、双生或多次分裂，分裂面无规律，形成不规则簇形或立体形，好氧、不运动，在食品中常见，是食品腐败细菌。某些菌株如黄色微球菌能产生色素，感染这些菌后，会使食品发生变色。微球菌属具有较高的耐盐性和耐热性。有些菌种适于在低温环境中生长，引起冷藏食品腐败变质。

（2）葡萄球菌属　菌体呈球状，单生、双生或呈葡萄串状，无芽孢、无鞭毛、不运动、有的形成荚膜或黏液层，好氧或兼性厌氧菌。本属菌广泛分布于自然界，如空气、土壤、水域及食品，也经常存在于人和动物的皮肤上，是皮肤正常微生物区系的代表性成员。某些菌种是引起人畜皮肤感染或食物中毒的潜在病原菌。如人和动物的皮肤或黏膜损伤后而感染金黄色葡萄球菌，可引起化脓性炎症；食物被该菌污染，人误食后可引起毒素型食物中毒。

（3）芽孢杆菌属　菌体呈杆状，菌端钝圆或平截，单个或成链状。有芽孢，大多数能以周生鞭毛或退化的周生鞭毛运动。某些种可在一定条件下产生荚膜。好氧或兼性厌氧。菌落形态和大小多变，在某些培养基上可产生色素。生理性状多种多样。

本属广泛分布于自然界，种类繁多。枯草芽孢杆菌（*Bacillus subtilis*）是代表种。除作为细菌生理学研究外，常作为生产中性蛋白酶、α-淀粉酶、5′-核苷酸酶和杆菌肽的主要菌种及饲料微生物添加剂中的安全菌种使用。地衣芽孢杆菌（*B. licheniformis*）可用于生产碱性蛋白酶、甘露聚糖酶和杆菌肽。多黏芽孢杆菌（*B. polymyxa*）可生产多黏菌素。炭疽芽孢杆菌（*B. anthracis*）是毒性很大的病原菌，能引起人、畜患炭疽病。蜡状芽孢杆菌（*B. cereus*）是工业发酵生产中常见污染菌，同时也可引起食物中毒。苏云金芽孢杆菌（*B. thuringiensis*）的伴胞晶体可用于生产无公害农药。

（4）梭状芽孢杆菌属　菌体呈杆状，两端钝圆或稍尖，有些种可形成长丝状。细胞单个、成双、短链或长链。运动或不运动，运动者具周生鞭毛。可形成卵圆形或圆形芽孢，常使菌体膨大。由于芽孢的形状和位置不同，芽孢体可表现为各种形状。化能有机营养菌，也有些是化能无机营养菌。绝大多数种专性厌氧，对氧的耐受差异较大。

梭菌在自然界分布广泛。多数为非病原菌，其中有部分为工业生产用菌种，如丙酮丁醇梭菌是发酵工业上生产丙酮丁醇的菌种。常见的致病菌较少，但多为人畜共患病病原。如，肉毒梭菌和产气荚膜梭菌是可引起人畜多种严重疾病，也可造成食物中毒的细菌。其中肉毒梭菌产生的肉毒毒素，毒性极大，只要 30g，就能使全世界 50 亿人中毒死亡。

（5）丁酸菌　又称酪酸梭状芽孢杆菌、丁酸梭状芽孢杆菌、丁酸梭菌、酪酸杆菌等，属于革兰阳性厌氧杆菌。菌体中常有圆形或椭圆形芽孢，使菌体中部膨大呈梭形。该菌在 37℃、pH7 时为生长发育的最适条件，它能利用多种糖类，如葡萄糖、乳糖、麦芽糖、蔗糖和果糖等，并能利用淀粉。本菌的主要代谢产物为丁酸、乙酸。

丁酸菌是调节人体肠道微生态平衡的有益菌，在人体肠道内可体现五大生物特性：①促进肠道有益菌群（双歧杆菌，乳酸杆菌）的增殖和发育，抑制肠道内有害菌和腐败菌的生长、繁殖，纠正肠道菌群紊乱，减少肠毒素的发生。②在肠道内能产生 B 族维生素、维生素 K、淀粉酶等物质，对人体具有保健作用。③其主要代谢产物丁酸是肠道上皮组织细胞的再生和修复的主要营养物质。④丁酸菌是厌氧芽孢杆菌，稳定性好，在人体内不受胃酸、胆汁酸等影响，在体外室温下能保存三年以上。⑤对多种抗生素有较强的耐受性，在临床上可与其并用。

（6）乳酸菌　是指一群能将糖类发酵产生乳酸的细菌，包括乳杆菌属、链球菌属等。

① 乳杆菌属　菌体呈长杆状或短杆状，链状排列、不运动。厌氧性或兼性厌氧，能发酵糖类产生乳酸。化能有机营养型，营养要求复杂，需要生长因子。在 pH 3.3～4.5 条件下，仍能生存。乳杆菌常见于乳制品、腌制品、饲料、水果、果汁及土壤中。

它们是许多恒温动物，包括人类口腔、胃肠和阴道的正常菌群，很少致病。德氏乳杆菌（*Lactobacillus. delbruckii*）常用于生产乳酸及乳酸发酵食品；保加利亚乳杆菌、嗜酸性乳杆菌等常用于发酵饮料工业。

② 链球菌属　菌体呈球状或卵圆状，直径 0.5～1μm，呈短链或长链排列，无鞭毛，不能运动，兼性厌氧菌，广泛分布于水域、尘埃以及人、畜粪便与人的鼻咽部等处。有些是有益菌，如乳链球菌常用于乳制品发酵工业及我国传统食品工业中；有些是乳制品和肉食中的常见污染菌；有些构成人和动物的正常菌群；有些是人或动物的病原菌，如化脓链球菌、肺炎链球菌、猪链球菌等。

③ 双歧杆菌属　细胞形态呈多样性，长细胞略弯或有突起，或有不同分支，或有分叉或产生匙形末端；短细胞端尖，也有球形细胞。细胞排列或单个，或成链，或呈星形、V形及栅状。厌氧，有的能耐氧。发酵代谢，通过特殊的果糖-6-磷酸途径分解葡萄糖。存在于人、动物及昆虫的口腔和肠道中。近年来，许多实验证明双歧杆菌产生的乙酸具有降低肠道 pH 值、抑制腐败细菌滋生、分解致癌前体物、抗肿瘤细胞、提高机体免疫力等多种对人体健康有效的生理功能。

（7）棒杆菌属　菌体为杆状、直到微弯，常呈一端膨大的棒状。细胞着色不均匀，可见节段染色或异染颗粒。细胞分裂形成"八"字形排列或栅状排列。无芽孢、无鞭毛、不运动，少数植物病原菌能运动。少数为好氧菌而多数为兼性厌氧菌。

棒状杆菌属广泛分布于自然界，腐生型的棒杆菌生存于土壤、水体中，如产生谷氨酸的北京棒杆菌（*Corynebacterium pekinense*）。利用该菌种，根据代谢调控机理，已筛选出生产各种氨基酸的菌种。寄生型的棒杆菌可引起人、动植物的病害，如引起人类患白喉病的白喉棒杆菌以及造成马铃薯环腐病的马铃薯环腐病棒杆菌。

（8）丙酸杆菌属　形态多变，通常呈一端圆一端尖的棒杆状，但老龄细胞（对数生长后期）则多呈球形。在排列方式上也是呈多样性，或单个、成对、成短链；或呈 V 形、Y 形细胞对；或以"汉字"状簇群排列。厌氧至耐氧，化能有机营养型。能发酵乳酸、糖和蛋白胨，产生大量的丙酸及乙酸，使乳酪具有特殊风味是这类细菌生理上独特特征。从牛奶、奶酪、人的皮肤、人与动物的肠道中可分离出。有的种对人有致病性。费氏丙酸杆菌是工业上用来生产丙酸和维生素 B_{12} 的菌种。

（9）分枝杆菌属　细胞呈略弯曲或直的杆状，有时有分枝，也能出现丝状或以菌丝体状生长。当受到触动时菌丝破碎成杆状或球状。由于细胞表面含有分枝菌酸，具有抗酸性。细胞壁中的肽聚糖含有内消旋二氨基庚二酸、阿拉伯糖和半乳糖。质膜中的磷脂含有磷脂酰乙醇胺。好氧，化能有机营养型，包括专性细胞内寄生、腐生和兼性。可从土壤、痰液和其他污染物中分离到。结核分枝杆菌是人类结核病，例如：肺结核、肠结核、骨结核、肾结核的病原菌。结核杆菌分为人型、牛型、鸟型、鼠型、冷血动物型以及非洲型。麻风分枝杆菌是引起人类麻风病的病原菌，动物中的犰狳对麻风杆菌高度易感，是研究麻风杆菌的动物模型。

 ## 技能训练1　细菌简单染色技术

一、实验目的

1. 学习微生物涂片、染色的基本技术，掌握细菌的简单染色法。

2. 初步认识细菌的形态特征。

3. 巩固显微镜（油镜）操作技术及无菌操作技术。

二、实验原理

细菌细胞微小且无色透明，在普通光学显微镜下难以将其与背景区分而看清，所以在利用光学显微镜对微生物观察前，需要利用染料对微生物进行染色，使着色细胞或结构与背景形成鲜明对比，以便更清晰地观察微生物细胞形态和部分结构。因此，微生物染色是微生物学中的一项基本技术。由于细胞对染料的毛细现象、渗透、吸附、吸收等物理作用，以及细胞与染料之间离子交换、酸碱亲和等化学作用，染料能使细菌着色，并且因细菌细胞的结构和化学成分不同，而会有不同的染色反应。在一般情况下细菌菌体多带负电荷，所以常用碱性染料进行染色。碱性染料并不是碱，和其他染料一样是一种盐，电离后染料离子带正电，易与带负电的细菌结合而使细菌着色。生物染色常用的碱性染料有结晶紫、美蓝、石炭酸复红、番红等。

简单染色法是只用一种染色剂对细胞进行染色。此法操作简便，适用于菌体的一般形态观察，但通常不能显示细胞结构，也不能鉴别细菌类别。

染色前必须将菌体涂布于载玻片上并进行固定，其目的是杀死细菌，并使菌体黏附在载玻片上，防止菌体被染色剂冲掉。此外还可增加菌体对染料的亲和力。

三、实验器材

1. 大肠杆菌（*Escherichia coli*），金黄色葡萄球菌（*Staphylococcus aureus*），枯草芽孢杆菌（*Bacillus subtilis*）。

2. **染色液**：吕氏碱性美蓝染液（附录Ⅱ-1）、草酸铵结晶紫染液（附录Ⅱ-2）、齐氏石炭酸复红染液（附录Ⅱ-3）。

3. 显微镜，载玻片，接种环，酒精灯，吸水纸，双层瓶（内装香柏油和二甲苯），玻璃缸，玻片搁架，擦镜纸，生理盐水（或蒸馏水）。

四、实验方法

1. 涂片

取洁净无油载玻片一块，滴一小滴（或用接种环挑取1~2环）生理盐水（或蒸馏水）于玻片中央，用接种环以无菌操作从菌种斜面上挑取少许细菌培养物，在载玻片上的水滴中研开后涂成薄的菌膜。若用菌悬液（或液体培养物）涂片，可用接种环挑取2~3环直接涂于载玻片上。

注意：载玻片要洁净无油迹；滴生理盐水和取菌不宜过多；涂片要涂抹均匀，不宜过厚。

2. 干燥

自然干燥或用电吹风干燥。

3. 固定

涂菌面朝上，通过火焰2～3次。

此操作过程称热固定，其目的是使细胞质凝固，以固定细胞形态，并使之牢固附着在载玻片上。

注意：热固定温度不宜过高（以玻片背面不烫手为宜），否则会改变甚至破坏细胞形态。

4. 染色

将载玻片平放于载玻片支架上，滴加染液覆盖涂菌部位即可，吕氏碱性美蓝染液约1.5min；草酸铵结晶紫染液或齐氏石炭酸复红染液约1min。

5. 水洗

倾去染液，用自来水冲洗，直至涂片上流下的水无色为止。

注意：水洗时，不要直接冲洗涂面，而应使水从载玻片的一端流下；水流不宜过急、过大，以免涂片薄膜脱离。

6. 干燥

自然干燥，或用电吹风吹干，也可用吸水纸吸干。

7. 镜检

涂片干后用油镜观察染色标本。

注意：涂片必须完全干燥后才能用油镜观察。

五、结果与讨论

1. 将观察结果记录于表中。

细菌简单染色及形态观察记录

菌　　种	使用染料	菌体颜色	菌体形态图
大肠杆菌（*Escherichia coli*）			
金黄色葡萄球菌（*Staphylococcus aureus*）			
枯草芽孢杆菌（*Bzcillus subtilis*）			

2. 根据你的实验体会，你认为制备染色标本时应注意哪些事项？

3. 为什么要求制片完全干燥后才能用油镜观察？

4. 染色之前为什么要对菌体进行固定？

 技能训练2　革兰染色技术

一、实验目的

1. 了解革兰染色的机理。

2. 掌握革兰染色的方法。

二、实验原理

革兰染色法是1884年由丹麦医生Christain Gram氏创立的，通过这一染色，可把几乎所有细菌分成革兰阳性菌和革兰阴性菌（简写为 G^+、G^-），因此它是细菌分类鉴定时的重要指标，是细菌学中最重要的鉴别染色法。

革兰染色的方法是先用结晶紫对菌体细胞进行初染色，再用碘液进行媒染，然后用95%乙醇对被染色的细胞进行脱色。此时，不同细菌的脱色反应不同，有的细菌能保持结晶紫-碘复合物的颜色而不被脱色，有的细菌则能被脱色。最后用一种颜色不同于初染色液的染料番红进行复染色，使被脱色的细菌染上不同于初染色液的颜色。能保持结晶紫-碘复合物而不被脱色的细菌，菌体呈紫色，为革兰阳性菌（G$^+$）；初染的颜色被酒精脱去，复染时着上番红颜色的细菌，菌体呈红色，为革兰阴性菌（G$^-$）。

三、实验器材

1. 大肠杆菌（*Escherichia coli*），金黄色葡萄球菌（*Staphylococcus aureus*）。

2. 染色液及试剂：草酸铵结晶紫染液（附录Ⅱ-2）、卢戈碘液（附录Ⅱ-4）、95％乙醇、番红复染液（附录Ⅱ-5）。

3. 显微镜，载玻片，接种环，酒精灯，吸水纸，双层瓶（内装香柏油和二甲苯），玻璃缸，玻片搁架，擦镜纸，生理盐水（或蒸馏水）。

四、实验方法

1. 制片

取活跃生长期菌种进行涂片、干燥和固定，方法与细菌简单染色相同。

注意：选用活跃生长期菌种染色，老龄的革兰阳性细菌会被染成红色而造成假阴性；涂片不宜太厚，以免脱色不完全造成假阳性。

2. 初染

滴加草酸铵结晶紫染液覆盖涂菌部位，染色 1～2min 后倾去染液，水洗至流出水无色。

3. 媒染

先用卢戈碘液冲去残留水迹，再用碘液覆盖1min，倾去碘液，水洗至流出水无色。

4. 脱色

将玻片上残留水用吸水纸吸去，在白色背景下用滴管流加 95％乙醇冲洗涂片，同时轻轻摇动载玻片使乙醇分布均匀，至流出的乙醇刚刚不出现紫色时即停止脱色，并立即用水洗去乙醇。

这一步是革兰染色是否成功的关键，必须严格掌握酒精脱色的程度，脱色不够造成假阳性，脱色过度造成假阴性。

5. 复染

将玻片上残留水用吸水纸吸去，用番红复染液染色2min，水洗，吸去残水晾干。

6. 镜检

油镜观察，以分散存在的细胞的革兰染色反应为准，过于密集的细胞常呈假阳性。

五、实验结果与讨论

1. 将观察结果记录于表中。

大肠杆菌、金黄色葡萄球菌的革兰染色结果记录

菌　　名	菌体颜色	细菌形态	结果(G$^+$,G$^-$)
大肠杆菌			
金黄色葡萄球菌			

2. 在表中依次填入革兰染色所用燃料或试剂名称，并填上革兰阳性细菌和革兰阴性细菌在每一步染色后菌体所呈的颜色。

革兰染色情况记录

步骤	染料或试剂	G$^+$菌颜色	G$^-$菌颜色
1			
2			
3			
4			

3. 你认为革兰染色法中哪个步骤可以省略？在何种情况下可以省略？

模块四　放线菌形态观察技术

放线菌是一类主要呈菌丝状生长和以孢子繁殖的、陆生性较强的革兰阳性原核微生物。它是介于细菌和真菌之间的单细胞微生物。一方面，放线菌的细胞构造和细胞壁化学组成与细菌相似，与细菌同属原核微生物；另一方面，放线菌菌体呈纤细的菌丝，且分支，又以外生孢子的形式繁殖，这些特征与霉菌相似。放线菌菌落中的菌丝常从一个中心向四周辐射状生长，并因此而得名。

放线菌在自然界分布广泛，尤以含水量较少，有机质丰富的微碱性土壤中最多，每克土壤中其孢子数一般可高达 10^7 个。泥土所特有的泥腥味就是由放线菌产生的代谢产物——土腥味素引起的。

大多数放线菌的生活方式为腐生，少数为寄生。腐生型放线菌在环境保护和自然界物质循环等方面起着相当重要的作用，而寄生型可引起人、动物、植物的疾病。如，人和动物的皮肤病、肺部和足部感染、脑膜炎等及马铃薯和甜菜的疮痂病等。放线菌最突出的特性就是能产生大量的、种类繁多的抗生素。至今已报道的近万种抗生素中，约 70% 由放线菌产生。如：临床常用的链霉素、卡那霉素、四环素、土霉素、金霉素等；应用于农业的井冈霉素、庆丰霉素等。近年来筛选到的许多新的生化药物也是放线菌的次生代谢产物，包括抗癌剂、酶抑制剂、抗寄生虫剂、免疫抑制剂和农用杀虫（杀菌）剂等。放线菌还是许多酶类（葡萄糖异构酶，蛋白酶等）、维生素 B_{12}、氨基酸和核苷酸等药物的产生菌。我国用的菌肥"5406"也是由泾阳链霉菌制成的。在有固氮能力的非豆科植物根瘤中，共生的固氮菌就是属于弗兰克菌属的放线菌。此外，放线菌在甾体转化、石油脱蜡、烃类发酵和污水处理等方面也有重要应用。

一、放线菌的形态和构造

放线菌种类繁多，下面以种类最多、分布最广、形态特征最典型的链霉菌属为例阐述其形态构造。

链霉菌的细胞呈丝状分枝，菌丝直径 $1\mu m$ 左右（与细菌相似），菌丝内无隔膜，故呈多核的单细胞状态。其细胞壁的主要成分是肽聚糖，也含有胞壁酸和二氨基庚二酸，不含几丁质或纤维素。

放线菌的菌丝由于形态和功能不同，一般可分为基内菌丝、气生菌丝和孢子丝三类（图 2-35）。

（1）基内菌丝　又称基质菌丝、营养菌丝或一级菌丝，生长在培养基内或表面。基内菌丝较细，一般颜色浅，但有的产生水溶性或脂溶性色素。主要功能是吸收营养物质和排泄废物。

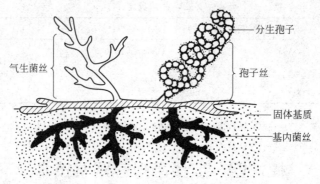

图 2-35　链霉菌的形态构造模式

（2）气生菌丝　又称二级菌丝，它是基内菌丝生长到一定时期长出培养基表面伸向空中的菌丝。气生菌丝较基内菌丝粗，一般颜色较深，有的产生色素。其形状有直形或弯曲状，有的有分枝。主要功能是传递营养物质和繁殖后代。

（3）孢子丝　又称繁殖菌丝、产孢丝，它是气生菌丝生长发育到一定阶段分化成的可产孢子的菌丝。孢子丝的形态和在气生菌丝上的排列方式随菌种而异。其形状有直形、波曲形、钩形或螺旋形，着生方式有互生、轮生或丛生等，是分类鉴别的重要依据（图 2-36）。

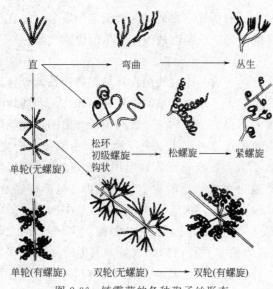

图 2-36　链霉菌的各种孢子丝形态

孢子丝生长到一定阶段可形成孢子。在光学显微镜下，孢子呈球形、椭圆形、杆形、瓜子形、梭形和半月形等；在电子显微镜下还可看到孢子的表面结构，有的光滑、有的带小疣、有的带刺（不同种的孢子，刺的粗细、长短不同）或毛发状。孢子表面结构也是放线菌菌种鉴定的重要依据。孢子的表面结构与孢子丝的形状、颜色也有一定关系，一般直形或波曲形的孢子丝形成的孢子表面光滑；而螺旋形孢子丝形成的孢子，其表面有的光滑，有的带刺或毛发状。白色、黄色、淡绿、灰黄、淡紫色的孢子表面一般都是光滑型的，粉红色孢子只有极少数带刺，黑色孢子绝大部分都带刺和毛发状。

孢子含有不同色素；成熟的孢子堆也表现出特定的颜色，而且在一定条件下比较稳定，故也是鉴定菌种的依据之一。应指出的是由于从同一孢子丝上分化出来的孢子，形状和大小可能也有差异，因此孢子的形态和大小不能笼统地作为分类鉴定的依据。

二、放线菌的生长繁殖

放线菌主要通过形成无性孢子的方式进行繁殖，也可借菌体断裂片段繁殖。放线菌产生的无性孢子主要有：分生孢子和孢囊孢子。

大多数放线菌（如链霉菌属）生长到一定阶段，一部分气生菌丝形成孢子丝，孢子丝成熟便分化形成许多孢子，称为分生孢子。以前人们认为，形成分生孢子的形式有凝聚分裂和横割分裂两种方式，但根据电子显微镜对放线菌超薄切片观察，结果表明孢子丝形成孢子只有横割分裂而无凝聚过程。横割分裂有两种方式：①细胞膜内陷，再由外向内逐渐收缩形成横隔膜，将孢子丝分割成许多分生孢子；②细胞壁和质膜同时内陷，再逐渐向内缢缩，将孢子丝缢裂成连串的分生孢子。

有些放线菌可在菌丝上形成孢子囊，在孢子囊内形成孢囊孢子，孢子囊成熟后，释放出大量孢囊孢子。孢子囊可在气生菌丝上形成（如链孢囊菌属），也可在基内菌丝上形成（如游动放线菌属），或二者均可生成。另外，某些放线菌偶尔也产生厚壁孢子。

借菌丝断裂的片断形成新菌体的繁殖方式常见于液体培养中，如工业化发酵生产抗生素时，放线菌就以此方式大量繁殖。

三、放线菌的群体特征

放线菌的菌落由菌丝体组成，一般为圆形、平坦或有许多皱褶和地衣状。

放线菌的菌落特征随菌种而不同。一类是产生大量分枝的基内菌丝和气生菌丝的菌种，如链霉菌，其菌丝较细，生长缓慢，菌丝分枝相互交错缠绕，所以形成的菌落质地致密，表面呈较紧密的绒状或坚实，干燥，多皱，菌落较小而不延伸；其基内菌丝伸入基质内，菌落与培养基结合较紧密而不易挑取或挑起后不易破碎。菌落表面起初光滑或如发状缠结，产生孢子后，则呈粉状、颗粒状或絮状。气生菌丝有时呈同心环状。另一类是不产生大量菌丝体的菌种，如诺卡菌，这类菌的菌落黏着力较差，结构成粉质，用针挑取则粉碎。

有些种类菌丝和孢子常含有色素，使菌落正面和背面呈现不同颜色。正面是气生菌丝和孢子的颜色，背面是基内菌丝或所产生色素的颜色。

将放线菌接种于液体培养基内静置培养，能在瓶壁液面处形成斑状或膜状菌落，或沉降于瓶底而不使培养基混浊；若振荡培养，常形成由短小的菌丝体所构成的球状颗粒。

四、常用常见的放线菌

1. 链霉菌属

链霉菌属大多生长在含水量较低、通气较好的土壤中。其菌丝无隔膜，基内菌丝较细，直径 $0.5 \sim 0.8 \mu m$，气生菌丝发达，较基内菌丝粗 $1 \sim 2$ 倍，成熟后分化为呈直形、波曲形或螺旋形的孢子丝，孢子丝发育到一定时期产生出成串的分生孢子。链霉菌属是抗生素工业所用放线菌中最重要的属。已知链霉菌属有 1000 多种。许多常用抗生素，如链霉素、土霉素、井冈霉素、丝裂霉素、博来霉素、制霉菌素、红霉素和卡那霉素等，都是链霉菌产生的。

2. 诺卡菌属

诺卡菌属主要分布在土壤中。其菌丝有隔膜，基内菌丝较细，直径 $0.2 \sim 0.6 \mu m$。一般无气生菌丝。基内菌丝培养十几个小时形成横隔，并断裂成杆状或球状孢子。菌落较小，表面多皱，致密干燥，边缘呈树根状，颜色多样，一触即碎。有些种能产生抗生素，如利福霉素、蚁霉素等；也可用于石油脱蜡及污水净化中脱氰等。

3. 放线菌属

放线菌属菌丝较细，直径小于 $1\mu m$，有隔膜，可断裂呈 V 形或 Y 形。不形成气生菌丝，也不产生孢子，一般为厌氧或兼性厌氧菌。本属多为致病菌，如引起牛颚肿病的牛型放线菌、引起人的后颚骨肿瘤病及肺部感染的衣氏放线菌。

4. 小单孢菌属

小单孢菌属分布于土壤及水底淤泥中。基内菌丝较细，直径 $0.3 \sim 0.6 \mu m$，无隔膜，不断裂，一般无气生菌丝。在基内菌丝上长出短孢子梗，顶端着生单个球形或椭圆形孢子。菌落较小。多数好氧，少数厌氧。有的种可产抗生素，如绛红小单孢菌和棘孢小单孢菌都可产庆大霉素，有的种还可产利福霉素。此外，还有的种能产生维生素 B_{12}。

5. 链孢囊菌属

链孢囊菌属特点是气生菌丝可形成孢囊和孢囊孢子。孢囊孢子无鞭毛，不能运动。本属菌也有不少菌种能产生抗生素，如粉红链孢囊菌产生多霉素、绿灰链孢囊菌产生绿菌素等。

 # 技能训练 3　放线菌的形态观察

一、实验目的

1. 观察放线菌菌体的基本形态特征。

2. 掌握观察放线菌形态的几种培养与制片方法。

二、实验原理

放线菌菌体一般由纤细、有分枝、无横隔膜的菌丝组成。它的菌丝依据其形态和功能可分为基内菌丝（营养菌丝）、气生菌丝和孢子丝（繁殖菌丝）三种。基内菌丝生长于培养基内，主要生理功能是吸收营养物，直径 $0.2 \sim 0.8 \mu m$。基内菌丝长出培养基表面伸向空气中，即为气生菌丝，直径约 $1 \sim 1.4 \mu m$。气生菌丝发育到一定程度，其上可分化出产生孢子的菌丝，即为孢子丝。孢子丝的着生方式、形态和所产生孢子的形态及表面结构、颜色等随菌种而不同，因此是放线菌鉴定的主要依据。

由于放线菌的菌丝很细，且较脆弱，稍一触动即断碎，所以观察放线菌不宜用涂片法，否则只能看到气生菌丝片段和分散的单个孢子。为了观察放线菌的形态特征，人们设计了各种培养和观察方法，这些方法的主要目的是为了尽可能保持放线菌自然生长状态下的特征。本实验学习几种简易的放线菌观察方法，即：印片观察法、插片观察法和透明玻璃纸观察法。

印片观察法：将要观察的放线菌的菌落或菌苔先印在玻璃片上，经染色后观察。这种方法主要用于观察孢子丝的形态、孢子的排列及其形状等。方法简便，但形态特征可能有所改变。

插片观察法：将放线菌接种在琼脂平板上，插上灭菌盖玻片后培养，使放线菌菌丝沿着培养基表面与盖玻片的交接处生长而附着在盖玻片上。观察时，轻轻取出盖玻片，置于载玻片上直接镜检。这种方法可观察到放线菌自然生长状态下的特征，而且便于观察不同生长期的形态。

透明玻璃纸观察法：玻璃纸是一种透明的半透膜，将灭菌的玻璃纸覆盖在琼脂平板表面，然后将放线菌接种于玻璃纸上，经培养，放线菌在玻璃纸上生长形成菌苔。观察时，揭下玻璃纸，固定在载玻片上直接镜检。这种方法既能保持放线菌的自然生长状态，也便于观察不同生长期的形态特征。

三、实验器材

1. 菌种：天蓝色链霉菌（*Streptomyces coelicolor*），细黄链霉菌（*Streptomyces microflavus*）。

2. 培养基：高氏Ⅰ号琼脂培养基（附录Ⅲ-2）。

3. 染色液：齐氏石炭酸复红染液（附录Ⅱ-3）。

4. 其他：显微镜，培养皿，载玻片，盖玻片，镊子，小刀，接种环，玻璃纸等。

四、实验方法

（一）印片观察法

1. 接种培养　先将被试菌种用常规划线接种于高氏Ⅰ号平板培养基上，28℃培养4～7d，得到放线菌培养物，作为制片观察的材料。

2. 印片　取干净载玻片一块，用小刀切取放线菌培养体一块，放在载玻片上，菌面朝上，用另一块载玻片对准菌块的气生菌丝轻轻按压，使培养物（气生菌丝、孢子丝或孢子）黏附（"印"）在后一块载玻片的中央，然后将载玻片垂直拿起。注意不要使培养体在玻片上滑动，否则会打乱孢子丝的自然形态。

3. 微热固定　将印有放线菌的涂面朝上，通过酒精灯火焰2～3次加热固定。

4. 染色　用齐氏石炭酸复红染液染色1min，水洗后晾干。

5. 镜检　先用低倍镜后用高倍镜，最后用油镜观察孢子丝、孢子的形态及孢子排列情况。

（二）插片观察法

1. 倒平板　将融化并冷却至50℃左右的高氏Ⅰ号琼脂培养基倒平板，制备4～5mm厚的高氏Ⅰ号培养基平板，凝固待用。

2. 插片　用灼烧灭菌过的镊子将无菌盖玻片以45°倾斜角插入培养皿中的琼脂培养基内，盖玻片插入深度约为片子的一半（图2-37）。

3. 接种　用接种环沿盖玻片与培养基交界处接种放线菌孢子。

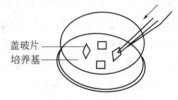

图2-37　插片法

4. 培养　将培养皿倒置于28℃温箱培养，培养时间根据观察的目的而定，通常3～5d。

5. 镜检　用镊子小心地将盖玻片取出，擦去生长较差一面的菌丝体，然后使带菌面朝上，放在载玻片上，置于显微镜下观察。如采用对培养后的盖玻片进行染色后观察，效果会更好。

（三）透明玻璃纸观察法

1. 倒平板　同插片观察法

2. 铺玻璃纸　以无菌操作用镊子将已灭菌（155～160℃干燥灭菌2h）的玻璃纸片（似盖玻片大小）铺在培养基琼脂表面，用无菌玻璃涂布棒（或接种环）将玻璃纸压平，使其紧贴在琼脂表面，玻璃纸和琼脂之间不留气泡，每个平板可铺5～10块玻璃纸。也可用略小于平皿的大张玻璃纸平铺琼脂表面，但观察时需再剪成小块。

3. 接种　用接种环挑取菌种斜面培养物（孢子）在玻璃纸上划线接种。

4. 培养　将平板倒置，28℃培养3～5d。

5. 镜检　在洁净载玻片上加一小滴水，用镊子小心取下玻璃纸片，菌面朝上放在玻片的水滴上，使玻璃纸平贴在玻片上（中间勿留气泡），先用低倍镜观察，找到适当视野后换高倍镜观察。操作过程勿碰玻璃纸菌面上的培养物。

五、结果与讨论

1. 绘图记录所观察到的放线菌的孢子丝形态，并作出描述。

2. 放线菌的菌体为何不易挑取？

3. 比较实验中所采用的几种观察方法的优缺点，在何种情况下适宜用何种制片方法来观察，效果较好？

模块五　酵母菌形态观察技术

酵母菌不是分类学上的名称，而是一类非丝状真核微生物，一般泛指能发酵糖类的各种单细胞真菌。酵母菌通常以单细胞状态存在，细胞壁常含甘露聚糖，以芽殖或裂殖进行无性繁殖，能发酵糖类产能，喜在含糖量较高的偏酸性水生环境中生长。

酵母菌在自然界分布很广，主要分布于偏酸性含糖环境中，如水果、蔬菜、蜜饯的表面和果园土壤中。石油酵母则多分布于油田和炼油厂周围的土壤中。

酵母菌是人类应用最早的微生物，与人类关系极为密切。千百年来，酵母菌及其发酵产品大大改善和丰富了人类的生活，如各种酒类生产，面包制造，甘油发酵，饲用、药用及食用单细胞蛋白生产，从酵母菌体提取核酸、麦角甾醇、辅酶A、细胞色素C、凝血质和维生素等生化药物。近年来，在基因工程中酵母菌还以最好的模式真核微生物而被用作表达外源蛋白功能的优良受体菌，同时它也是分子生物学、分子遗传学等重要理论研究的良好材料。当然，酵母菌也会给人类带来危害。例如，腐生型的酵母菌能使食品、纺织品和其他原料发生腐败变质；耐渗透压酵母可引起果酱、蜜饯和蜂蜜的变质。少数酵母菌能引起人或其他动物的疾病，其中最常见者为"白色念珠菌"（白假丝酵母）能引起人体一些表层（皮肤、黏膜或深层各内脏和器官）组织疾病。

一、酵母菌的形态和构造

1. 酵母菌的形状与大小

大多数酵母菌为单细胞，形状因种而异。基本形态为球形、卵圆形、圆柱形或香肠形。某些酵母菌进行一连串的芽殖后，长大的子细胞与母细胞并不立即分离，其间仅以极狭小的接触面相连，这种藕节状的细胞串称为假菌丝。菌体无鞭毛，不能游动。

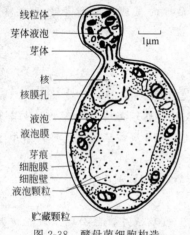

图 2-38　酵母菌细胞构造

（图中标注：线粒体、芽体液泡、芽体、核、核膜孔、液泡、液泡膜、芽痕、细胞膜、细胞壁、液泡颗粒、贮藏颗粒；比例尺 1μm）

酵母菌的细胞直径约为细菌的 10 倍，一般为 2～5μm，长度为 5～30μm，最长可达 100μm。每一种酵母菌的大小因生活环境、培养条件和培养时间长短而有较大的变化。最典型和最重要的酿酒酵母细胞大小为 $(2.5～10)\mu m \times (4.5～21)\mu m$。

2. 酵母菌的细胞构造

酵母菌具有典型的真核细胞构造（图 2-38），与其他真菌的细胞构造基本相同，但是也有其本身的特点。

（1）细胞壁　酵母细胞壁厚约 25nm，重量达细胞干重的 25%，具有三层结构——外层为甘露聚糖，内层为葡聚糖，都是复杂的分枝状聚合物，其间夹有一层蛋白质分子（包括多种酶，如葡聚糖酶、甘露聚糖酶等）。位于细胞壁内层的葡聚糖是维持细胞壁强度的主要物质。此外，细胞壁上还含有少量类脂和以环状形式分布于芽痕周围的几丁质。用玛瑙螺的胃液制得的蜗牛消化酶，可用来制备酵母菌的原生质体。

（2）细胞膜　酵母菌的细胞膜也是由 3 层结构组成的（图 2-39），主要成分为蛋白质（约占干重 50%）类脂（约 40%）和少量糖类。

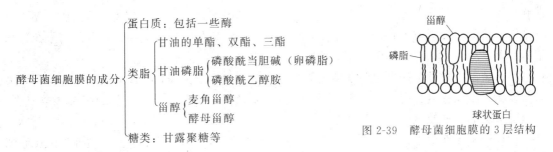

图 2-39　酵母菌细胞膜的 3 层结构

由于酵母菌细胞膜上含有丰富的维生素 D 的前体——麦角甾醇，它经紫外线照射后能转化成维生素 D_2，故可作为维生素 D 的来源，例如发酵性酵母（*Sacchsromyces fermentati*）的麦角甾醇含量可达细胞干重的 9.66%。

（3）细胞核　酵母具有多孔核膜包裹起来的定形细胞核。用相差显微镜可见到活细胞内的核；如用碱性品红或姬姆萨染色法对固定后的酵母菌细胞染色，还可以观察到核内的染色体。酵母细胞核是具遗传信息的主要贮存库。

（4）其他构造　芽痕是酵母菌特有的结构，酵母菌为出芽生殖，芽体成长后与母细胞分离，在母细胞壁上留下的标记即为芽痕。在光学显微镜下无法看到芽痕，但用荧光染料染色，或用扫描电镜观察，都可看到芽痕。

二、酵母菌的生长繁殖

酵母菌具有无性繁殖和有性繁殖两种繁殖方式，大多数酵母以无性繁殖为主。无性繁殖包括芽殖、裂殖和产生无性孢子，有性繁殖主要是产生子囊孢子。它对科学研究、菌种鉴定和上菌种选育工作十分重要。现把代表性的繁殖方式表解如下：

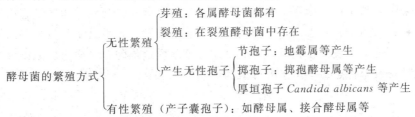

1. 无性繁殖

（1）芽殖　芽殖是酵母菌最常见的繁殖方式。在良好的营养和生长条件下，酵母菌生长迅速，几乎所有的细胞上都长有芽体，而且芽体上还可形成新芽体，于是就形成了呈簇状的细胞团。出芽过程见图 2-40。

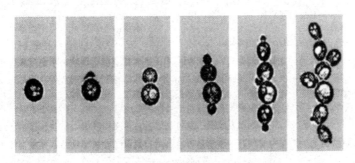

图 2-40　酵母菌出芽过程

芽体形成过程：水解酶分解母细胞形成芽体部位的细胞壁多糖，使细胞壁变薄；大量新

57

细胞物质——核物质（染色体）和细胞质等在芽体起始部位堆积，芽体逐步长大后，就在与母细胞连接的位置形成由葡聚糖、甘露聚糖和几丁质组成的隔壁。成熟后两者分离，在母细胞上留下一个芽痕，在子细胞上相应地留下一个蒂痕。

（2）裂殖　酵母菌的裂殖与细菌裂殖相似。其过程是细胞伸长，核分裂为二，细胞中央出现隔膜，将细胞横分为两个大小相等、各具一个核的子细胞。进行裂殖的酵母种类很少，裂殖酵母属的八孢裂殖酵母就是其中一种。

（3）产生无性孢子　少数酵母菌（如掷孢酵母）可以产生无性孢子。掷孢酵母可在卵圆形营养细胞上生出小梗，其上产生掷孢子。掷孢子成熟后通过特有喷射机制射出。用倒置培养器培养掷孢酵母时，器盖上会出现掷孢子发射形成的酵母菌落的模糊镜像。有的酵母菌如白假丝酵母等还能在假菌丝的顶端产生具有厚壁的厚垣孢子。

2. 有性繁殖

酵母菌以形成子囊和子囊孢子的方式进行有性繁殖。其过程是通过邻近的两个形态相同而性别不同的细胞各伸出一根管状原生质突起，相互接触、融合并形成一个通道，细胞质结合（质配），两个核在此通道内结合（核配），形成双倍体细胞，并随即进行减数分裂，形成4个或8个子核，每一子核和其周围的原生质形成孢子。含有孢子的细胞称为子囊，子囊内的孢子称为子囊孢子。

酵母菌的子囊和子囊孢子形状，因菌种不同而异，是酵母菌分类鉴定的重要依据之一。通常处于幼龄的酵母细胞，在适宜的培养基和良好的环境条件下，才易形成子囊孢子。在合适的条件下，子囊孢子又可萌发成新的菌体（图2-41）。

三、酵母菌的菌落特征

典型的酵母菌都是单细胞真核微生物，细胞间没有分化。与细菌相比，它们的细胞是属于粗而短的，在固体培养基表面，细胞间也充满着毛细管水，故其菌落与细菌的相仿，一般呈现较湿润、较透明，表面较光滑，容易挑起，菌落质地均匀，正面与反面以及边缘与中央部位的颜色较一致等特点。但由于酵母菌的细胞比细菌的大，细胞内有许多分化的细胞器，细胞间隙含水量相对较少，以及不能运动等特点，故反映在宏观上就产生了较大、较厚、外观较稠和较不透明等有别于细菌的菌落。酵母菌的颜色也有别于细菌，菌落颜色单调，多数呈乳白色，少数红色，个别黑色。另外，凡不产生假菌丝的酵母菌菌落更隆起，边缘十分圆整；形成大量假菌丝的酵母，菌落较平坦，表面和边缘粗糙。此外，酵母菌的菌落，由于存在酒精发酵，一般还会散发出一股悦人的酒香味。

酵母菌在液体培养基中的生长情况也不相同，有的在液体中均匀生长，有的在底部生长并产生沉淀，有的在表面生长形成菌膜，菌膜的表面状况及厚薄也不相同。以上特征对分类也具有意义。

四、常用常见的酵母菌

1. 啤酒酵母

啤酒酵母是啤酒生产上常用的典型的上面发酵酵母。除用于酿造啤酒、酒精及其他的饮料酒外，还可发酵面

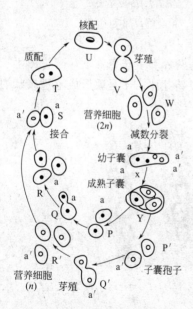

图2-41　啤酒酵母菌的生活史

包。菌体维生素、蛋白质含量高，可作食用、药用和饲料酵母，还可以从其中提取细胞色素C、核酸、谷胱甘肽、凝血质、辅酶 A 和三磷酸腺苷等。在维生素的微生物测定中，常用啤酒酵母测定生物素、泛酸、硫胺素、吡哆醇和肌醇等。

啤酒酵母在麦芽汁琼脂培养基上菌落为乳白色，有光泽，平坦，边缘整齐。无性繁殖以芽殖为主。能发酵葡萄糖、麦芽糖、半乳糖和蔗糖，不能发酵乳糖和蜜二糖。

按细胞长与宽的比例，可将啤酒酵母分为三组。第一组的细胞多为圆形、卵圆形或卵形（细胞长/宽<2），主要用于酒精发酵、酿造饮料酒和面包生产。第二组的细胞形状以卵形和长卵形为主，也有圆或短卵形细胞（细胞长/宽≈2）。这类酵母主要用于酿造葡萄酒和果酒，也可用于啤酒、蒸馏酒和酵母生产。第三组的细胞为长圆形（细胞长/宽>2）。这类酵母比较耐高渗透压和高浓度盐，适合于用甘蔗糖蜜为原料生产酒精，如台湾396 号酵母。

2. 卡尔斯伯酵母

因丹麦卡尔斯伯（Carlsberg）地方而得名，是啤酒酿造业中的典型的下面发酵酵母，俗称卡氏酵母。卡氏酵母细胞呈椭圆形或卵形，$(3\sim5)\mu m\times(7\sim10)\mu m$。在麦芽汁琼脂斜面培养基上，菌落呈浅黄色，软质，具光泽，产生微细的皱纹，边缘产生细的锯齿状，孢子形成困难。能发酵葡萄糖、蔗糖、半乳糖、麦芽糖及棉籽糖。卡氏酵母除了用于酿造啤酒外，还可做食用、药用和饲料酵母。麦角固醇含量较高，也可用于泛酸、硫胺素、吡哆醇和肌醇等维生素的测定。

3. 异常汉逊酵母异常变种

异常汉逊酵母异常变种的细胞为圆形（4~7μm）或椭圆形、腊肠形，大小为(2.5~6)$\mu m\times(4.5\sim20)\mu m$，有的细胞甚至长达 30μm，属于多边芽殖，发酵液面有白色菌醭，培养液混浊，有菌体沉淀于管底。在麦芽汁琼脂斜面上，菌落平坦，乳白色，无光泽，边缘丝状。在加盖玻片马铃薯葡萄糖琼脂培养基上，能形成发达的树枝状假菌丝。

异常汉逊酵母产生乙酸乙酯，故常在食品的风味中起一定作用。如无盐发酵酱油的增香；以薯干为原料酿造白酒时，经浸香和串香处理可酿造出味道更醇厚的酱油和白酒。该菌种氧化烃类能力强，可以煤油和甘油作碳源。培养液中它还能累积游离 L-色氨酸。

4. 产朊假丝酵母

产朊假丝酵母的细胞呈圆形、椭圆形或腊肠形，大小为$(3.5\sim4.5)\mu m\times(7\sim13)\mu m$。液体培养不产醭，管底有菌体沉淀。在麦芽汁琼脂培养基上，菌落乳白色，平滑，有或无光泽，边缘整齐或菌丝状。在加盖片的玉米粉琼脂培养基上，形成原始假菌丝或不发达的假菌丝，或无假菌丝；能发酵葡萄糖、蔗糖、棉籽糖，不发酵麦芽糖、半乳糖、乳糖和蜜二糖。不分解脂肪，能同化硝酸盐。

产朊假丝酵母的蛋白质含量和维生素 B 含量均高于啤酒酵母。它能以尿素和硝酸盐为氮源，不需任何生长因子。特别重要的是它能利用五碳糖和六碳糖，即能利用造纸工业的亚硫酸废液、木材水解液及糖蜜等生产人畜食用的蛋白质。

5. 解脂假丝酵母解脂变种

解脂假丝酵母解脂变种的细胞呈卵形(3~5)μm×(5~11)μm 和长形（20μm），液体培养时有菌醭产生，管底有菌体沉淀。麦芽汁琼脂斜面上菌落乳白色，黏湿，无光泽。有些菌株的菌落有皱褶或表面菌丝状，边缘不整齐。在加盖玻片的玉米粉琼脂培养基上可见假菌丝或具横隔的真菌丝。

从黄油、人造黄油、石油井口的黑墨土、炼油厂及动植物油脂生产车间等处采样，可分离到解脂假丝酵母。解脂假丝酵母能利用石油等烷烃，是石油发酵脱蜡和制取蛋白质的较优良的菌种。

6. 白地霉

白地霉在28~30℃的麦芽汁中培养24h，会产生白色的、呈毛绒状或粉状的膜。具有真菌丝，有的分枝，横隔或多或少。繁殖方式为裂殖，形成的节孢子单个或连接成链，孢子呈长筒形、方形，也有椭圆或圆形，末端钝圆。节孢子绝大多数为（4.9~7.6）μm×（5.4~16.6）μm。白地霉能水解蛋白，其中多数能液化明胶、胨化牛奶，少数只能胨化牛奶，不能液化明胶。此菌最高生长温度33~37℃。

白地霉的菌体蛋白营养价值高，可供食用及饲料用，也可用于提取核酸。白地霉还能合成脂肪，能利用糖厂、酒厂及其他食品厂的有机废水生产饲料蛋白。

技能训练4　酵母菌的形态观察

一、实验目的

1. 观察酵母菌的细胞形态及出芽生殖方式。

2. 掌握对酵母菌进行活体观察和活体染色及区分死、活细胞的方式。

二、实验原理

酵母菌是以单细胞状态存在、多数以出芽繁殖、形态和结构简单的真菌，一般呈卵圆形、圆形或圆柱形。本实验采用美蓝水浸片法观察活体酵母菌形态和出芽生殖方式，并配以活体染色使被观察的菌体看得更清晰，且区别出死活细胞。

美蓝是一种无毒碱性染料，它的氧化型是蓝色的，而还原型是无色的，用它来对酵母的活细胞进行染色，由于细胞中新陈代谢的作用，使细胞内具有较强的还原能力，能使美蓝从蓝色的氧化型变为无色的还原型，所以酵母的活细胞无色，而对于死细胞或代谢缓慢的老细胞，则因它们无此还原能力或还原能力极弱，而被美蓝染成蓝色或淡蓝色。染色必须在高于细胞等电点的pH下进行，否则细胞吸收碱性染料量很少，容易造成观察误差。因此，用美蓝水浸片不仅可观察酵母的形态，还可以区分死、活细胞。

三、实验器材

1. 菌种：酿酒酵母（*Saccharomyces cerevisiea*）。

2. 染色液：0.05％美蓝染色液（附录Ⅱ-6），革兰染色用碘液（附录Ⅱ-4）。

3. 其他：显微镜，载玻片，盖玻片，无菌水，接种环，滤纸等。

四、实验方法

（一）美蓝水浸片法

1. 在载玻片中央加一滴碱性美蓝染液，液滴不可过多或过少，以免盖上盖玻片时，溢出或留有气泡。然后按无菌操作法取斜面上培养2~3d的酿酒酵母少许，放在碱性美蓝染液中，使菌体与染液均匀混合。

2. 取盖玻片一块，小心地盖在液滴上。盖片时应注意，不能将盖玻片平放下去，应先将盖玻片的一边与液滴接触，然后将整个盖玻片慢慢放下，这样可以避免产生气泡（图2-42）。

3. 将制好的水浸片放置3min后镜检。先用低倍镜观察，然后换用高倍镜观察酿酒酵母的形态和出芽情况，同时可以根据是否染上颜色来区别死、活细胞。

图 2-42 加盖玻片
方法示意图

注意：勿使染料浓度太大或作用时间太长，否则死细胞数目会增加而不能正确反映原培养物中的真实情况。

（二）水-碘液浸片法

将革兰染色用碘液用水稀释 4 倍后，滴加一滴于载玻片中央，无菌操作取少许菌体置于染色液中混匀，盖上盖玻片后镜检。

五、结果与讨论

1. 绘图说明你所观察到得酵母菌的形态结构特征。

2. 酵母细胞与细菌细胞在大小、形态、结构上有何区别？

3. 美蓝染液浓度和作用时间的不同，对酵母菌死细胞数量有何影响？试分析其原因。

 # 阅读材料　自酿葡萄酒技术

由于酵母菌较小，长期以来未被人发现，直到 1835 年，法国科学家 Charles Cagnaird de la tour 和德国科学家 Schwann 独立地利用他们改进的显微镜首次在啤酒酒精发酵液的沉淀中发现了酵母菌。后来巴斯德通过实验证明发酵是由酵母菌引起的，并对葡萄酒的酒精发酵进行了深入研究，认为一切发酵作用都和微生物的存在和繁殖有关。这为现代葡萄酒酿造工艺学的诞生奠定了基础。

葡萄酒的酒精发酵是葡萄浆果中的糖在酵母菌的作用下分解成酒精、CO_2 和其他副产物的过程。自酿葡萄酒过程主要包括如下步骤。

1. 葡萄清洗

整穗用清水（不使用洗洁精）漂洗去杂质，晾干。

2. 葡萄破碎

将葡萄粒和调硫片一起破碎，除梗。

3. 添加果胶酶

将葡萄醪液转移到一个发酵容器内，上面留取 20％ 左右的空隙，加入果胶酶（用法：1g 果胶酶用 10g 纯净水溶解开即可），然后将葡萄醪液静置 2～4h，充分分解果胶。

4. 添加酵母

活化酵母，即用含糖量 5％ 的糖水在 20～38℃ 条件下溶解酵母（比例为 1g 酵母用 10g 水），15～25min 后有细腻泡沫出现即为活化成功，后加入到葡萄醪液中，轻微搅拌。

5. 控制发酵

发酵温度控制在 20～28℃ 之间，发酵前 3d 每天摇晃或者搅拌 1～3 次，切忌发酵期间不可密封，采用两层纱布封口。一般需要 5～8d。室温高，液温达 28～30℃ 时，发酵速度快，大约几小时后即可听到蚕食桑叶似的沙沙声，果汁表面起泡沫，这时酵母菌已将糖变成酒精，同时释放二氧化碳。如果迟迟不出现这种现象，可能是果汁中酵母菌过少、空气不足或温度偏低，应及时添加发酵旺盛的果汁，或转缸，或适当加温；温度过高对发酵品质影响很大。

6. 加糖

当发酵进行到第二天的时候，可根据检测的糖度和最终要酿的酒精度，计算添加白砂糖的量。计算方法是 17g/L 的糖转化 1 度酒精。家庭自制时，5kg 葡萄添加 0.5kg 白砂糖，能增加 6 度酒精左右，加上葡萄自身糖分发酵的度数，最终能达到 12～14 度酒精度（这是干酒）。如果要喝甜葡萄酒，添加 1kg 白砂糖或根据个人口味添加。添加糖的同时将发酵助剂和单宁、橡木片等加入，给酵母提供氮元素、生长因子和单宁，增加酒体风味及口感。

7. 发酵结束判定

发酵高峰过后（约 3d 后），液温逐渐下降，声音沉寂，气泡少，甜味变淡，酒味增加，用比重计测量读数小于 1.0 时，证明主发酵阶段基本结束，一般是 5～7d 发酵结束（最多可以多浸泡 1d），结束后立即进行过滤。

8. 过滤

先将中间的清酒液用虹吸管转移出来，这个酒液是自留汁，酒质较好，然后把皮渣中的酒挤压出来，这是压榨汁，酒质较差，单独存放，两者不要混合。

对于酿酒葡萄可以进行二次发酵，自然发酵一般半个月到半年，期间要满罐贮存，二次发酵结束后进行下面的澄清处理。一般来说，二次发酵中添加乳酸菌可以快速发酵。鲜食葡萄如玫瑰香、巨峰不进行二次发酵，直接进行下面的澄清处理。

9. 澄清

对自留汁和压榨汁分别加入澄清剂（皂土使用前请先膨化，1g 皂土用 50℃以上 20mL 纯净水搅拌均匀，放置 12～24h，变均匀后加入酒液中；蛋清粉用 10 倍纯净水溶解后可以直接加入），搅拌后常温静置 15～30d 澄清，也可放入冰箱保鲜层 4～7d 澄清，用虹吸管分离出上清液层。澄清期间要满罐密封保存。

10. 贮存

将果酒转入小口酒坛中，密封、满罐、贮藏。

模块六　霉菌形态观察技术

霉菌不是分类学上的名词，而是一些丝状真菌的通称。在 1971 年 Ainsworth 的分类系统中，霉菌分属于鞭毛菌亚门、接合菌亚门、子囊菌亚门和半知菌亚门。

霉菌在自然界分布极为广泛，它们存在于土壤、空气、水体和生物体内外等处，与人类关系极为密切，兼具利和害的双重作用。①工业应用，柠檬酸、葡萄糖酸等多种有机酸，淀粉酶、蛋白酶和纤维素酶等多种酶制剂，青霉素和头孢霉素等抗生素，核黄素等维生素，麦角碱等生物碱，真菌多糖和植物生长刺激素（赤霉素）等产品的生产；利用某些霉菌对甾族化合物的生物转化生产甾体激素类药物；②食品酿造，酿酒、制酱及酱油等；③在基础理论研究方面，霉菌是良好的实验材料；④危害，霉菌能引起粮食、水果、蔬菜等农副产品及各种工业原料、产品、电器和光学设备的发霉或变质，也能引起动植物和人体疾病，如马铃薯晚疫病、小麦锈病、稻瘟病和皮肤癣症等。

一、霉菌的形态和构造

1. 霉菌的菌丝

霉菌的营养体由菌丝构成。菌丝可无限伸长和产生分枝，分枝的菌丝相互交错在一起，形成了菌丝体。菌丝直径一般为 3～10μm，与酵母细胞直径类似，但比细菌或放线菌的细胞约粗 10 倍。

霉菌菌丝细胞的构造与酵母菌十分相似。菌丝最外层为厚实、坚韧的细胞壁，其内有细胞膜，膜内空间充满细胞质。细胞核、线粒体、核糖体、内质网、液泡等与酵母菌相同。构成霉菌细胞壁的成分按物理形态可分为两大类：一类为纤维状物质，如纤维素和几丁质，赋予细胞壁坚韧的机械性能，在低等霉菌里细胞壁的多糖主要是纤维素，在高等霉菌里细胞壁的多糖主要是几丁质；另一类为无定形物质，如蛋白质、葡聚糖和甘露聚糖，混填在纤维状物质构成的网内或网外，充实细胞壁的结构。

霉菌的菌丝有两类：一类菌丝中无横隔，整个菌丝为长管状单细胞，含有多个细胞核，其生长过程只表现为菌丝的延长和细胞核的裂殖增多以及细胞质的增加，如根霉、毛霉、犁头霉等的菌丝属于此种形式（图2-43A）；另一类菌丝有横隔，菌丝由横隔膜分隔成成串多细胞，每个细胞内含有一个或多个细胞核。有些菌丝，从外观看虽然像多细胞，但横隔膜上有小孔，使细胞质和细胞核可以自由流通，而且每个细胞的功能也都相同，如青霉菌、曲霉菌、白地霉等的菌丝均属此类（图2-43B）。

霉菌菌丝在生理功能上有一定程度的分化。在固体培养基上，部分菌丝伸入培养基内吸收养料，称为营养菌丝（基内菌丝）；另一部分则向空中生长，称为气生菌丝。有的气生菌丝发育到一定阶段，分化成繁殖菌丝（图2-44）。

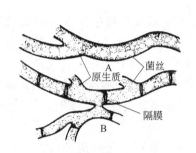

图 2-43　霉菌的菌丝

A—无隔菌丝；B—有隔菌丝

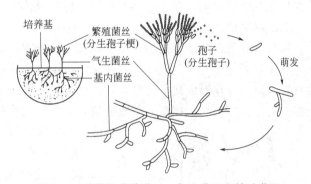

图 2-44　霉菌的营养菌丝、气生菌丝和繁殖菌丝

2. 菌丝的变态

不同的真菌在长期进化中，对各自所处的环境条件产生了高度的适应性，其营养菌丝体和气生菌丝体的形态与功能发生了明显变化，形成了各种特化的构造。

（1）吸器　专性寄生真菌（锈菌、霜霉菌和白粉菌等）从菌丝旁侧生出拳头状或手指状的突起，能伸入到寄主细胞内吸取养料，而菌丝本身并不进入寄主细胞，这种结构叫吸器（图2-45）。

（2）菌核　菌核是一种形状、大小不一的休眠菌丝组织（图2-46），在不良环境条件下可存活数年之久。菌核形状有大有小，大如茯苓（大如小孩头），小如油菜菌核（形如鼠粪）。菌核的外层色深、坚硬，内层疏松，大多呈白色。有的菌核中夹杂有少量植物组织，称为假菌核。许多产生菌核的真菌是植物病原菌。

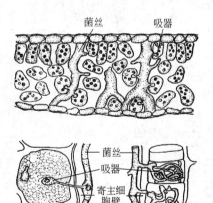

图 2-45　三种吸器类型

（3）子座　很多菌丝集聚在一起形成比较疏松的组织，叫子座（图2-47）。子座呈垫状、壳状或其他形状，在子座内外可形成繁殖器官。

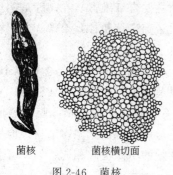

菌核　　　　菌核横切面

图 2-46　菌核

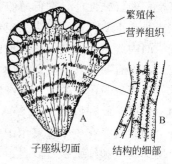

繁殖体
营养组织

子座纵切面　　结构的细部

图 2-47　子座

（4）菌索　大量菌丝平行集聚并高度分化成根状的特殊组织称菌索。菌索周围有外皮，尖端是生长点，多生在地下或树皮下，根状，白色或其他颜色。菌索有助于霉菌迅速运送物质和蔓延侵染的功能，在不适宜的环境条件下呈休眠状态。多种伞菌都有菌索。

二、霉菌的生长繁殖

霉菌具有很强的繁殖能力，繁殖方式多种多样，除了菌丝断片可以生长成新的菌丝体外，主要是通过无性繁殖或有性繁殖来完成生命的传递。无性繁殖是指不经过两性细胞结合而直接由菌丝分化形成孢子的过程，所产生的孢子叫无性孢子。有性繁殖则是经过不同性别细胞的结合、经质配、核配、减数分裂形成孢子的过程，而产生的孢子叫有性孢子。霉菌孢子的形态和产孢子器官的特征是分类的主要依据。

1. 无性孢子

霉菌的无性繁殖主要是通过产生无性孢子的方式来实现的。常见的无性孢子有：孢囊孢子、分生孢子、厚垣孢子、节孢子等（见图 2-48）。

（1）孢囊孢子　孢囊孢子又称孢子囊孢子，是一种内生孢子，为藻状菌纲的毛霉、根霉、犁头霉等所具有。其形成过程：菌丝发育到一定阶段，气生菌丝的顶端细胞膨大成圆形、椭圆形或犁形孢子囊，然后膨大部分与菌丝间形成隔膜，囊内原生质形成许多原生质小团（每个小团内包含 1～2 个核），每一小团的周围形成一层壁，将原生质包围起来，形成孢囊孢子。孢子囊成熟后破裂，散出孢囊孢子。该孢子遇适宜环境发芽，形成菌丝体。孢囊孢子有两种类型，一种为生鞭毛、能游动的叫游动孢子，如鞭毛菌亚门中的绵霉属；另一种是不生鞭毛、不能游动的叫静

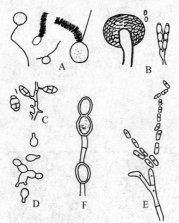

图 2-48　霉菌的无性孢子类型
A—游动孢子；B—孢囊孢子；
C—分生孢子；D—芽孢子；
E—节孢子；F—厚垣孢子

孢子，如接合菌亚门中的根霉属。

（2）分生孢子　分生孢子是一种外生孢子，是霉菌中最常见的一类无性孢子。分生孢子由菌丝顶端或分生孢子梗出芽或缢缩形成，其形状、大小、颜色、结构以及着生方式因菌种不同而异，如红曲霉（*Monascus*）和交链孢霉（*Alternaria*）等，其分生孢子着生在菌丝或其分枝的顶端，单生、成链或成簇，具有无明显分化的分生孢子梗；曲霉（*Aspergillus*）和青霉（*Penicillium*）等，具有明显分化的分生孢子梗，它们的分生孢子着生于分生孢子梗的顶端，壁较厚。

（3）厚垣孢子 厚垣孢子又称厚壁孢子，是外生孢子，它是由菌丝顶端或中间的个别细胞膨大，原生质浓缩，变圆，细胞壁加厚形成的球形或纺锤形的休眠体，对外界环境有较强抵抗力。厚垣孢子的形态、大小和产生位置各种各样，常因霉菌种类不同而异，如总状毛霉（*Mucorracemosus*）往往在菌丝中间形成厚垣孢子。

（4）节孢子 节孢子也称粉孢子，是白地霉（*Geotrichum cabdudum*）等少数种类所产生的一种外生孢子，由菌丝中间形成许多横隔顺次断裂而成，孢子形态多为圆柱形。

2. 有性孢子

在霉菌中，有性繁殖不及无性繁殖普遍，仅发生于特定条件下，一般培养基上不常出现。真菌的有性结合是较为复杂的过程，它们的发生需要种种条件。霉菌的有性孢子主要有：卵孢子、接合孢子、子囊孢子。

（1）卵孢子 卵孢子是由两个大小形状不同的配子囊结合后发育而成的有性孢子。其小型配子囊称为雄器，大型的配子囊称为藏卵器。藏卵器中原生质与雄器配合以前，往往收缩成一个或数个原生质小团，即卵球。雄器与藏卵器接触后，雄器生出一根小管刺入藏卵器，并将细胞核与细胞质输入到卵球内。受精后的卵球生出外壁，发育成双倍体的厚壁卵孢子（图2-49）。

（2）接合孢子 接合孢子是由菌丝生出形态相同或略有不同的配子囊接合而成（图2-50）。当两个邻近的菌丝相遇时，各自向对方生长出极短的侧枝，称为原配子囊。两个原配子囊接触后，各自的顶端膨大，并形成横隔，融成一个细胞，称为配子囊。相接触的两个配子囊之间的横隔消失，细胞质和细胞核互相配合，同时外部形成厚壁，即为接合孢子。接合孢子主要分布在接合菌类中，如高大毛霉（*Mucor mucedo*）和黑根霉（*Rhizopus stolonifer*）产生的有性孢子为接合孢子。

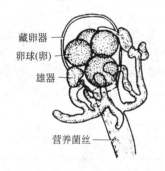

图2-49 藏卵器、雄器及卵孢子

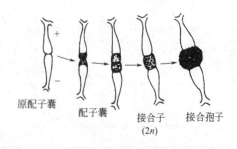

图2-50 根霉接合孢子的发育过程

（3）子囊孢子 子囊孢子产生于子囊中。子囊是一种囊状结构，圆球形、棒形或圆筒形，还有的为长方形。一个子囊内通常含有2～8个孢子。一般真菌产生子囊孢子过程相当复杂，但是酵母菌有性过程产生的子囊孢子相对简单。大多数子囊包在由很多菌丝聚集而形成的特殊的子囊果中。子囊果的形态有三种类型（图2-51），第一种为完全封闭的圆球形，称为闭囊壳；第二种为烧瓶状，有孔，称为子囊壳；第三种呈盘状，称为子囊盘。

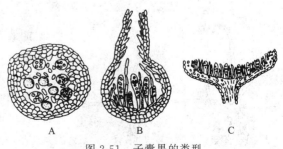

图2-51 子囊果的类型
A—闭囊壳；B—子囊壳；C—子囊盘

子囊孢子、子囊及子囊果的形态、大小、质地和颜色等随菌种而异，在分类上有重要意义。

三、霉菌的菌落特征

由于霉菌的细胞呈丝状，在固体培养基上生长时形成营养菌丝和气生菌丝，气生菌丝间无毛细管水，所以霉菌的菌落与细菌和酵母菌不同，与放线菌接近。但霉菌的菌落形态较大，质地比放线菌疏松，外观干燥，不透明，呈现或紧或松的蛛网状、绒毛状或棉絮状。菌落与培养基连接紧密，不易挑取。菌落正反面的颜色及边缘与中心的颜色常不一致。菌落正反面颜色呈现明显差别，其原因是由气生菌丝分化出来的子实体和孢子的颜色往往比深入在固体基质内的营养菌丝的颜色深；菌落中心气生菌丝的生理年龄大于菌落边缘的气生菌丝，其发育分化和成熟度较高，颜色较深，形成菌落中心与边缘气生菌丝在颜色与形态结构上的明显差异。

菌落特征是鉴定各类微生物的重要形态学指标，在实验室和生产实践中有重要的意义。现将细菌、酵母菌、放线菌和霉菌这四大类微生物的细胞形态和菌落特征作一比较，见表2-4。

表2-4　四大类微生物的细胞形态和菌落特征的比较

菌落特征		微生物类别	单细胞微生物		菌丝状微生物	
			细菌	酵母菌	放线菌	霉菌
主要特征	细胞	形态特征	小而均匀、个别有芽孢	大而分化	细而均匀	粗而分化
		相互关系	单个分散或按一定方式排列	单个分散或假丝状	丝状交织	丝状交织
	菌落	含水情况	很湿或较湿	较湿	干燥或较干燥	干燥
		外观特征	小而突起或大而平坦	大而突起	小而紧密	大而疏松或大而致密
参考特征	菌落透明度		透明或稍透明	稍透明	不透明	不透明
	菌落与培养基结合度		不结合	不结合	牢固结合	较牢固结合
	菌落的颜色		多样	单调	十分多样	十分多样
	菌落正反面颜色差别		相同	相同	一般不同	一般不同
	细胞生长速度		一般很快	较快	慢	一般较快
	气味		一般有臭味	多带酒香	常有泥腥味	霉味

四、常用常见的霉菌

1. 根霉

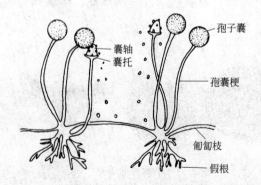

图 2-52　根霉的形态和构造

根霉的菌丝无隔膜、有分枝和假根，营养菌丝体上产生匍匐枝，匍匐枝的节间形成特有的假根，从假根处向上丛生直立、不分枝的孢囊梗，顶端膨大形成圆形的孢子囊，囊内产生孢囊孢子。孢子囊内囊轴明显，球形或近球形，囊轴基部与梗相连处有囊托（图 2-52）。根霉的孢子可以在固体培养基内保存，能长期保持生活力。

根霉在自然界分布很广，用途广泛，其淀粉酶活性很强，是酿造工业中常用糖化菌。我国最早利用根霉糖化淀粉（即阿明诺法）生产酒精。根霉能生产延胡索酸、乳酸等有机酸，还能产生芳香性的酯类物质。根霉亦是转化甾族化合物的重要菌类。与生物技术关系密切的根霉主要有黑根霉、华根霉和米根霉。

黑根霉也称匍枝根霉，分布广泛，常出现于生霉的食品上，瓜果蔬菜等在运输和贮藏中的腐烂及甘薯的软腐都与其有关。黑根霉（ATCC 6227b）是目前发酵工业上常使用的微生物菌种。黑根霉的最适生长温度约为28℃，超过32℃不再生长。

2. 毛霉

毛霉又叫黑霉、长毛霉。菌丝为无隔膜的单细胞，多核，以孢囊孢子和接合孢子繁殖。毛霉的菌丝体在基质上或基质内能广泛蔓延，无假根和匍匐枝，孢囊梗直接由菌丝体生出，

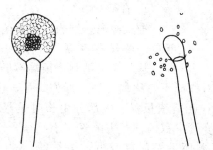

(a) 孢子囊梗和幼年孢子囊　　(b) 孢子囊破裂后露出囊轴和孢囊孢子

图 2-53　高大毛霉的孢子囊和孢囊孢子

一般单生，分枝较少或不分枝。分枝顶端都有膨大的孢子囊，囊轴与孢囊梗相连处无囊托。孢囊孢子成熟后，孢子囊壁破裂，孢囊孢子分散开来（图 2-53）。毛霉菌丝初期白色，后灰白色至黑色，这说明孢子囊大量成熟。

毛霉在土壤、粪便、禾草及空气等环境中存在。在高温、高湿度以及通风不良的条件下生长良好。毛霉的用途很广，常出现在酒药中，能糖化淀粉并能生成少量乙醇，产生蛋白酶，有分解大豆蛋白的能力，我国多用来做豆腐乳、豆豉。许多毛霉能产生草酸、乳酸、琥珀酸及甘油等，有的毛霉能产生脂肪酶、果胶酶、凝乳酶等。常用的毛霉主要有鲁氏毛霉和总状毛霉。

3. 曲霉

曲霉是一种典型的丝状菌，属多细胞，菌丝有隔膜。营养菌丝大多匍匐生长，没有假根。曲霉的菌丝体通常无色，老熟时渐变为浅黄色至褐色。从特化了的菌丝细胞（足细胞）上形成分生孢子梗，顶端膨大形成顶囊，顶囊有棍棒形、椭圆形、半球形或球形。顶囊表面生辐射状小梗，小梗单层或双层，小梗顶端分生孢子串生。分生孢子具各种形状、颜色和纹饰。由顶囊、小梗以及分生孢子构成分生孢子头（图 2-54）。曲霉仅有少数种具有有性阶段，产生闭囊壳，内生子囊和子囊孢子。

曲霉种类较多，其中与生物工程关系密切的主要有黑曲霉和黄曲霉。

黑曲霉在自然界中分布极为广泛，在各种基质上普遍存在，能引起水分较高的粮食霉变，其他材料上亦常见。菌丛黑褐色，顶囊大球形，小梗双层，自顶囊全面着生，分生孢子球形。黑曲霉具有多种活性很高的酶系，如淀粉酶、蛋白酶、果胶酶、纤维素酶和葡萄糖氧化酶等。黑曲霉还能产生多种有机酸如柠檬酸、葡萄糖酸和没食子酸等。工业生产中广泛使用的黑曲霉有邬氏曲霉、甘薯曲霉、宇佐美曲霉等。

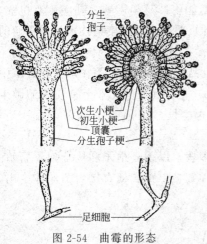

图 2-54　曲霉的形态

黄曲霉菌群中主要是米曲霉和黄曲霉。米曲霉具有较强的蛋白质分解能力，同时也具有糖化活性，很早就被用于酱油和酱类生产上。黄曲霉产生的液化型淀粉酶较黑曲霉强，蛋白质分解能力仅次于米曲霉，并且它还能分解 DNA 产生核苷酸。但黄曲霉菌中的某些菌株是使粮食发霉的优势菌，特别是在花生等食品上容易形成，并产生黄曲霉毒素。黄曲霉毒素是一种很强的致癌物质，能引起人、家禽、家畜中毒以至死亡，我国现已停止使用产黄曲霉毒素的菌种。

4. 青霉

青霉菌属多细胞，营养菌丝体无色、淡色或具鲜明颜色。菌丝有横隔，分生孢子梗亦有横隔，光滑或粗糙。基部无足细胞，顶端不形成膨大的顶囊，其分生孢子梗经过多次分枝，产生几轮对称或不对称的小梗，形如扫帚，称为帚状体（图 2-55）。分生孢子球形、椭圆形或短柱形，光滑或粗糙，大部分生长时呈蓝绿色。有少数种产生闭囊壳，内形成子囊和子囊孢子，亦有少数菌种产生菌核。

青霉的孢子耐热性较强，菌体繁殖温度较低，酒石酸、苹果酸、柠檬酸等饮料中常用的酸味剂又是它喜爱的碳源，因而常常引起这些制品的霉变。青霉菌能产生多种酶类及有机酸，在工业生产上主要用于生产青霉素，并用以生产葡萄糖氧化酶或葡萄糖酸、柠檬酸和抗坏血酸。发酵青霉素的菌丝废料含有丰富的蛋白质、矿物质和 B 类维生素，可作家畜家禽的饲料。该菌还可用作霉腐试验菌。

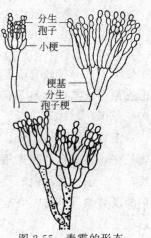

图 2-55　青霉的形态

5. 赤霉菌

赤霉菌多寄生于植物体内，菌丝在寄主体内蔓延生长，在其寄主表面产生大量白色或粉红色的分生孢子。分生孢子产生于菌丝尖端形成的多级双叉分枝的孢子梗上。分生孢子分大小两种，大的为镰刀形，小的卵圆形。分子孢子萌发形成新的菌丝体。有性繁殖时形成子囊孢子，子囊中有 8 个子囊孢子，子囊着生于子囊壳内。赤霉菌在固体培养上可形成白色、较紧密的绒毛状菌落。

赤霉菌多为植物致病菌，如藤仓赤霉是水稻恶苗病的病原菌，可使稻苗疯长。但其代谢物——赤霉素，俗称"九二〇"，是植物生长刺激剂，能促进农作物和蔬菜等的生长。

6. 白僵菌

白僵菌的菌丝无色透明，具隔膜，有分枝，较细，直径 $1.5 \sim 2\mu m$。以分生孢子进行无性繁殖，分生孢子着生在多次分叉的分生孢子梗顶端，并聚集成团。孢子为球状，直径 $2 \sim 2.5\mu m$。液体培养则形成圆柱形芽生孢子。

白僵菌的孢子在昆虫体上萌发后，可穿过体壁进入虫体内大量繁殖，使其死亡，死虫僵直，呈白茸毛状，故将该菌称为白僵菌。它已广泛应用于杀灭农林害虫（如棉花红蜘蛛、松毛虫、玉米螟等），是治虫效果最好的生物农药之一。但是白僵菌对家蚕也有杀害作用，同时还产生毒素，对动、植物有毒害作用。

7. 脉孢菌

子囊孢子表面有纵形花纹，形如叶脉，故称脉孢菌。菌丝无色透明，有隔膜，多核，具分枝，蔓延迅速。分生孢子梗直立，双叉分枝，分枝上成串生长分生孢子。分生孢子卵圆形，一般呈红色、粉红色，常在面包等淀粉性食物上生长，俗称红色面包霉。有性过程通过异宗接合产生子囊和子囊孢子，子囊黑色、棒状，内生 8 枚长圆形子囊孢子，孢子在子囊中顺序排列。在一般情况下，进行无性繁殖，很少进行有性繁殖。

脉孢菌是研究遗传学和生化途径的好材料。菌体含有丰富的蛋白质和维生素，可作饲料。有的可造成食物腐烂。常见的种类有粗糙脉孢菌、好食脉孢菌等。

技能训练5　霉菌的形态观察

一、实验目的

1. 观察并掌握根霉、毛霉、曲霉和青霉的形态。
2. 学会制备霉菌标本的方法。

二、实验原理

霉菌是一些小型丝状真菌的统称。霉菌菌体均是由分枝或不分枝的菌丝构成，许多菌丝交织在一起成为菌丝体。霉菌的菌丝依据其形态构造可分为无隔菌丝和有隔菌丝；依据其功能可分为营养菌丝、气生菌丝和繁殖菌丝。霉菌的繁殖主要靠形成各种各样无性或有性孢子来完成。菌丝体的形态特征及孢子的形成方式与形态特征，是霉菌分类与鉴定的重要依据。

观察霉菌时，若用水做介质制作其镜检标本，菌丝常因渗透作用而膨胀、变形，且孢子在水中容易分散，难以保持其自然着生状态。此外，由于水分蒸发快，也不适于进行长时间观察。采用乳酸石炭酸棉蓝染色液制备霉菌镜检标本，可使菌丝透明、柔软、不变形、不易折断、不易干燥、能保持较长时间。

霉菌菌丝和孢子的宽度通常比细菌和放线菌粗得多（约为 $3\sim10\mu m$），常是细菌菌体宽度的几倍至几十倍，因此，用低倍镜或高倍镜观察即可。观察霉菌的方法很多，常用的有下列几种。

直接制片观察法：将培养物置于乳酸石炭酸棉蓝染色液中，制成霉菌制片镜检。此法简便、快速、不需特殊培养，制成的霉菌制片细胞不变形，能保持较长时间，能防止孢子飞散，必要时可用树胶封固，制成永久标本长期保存；但对于产生小而易碎孢子头的霉菌（如青霉、曲霉、木霉等）制备较完整而又清楚的标本有一定困难。

载玻片培养观察法：用无菌操作将培养基琼脂薄层置于载玻片上，接种后盖上盖玻片培养，霉菌即在载玻片和盖玻片之间的有限空间内沿盖玻片横向生长。培养一定时间后，将载玻片上的培养物置于显微镜下观察。这种方法既可以保持霉菌自然生长状态，还便于观察不同发育期的培养物。

玻璃纸培养观察法：霉菌的玻璃纸培养观察法与放线菌的玻璃纸培养观察法相似（见技能训练3）。这种方法用于观察不同生长阶段霉菌的形态，也可获得良好的效果。

琼脂槽培养观察法：在已凝固的琼脂平板上挖两条小槽，把霉菌的孢子或菌丝接种在槽内，然后将无菌盖玻片插于槽内或盖在槽上，将此平板置于合适的温度下，培养过程中随时观察或培养后直接置于显微镜下观察，也可小心地将盖玻片取下放在显微镜下观察。

透明胶带法：将要观察的霉菌培养物先粘在透明胶带上，经乳酸石炭酸棉蓝染液染色后固定在载玻片上直接观察，此法简便、快速、但不能完整而清楚地观察霉菌的自然生长状态。

三、实验器材

1. 菌种：黑根霉（*Rhizopus nigricans*），高大毛霉（*Mucor mucedo*），黑曲霉（*Aspergillus miger*），产黄青霉（*Penicillium chrysogenum*）。

2. 培养基：察氏培养基（附录Ⅲ-4），马铃薯蔗糖培养基（培养根霉时用葡萄糖）（附录Ⅲ-5）。

3. 染色液：乳酸石炭酸棉蓝染色液（附录Ⅱ-7）。

4. 其他：显微镜，载玻片，盖玻片，接种钩，解剖针，解剖刀，U形玻棒，培养皿，滤纸，20%的甘油，50%乙醇，玻璃纸，涂布棒，镊子等。

四、实验方法

（一）直接制片观察法

于洁净载玻片上，滴一滴乳酸石炭酸棉蓝染色液，用解剖针从霉菌菌落的边缘处取小量带有孢子的菌丝，先置于50%乙醇中浸一下以洗去脱落的孢子，再放在载玻片上的染色液中，细心地将菌丝挑散开，盖上盖玻片，注意不要产生气泡，置显微镜下先用低倍镜观察，必要时再换高倍镜。

注意：挑菌和制片时要细心，尽可能保持霉菌自然生长状态。

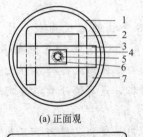

（a）正面观

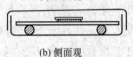

（b）侧面观

图 2-56　载玻培养观察法示意图

1—平皿；2—U形玻棒；3—载玻片；4—盖玻片；5—琼脂；6—培养物；7—保湿用滤纸

（二）载玻片培养观察法（图 2-56）

1. 培养小室的灭菌　将略小于培养皿底内径的滤纸放入培养皿内，再放上U形玻棒，其上放一块洁净的载玻片，然后将一块盖玻片斜立在载玻片的一端，盖上皿盖，把数套（根据需要而定）如此装置的培养皿叠起，包扎后于121℃灭菌20min或干热灭菌，备用。

2. 琼脂块的制作　将6～7mL灭菌的马铃薯蔗糖培养基倒入灭菌平皿中，待凝固后，用无菌解剖刀切成0.5～1cm² 的琼脂块，用刀尖铲起琼脂块放在已灭菌的培养皿内的载玻片上。

3. 接种　用灭菌的尖细接种针，取一点霉菌孢子，轻轻点在琼脂块的边缘上，用无菌镊子夹着立在载玻片旁的盖玻片盖在琼脂块上，再盖上皿盖。接种量要少，尽可能将分散的孢子接种在琼脂块边缘上，否则培养后菌丝过于稠密影响观察。

4. 培养　在培养皿的滤纸上，加无菌的20%甘油3～5mL，至滤纸湿润即可停加，将培养皿置28℃培养。

5. 镜检　根据需要可以在不同的培养时间内取出载玻片置显微镜下观察，必要时换高倍镜。

（三）玻璃纸培养观察法

1. 铺玻璃纸　先制备察氏培养基平板或马铃薯蔗糖培养基平板，再用无菌镊子在平板上铺一张无菌玻璃纸（其直径同培养皿内径）。

2. 孢子悬液制备　向霉菌斜面培养物中加入无菌水，洗下孢子，制成孢子悬液。

3. 接种　用无菌吸管吸取0.1mL孢子悬液于上述玻璃纸平板上，并用无菌玻璃涂布棒涂布均匀。

4. 培养　28℃倒置培养48h左右，待玻璃纸表面产生颜色，说明已长出孢子。取出培养皿，用镊子将玻璃纸与培养基分开，再用剪刀剪取小片玻璃纸置于载玻片上。

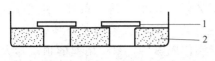

图 2-57　琼脂槽培养观察法
1—盖玻片；2—培养基

5. 镜检

（四）琼脂槽培养观察法（图 2-57）

1. 制备琼脂槽平板　制备察氏培养基平板，在平板上用无菌刀切挖两条槽，每条 1cm×5cm 左右。

2. 接种　用接种环以无菌操作从霉菌试管斜面培养物上取孢子接种在槽的内壁上，用无菌镊子取无菌盖玻片加盖于上述平板的槽上。每条槽上可盖 1～2 片。

3. 培养　28℃恒温箱内培养。

4. 镜检　根据需要可随时直接观察，也可在培养后取出盖玻片，置于载玻片上于显微镜下观察，必要时换高倍镜。

（五）透明胶带法

1. 黏菌　将食指与拇指黏在一段透明胶带两端，使透明胶带呈 U 形，胶面朝下轻轻触及黑曲霉或黑根霉菌落表面。

2. 染色　将粘有菌体的胶带纸压在事先准备好的滴有乳酸石炭酸棉蓝染液的载玻片上，并将透明胶带两端固定在载玻片两端，多余染液用滤纸吸掉。

3. 镜检

五、实验结果与讨论

1. 绘图说明你所观察到的各种霉菌的形态特征。

2. 比较毛霉、根霉、曲霉和青霉的形态构造及繁殖方式的异同。

3. 比较实验中所采用的几种观察方法的优缺点，总结在何种情况下适宜用何种制片方法来观察效果较好。

模块七　蕈　菌

蕈菌又称伞菌，也是一个通俗名称，通常是指那些能形成大型肉质子实体的真菌，包括大多数担子菌类和极少数的子囊菌类。从外表来看，蕈菌不像微生物，因此过去一直是植物学的研究对象，但从其进化历史、细胞构造、早期发育特点、各种生物学特性和研究方法等多方面来考察，都可证明它们与其他典型的微生物——显微真菌却完全一致。事实上，若将其大型子实体理解为一般真菌菌落在陆生条件下的特化与高度发展形式，则蕈菌就与其他真菌无异了。

蕈菌广泛分布于地球各处，在森林落叶地带更为丰富。它们与人类的关系密切，其中可供食用的种类就有 2000 多种，目前已利用的食用菌约有 400 种，其中约 50 种已能进行人工栽培，如常见的双孢蘑菇、木耳、银耳、香菇、平菇、草菇、金针菇和竹荪等；新品种有杏鲍菇、珍香红菇、柳松菇、茶树菇、阿魏菇和真姬菇等；还有许多种可供药用，例如灵芝、云芝和猴头等；少数有毒或引起木材朽烂的种类则对人类有害。

在蕈菌的发育过程中，其菌丝的分化可明显地分成 5 个阶段：①形成一级菌丝，担孢子萌发，形成由许多单核细胞构成的菌丝，称一级菌丝；②形成二级菌丝，不同性别的一级菌丝发生接合后，通过质配形成了由双核细胞构成的二级菌丝，它通过独特的"锁状联合"，即形成喙状突起而连合两个细胞的方式不断使双核细胞分裂，从而使菌丝尖端不断向前延伸；③形成三级菌丝，到条件合适时，大量的二级菌丝分化为多种菌丝束，即为三级菌丝；

71

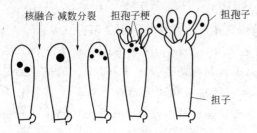

图 2-58 担子和担孢子的形成

④形成子实体，菌丝束在适宜条件下会形成菌蕾，然后再分化、膨大成大型子实体；⑤产生担孢子，子实体成熟后，双核菌丝的顶端膨大，细胞质变浓厚，在膨大的细胞内发生核配形成二倍体的核。二倍体的核经过减数分裂和有丝分裂，形成 4 个单倍体子核。这时顶端膨大细胞发育为担子，担子上部随即突出 4 个梗，每个单倍体子核进入一个小梗内，小梗顶端膨胀生成担孢子（见图 2-58）。

锁状联合的形成过程（图 2-59）极为巧妙：当双核菌丝尖端细胞分裂时，在两个细胞核之间菌丝侧生一个钩状短枝，一个核进入短枝内，另一个核留在菌丝内。两个核同时进行一次有丝分裂，形成 4 个核。分裂后短枝中的一个子核退回到菌丝尖端。此时，钩状短枝向后弯曲生长接触到菌丝壁，形成拱桥形。菌丝中分裂后的两个核之一趋向前端，同时拱桥正下方两核之间产生一个横隔。短枝尖端与菌丝壁接触处细

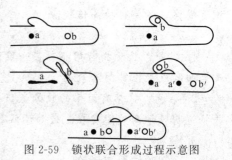

图 2-59 锁状联合形成过程示意图

胞壁溶解，短枝中的一个核回到菌丝中生长尖端后面的一个细胞内，并生出另一个横隔将这个菌丝细胞与短枝隔开，最终在菌丝上就增加了一个双核细胞。

蕈菌的最大特征是形成形状、大小、颜色各异的大型肉质子实体。典型的蕈菌，其子实体是由顶部的菌盖（包括表皮、菌肉和菌褶）、中部的菌柄（常有菌环和菌托）和基部的菌丝体三部分组成（图 2-60）。

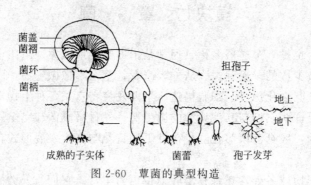

图 2-60 蕈菌的典型构造

蕈菌生长发育分为营养生长阶段（即菌丝生长期）和生殖生长阶段（出菇期）。

① 营养生长阶段：一般来说，食用菌的生长是从孢子萌发开始的，用孢子进行繁殖是真菌的主要特点之一。在适宜的外界条件下，孢子吸足水分，孢子壁膨胀软化（氧气容易渗入），孢子萌发，形成初生菌丝，不同性别初生菌丝配对后进行质配，形成次生菌丝，即意味着营养生长的开始。

② 生殖生长阶段：在培养基质内大量繁殖的营养菌丝，遇到光、低温等物理条件和搔菌之类的机械刺激，以及培养基的生物化学变化等诱导，或者有适合出菇（耳）的环境条件时，菌丝即扭结成原基，进一步发育成菌蕾、分化发育成子实体，并产生孢子。从原基形成到孢子的产生，这个发育过程称为生殖生长阶段，也叫子实体时期。

蕈菌生长发育所需条件分为营养条件和环境条件。

① 营养条件：包括碳源、氮源、无机盐、维生素等生长因子。

② 环境条件：包括温度、水分、湿度、光照、空气和 pH 等。例如，子实体阶段需要控制温度较低一些，菌丝体阶段温度较高一些；培养料的最佳含水量为 65％；菌丝体生长阶段最佳湿度为 75％，子实体生长阶段最佳湿度为 90％～95％；菌丝体生长阶段不需要光照，子实体阶段适当补光可诱导子实体分化；菌丝体生长阶段对空气要求低，子实体生长阶段必须有较流畅的空气，可通风；多数食用菌生长发育都喜好偏酸性环境，pH 为 5.5～6.5。

📖 复习参考题

一、名词解释

细菌、肽聚糖、磷壁酸、溶菌酶、革兰染色法、原生质体、L-型细菌、PHB、核区、质粒、芽孢、伴胞晶体、鞭毛、菌落、菌苔、放线菌、真菌、霉菌、芽殖、芽痕、气生菌丝、营养菌丝、假菌丝。

二、选择题

1. 在使用油镜时，一般在油镜与载玻片之间滴加一滴（　　）

A. 无菌水　　　　　　　　　　　　B. 香柏油

C. 甘油　　　　　　　　　　　　　D. 以上都可以

2. 细菌的基本形态是（　　）

A. 杆状　　　　　　　　　　　　　B. 球状

C. 螺旋状　　　　　　　　　　　　D. 以上都是

3. 表示微生物大小的常用单位之一是（　　）

A. cm　　　　　　　　　　　　　　B. mm

C. nm　　　　　　　　　　　　　　D. μm

4. 下列不属于细菌细胞基本构造的是（　　）

A. 细胞膜　　　　　　　　　　　　B. 核区

C. 芽孢　　　　　　　　　　　　　D. 细胞质

5. 细菌细胞壁的主要成分为（　　）

A. 肽聚糖，磷壁酸　　　　　　　　B. 葡聚糖、甘露聚糖

C. 纤维素　　　　　　　　　　　　D. 几丁质

6. 放线菌的形态是（　　）

A. 单细胞　　　　　　　　　　　　B. 多细胞

C. 单或多细胞　　　　　　　　　　D. 非细胞

7. 在放线菌发育过程中，吸收水分和营养的器官为（　　）

A. 基质菌丝　　　　　　　　　　　B. 气生菌丝

C. 孢子丝　　　　　　　　　　　　D. 孢子

8. 请选出耐温顺序正确的一组（　　）

A. 营养体＞孢子＞芽孢　　　　　　B. 芽孢＞孢子＞营养体

C. 孢子＞营养体＞芽孢　　　　　　D. 芽孢＞营养体＞孢子

9. 以芽殖为主要繁殖方式的微生物是（　　）

A. 细菌　　　　　　　　　　　　　B. 酵母菌

C. 霉菌　　　　　　　　　　　　　D. 病毒

10. 根霉和毛霉在形态上的不同点是（　　）

A. 菌丝无横隔　　　　　　　　　　B. 多核

C. 蓬松絮状   D. 假根

11. 下列孢子中属于霉菌无性孢子的是（   ）

A. 子囊孢子

B. 担孢子

C. 节孢子

D. 接合孢子

12. 青霉和曲霉的不同点是（   ）

A. 菌丝有横隔

B. 有分生孢子

C. 顶端有小梗

D. 顶端膨大为顶囊

13. 多数霉菌细胞壁的主要成分为（   ）

A. 几丁质

B. 肽聚糖

C. 葡聚糖和甘露聚糖

D. 纤维素病毒

14. 下列属于单细胞真菌的是（   ）

A. 青霉

B. 酵母菌

C. 曲霉

D. 细菌

15. 下列孢子中属于霉菌有性孢子的是（   ）

A. 孢囊孢子

B. 担孢子

C. 分生孢子

D. 粉孢子

16. 分生孢子头呈扫帚状的霉菌是（   ）

A. 毛霉

B. 根霉

C. 青霉

D. 曲霉

17. 食用菌的有性繁殖产生的孢子是（   ）

A. 卵孢子

B. 子囊孢子

C. 担孢子

D. 接合孢子

三、问答题

1. 简述显微镜的构造及各部件的作用。

2. 为什么在使用油镜时要加一滴香柏油？

3. 影响显微镜分辨率的因素有哪些？

4. 比较低倍镜、高倍镜及油镜各方面的差异，为什么在使用低倍镜及油镜时应特别注意避免粗调节器的误操作？

5. 细菌细胞有哪些主要结构？它们的功能是什么？

6. 比较革兰阳性细菌和革兰阴性细菌细胞壁的成分和构造。

7. 试述革兰染色法的步骤及机制，并说明此法的重要性。

8. 什么是细胞膜？什么是间体？它们的功能是什么？相互有什么联系？

9. 为何芽孢具有极强的抗逆性，尤其是抗热性？

10. 研究芽孢和伴胞晶体有何意义？

11. 什么是糖被？其化学成分如何？有何生理功能？

12. 鞭毛是细菌的运动器官，如何证实某细菌存在鞭毛？

13. 试述酵母细胞的细胞结构和功能。

14. 酵母菌是如何进行繁殖的？

15. 试述霉菌的形态结构及其功能。

16. 霉菌的营养菌丝和气生菌丝有何特点？它们可以分化出哪些特殊构造？

17. 霉菌的繁殖方式有哪几种？各类孢子是怎样形成的？

18. 根霉与毛霉、曲霉与青霉有哪些异同点？

19. 试列表比较细菌、放线菌、霉菌、酵母菌细胞结构、群体特征及繁殖方式的异同点。

20. 试述酵母菌及霉菌在工农业上的应用。

第三单元　微生物培养技术

模块一　微生物的营养

一、微生物的化学组成

培养微生物所需的营养物质主要依据细胞的化学组成及代谢物的化学组成确定。因此，分析微生物细胞的化学组成是了解微生物营养的基础。

构成微生物细胞的物质基础是各种化学元素（chemical element）。根据微生物生长时对各类化学元素需要量的大小，可将它们分为主要元素（macroelement）和微量元素（trace element），主要元素包括碳、氢、氧、氮、磷、硫、钾、镁、钙、铁等，碳、氢、氧、氮、磷、硫这六种主要元素可占细菌细胞干重的97%（表3-1）。微量元素包括锌、锰、钠、氯、钼、硒、钴、铜、钨、镍、硼等。

表 3-1　微生物细胞中几种主要元素的含量（占细胞干重的质量分数）　　　单位:%

元素	细菌	酵母菌	真菌	元素	细菌	酵母菌	真菌
碳	约50	约50	约48	氧	约20	约31	约40
氮	约15	约12	约5	磷	约3	—	—
氢	约8	约7	约7	硫	约1	—	—

组成微生物细胞的各类化学元素的比例常因微生物种类的不同而不同，例如细菌、酵母菌和真菌的碳、氢、氧、氮、磷、硫六种元素的含量就有差别（表3-1），而硫细菌、铁细菌和海洋细菌相对于其他细菌则含有较多的硫、铁和钠、氯等元素，硅藻需要硅酸来构建富含 $(SiO_2)_n$ 的细胞壁。不仅如此，微生物细胞的化学元素组成也常随菌龄及培养条件的不同而在一定范围内发生变化，幼龄的或在氮源丰富的培养基上生长的细胞与老龄的或在氮源相对贫乏的培养基上生长的细胞相比，前者含氮量高，后者含氮量低。

二、微生物的营养要素

和其他生物一样，微生物也需要不断地从外部环境中吸收所需要的各种物质，通过新陈代谢将其转化成自身新的细胞物质或代谢物，并从中获取生命活动必需的能量，同时将代谢活动产生的废物排出体外。凡是能满足微生物机体生长、繁殖和完成各种生理活动所需要的物质，都称为微生物的营养物质，而微生物获得和利用营养物质的过程称为营养。

微生物的营养物质应满足机体生长、繁殖和完成各种生理活动的需要。微生物的6类营养要素包括：碳源、氮源、能源、无机盐、生长因子和水。

1.碳源

凡是能够提供微生物细胞物质和代谢产物中碳素来源的营养物质称为碳源。有机碳源不仅用于构成微生物的细胞物质和代谢产物，而且为微生物生命活动提供能量。

微生物能够利用的碳源种类极其广泛，从简单的无机含碳化合物如 CO_2 和碳酸盐等，到各种复杂的有机物，如糖类及其衍生物、脂类、醇类、有机酸、烃类、芳香族化合物等。但不同的微生物利用碳源物质的范围大不相同。有的能广泛利用各种类型的碳源，如假单胞菌属的有些种可利用 90 种以上的碳源；但有的微生物能利用的碳源范围极其狭窄，如甲烷氧化菌仅能利用甲烷和甲醇两种有机物，某些纤维素分解菌只能利用纤维素。

不同营养类型的微生物利用不同的碳源。异养型微生物以有机物作为碳源和能源，其中糖类是微生物最好的碳源，尤其是葡萄糖。其次是醇类、有机酸类和脂类等。在糖类中，单糖优于双糖，己糖优于戊糖，淀粉优于纤维素，纯多糖优于杂多糖和其他聚合物。有些微生物能利用酚、氰化物、农药等有毒的碳素化合物，常被用于处理"三废"，消除污染，并生产单细胞蛋白等。自养型微生物利用 CO_2 作为唯一碳源或主要碳源，将 CO_2 逐步合成细胞物质和代谢产物。这类微生物在同化 CO_2 的过程中需要日光提供能量，或者从无机物的氧化过程中获得能量。

实验室内常用的碳源主要有葡萄糖、蔗糖、淀粉、甘露醇、有机酸等。工业发酵中利用的碳源主要是糖类物质如饴糖、玉米粉、甘薯粉、野生植物淀粉，以及麸皮、米糠、酒糟、废糖蜜、造纸厂的亚硫酸废液等。此外，为了解决工业发酵用粮与人们食用粮、畜禽饲料用粮的矛盾，目前已广泛开展了以纤维素、石油、CO_2 等作为碳源的代粮发酵的研究工作，并取得了显著成绩。

2. 氮源

凡是构成微生物细胞物质和代谢产物中氮素来源的营养物质称为氮源。主要用于合成细胞物质及代谢产物中的含氮化合物，一般不提供能量。只有少数自养细菌，如硝化细菌能利用铵盐、硝酸盐作为氮源和能源。

微生物能够利用的氮源种类也相当广泛，有分子态氮、氨、铵盐和硝酸盐等无机含氮化合物；尿素、氨基酸、嘌呤和嘧啶等有机含氮化合物。不同的微生物在氮源的利用上差别很大。固氮微生物能以分子态氮作为唯一氮源，也能利用化合态的有机氮和无机氮。大多数微生物都利用较简单的化合态氮，如铵盐、硝酸盐、氨基酸等，尤其是铵盐，几乎可以被所有微生物吸收利用。蛋白质需要经微生物产生并分泌到胞外的蛋白酶水解后才能被吸收利用。有些寄生性微生物只能利用活体中的有机氮化物作氮源。

实验室中常用的氮源有碳酸铵、硫酸铵、硝酸盐、尿素及牛肉膏、蛋白胨、酵母膏、多肽、氨基酸等。工业发酵中常用鱼粉、蚕蛹粉、黄豆饼粉、玉米浆、酵母粉等作氮源。铵盐、硝酸盐、尿素等氮化物中的氮是水溶性的，玉米浆、牛肉膏、蛋白胨、酵母膏等有机氮化物中的氮主要是蛋白质的降解产物，都可以被菌体直接吸收利用，称为速效性氮源。饼粕中氮主要以蛋白质的形式存在，属迟效性氮源。速效性氮源有利于菌体的生长，迟效性氮源有利于代谢产物的形成。工业发酵中，将速效性氮源与迟效性氮源按一定的比例制成混合氮源加入培养基，以控制微生物的生长时期与代谢产物形成期的长短，提高产量。

很多微生物能将非氨基酸类的简单氮源如尿素、铵盐、硝酸盐、氮气等合成所需要的各种氨基酸和蛋白质，因此，可利用它们生产大量的菌体蛋白和氨基酸等含氮的化合物。

3. 能源

能源是指能为微生物的生命活动提供最初能量来源的营养物质或辐射能。

化能异养型微生物的能源即碳源；化能自养型微生物的能源为 NH_4^+、NO_2^-、S、H_2S、H_2、Fe^{2+} 等还原态的无机化合物（表 3-2）。光能营养型微生物的能源是辐射能。

表 3-2　微生物的能源谱

能源谱	化学能	有机物：化能异养型微生物的能源（与碳源相同）
		无机物：化能自养型微生物的能源（与碳源不同）
	辐射能	光能自养型和光能异养型微生物的能源

一种营养物常有一种以上营养要素的功能。例如，辐射能仅供给能源，是单功能的；还原态无机养分如 NH_4^+、NO_2^- 是双功能的，既作能源又是氮源，有些是三功能的，同时作能源、氮源、碳源；有机物有的是双功能的，有的是三功能的。

4. 无机盐

无机盐是微生物生长所不可缺少的营养物质。其主要功能是：①构成细胞的组成成分；②参与酶的组成；③作为酶的激活剂；④调节细胞渗透压、pH 和氧化还原电位；⑤作为某些自养微生物的能源和无氧呼吸时的氢受体。

磷、硫、钾、钠、钙、镁和铁等元素参与细胞结构组成，并与能量转移、细胞透性调节功能有关。微生物对它们的需要浓度在 $10^{-4}\sim10^{-3}\,mol/L$，称为大量元素。铜、锌、锰、钼、钴和镍等元素一般是酶的辅助因子，微生物对其需要浓度在 $10^{-8}\sim10^{-6}\,mol/L$，称为微量元素。不同种微生物所需的无机元素浓度有时差别很大，例如，G^- 细菌所需 Mg^{2+} 比 G^+ 细菌约高 10 倍。

（1）磷　细胞内矿质元素中磷的含量为最高，磷是合成核酸、磷脂、一些重要的辅酶（NAD、NADP、CoA 等）及高能磷酸化合物的重要原料。此外，磷酸盐还是磷酸缓冲液的组成成分，对环境中的 pH 起着重要的调节作用。微生物所需的磷主要来自无机磷化合物如 K_2HPO_4、KH_2PO_4 等。

（2）硫　硫是蛋白质中某些氨基酸（如胱氨酸、半胱氨酸、甲硫氨酸等）的组成成分，是辅酶因子（如 CoA、生物素和硫胺素等）的组成成分，也是谷胱甘肽的组成成分。H_2S、S、$S_2O_3^{2-}$ 等无机硫化物还是某些自养菌的能源物质。微生物从含硫无机盐或有机硫化物中得到硫。一般人为的提供形式为 $MgSO_4$。微生物从环境中摄取 SO_4^{2-}，再还原成—SH。

（3）镁　镁是一些酶（如己糖激酶、异柠檬酸脱氢酶、羧化酶和固氮酶）的激活剂，是光合细菌菌绿素的组成成分。镁还起到稳定核糖体、细胞膜和核酸的作用。缺乏镁，就会导致核糖体和细胞膜的稳定性降低，从而影响机体的正常生长。微生物可以利用硫酸镁或其他镁盐。

（4）钾　钾不参与细胞结构物质的组成，但它是细胞中重要的阳离子之一。它是许多酶（如果糖激酶）的激活剂，也与细胞质胶体特性和细胞膜透性有关。钾在胞内的浓度比胞外高许多倍。各种水溶性钾盐如 K_2HPO_4、KH_2PO_4 可作为钾源。

（5）钙　钙一般不参与微生物的细胞结构物质（除细菌芽孢外），但也是细胞内重要的阳离子之一，它是某些酶（如蛋白酶）的激活剂，还参与细胞膜通透性的调节。它在细菌芽孢耐热性和细胞壁稳定性方面起着关键的作用。各种水溶性的钙盐如 $CaCl_2$ 及 $Ca(NO_3)_2$ 等都是微生物的钙元素来源。

（6）钠 钠也是细胞内的重要阳离子之一，它与细胞的渗透压调节有关。钠在细胞内的浓度低，细胞外浓度高。对嗜盐菌来说，钠除了维持细胞的渗透压（嗜盐菌放入低渗溶液即会崩溃）外，还与营养物的吸收有关，如一些嗜盐菌吸收葡萄糖需要 Na^+ 的帮助。

（7）微量元素 微量元素往往参与酶蛋白的组成或者作为酶的激活剂。如铁是过氧化氢酶、过氧化物酶、细胞色素和细胞色素氧化酶的组成元素，也是铁细菌的能源；铜是多酚氧化酶和抗坏血酸氧化酶的成分，锌是乙醇脱氢酶和乳酸脱氢酶的活性基；钴参与维生素 B_{12} 的组成；钼参与硝酸还原酶和固氮酶的组成；锰是多种酶的激活剂，有时可以代替 Mg^{2+} 起激活剂作用。

在配制培养基时，可以通过添加有关化学试剂来补充大量元素，其中首选是 K_2HPO_4 和 $MgSO_4$，它们可提供四种需要量很大的元素：K、P、S 和 Mg。对其他需要量较少的元素尤其是微量元素来说，因为它们在一些化学试剂、天然水和天然培养基组分中都以杂质等状态存在，在玻璃器皿等实验用品上也有少量存在，所以，不必另行加入。但如果要配制研究营养代谢的精细培养基时，所用的玻璃器皿是硬质材料、试剂又是高纯度的，这就应根据需要加入必要的微量元素。

5. 生长因子

生长因子通常是指那些微生物生长所必需而且需求量很小，但微生物自身不能合成或合成量不足以满足机体生长需要的有机化合物。各种微生物需求的生长因子的种类和数量是不同的。

自养型微生物和某些异养型微生物（如大肠杆菌）不需要外源生长因子也能生长。不仅如此，同种微生物所需的生长因子也会随环境条件的变化而改变，如在培养基中是否有前体物质、通气条件、pH 和温度等条件都会影响微生物对生长因子的需求。

广义的生长因子包括：维生素、氨基酸、嘌呤或嘧啶碱基、卟啉及其衍生物、甾醇、胺类或脂肪酸；狭义的生长因子一般仅指维生素。

（1）维生素 维生素是一些微生物生长和代谢所必需的微量的小分子有机物。它们的特点是：①机体不能合成，必须经常从食物中获得；②生物对它的需要量较低；③它不是结构或能量物质，但它是必不可少的代谢调节物质，大多数是酶的辅助因子；④不同生物所需的维生素种类各不相同，有的微生物可以自行合成维生素，如肠道菌可以合成维生素 K 等。有的细菌可以用于生产维生素 C。

（2）氨基酸 L-氨基酸是组成蛋白质的主要成分，此外，细菌的细胞壁合成还需要 D-氨基酸。所以，如果微生物缺乏合成某种氨基酸的能力，就需要补充这种氨基酸。补充量一般要达到 $20\sim50\mu g/mL$，是维生素需要量的几千倍。可以直接提供所需的氨基酸，或含有所需氨基酸的小分子肽。在有些情况下，细胞只能利用小肽，而不能利用氨基酸。这是因为单个氨基酸不能透过细胞，而小分子肽较容易透过细胞，随后由肽酶水解成氨基酸。有时培养基中一种氨基酸的含量太高，会抑制其他氨基酸的摄取，这称为"氨基酸不平衡"现象。

（3）碱基 碱基包括嘌呤碱和嘧啶碱，主要功能是构成核酸和辅酶、辅基。嘌呤和嘧啶进入细胞后，必须转变成核苷和核苷酸后才能被利用。

某些细菌的生长需要嘌呤和嘧啶，以合成核苷酸。最大生长量所需要的浓度是 $10\sim20\mu g/mL$。有些微生物既不能自己合成嘌呤或嘧啶，也不能利用外源嘌呤和嘧啶来合成核苷酸，因此必需供给核苷或核苷酸才能使其生长。这些微生物对核苷和核苷酸的需要量都较大，满足最大生长所需浓度为 $200\sim2000\mu g/mL$。

能提供生长因子的天然物质有酵母膏、蛋白胨、麦芽汁、玉米浆、动植物组织或细胞浸液以及微生物生长环境的提取液等。

6. 水

水是微生物营养中不可缺少的一种物质。这并不是由于水本身是营养物质，而是因为水是微生物细胞的重要组成成分；水是营养物质和代谢产物的良好溶剂，营养物质与代谢产物都是通过溶解和分解在水中而进出细胞的；水是细胞中各种生物化学反应得以进行的介质，并参与许多生物化学反应；水的比热容高，汽化热高，又是良好的热导体，因此能有效地吸收代谢释放的热量，并将热量迅速地散发出去，从而控制细胞内的温度；水还有利于生物大分子结构的稳定。

水在细胞中有两种存在形式：结合水和游离水。结合水与溶质或其他分子结合在一起，很难被微生物利用。游离水则可以被微生物利用。

游离水的含量可用水的活度 a_w 表示。水活度定义为在相同温度、压力下，体系中溶液的水的蒸气压与纯水的蒸气压之比，即：

$$a_w = p/p_0$$

式中 p——溶液中水的蒸气压；

　　　p_0——纯水的蒸气压。

纯水的 a_w 为 1.00，当含有溶质后，a_w 小于 1.00。微生物能在 $a_w=0.63\sim0.99$ 的培养条件下生长。对某种微生物而言，它对 a_w 的要求是一定的，并且不取决于溶质的性质。当培养基的 a_w 值降到该微生物的最适值以下时，会影响微生物的生长和最终的菌体收获量。

三、微生物的营养类型

根据微生物生长所需的能源、氢供体和基本碳源的不同，可将微生物的营养类型归纳为光能自养型、光能异养型、化能自养型和化能异养型 4 种类型。

营养类型是指根据微生物生长所需要的主要营养要素即碳源和能源的不同，而划分的微生物类型。微生物营养类型的划分标准或角度多种多样，但是通常是根据微生物对能源、氢供体和基本碳源的需要来区分，具体见表 3-3。

表 3-3　微生物的营养类型

营养类型	能源	氢供体	基本碳源	实　例
光能自养型（光能无机营养型）	光	无机物	CO_2	蓝细菌、紫硫细菌、绿硫细菌、藻类
光能异养型（光能有机营养型）	光	有机物	CO_2 及简单有机物	红螺菌科的细菌(紫色无硫细菌)
化能自养型（化能无机营养型）	无机物[①]	无机物	CO_2	硝化细菌、硫化细菌、铁细菌、氢细菌、硫黄细菌等
化能异养型（化能有机营养型）	有机物	有机物	有机物	绝大多数细菌和全部真核微生物

① NH_4^+、NO_2^-、S、H_2S、H_2、Fe^{2+} 等。

1. 光能自养型

光能自养型微生物利用光为能源，以 CO_2 作为唯一或主要碳源，以 H_2S 或 $Na_2S_2O_3$ 等还原态无机化合物作为氢供体，使 CO_2 还原成细胞物质。该类型的代表是蓝细菌、紫硫细菌、绿硫细菌、藻类。它们含有叶绿素或细菌叶绿素等光合色素，可将光能转变成化学能（ATP）供机体直接利用。

2. 光能异养型

光能异养型微生物具有光合色素，能利用光为能源，需要以简单有机物作为碳源和氢供体，它们也能利用 CO_2，但不能作为唯一碳源，一般同时以 CO_2 和简单的有机物为碳源。光能异养细菌生长时，常需外源的生长因子。

3. 化能自养型

化能自养型微生物利用无机物氧化放出的化学能作为能源，以 CO_2 或碳酸盐作为唯一碳源或主要碳源，它们可以在完全无机的条件下生长发育。这类菌以 H_2、H_2S、Fe^{2+} 或 NO_2^- 为电子供体，使 CO_2 还原为细胞物质。硝化细菌、硫化细菌、铁细菌、氢细菌等均属于这类微生物。它们广泛分布在土壤和水域中，在自然界的物质循环和转化过程中起着重要作用。由于它们一般生活在黑暗和无机的环境中，故又称为化能矿质营养型。

4. 化能异养型

化能异养型微生物以有机化合物为碳源，以有机物氧化产生的化学能为能源。所以，有机化合物对这些微生物来讲，既是碳源，又是能源。已知的绝大多数微生物都属于此类。工业上应用的大多数微生物都属于化能异养型。化能异养型微生物又可分为寄生和腐生两种类型。寄生是指一种生物寄居于另一种生物体内或体表，从而摄取宿主细胞的营养以维持生命的现象；腐生是指通过分解已死的生物或其他有机物，以维持自身正常生活的生活方式。

四、营养物质进入微生物细胞的方式

微生物是能够通过细胞表面进行物质交换的。微生物的细胞表面为细胞壁和细胞膜，而细胞壁只对大颗粒的物体起阻挡作用，在物质进出细胞中作用不大。而细胞膜由于具有高度选择通透性而在营养物质进入与代谢产物排出的过程中起着极其重要的作用。

细胞膜具有磷脂双分子层结构，所以物质的通透性与物质的脂溶性程度直接有关。一般来说，物质的脂溶性（或非极性）越高，越容易透过细胞膜。另外，物质的通透性也与其大小有关，气体（O_2 和 CO_2）与小分子物质（乙醇）比较容易透过细胞膜。许多大分子物质如糖类、氨基酸、核苷酸、离子（H^+、Na^+、K^+、Ca^{2+}）以及细胞的代谢产物等虽然都是非脂溶性的，但它们借助于细胞膜上的转运蛋白可以自由进出细胞。水虽然不溶于脂，但由于其分子小，不带电以及水分子的双极性结构，所以也能迅速地透过细胞膜。

目前，一般认为营养物质进入细胞主要有四种方式：单纯扩散、促进扩散、主动运送和基团移位。前两者不需能量，是被动的；后两者需要消耗能量，是主动的，并在营养物质的运输中占主导地位。

1. 营养物质被动扩散进入细胞的机制

营养物质顺着浓度梯度，以扩散方式进入细胞的过程称为被动扩散。被动扩散主要包括单纯扩散和促进扩散。两者的显著差异在于前者不借助载体，后者需要借助载体进行。

（1）单纯扩散 单纯扩散是指在无载体蛋白参与下，物质顺浓度梯度以扩散方式进入细胞的一种物质运送方式，这是物质进出细胞最简单的一种方式。该过程基本是一个物理过程，运输的分子不发生化学反应。其推动力是物质在细胞膜两侧的浓度差，不需要外界提供任何形式的能量。物质运输的速率随着该物质在细胞膜内外的浓度差的降低而减小，当膜两侧物质的浓度相等时，运输的速率降低到零，单纯扩散就停止。

通过这种方式运送的物质主要是一些气体（O_2、CO_2）、水、一些水溶性小分子（乙醇、甘油）、少数氨基酸。影响单纯扩散的因素主要有被运输物质的大小、溶解性、极性、膜外 pH、离子强度和温度等。一般相对分子质量小、脂溶性、极性小、温度高时营养物质容易吸收。

该过程没有特异性和选择性，扩散速度很慢，因此不是细胞获取营养物质的主要方式。

（2）促进扩散　　促进扩散指物质借助存在于细胞膜上的特异性载体蛋白，顺浓度梯度进入细胞的一种物质运送方式。在促进扩散过程中，被运输的营养物质与膜上的特异性载体蛋白发生可逆性结合，载体蛋白像"渡船"一样把溶质从细胞膜的一侧运送到另一侧，运输前后载体本身不发生变化，载体蛋白的存在只是加快运输过程，有时也称作渗透酶、移动酶。它的外部是疏水性的，但与溶质的特异性结合部位却是高度亲水的。载体亲水部位取代极性溶质分子上的水合壳，实现载体与溶质分子的结合。具有疏水性外表的载体将溶质带入脂质层，到达另一侧。因为胞内溶质浓度低，所以溶质就会在胞内侧释放。

促进扩散过程对被运输的物质有高度的立体专一性。某些载体蛋白只转运一种分子，如葡萄糖载体蛋白只转运葡萄糖；大多数载体蛋白只转运一类分子，如转运芳香族氨基酸的载体蛋白不转运其他氨基酸。

促进扩散通常在微生物处于高营养物质浓度的情况下发生。与简单扩散一样，促进扩散的驱动力也是浓度梯度。因此过程中不需要消耗能量。这种特异性的扩散，主要在真核生物中存在，例如，葡萄糖通过促进扩散进入酵母菌细胞；在原核生物中促进扩散比较少见，但发现甘油可通过促进扩散进入沙门菌、志贺菌等肠道细菌细胞。

2. 营养物质主动运输进入细胞的机制

对大多数微生物而言，环境中营养物质的浓度总是低于细胞内的浓度，也就是说，这些物质的摄取必需逆浓度梯度地"抽"到细胞内。显然，这个过程需要能量，并且需要载体蛋白。将营养物质逆自身浓度梯度由稀处向浓处移动，并在细胞内富集的过程称为主动运输。

主动运输分为主动运送和基团移位两种运输机制。

（1）主动运送　　主动运送是指通过细胞膜上特异性载体蛋白构型变化，同时消耗能量，使膜外低浓度物质进入膜内，且被运输的物质在运输前后并不发生任何化学变化的一种物质运送方式。

这种运送方式也需要载体蛋白参与，因而对被运输的物质有高度的立体专一性，被运输的物质和载体蛋白之间存在亲和力，而且在细胞膜内外亲和力不同，膜外亲和力大于膜内亲和力。因此，被运输的物质与载体蛋白在胞外能形成载体复合物，当进入膜内侧时，载体构象发生变化，亲和力降低，营养物质便被释放出来。

主动运送过程和促进扩散一样需要膜载体的参与，并且被运输物质与载体蛋白的亲和力改变也与载体蛋白构型的改变有关。不同的是：在主动运送过程中载体蛋白构型的变化需要消耗能量。

由于这种方式可以逆浓度差将营养物质输送入细胞，因此，必须由外界提供能量。微生物不同，能量来源也不同，细菌中主动运送所需能量大多来自质子动势，质子动势是一种来自膜内外两侧质子浓度差（膜外质子浓度＞膜内质子浓度）的高能量级的势能，是质子化学梯度与膜电位梯度的总和。质子动势可在电子传递时产生，也可在ATP水解时产生。

主动运送是微生物吸收营养物质的主要方式，很多无机离子、有机离子和一些糖类（乳糖、葡萄糖、麦芽糖等）是通过这种方式进入细胞的，对于很多生存于低浓度营养环境中的微生物来说，主动运送是影响其生存的重要营养吸收方式。

（2）基团移位　基团移位是指被运输的物质在膜内受到化学修饰，以被修饰的形式进入细胞的一种物质运送方式。基团移位也有特异性载体蛋白参与，并需要消耗能量。除了营养物质在运输过程中发生了化学变化这一特点外，该过程的其他特点都与主动运送方式相同。基团移位主要用于运送各种糖类（葡萄糖、果糖、甘露糖和 N-乙酰葡萄糖胺等）、核苷酸、丁酸和腺嘌呤等物质。

基团移位的最典型例子是磷酸转移酶系统，该系统通常由酶Ⅰ、酶Ⅱ、酶Ⅲ和热稳载体蛋白（HPr）等 4 种蛋白组成。酶Ⅰ是非特异性的，是磷酸烯醇式丙酮酸-己糖磷酸转移酶。酶Ⅱ共有三种：Ⅱ$_a$、Ⅱ$_b$、Ⅱ$_c$，其中Ⅱ$_a$ 为细胞质蛋白，无底物特异性；Ⅱ$_b$ 和Ⅱ$_c$ 均为膜蛋白，具有底物特异性，可通过诱导产生，种类较多。酶Ⅲ是膜结合的特异性酶，对糖有专一性。HPr 是一种低分子质量的可溶性蛋白，结合在细胞膜上，起着高能磷酸载体的作用。磷酸转移酶系统每输入 1 个葡萄糖分子，需要消耗 1 个 ATP 的能量。具体运送分两步进行。

① 热稳载体蛋白（HPr）的激活　细胞内高能化合物——磷酸烯醇式丙酮酸（PEP）的磷酸基团通过酶Ⅰ的作用而把 HPr 激活：

$$PEP + HPr \xrightleftharpoons{\text{酶Ⅰ}} P \sim HPr + 丙酮酸$$

② 糖经磷酸化而运入细胞膜内　膜外环境中的糖分子先与细胞膜外表面上的底物特异膜蛋白——酶Ⅱ$_c$ 结合，接着糖分子被由 P～HPr→酶Ⅱ$_a$→酶Ⅱ$_b$ 逐级传递来的磷酸基激活。最后通过酶Ⅱ$_c$ 再把这一磷酸糖释放到细胞质中。

由于膜对大多数极性的磷酸化合物有高度的不渗透性，所以，磷酸化后的糖不易再流出细胞，马上可以进入分解代谢。

上述 4 种运送方式的比较与模式见表 3-4 和图 3-1。

表 3-4　四种跨膜运输方式的比较

比较项目	简单扩散	促进扩散	主动运送	基团移位
特异载体蛋白	无	有	有	有
运送速度	慢	快	快	快
溶质运送方向	由浓到稀	由浓到稀	由稀到浓	由稀到浓
平衡时内外浓度	相等	相等	内部浓度高得多	内部浓度高得多
运送分子	无特异性	特异性	特异性	特异性
能量消耗	不需要	不需要	需要	需要
运送前后的溶质分子	不变	不变	不变	改变
载体饱和效应	无	有	有	有
与溶质类似物	无竞争性	有竞争性	有竞争性	有竞争性
运送抑制剂	无	有	有	有
运送对象举例	H_2、CO_2、O_2、甘油、乙醇、少数氨基酸、盐类、代谢抑制剂	SO_4^{2-}、PO_4^{3-}、糖（真核生物）	氨基酸、乳糖等糖类、Na^+、Ca^{2+} 等无机离子	葡萄糖、果糖、甘露糖、嘌呤、核苷、脂肪酸

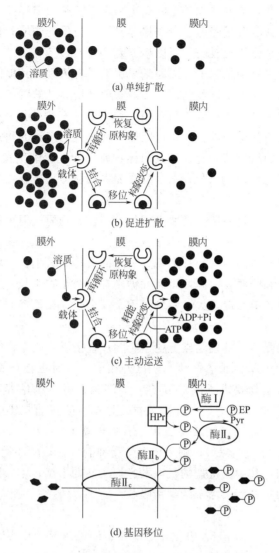

图 3-1 营养物质运送入细胞的 4 种方式

模块二 培养基制备技术

培养基是指人工配制的，适合微生物生长繁殖或产生代谢产物用的混合营养料。任何培养基都应具备微生物生长所需要的六大营养要素，且其间的比例是合适的。制作培养基时应尽快配制并立即灭菌，否则就会杂菌丛生，并破坏其固有的成分和性质。

绝大多数微生物都可在人工培养基上生长，只有少数称作难养菌的寄生或共生微生物，如类支原体、类立克次氏体和少数寄生真菌等，至今还不能在人工培养基上生长。

一、培养基的配制原则

1. 目的明确

配制培养基首先要明确培养目的，要培养什么微生物？是为了得到菌体还是代谢产物？是用于实验室还是发酵生产？根据不同的目的，配制不同的培养基。

培养细菌、放线菌、酵母菌、霉菌所需要的培养基是不同的。在实验室中常用牛肉膏蛋白胨培养基培养异养细菌，培养特殊类型的微生物还需特殊的培养基。

自养型微生物有较强的合成能力，所以培养自养型微生物的培养基完全由简单的无机物组成。异养型微生物的合成能力较弱，所以培养基中至少要有一种有机物，通常是葡萄糖。有的异养型微生物需要多种生长因子，因此常采用天然有机物为其提供所需的生长因子。

如果为了获得菌体或作种子培养基用，一般来说，培养基的营养成分宜丰富些，特别是氮源含量应高些，以利于微生物的生长与繁殖。如果为了获得代谢产物或用作发酵培养基，则所含氮源宜低些，以使微生物生长不致过旺而有利于代谢产物的积累。在有些代谢产物的生产中还要加入作为它们组成部分的元素或前体物质，如生产维生素 B_{12} 时要加入钴盐，在金霉素生产中要加入氯化物，生产苄青霉素时要加入其前体物质苯乙酸。

2. 营养协调

培养基应含有维持微生物最适生长所必需的一切营养物质。但更为重要的是，营养物质的浓度与配比要合适。

营养物质浓度过低不能满足其生长的需要；过高又抑制其生长。例如，适量的蔗糖是异养型微生物的良好碳源和能源，但高浓度的蔗糖则抑制微生物生长。金属离子是微生物生长所不可缺少的矿质养分，但浓度过大，特别是重金属离子，反而抑制其生长，甚至产生杀菌作用。

各营养物质之间的配比，特别是碳氮比（C/N）直接影响微生物的生长繁殖和代谢产物的积累。C/N 一般指培养基中元素碳和元素氮的比值，有时也指培养基中还原糖与粗蛋白的含量之比。不同的微生物要求不同的 C/N。如细菌和酵母菌培养基中的 C/N 约为 5/1，霉菌培养基中的 C/N 约为 10/1。在微生物发酵生产中，C/N 直接影响发酵产量，如谷氨酸发酵中需要较多的氮作为合成谷氨酸的氮源，若培养基 C/N 为 4/1，则菌体大量繁殖，谷氨酸积累少；若培养基 C/N 为 3/1，则菌体繁殖受抑制，谷氨酸产量增加。

此外，还须注意培养基中无机盐的量以及它们之间的平衡；生长因子的添加也要注意比例适当，以保证微生物对各生长因子的平衡吸收。

3. 理化适宜

微生物的生长与培养基的 pH、氧化还原电位、渗透压等理化因素关系密切。配制培养基应将这些因素控制在适宜的范围内。

(1) pH　各大类微生物一般都有其生长适宜的 pH 范围。如细菌为 7.0～8.0，放线菌为 7.5～8.5，酵母菌为 3.8～6.0，霉菌为 4.0～5.8，藻类为 6.0～7.0，原生动物为 6.0～8.0。但对于某一具体的微生物菌种来说，其生长的最适 pH 范围常会大大突破上述界限，其中一些嗜极菌更为突出。

微生物在生长、代谢过程中，会产生改变培养基 pH 的代谢产物，若不及时控制，就会抑制甚至杀死其自身。因此，在设计此类培养基时，要考虑培养基成分对 pH 的调节能力。这种通过培养基内在成分所起的调节作用，可称为 pH 的内源调节。

内源调节主要有 2 种方式：①借磷酸缓冲液进行调节，例如调节 K_2HPO_4 和 KH_2PO_4 两者浓度比即可获得 pH 6.4～7.2 间的一系列稳定的 pH，当两者为等摩尔浓度比时，溶液的 pH 可稳定在 6.8；②以 $CaCO_3$ 作"备用碱"进行调节，$CaCO_3$ 在水溶液中溶解度很低，故将它加入至液体或固体培养基中并不会提高培养基的 pH，但当微生物生长过程中不断产酸时，却可以溶解 $CaCO_3$，从而发挥其调节培养基 pH 的作用。如果不希望培养基有沉淀，有时可添加 $NaHCO_3$。

与内源调节相对应的是外源调节，这是一类按实际需要不断从外界流加酸或碱液，以调整培养液 pH 的方法。

（2）氧化还原电位　各种微生物对培养基的氧化还原电位要求不同。一般好氧微生物生长的 E_h（氧化还原势）值为 $0.3\sim0.4V$，厌氧微生物只能生长在 $0.1V$ 以下的环境中。好氧微生物必须保证氧的供应，这在大规模发酵生产中尤为重要，需要采用专门的通气措施。厌氧微生物则必须除去氧，因为氧对它们有害。所以，在配制这类微生物的培养基时，常加入适量的还原剂以降低氧化还原电位。常用的还原剂有巯基乙酸、半胱氨酸、硫化钠、抗坏血酸、铁屑等。也可以用其他理化手段除去氧。发酵生产上常采用深层静置发酵法创造厌氧条件。

（3）渗透压和水活度　多数微生物能忍受渗透压较大幅度的变化。培养基中营养物质的浓度过大，会使渗透压太高，使细胞发生质壁分离，抑制微生物的生长。低渗溶液则使细胞吸水膨胀，易破裂。配制培养基时要注意渗透压的大小，要掌握好营养物质的浓度。常在培养基中加入适量的 NaCl 以提高渗透压。在实际应用中，常用水活度表示微生物可利用的游离水的含水量。

4. 经济节约

配制培养基特别是大规模生产用的培养基时还应遵循经济节约的原则，尽量选用价格便宜、来源方便的原料。在保证微生物生长与积累代谢产物需要的前提下，经济节约原则大致有："以粗代精"、"以野代家"、"以废代好"、"以简代繁"、"以烃代粮"、"以纤代糖"、"以氮代朊"、"以国产代进口"等方面。

二、培养基的种类

培养基的种类繁多。因考虑的角度不同，可将培养基分成以下一些类型。

1. 根据所培养微生物的种类分类

根据微生物的种类可分为：细菌、放线菌、酵母菌和霉菌培养基。

常用的异养型细菌培养基为牛肉膏蛋白胨培养基，常用的自养型细菌培养基是无机的合成培养基，常用的放线菌培养基为高氏Ⅰ号琼脂合成培养基，常用的酵母菌培养基为麦芽汁培养基，常用的霉菌培养基为察氏合成培养基。

2. 根据对培养基成分的了解程度分类

（1）天然培养基　指一类利用动、植物或微生物体包括用其提取物制成的培养基，这是一类营养成分既复杂又丰富、难以说出其确切化学组成的培养基。例如牛肉膏蛋白胨培养基。天然培养基的优点是营养丰富、种类多样、配制方便、价格低廉；缺点是化学成分不清楚、不稳定。因此，这类培养基只适用于一般实验室中的菌种培养、发酵工业中生产菌种的培养和某些发酵产物的生产等。

常见的天然培养基成分有：麦芽汁、肉浸汁、鱼粉、麸皮、玉米粉、花生饼粉、玉米浆及马铃薯等。实验室中常用牛肉膏、蛋白胨及酵母膏等。

（2）合成培养基　又称组合培养基或综合培养基，是一类按微生物的营养要求精确设计后用多种高纯化学试剂配制成的培养基。例如高氏Ⅰ号琼脂培养基、察氏培养基等。合成培养基的优点是成分精确、重演性高；缺点是价格较贵，配制麻烦，且微生物生长比较一般。因此，通常仅适用于营养、代谢、生理、生化、遗传、育种、菌种鉴定或生物测定等对定量要求较高的研究工作中。

（3）半合成培养基　又称半组合培养基，指一类主要以化学试剂配制，同时还加有某种或某些天然成分的培养基。例如培养真菌的马铃薯蔗糖培养基等。严格地讲，凡含有未经特殊处理的琼脂的任何合成培养基，实质上都是一种半合成培养基。半合成培养基特点是配制方便，成本低，微生物生长良好。发酵生产和实验室中应用的大多数培养基都属于半合成培养基。

3. 根据培养基的物理状态分类

（1）液体培养基　呈液体状态的培养基为液体培养基。它广泛用于微生物学实验和生产，在实验室中主要用于微生物的生理、代谢研究和获取大量菌体，在发酵生产中绝大多数发酵都采用液体培养基。

（2）固体培养基　呈固体状态的培养基都称为固体培养基。固体培养基有加入凝固剂后制成的；有直接用天然固体状物质制成的，如培养真菌用的麸皮、大米、玉米粉和马铃薯块培养基；还有在营养基质上覆上滤纸或滤膜等制成的，如用于分离纤维素分解菌的滤纸条培养基。

常用的固体培养基是在液体培养基中加入凝固剂（约 2％的琼脂或 5％～12％的明胶），加热至 100℃，然后再冷却并凝固的培养基。常用的凝固剂有琼脂、明胶和硅胶等。其中，琼脂是最优良的凝固剂。现将琼脂与明胶两种凝固剂的特性列在表 3-5 中。

表 3-5　琼脂与明胶若干特性的比较

名称	化学成分	营养价值	分解性	融化温度	凝固温度	常用浓度	透明度	黏着力	耐加压灭菌
琼脂	聚半乳糖的硫酸酯	无	罕见	约 96℃	约 40℃	1.5％～2％	高	强	强
明胶	蛋白质	作氮源	极易	约 25℃	约 20℃	5％～12％	高	强	弱

固体培养基在科学研究和生产实践中具有很多用途，例如用于菌种分离、鉴定、菌落计数、检测杂菌、育种、菌种保藏、抗生素等生物活性物质的效价测定及获取真菌孢子等方面。在食用菌栽培和发酵工业中也常使用固体培养基。

（3）半固体培养基　半固体培养基是指在液体培养基中加入少量凝固剂（如 0.2％～0.5％的琼脂）而制成的半固体状态的培养基。半固体培养基有许多特殊的用途，如可以通过穿刺培养观察细菌的运动能力，进行厌氧菌的培养及菌种保藏等。

（4）脱水培养基　又称脱水商品培养基或预制干燥培养基，指含有除水以外的一切成分的商品培养基，使用时只要加入适量水分并加以灭菌即可，是一类既有成分精确又有使用方便等优点的现代化培养基。

4. 根据培养基的功能分类

（1）选择性培养基　一类根据某微生物的特殊营养要求或其对某些物理、化学因素的抗性而设计的培养基，具有使混合菌样中的劣势菌变成优势菌的功能，广泛用于菌种筛选等领域。

混合菌样中数量很少的某种微生物，如直接采用平板划线或稀释法进行分离，往往因为数量少而无法获得。选择性培养的方法主要有两种，一是利用待分离的微生物对某种营养物的特殊需求而设计的，如以纤维素为唯一碳源的培养基可用于分离纤维素分解菌，用石蜡油来富集分解石油的微生物，用较浓的糖液来富集酵母菌等；二是利用待分离的微生物对某些物理和化学因素具有抗性而设计的，如分离放线菌时，在培养基中加入数滴 10％的苯酚，可以抑制霉菌和细菌的生长，在分离酵母菌和霉菌的培养基中，添加青霉素、四环素和链霉素等抗生素可以抑制细菌和放线菌的生长，结晶紫可以抑制革兰阳性菌，培养基中加入结晶紫后，能选择性地培养 G⁻菌；7.5％ NaCl 可以抑制大多数细菌，但不抑制葡萄球菌，从而选择培养葡萄球菌；德巴利酵母属中的许多种酵母菌和酱油中的酵母菌能耐高浓度（18％～20％）的食盐，而其他酵母菌只能耐受 3％～11％浓度的食盐，所以，在培养基中加入15％～20％浓度的食盐，即构成耐食盐酵母菌的选择性培养基。

（2）鉴别培养基　一类在成分中加有能与目的菌的无色代谢产物发生显色反应的指示剂，从而达到只须用肉眼辨别颜色就能方便地从近似菌落中找到目的菌菌落的培养基。最常见的鉴别培养基是伊红美蓝乳糖培养基，即 EMB 培养基（表 3-6）。它在饮用水、牛乳的大肠菌群数等细菌学检查和在 *E. coli* 的遗传学研究工作中有着重要的用途。

表 3-6　EMB 培养基成分

成分	蛋白胨	乳糖	蔗糖	K_2HPO_4	伊红 Y	美蓝	蒸馏水	pH
含量/g	10	5	5	2	0.4	0.065	1000	7.2

EMB 培养基中的伊红和美蓝两种苯胺染料可抑制 G⁺菌和一些难培养的 G⁻菌。在低酸度下，这两种染料会结合并形成沉淀，起着产酸指示剂的作用。因此，试样中多种肠道细菌会在 EMB 培养基平板上产生易于用肉眼识别的多种特征性菌落，尤其是大肠杆菌，因其能强烈分解乳糖而产生大量混合酸，菌体表面带 H⁺，故可染上酸性染料伊红，又因伊红与美蓝结合，故使菌落染上深紫色，且从菌落表面的反射光中还可看到绿色金属闪光，其他几种产酸力弱的肠道菌的菌落也有相应的棕色。

属于鉴别培养基的还有：明胶培养基可以检查微生物能否液化明胶；醋酸铅培养基可用来检查微生物能否产生 H_2S 气体等。

选择性培养基与鉴别培养基的功能往往结合在同一种培养基中。例如上述 EMB 培养基既有鉴别不同肠道菌的作用，又有抑制 G⁺菌和选择性培养 G⁻菌的作用。

（3）种子培养基　种子培养基是为了保证在生长中能获得优质孢子或营养细胞的培养基。一般要求氮源、维生素丰富，原料要精。同时应尽量考虑各种营养成分的特性，使 pH在培养过程中能稳定在适当的范围内，以利菌种的正常生长和发育。有时，还需加入使菌种能适应发酵条件的基质。菌种的质量关系到发酵生产的成败，所以种子培养基的质量非常重要。

（4）发酵培养基　发酵培养基是生产中用于供菌种生长繁殖并积累发酵产品的培养基。一般数量较大，配料较粗。发酵培养基中碳源含量往往高于种子培养基。若产物含氮量高，则应增加氮源。在大规模生产时，原料应来源充足，成本低廉，还应有利于下游的分离提取。

技能训练6　培养基制备技术

一、实验目的

1. 明确培养基的配制原理。

2. 通过对基础培养基的配制，掌握配制培养基的一般方法和步骤。

二、实验原理

培养基是人工地将多种物质按各种微生物生长的需要配置而成的一种混合营养基质，用以培养或分离各种微生物。因此，营养基质应当有微生物所能利用的营养成分（包括碳源、氮源、能源、无机盐、生长因子）和水。根据微生物的种类和实验目的的不同，培养基也有不同的种类和配制方法。

微生物的生长繁殖除需一定的营养物质以外，还要求适当的 pH 范围。不同微生物对 pH 要求不一样，霉菌和酵母菌的培养基的 pH 是偏酸性的，而细菌和放线菌的培养基是中性或偏碱性的。所以配制培养基时，都要根据不同微生物对象用稀酸或稀碱将培养基的 pH 调到合适的范围。但配制 pH 低的琼脂培养基时，如预先调好 pH 并在高压蒸汽下灭菌，则琼脂因水解不能凝固，因此，应将培养基的成分和琼脂分开灭菌后再混合，或在中性 pH 条件下灭菌后，再调整 pH。

此外，由于配制培养基的各类营养物质和容器等含有各种微生物，此外，已配制好的培养基必须立即灭菌，以防止其中的微生物生长繁殖而消耗养分和改变培养基的酸碱度而带来的不利影响。

以牛肉膏蛋白胨培养基的配制为例，学习培养基的配制方法。牛肉膏蛋白胨培养基的配方参见附录Ⅲ-1。

三、实验器材

1. 溶液和试剂：牛肉膏、蛋白胨、NaCl、水、pH 试纸、1mol/L NaOH、1mol/L HCl 等。

2. 仪器和其他用品：试管，三角瓶，天平，瓷缸，玻璃棒，漏斗，漏斗架，牛皮纸，草绳，棉塞，高压蒸汽灭菌器等。

四、实验方法

1. 计算称量

根据配方，计算出实验中各种药品所需要的量，然后分别称（量）取。

2. 溶解

一般情况下，几种药品可一起倒入烧杯内，先加入少于所需要的总体积水进行加热溶解（但在配制化学成分较多的培养基时，有些药品，如磷酸盐和钙盐、镁盐等混在一起容易产生结块、沉淀，故宜按配方依次溶解。个别成分如能分别溶解，经分开灭菌后混合，则效果更为理想）。加热溶解时，要不断搅拌。如有琼脂在内，更应注意。待完全溶解后，补足水分到需要的总体积。

3. 调节 pH

用滴管逐滴加入 1mol/L NaOH 或 1mol/L HCl，边搅动边用精密的 pH 试纸测其 pH 值，直到符合要求时为止。pH 值也可用 pH 计来测定。

4. 过滤

要趁热用四层纱布过滤。

5. 分装

按照实验要求进行分装 [图 3-2(a)]。装入试管中的量不宜超过试管高度的 1/5，装入三角烧瓶中的量以烧瓶总体积的一半为限。在分装过程中，应注意勿使培养基沾污管口或瓶口，以免弄湿棉塞，造成污染。

6. 加塞

培养基分装好以后，在试管口或烧瓶口上应加上一只棉塞 [图 3-2(b)]。棉塞的作用有

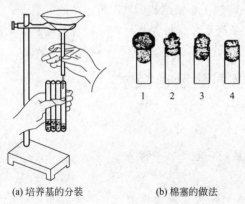

(a) 培养基的分装　　　　(b) 棉塞的做法

图 3-2　培养基的分装及棉塞的做法

1—正确；2—管内太短，外部太松；3—整个棉塞太松；4—管内太紧，外部太短松

二：一方面阻止外界微生物进入培养基内，防止由此而引起的污染；另一方面保证有良好的通气性能，使微生物能不断地获得无菌空气。因此棉塞质量的好坏对实验的结果有很大影响。

7. 灭菌

在塞上棉塞的容器外面再包一层牛皮纸，便可进行灭菌。培养基的灭菌时间和温度，需按照各种培养基的规定进行，以保证灭菌效果和不损坏培养基的必要成分。如果分装斜面培养基，要趁热摆放并使斜面长度适当（为试管长度 1/3～1/2，不能超过 1/2）。培养基经灭菌后，应保温培养 2～3 天，检查灭菌效果，无菌生长者方可使用。

五、实验结果与讨论

1. 检查培养基灭菌是否彻底。

2. 在培养基的配制过程中应注意哪些问题？

模块三　微生物控制技术

在微生物研究或生产实践中，常常需要控制所不期望的微生物的生长。任何杀死或抑制微生物的方法都可以达到控制微生物生长的目的，它们包括加热、低温、干燥、辐射、过滤等物理方法和消毒剂、防腐剂、化学治疗剂等化学方法两大类。

由于目的不同，对微生物生长控制的要求和采用的方法也就有很大的不同，因而产生的效果也不同。

(1) 灭菌　利用强烈的理化因素杀死物体中所有微生物的措施称为灭菌。

(2) 消毒　采用温和的理化因素杀死物体中所有病原微生物的措施称为消毒。

(3) 防腐　利用某种理化因素抑制微生物生长的措施称为防腐。

(4) 化疗　利用具有高度选择毒力的化学物质抑制宿主体内病原微生物或病变细胞的治疗措施称为化疗。

现将上述 4 个概念的特点和比较列在表 3-7 中。

表 3-7　灭菌、消毒、防腐、化疗的比较

比较项目	灭菌	消毒	防腐	化疗
处理因素	强烈理化因素	温和理化因素	理化因素	化学治疗剂
处理对象	任何物体内外	生物体表,酒、乳等	有机质物体内外	宿主体内
微生物类型	一切微生物	有关病原菌	一切微生物	有关病原菌
对微生物作用	彻底杀灭	杀死或抑制	抑制或杀死	抑制或杀死
实例	加压蒸汽灭菌,辐射灭菌,化学杀菌剂	70%酒精消毒,巴氏消毒法	冷藏,干燥,糖渍,盐腌,缺氧,化学防腐剂	抗生素,抗代谢药物

一、控制微生物生长的物理方法

(一) 高温灭菌

当环境温度超过微生物的最高生长温度时就会引起微生物死亡。高温的致死作用，主要是引起蛋白质、核酸和脂类等重要生物大分子发生降解或改变其空间结构等，从而变性或破坏。一定时间内（一般为 10min）杀死微生物所需要的最低温度称为致死温度。

高温灭菌分为干热灭菌和湿热灭菌，在相同温度下，湿热灭菌效果比干热灭菌好（表3-8）。原因是：①蛋白质的含水量与其凝固温度成反比，因此湿热条件下，菌体吸收水分，菌体蛋白更容易凝固（表3-9）；②热蒸汽穿透能力强（表3-10）；③湿热蒸汽有潜热存在，

当蒸汽在物体表面凝结成水时放出大量热量，可提高灭菌物品的温度。

表 3-8　干热与湿热空气对不同细菌的致死时间比较

细菌种类	干热（90℃）	湿热（90℃）	
		湿度 20%	湿度 80%
白喉棒杆菌	24h	2h	2min
痢疾杆菌	3h	2h	2min
伤寒杆菌	3h	2h	2min
葡萄球菌	8h	3h	2min

表 3-9　蛋白质含水量与其凝固温度的关系

蛋白质含水量/%	蛋白质凝固温度/℃	灭菌时间/min
50	56	30
25	74～80	30
18	80～90	30
6	145	30
0	160～170	30

表 3-10　干热和湿热空气穿透力的比较

加热方式	温度/℃	加热时间/h	透过布的层数及其温度/℃		
			20 层	40 层	100 层
干热	130～140	4	86	72	70 以下
湿热	105	4	101	101	101

1. 干热灭菌

干热灭菌是通过灼烧或烘烤等方法杀死微生物。

（1）火焰灼烧法　实验室常用酒精灯火焰灼烧接种工具和试管口等物品。医院常焚烧污染物品及实验动物尸体等。此法灭菌彻底、迅速、简便。

（2）烘箱热空气法　通常将将灭菌物品放入电热烘箱内，在 150～170℃下维持 1～2h 可达到彻底灭菌（包括细菌的芽孢）的目的。利用热空气灭菌，灭菌时间可根据被灭菌物品的体积作适当调整。该法适用于金属器械和玻璃器皿等耐热物品的灭菌，也可用于油料和粉料物质的灭菌。

2. 湿热灭菌

（1）常压法

① 巴氏消毒法　此法最早由法国微生物学家巴斯德采用。这是一种专用于牛乳、啤酒、果酒或酱油等不宜进行高温灭菌的液态风味食品或调料的低温消毒方法。此法可杀灭物料中的无芽孢病原菌（如牛乳中的结核分枝杆菌或沙门菌），又不影响其原有风味。具体做法可分为 2 类：第一类是经典的低温维持法（LTH），例如用于牛乳消毒只要在 63℃维持 30min 即可；第二类是较现代的高温瞬时法（HTST），用此法作牛乳消毒时只要在 72℃维持 15s。近年来，牛乳和其他液态食品一般都采用超高温瞬时灭菌技术（UHT），即 138～142℃，灭菌 2～4s，既可杀菌，又能保质，还可缩短时间，提高经济效益。

② 煮沸消毒法　物品在水中煮沸（100℃）15min 以上，可使某些病毒失活，可杀死细菌及真菌的所有营养细胞和部分芽孢、孢子。如延长时间或加入 1% 碳酸钠或 2%～5% 石炭酸，则效果更好。此法适用于解剖器具、家庭餐具和饮用水等的消毒。

③ 间歇灭菌法　又称分段灭菌法或丁达尔灭菌法。将待灭菌物品于常压下加热至 100℃处理 15～60min，杀死其中营养细胞。冷却后 37℃保温过夜，使其中残存芽孢萌发成营养细胞，第二天再以同样的方式加热处理，反复三次，可杀灭所有的芽孢和营养细胞，达到灭菌目的。此法主要适用于一些不耐高温的培养基、营养物等的灭菌，缺点是较费时间。

（2）加压法

① 常规加压蒸汽灭菌法　一般称作"高压蒸汽灭菌法"。这是一种利用高温（而非压

力）进行湿热灭菌的方法，优点是操作简便、效果可靠，故被广泛使用。其原理是：将待灭菌的物件放置在盛有适量水的专用加压灭菌锅（或家用压力锅）内，盖上锅盖，并打开排气阀，通过加热煮沸，让蒸汽驱尽锅内原有的空气，然后关闭锅盖上的阀门，再继续加热，使锅内蒸气压逐渐上升，随之温度也相应上升至100℃以上。为达到良好的灭菌效果，一般要求温度应达到121.5℃（0.1MPa），时间维持15～30min。有时为防止培养基内葡萄糖等成分的破坏，也可采用在较低温度（115.6℃即0.07MPa）下维持35min的方法。加压蒸汽灭菌法适合于一切微生物学实验室、医疗保健机构或发酵工厂中对培养基及多种器材或物料的灭菌。

②　连续加压蒸汽灭菌法　在发酵行业里也称"连消法"。此法仅用于大型发酵厂的大批量培养基的灭菌。主要操作原理是让培养基在管道的流动过程中快速升温、维持和冷却，然后流进发酵罐。培养基一般加热至135～140℃下维持5～15s。优点：a. 采用高温瞬时灭菌，既进行了彻底灭菌，又有效地减少了营养成分的破坏，从而提高了原料的利用率和发酵产品的质量和产量，在抗生素发酵中，它可比常规的"实罐灭菌"（120℃，30min）提高产量5%～10%；b. 由于总的灭菌时间比分批灭菌法明显减少，故缩短了发酵罐的占用时间，提高了它的利用率；c. 由于蒸汽负荷均衡，故提高了锅炉的利用效率；d. 适宜于自动化操作，降低了操作人员的劳动强度。

（二）低温抑菌

低温的作用主要是抑菌。它可使微生物的代谢活力降低，生长繁殖停滞，但仍能保持活性。低温法常用于保藏食品和菌种。

（1）冷藏法　将新鲜食物放在4℃冰箱保存，防止腐败。然而贮藏只能维持几天，因为低温下耐冷微生物仍能生长，造成食品腐败。利用低温下微生物生长缓慢的特点，可将微生物斜面菌种放置于4℃冰箱中保存数周至数月。

（2）冷冻法　家庭或食品工业中采用-20～-10℃的冷冻温度，使食品冷冻成固态加以保存，在此条件下，微生物基本上不生长，保存时间比冷藏法长。冷冻法也适用于菌种保藏，所用温度更低，如-20℃低温冰箱、-70℃超低温冰箱或-195℃液氮。

（三）辐射

辐射主要有紫外线、电离辐射、强可见光等，可用于控制微生物生长和保存食品。

（1）紫外线　由波长100～400nm的光组成，其中200～300nm范围的紫外线杀菌作用最强。紫外线杀菌作用主要是它可以被蛋白质（约280nm）和核酸（约260nm）吸收，使其变性失活。核酸中的胸腺嘧啶吸收紫外线后形成二聚体，导致DNA复制和转录中遗传密码阅读错误，引起致死突变。紫外线还可使空气中分子氧变为臭氧，分解放出氧化能力极强的新生态［O］，破坏细胞物质的结构，使菌体死亡。紫外线穿透能力很差，只能用于物体表面或室内空气的灭菌。紫外线灭活病毒特别有效，对其他微生物细胞的灭活作用因DNA修复机制的存在受到影响。

紫外线的杀菌效果也与菌种的生理状态有关。干细胞抗紫外辐射能力比活细胞强，孢子抗性比营养细胞强，带色细胞的色素若可吸收紫外线也可起保护作用。

（2）电离辐射　控制微生物生长所用的电离辐射主要是X射线和γ射线。电离辐射波长短，穿透力强，能量高，效应无专一性，作用于一切细胞成分。主要用于其他方法不能解决的塑料制品、医疗设备、药品和食品的灭菌。γ射线是某些放射性同位素，如^{60}Co发射出的高能辐射，具较强穿透能力，能致死所有微生物。已有专门用于不耐热的大体积物品消毒

的 γ 射线装置。

（3）强可见光　太阳光具有杀菌作用，主要是由紫外线造成的。但含有 $400\sim700nm$ 波长范围的强可见光也具有直接的杀菌效应，它们能够氧化细菌细胞内的光敏感分子，如核黄素和卟啉环（构成氧化酶的成分）。因此，实验室应注意避免将细菌培养物暴露于强光下。此外，曙红和四甲基蓝能吸收强可见光使蛋白质和核酸氧化，因此常将两者结合用来灭活病毒和细菌。

（四）干燥和渗透压

微生物代谢离不开水。干燥或提高溶液渗透压降低微生物可利用水的量或活度，可抑制其生长。

（1）干燥　干燥的主要作用是抑菌，使细胞失水，代谢停止，也可引起某些微生物死亡。干果、稻谷、乳粉等食品通常采用干燥法保存，防止腐败。不同微生物对干燥的敏感性不同，G^- 细菌，如淋病球菌对干燥特别敏感，几小时便死亡；但结核分枝杆菌特别耐干燥，在此环境中，$100℃$、$20min$ 仍能生存；链球菌用干燥法保存几年而不丧失致病性。休眠孢子抗干燥能力很强，在干燥条件下可长期不死，故可用于菌种保藏。

（2）渗透压　一般微生物都不耐高渗透压。微生物在高渗环境中，水从细胞中流出，使细胞脱水。盐腌制咸肉或咸鱼，糖浸果脯或蜜饯等均是利用此法保存食品的。

（五）过滤除菌

过滤除菌是将液体通过某种多孔的材料，使微生物与液体分离。现今大多用膜滤器除菌。膜滤器用微孔滤膜作材料，通常由硝酸纤维素制成，可根据需要选择 $25\sim0.025\mu m$ 的特定孔径。含微生物的液体通过微孔滤膜时，大于滤膜孔径的微生物被阻拦在膜上，与滤液分离。微孔滤膜具有孔径小、价格低、滤速快、不易阻塞、可高压灭菌及可处理大容量液体等优点。但也有使用小于 $0.22\mu m$ 孔径滤膜时易引起滤孔阻塞的缺点，而当使用 $0.22\mu m$ 孔径滤膜时，虽可基本滤除溶液中存在的细菌，但病毒及支原体等可通过。

过滤除菌可用于对热敏感液体的灭菌，如含有酶或维生素的溶液、血清等，还可用于啤酒生产代替巴氏消毒法。

（六）超声波

超声波（频率在 $20000Hz$ 以上）具有强烈的生物学作用。它致死微生物的主要原理是：通过探头的高频振动引起周围水溶液的高频振动，当探头和水溶液的高频振动不同步时能在溶液内产生空穴（真空区），只要菌体接近或进入空穴，由于细胞内外压力差，导致细胞破裂，内含物外溢，从而实现杀灭微生物。此外，超声波振动，机械能转变为热能，使溶液温度升高，细胞热变性，抑制或杀死微生物。科研中常用此法破碎细胞，研究其组成、结构等。超声波几乎对所有微生物都有破坏作用，效果因作用时间、频率及微生物种类、数量、形状而异。一般地，高频率比低频率杀菌效果好，球菌较杆菌抗性强，细菌芽孢具有更强的抗性。

二、控制微生物生长的化学方法

许多化学药剂可抑制或杀灭微生物，因而被用于微生物生长的控制，它们被分为 3 类：消毒剂、防腐剂、化学治疗剂。化学治疗剂是指能直接干扰病原微生物的生长繁殖并可用于治疗感染性疾病的化学药物，按其作用和性质又可分为抗代谢物和抗生素。

1. 消毒剂和防腐剂

消毒剂是可抑制或杀灭微生物，对人体也可能产生有害作用的化学药剂，主要用于抑制或杀灭非生物体表面、器械、排泄物和环境中的微生物。防腐剂是可抑制微生物但对人和动物毒性较低的化学药剂，可用于机体表面如皮肤、黏膜、伤口等处防止感染，也可用于食品、饮料、药品的防腐。现消毒剂和防腐剂间的界线已不严格，如高浓度的石炭酸（3%～5%）用于器皿表面消毒，低浓度的石炭酸（0.5%）用于生物制品的防腐。本节将消毒剂和防腐剂一起讨论。理想的消毒剂和防腐剂应具有作用快、效力大、渗透强、易配制、价格低、毒性小、无怪味的特点。完全符合上述要求的化学药剂很少，根据需要尽可能选择具有较多优良特性的化学药剂。

（1）醇类　醇类是脂溶剂，可损伤细胞膜，同时使蛋白质变性，低级醇还是脱水剂，因而具有杀菌能力。但醇类对细菌芽孢无效，主要用于皮肤及器械消毒。其杀菌作用是丁醇＞丙醇＞乙醇＞甲醇，丁醇以上不溶于水，甲醇毒性很大，通常用乙醇。无水乙醇与菌体接触后使细胞迅速脱水，表面蛋白凝固形成保护膜，阻止乙醇进一步渗入，影响杀菌能力。实验表明，70%乙醇杀菌效果最好，实际常用75%乙醇。

（2）醛类　醛类的作用主要是使蛋白质烷基化，改变酶或蛋白质的活性，使微生物的生长受到抑制或死亡。常用的醛类是甲醛，37%～40%甲醛溶液称福尔马林，因有刺激性和腐蚀性，不宜在人体使用，常以2%甲醛溶液浸泡器械，10%甲醛溶液熏蒸房间。

（3）酚类　低浓度的酚可破坏细胞膜组分，高浓度的酚凝固菌体蛋白。酚还能破坏结合在膜上的氧化酶与脱氢酶，引起细胞的迅速死亡。常用的苯酚又称石炭酸，0.5%可消毒皮肤，2%～5%可消毒痰、粪便与器皿，5%可喷雾消毒空气。甲酚是酚的衍生物，杀菌效果比苯酚强几倍，但在水中的溶解度较低，可在皂液或碱性溶液中形成乳浊液。市售的消毒剂来苏尔就是甲酚与肥皂的混合液，常用3%～5%的溶液消毒皮肤、桌面及用具。

（4）表面活性剂　主要是破坏菌体细胞膜的结构，造成胞内物质泄漏，蛋白质变性，菌体死亡。肥皂是一种阴离子表面活性剂，对肺炎链球菌或链球菌有效，但对葡萄球菌、结核分枝杆菌无效，0.25%的肥皂溶液对链球菌的作用比0.7%来苏尔或0.1%的升汞还强，但一般认为肥皂的作用主要是机械地移去微生物，微生物附着于肥皂泡沫中被水冲洗掉。常用的新洁尔灭是人工合成的季铵盐阳离子表面活性剂，0.05%～0.1%新洁尔灭溶液用于皮肤、黏膜和器械消毒。

（5）染料　一些碱性染料的阳离子可与菌体的羧基或磷酸基作用，形成弱电离的化合物，妨碍菌体的正常代谢，抑制生长。结晶紫可干扰细菌细胞壁肽聚糖的合成，阻碍UDP-N-乙酰胞壁酸转变为UDP-N-乙酰胞壁酸五肽。临床上常用2%～4%的水溶液即紫药水消毒皮肤和伤口。

（6）氧化剂类　氧化剂作用于蛋白质的巯基，使蛋白质和酶失活，强氧化剂还可破坏蛋白质的氨基和酚羟基。常用的氧化剂有卤素、过氧化氢、高锰酸钾。95%乙醇-2%碘-2%碘化钠、83%乙醇-7%碘-5%碘化钾、5%碘-10%碘化钾水溶液等的混合液称为碘酒，消毒皮肤比其他药品强。氯对金属有腐蚀作用，一般用于水消毒，氯溶解于水形成盐酸和次氯酸，次氯酸在酸性环境中解离放出新生态氧，具强烈的氧化作用而杀菌。漂白粉主要含次氯酸钙，次氯酸钙很不稳定，水解成次氯酸，也产生新生态氧。0.5%～1%的漂白粉溶液能在5min内杀死大部分细菌。

（7）重金属　高浓度的重金属及其化合物都是有效的杀菌剂或防腐剂，常用汞及其衍生物。二氯化汞又称升汞，1:（500～2000）液可杀灭大多数细菌，腐蚀金属，对动物有剧毒，常用于组织分离时外表消毒和器皿消毒。汞溴红又称红汞，2%红汞水溶液即红药水，常用于消毒皮肤、黏膜及小创伤，不可与碘酒共用。

银是温和的消毒剂，0.1%～1%硝酸银可消毒皮肤，1%硝酸银可防治新生儿传染性眼炎。硫酸铜对真菌和藻类有强杀伤力，与石灰配制的波尔多液可防治某些植物病害。

（8）酸碱类　酸碱类物质可抑制或杀灭微生物。生石灰常以 1 :（4～8）配成糊状，消毒排泄物及地面。有机酸解离度小，但有些有机酸的杀菌力反而大，作用机制是抑制酶或代谢活动，并非酸度的作用。苯甲酸、山梨酸和丙酸广泛用于食品、饮料等的防腐，在偏酸性条件下有抑菌作用。

2. 抗代谢物

有些化合物结构与生物的代谢物很相似，竞争特定的酶，阻碍酶的功能，干扰正常代谢，这些物质称为抗代谢物。抗代谢物种类较多，如磺胺类药物为对氨基苯甲酸的对抗物；6-巯基嘌呤是嘌呤的对抗物；5-甲基色氨酸是色氨酸的对抗物；异烟肼（雷米封）是吡哆醇的对抗物。

磺胺类药物是最常用的化学治疗剂，具有抗菌谱广、性质稳定、使用简便、在体内分布广等优点，可抑制肺炎链球菌和痢疾志贺菌等的生长繁殖，能治疗多种传染性疾病。

磺胺类药物能干扰细菌的叶酸合成。细菌叶酸是由对氨基苯甲酸（PABA）和二氢蝶啶在二氢蝶酸合成酶的作用下先合成二氢蝶酸。二氢蝶酸与谷氨酸经二氢叶酸合成酶的催化，形成二氢叶酸，再通过二氢叶酸还原酶的催化生成四氢叶酸。磺胺与 PABA 的化学结构相似：

$$NH_2 \text{—} \bigcirc \text{—} SO_2 \text{—} NHR \qquad NH_2 \text{—} \bigcirc \text{—} COOH$$

磺胺　　　　　　　　　　　　　PABA

磺胺浓度高时可与 PABA 争夺二氢蝶酸的合成酶，阻断二氢蝶酸的合成。其作用机理：

二氢蝶啶 →（二氢蝶酸合成酶 / PABA、磺胺）→ 二氢蝶酸 →（二氢叶酸合成酶 / 谷氨酸）→ 二氢叶酸 →（二氢叶酸还原酶 / 2[H]、TMP）→ 四氢叶酸 →（前体 / 羧基转移）→ 嘌呤、嘧啶、核苷酸、丝氨酸、甲硫氨酸等

四氢叶酸（THFA）是极重要的辅酶，在核苷酸、碱基和某些氨基酸的合成中起重要作用，缺少四氢叶酸，阻碍转甲基反应，代谢紊乱，抑制细菌生长。

磺胺结构式中 R 若被不同基团取代，可生成不同的衍生物。其疗效比磺胺好，它们对细菌的毒性大，对人及动物毒性很小。甲氧苄二氨嘧啶（TMP）的抗菌力较磺胺强，又能增强磺胺和多种抗生素的作用，又称抗菌增效剂。它的作用机理是抑制二氢叶酸还原酶的功能。

磺胺类药物能抑制细菌生长，但并不干扰动物和人的细胞，因为许多细菌需要自己合成叶酸生长，动物和人利用现成的叶酸生活。

3. 抗生素

抗生素是生物在其生命活动过程中产生的一种次生代谢物或其人工衍生物，它们在很低浓度时就能抑制或影响某些生物的生命活动，因而可用作优良的化学治疗剂。

抗生素抑制或杀死微生物的能力可以从抗生素的抗菌谱和效价两方面来评价。

由于不同微生物对不同抗生素的敏感性不一样，抗生素的作用对象就有一定的范围，这种作用范围就称为抗生素的抗菌谱。通常将对多种微生物有作用的抗生素称为广谱抗生素，如四环素、土霉素既对 G^+ 菌又对 G^- 菌有作用；而只对少数几种微生物有作用的抗生素则

称为狭谱抗生素，如青霉素只对 G$^+$ 菌有效。

抗生素的效价单位就是指微量抗生素有效成分多少的一种计量单位。有的是以抗生素的相当生物活性单位的质量作为单位，如 $1\mu g＝1$ 单位（u），链霉素盐酸盐就是以此来表示的；有的则是以纯抗生素的活性单位相当的实际重量（m）为 1 单位而加以折算的，如青霉素单位最初是以能在 50mL 肉汤培养基内完全抑制金黄色葡萄球菌生长的最小的青霉素量作为一个单位，以后青霉素纯化后确定这一量相当于青霉素钠盐 $0.5988\mu g$，因而定 $0.5988\mu g$ 青霉素钠盐为 1 个青霉素单位。

抗生素的种类很多，其作用机制大致分为 4 类：①抑制细胞壁的合成；②破坏细胞膜的功能；③抑制蛋白质的合成；④抑制核酸的合成。

随着各种化学治疗剂的广泛应用，葡萄球菌、大肠杆菌、痢疾志贺菌、结核分枝杆菌等致病菌表现出越来越强的耐药性，给医疗带来困难。抗性菌株的耐药性主要表现在以下方面：①细菌产生钝化或分解药物的酶；②改变细胞膜的透性；③改变对药物敏感的位点；④菌株发生变异。

为避免细菌出现耐药性，使用抗生素必须注意：①首次使用的药物剂量要足；②避免长期单一使用同种抗生素；③不同抗生素混合使用；④改造现有抗生素；⑤筛选新的高效抗生素。

技能训练 7　干热灭菌

一、实验目的

1. 学习干热灭菌的原理和应用范围。

2. 熟练掌握干热灭菌的操作方法。

二、实验原理

干热灭菌是利用高温使微生物细胞内的蛋白质凝固变性而达到灭菌的目的。细胞内的蛋白质凝固性与其本身的含水量有关，在菌体受热时，环境和细胞内含水量越大，蛋白质凝固就越快，反之含水量越小，凝固越慢。因此，与湿热灭菌相比，干热灭菌所需温度高（160～170℃），时间长（1～2h）。但干热灭菌温度不能超过 180℃，否则，包器皿的纸或棉塞就会烧焦，甚至引起燃烧。干热灭菌使用的电热干燥箱的结构如图 3-3 所示。

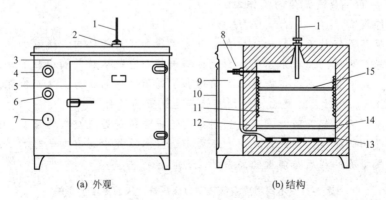

(a) 外观　　　　　　　　　(b) 结构

图 3-3　电热干燥箱的结构

1—温度计；2—排气阀；3—箱体；4—控温器旋钮；5—箱门；6—指示灯；7—加热开关；8—温度控制阀；
9—控制室；10—侧门；11—工作室；12—保温层；13—电热器；14—散热板；15—搁板

三、实验器材

培养皿、吸管、包扎纸、电热干燥箱等。

四、实验方法

1. 装入待灭菌物品

将包装好的待灭菌物品（培养皿、吸管等）放入电热干燥箱内，关好箱门。注意：物品不要摆得太满、太紧，以免妨碍空气流通，灭菌物品不要接触箱体内壁的铁板，以防包装纸烤焦起火。

2. 升温

接通电源，拨动开关，打开箱顶的排气孔，旋动恒温调节器至绿灯亮，让温度逐渐上升。当温度升至100℃时，关闭排气孔。在升温过程中，如果红灯熄灭，绿灯亮，表示箱内停止加温，此时如果还未达到所需的160～170℃温度，则需转动调节器使红灯再亮，如此反复调节，直至达到所需温度。

3. 恒温

当温度升到160～170℃时，借恒温调节器的自动控制，保持此温度2h。注意：干热灭菌过程中，严防恒温调节的自动控制失灵而造成安全事故。

4. 降温

切断电源、自然降温。

5. 开箱取物

待箱内温度下降到60℃以下，打开箱门，取出灭菌物品。注意：电热干燥箱内温度未降到60℃以前，切勿自行打开箱门，以免骤然降温导致玻璃器皿炸裂。

五、实验结果与讨论

1. 在干热灭菌操作过程中应注意哪些问题，为什么？

2. 为什么干热灭菌比湿热灭菌所需要的温度高，时间长？请设计干热灭菌和湿热灭菌效果比较实验方案。

 ## 技能训练8　高压蒸汽灭菌

一、实验目的

1. 学习高压蒸汽灭菌的原理和应用范围。

2. 熟练掌握高压蒸汽灭菌的操作方法。

二、实验原理

高压蒸汽灭菌是将待灭菌的物品放在一个密闭的加压灭菌锅内，通过加热，使灭菌锅隔套间的水沸腾而产生蒸汽。待水蒸气急剧地将锅内的冷空气从放气阀中驱尽，然后关闭放气阀，继续加热，此时由于蒸汽不能溢出，而增加了灭菌器内的压力，从而使沸点增高，得到高于100℃的温度。导致菌体蛋白质凝固变性而达到灭菌的目的。

使用高压蒸汽灭菌锅灭菌时，灭菌锅内冷空气排除得是否完全极为重要。由于空气的膨胀压大于水蒸气的膨胀压，因此，在同一压力下，当水蒸气中含有空气时其温度低于饱和蒸汽的温度。空气排除的程度与温度的关系见表3-11。

表3-11　不同程度空气残留对高压蒸汽灭菌温度的影响

压力表读数 /MPa	灭菌锅内的温度/℃			
	空气完全排除	空气排除2/3	空气排除1/2	空气排除1/3
0.035	109	100	94	90
0.070	115	109	105	100

续表

压力表读数/MPa	灭菌锅内的温度/℃			
	空气完全排除	空气排除 2/3	空气排除 1/2	空气排除 1/3
0.105	121	115	112	109
0.140	126	121	118	115
0.175	130	126	124	121
0.210	135	130	128	126

　　一般培养基用 0.1MPa、121℃、15～30min 可达到彻底灭菌的目的。灭菌的温度及维持的时间随灭菌物品的性质和容量等具体情况而有所改变。例如含糖培养基用 0.06MPa、112.6℃灭菌 15min，但为了保证效果，可将其他成分先行 121℃、20min 灭菌，然后以无菌操作手续加入灭菌的糖溶液。又如盛于试管内的培养基以 0.1MPa、121℃、灭菌 20min 即可，而盛于大瓶内的培养基最好以 0.1MPa、121℃、灭菌 30min。

　　高压蒸汽灭菌锅有手提式、立式和卧式三种（图 3-4）。在实验室中以手提式和立式灭菌锅最为常用。不同类型的灭菌锅，虽大小外形各异，但其主要结构和工作原理相同。本实验以手提式高压蒸汽灭菌锅为例，介绍其使用方法及注意事项。

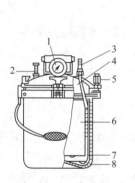
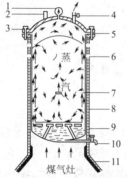
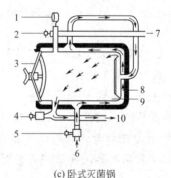

(a) 手提式灭菌锅
1—压力表;2—安全阀;
3—放气阀;4—软管;
5—紧固螺栓;6—灭菌
桶;7—筛架;8—水

(b) 立式灭菌锅
1—压力表;2—保险阀;3—锅盖;
4—排气口;5—橡皮垫圈;6—烟
通道;7—灭菌桶;8—保护壳;
9—蒸汽锅壁;10—排水口;
11—底脚

(c) 卧式灭菌锅
1—压力表;2—蒸汽排气阀;3—门;
4—温度计阀;5—蒸汽供应阀;
6—蒸汽进口;7—排气口;8—夹
层;9—灭菌室;10—通风口

图 3-4　高压蒸汽灭菌锅结构示意图

三、实验器材

牛肉膏蛋白胨琼脂培养基（附录Ⅲ-1）、培养皿、吸管、手提式高压蒸汽灭菌锅等。

四、实验方法

1. 加水

将内层锅取出，向外层锅内加入适量的水，使水面与三角搁架相平为宜。注意：切勿忘记加水，同时加水量不可过少，以防灭菌锅烧干而引起炸裂事故。

2. 装锅

放回内层锅，并装入待灭菌物品。注意：不要装得太挤，以免妨碍蒸汽流通而影响灭菌效果。三角烧瓶与试管口不要与内桶壁接触，以免冷凝水淋湿包口的纸而透入棉塞。

3. 加盖

将盖上的排气软管插入内层锅的排气槽内，盖好锅盖。以两两对称的方式旋紧锅盖四周的紧固螺栓，使螺栓松紧一致，勿使漏气。

4. 加热、排气

打开放气阀，同时接通电源，进行加热，待锅内水沸腾并有大量蒸汽自放气阀冒出时，维持 3～5min 以排除锅内的冷空气。待冷空气完全排尽后，关上放气阀，让锅内的温度随蒸汽压力增加而逐渐上升。注意：灭菌的主要因素是温度而不是压力，因此锅内冷空气必须完全排尽后，才能关上放气阀。

5. 保温保压

当锅内压力升到所需要的压力时，控制热源，维持压力至所需时间。本实验用 0.1MPa、121℃、灭菌 20min。

6. 出锅

灭菌所需时间到后，切断电源，让灭菌锅内温度自然下降，当压力表的压力降至"0"时，打开放气阀，旋松螺栓，打开盖子，取出灭菌物品。注意：压力一定要降到"0"时，才能打开放气阀，开盖取物。否则就会因锅内压力突然下降，使容器内的培养基由于内外压力不平衡而冲出烧瓶口或试管口，造成棉塞沾染培养基而发生污染，甚至灼伤操作者。

7. 保养

灭菌完毕取出物品后，将锅内余水倒出，以保持内壁及内胆干燥，盖好锅盖。

8. 无菌检查

将取出的灭菌培养基放入 37℃恒温箱培养 24h，经检查若无杂菌生长，即可待用。

五、实验结果与讨论

1. 检查培养基灭菌是否彻底。

2. 高压蒸汽灭菌开始之前，为什么要将锅内冷空气排尽？灭菌完毕后，为什么待压力降至"0"时才能打开放气阀，开盖取物？

3. 在使用高压蒸汽灭菌锅灭菌时，怎样杜绝一切不安全的因素？

技能训练9　紫外线杀菌实验

一、实验目的

了解紫外线对微生物生长的影响及细菌芽孢对不良环境的抵抗能力。

二、实验原理

紫外线对微生物有明显的致死作用，波长 260nm 紫外线具有最高的杀菌效应。剂量高、时间长、距离短时就易杀死它们。医学上用人工紫外线灯产生紫外线，常用于无菌室、外科手术室的空气消毒。

紫外线主要作用于细胞内的 DNA，使同一条链 DNA 相邻嘧啶间形成胸腺嘧啶二聚体，引起双链结构扭曲变形，阻碍碱基正常配对，从而抑制 DNA 的复制，轻则使微生物发生突变；重则造成微生物死亡。紫外线照射的剂量与所用紫外线灯的功率（W）、照射距离和照射时间有关。当紫外线灯和照射距离固定，照射的时间越长则照射的剂量越高。

紫外线的穿透力不强，即使玻璃或纸片也能吸收大部分紫外线，阻碍其通过。

光复活现象：经紫外线照射后受损害的细胞，如立即暴露在可见光下，则有一部分仍可恢复正常活力。

三、实验器材

1. 菌种　大肠杆菌、枯草芽孢杆菌、金黄色葡萄球菌 18～24h 培养物。

2. 培养基　牛肉膏蛋白胨培养基（附录Ⅲ-1）。

3. 其他物品　培养皿、无菌牛皮纸、镊子、无菌水、无菌吸管、紫外线灯、恒温培养箱等。

四、实验方法

1. 标记平板

取牛肉膏蛋白胨培养基平板 15 个，分别标明大肠杆菌、枯草芽孢杆菌、金黄色葡萄球菌等试验菌的名称，每种菌标记 5 个平板。

2. 取菌涂布

分别用无菌吸管取培养 18～20h 的大肠杆菌、枯草芽孢杆菌和金黄色葡萄球菌菌液 0.1mL（或 2 滴），加在相应的平板上，再用无菌涂棒涂布均匀，然后用无菌牛皮纸遮盖部分平板，每种细菌做 5 个平板。

3. 紫外线照射

紫外线灯预热 10～15min 后，把盖有牛皮纸的平板置紫外线灯下，每种细菌各取一个平板，打开培养皿盖，紫外线照射 1min，取去牛皮纸，盖上皿盖。将牛皮纸放入消毒缸内。按照上述方法将不同细菌的平板各取一个，分别照射 5min、10min、15min、20min，最后放入恒温箱中培养。

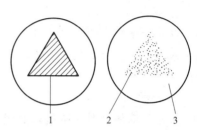

图 3-5　紫外线照射对
微生物生长的影响
1—黑纸；2—贴黑纸处有细菌生长；
3—紫外线照射处有少量细菌生长

4. 培养及观察

将上述经照射后的 15 个平板，置于 37℃培养 24h 后观察结果。

提示：经培养后，培养皿上出现与牛皮纸大小、形状相近菌苔，其余部分没有或者有少量细菌生长（图3-5）。

五、实验结果与讨论

1. 比较紫外线照射不同时间下不同细菌的生长情况。

2. 根据实验结果，紫外线照射杀菌的最佳照射时间是多少？实验过程中应该注意哪些问题？

 ### 技能训练 10　化学药剂对微生物生长的影响

一、实验目的

1. 了解化学药剂对微生物生长的影响。

2. 学习药敏片的制备以及使用方法。

二、实验原理

一些化学药剂对微生物的生长有抑制或杀死作用。因此，在实验室内和生产上常利用某些化学药剂进行杀菌或消毒。不同的药剂或同一药剂对不同微生物的杀菌能力不同，此外，药剂浓度、作用时间及环境条件不同，其效果也不同。应用前需进行试验，灵活选择。

三、实验器材

1. 菌种　大肠杆菌、枯草芽孢杆菌、金黄色葡萄球菌 18～24h 斜面培养物。

2. 培养基　牛肉膏蛋白胨培养基（附录Ⅲ-1）。

3. 其他物品　无菌平皿，无菌水，无菌吸管（1mL），玻璃涂布棒，无菌镊子，直径0.6cm的无菌圆形滤纸片。

4. 药剂　1g/L HgCl₂，200μg/L链霉素，200μg/L青霉素，50g/L石炭酸。

四、实验方法

1. 制备菌悬液

取无菌水 3 支分别标记大肠杆菌、枯草芽孢杆菌、金黄色葡萄球菌的名称。用接种环分别在大肠杆菌、金黄色葡萄球菌和枯草芽孢杆菌斜面培养物上各取1～2环对应接入相应的无菌水中，充分混匀，制成菌悬液。

2. 制平板

取无菌平皿 3 套，将已熔化并冷却至45～50℃的牛肉膏蛋白胨琼脂培养基按无菌操作法倒入平皿中，使冷凝成平板。3个平板分别标记大肠杆菌、枯草芽孢杆菌、金黄色葡萄球菌的名称。

3. 接种

用无菌吸管分别吸取已经制好的大肠杆菌、枯草芽孢杆菌、金黄色葡萄球菌菌悬液各0.1mL接种于对应的平板上，用无菌玻璃涂布棒涂匀。注意做好标记。

4. 浸药

将灭菌滤纸片若干，分别浸入 HgCl₂、链霉素、青霉素、石炭酸四种供试药剂中。

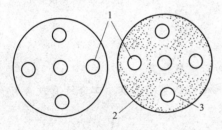

图3-6　圆滤纸片法测
药物杀菌作用
1—滤纸片；2—细菌生长区；3—抑菌区

5. 加药剂

用无菌镊子夹取四种浸药滤纸片（注意把药液沥干），分别平铺于同一含菌平板上，注意药剂之间勿互相沾染（图3-6）。并在平皿背面做好标记。

6. 培养

将上述平板置于 28℃ 下培养48～72h后观察结果。

7. 观察结果

取出平板观察滤纸片周围有无抑菌圈产生，并测量抑菌圈的大小。

五、实验结果与讨论

1. 根据实验结果，将不同药剂对微生物生长的影响记录于表中。

不同化学药剂对微生物生长的影响

细　菌	化　学　药　剂　名　称			
	HgCl₂(1g/L)	链霉素(200μg/L)	青霉素(200μg/L)	石炭酸(50g/L)
大肠杆菌				
金黄色葡萄球菌				
枯草芽孢杆菌				

2. 上述多个试验中，为什么选用大肠杆菌、枯草芽孢杆菌和金黄色葡萄球菌作为试验菌？

3. 说明青霉素和链霉素的作用原理。

模块四 微生物的生长

微生物在适宜的环境条件下，不断吸收营养物质，按其自身方式进行新陈代谢。如果同化（合成）作用的速度超过了异化（分解）作用，则其原生质的总量（质量、体积、大小）就不断增加，于是出现了个体细胞的生长；如果这是一种平衡生长，即各种细胞组分是按恰当比例增长时，则达到一定程度后就会引起个体数目的增加，对单细胞的微生物来说，这就是繁殖，不久，原有的个体就发展成为一个群体。随着群体中各个体的进一步生长、繁殖，就引起了这一群体的生长。群体的生长可用其质量、体积、个体浓度或密度等作指标来测定。所以个体和群体间有以下关系：

个体生长→个体繁殖→群体生长

群体生长＝个体生长＋个体繁殖

除了特定的目的以外，在微生物的研究和应用中，只有群体的生长才有意义，因此，在微生物学中，凡提到"生长"时，一般均指群体生长，这一点与研究大型生物时有所不同。

一、接种技术

微生物接种技术是进行微生物试验和相关研究的一项基本操作技术，是将一种微生物移接到另一灭过菌的新鲜培养基中的技术。根据不同的目的，可采用不同的接种方法，如斜面接种、液体接种、穿刺接种、平板接种等。不同的接种方法不同，常采用不同的接种工具，如接种针、接种环、吸管、涂布器等。转接的菌种都是纯培养的微生物，为了确保纯种不被杂菌污染，在接种过程中，必须严格无菌操作。

具体操作参见技能训练11。

二、影响微生物生长的主要因素

影响微生物生长的外界因素很多，除之前已经介绍的营养条件外，还有许多物理因素和化学因素。限于篇幅，以下仅阐述其中最主要温度、pH 和氧气三项。

（一）温度

由于微生物的生命活动都是由一系列生物化学反应组成的，而这些反应受温度影响又极其明显，故温度是影响微生物生长繁殖的最重要因素之一。

与其他生物一样，任何微生物的生长温度范围尽管有宽有窄，但总有最低生长温度、最适生长温度和最高生长温度这 3 个重要指标，这就是生长温度的三基点。如果把微生物作为一个整体来看，其生长温度范围则很广，可在 $-10 \sim 95℃$ 范围内生长。

根据最适生长温度的不同可将微生物分为三类：嗜冷菌、嗜温菌和嗜热菌（表 3-12）。

表 3-12　微生物的生长温度类型

微 生 物 类 型		生长温度范围/℃			分 布 区 域
		最　低	最　适	最　高	
嗜冷菌	专性嗜冷型	-10	$5 \sim 15$	$15 \sim 20$	海洋深处、南北极、冰窖
	兼性嗜冷型	$-5 \sim 0$	$10 \sim 20$	$25 \sim 30$	海洋、冷泉、冷藏食品
嗜温菌	室温型	$10 \sim 20$	$20 \sim 35$	$40 \sim 45$	腐生环境
	体温型	$10 \sim 20$	$35 \sim 40$	$40 \sim 45$	寄生环境
嗜热菌		$25 \sim 45$	$50 \sim 60$	$70 \sim 95$	温泉、堆肥、土壤

对某一具体微生物而言，其生长温度范围的宽窄与它们长期进化过程中所处的生存环境温度有关。例如，一些生活在土壤中的芽孢杆菌，它们属宽温微生物（15～65℃）；大肠杆菌既可在人或动物体的肠道中生活，也可在体外环境中生活，故也是宽温微生物（10～47.5℃）；而专性寄生在人体泌尿生殖道中的淋病奈瑟氏球菌则是窄温微生物（36～40℃）。

最适生长温度经常简称为"最适温度"，其含义为某种微生物分裂代时最短或生长速率最高时的培养温度。必须强调指出，对同一种微生物来说，最适生长温度并非一切生理过程的最适温度，也就是说，最适温度并不等于生长得率最高时的培养温度，也不等于发酵速率或累积代谢产物最高时的培养温度，更不等于累积某一代谢产物最高时的培养温度，例如黏质赛氏杆菌的生长最适温度为37℃，而其合成灵杆菌素的最适温度为20～25℃；黑曲霉生长最适温度为37℃，而产糖化酶的最适温度则为32～34℃。这一规律对指导发酵生产有着重要的意义。例如，国外曾报道在产黄青霉总共165h的青霉素发酵过程中，运用了上述规律，即根据其不同生理代谢过程有不同最适温度的特点，分成4段进行不同温度培养。具体做法是：接种后在30℃下培养5h，将温度降至25℃培养35h，再下降至20℃培养85h，最后又升温至25℃培养40h后放罐。结果，其青霉素产量比常规的自始至终进行30℃恒温培养的对照组竟提高了14.7%。

（二）pH

微生物作为一个整体来说，其生长的pH范围极为广泛。但绝大多数微生物的生长pH都在5～9之间。与温度的三基点相似，不同微生物的生长pH也存在最低、最适与最高3个数值。

除不同种类微生物有其最适生长pH外，即使同一种微生物在其不同的生长阶段和不同的生理、生化过程，也有不同的最适pH要求。研究其中的规律，对发酵生产中pH的控制尤为重要。例如，黑曲霉在pH 2.0～2.5时，有利于合成柠檬酸，pH在2.5～6.5范围内时，就以菌体生长为主，而pH在7左右时，则大量合成草酸。又如，丙酮丁醇梭菌在pH 5.5～7.0时，以菌体的生长繁殖为主，而pH在4.3～5.3范围内才进行丙酮、丁醇发酵。此外，许多抗生素的生产菌都有同样的情况。利用上述规律对提高发酵生产效率十分重要。

虽然微生物外环境的pH变化很大，但细胞内环境中的pH却相当稳定，一般都接近中性。这就免除了DNA、ATP、菌绿素和叶绿素等重要成分被酸破坏，或RNA、磷脂类等被碱破坏的可能性。与细胞内环境的中性pH相适应的是，胞内酶的最适pH一般都接近中性，而位于周质空间的酶和分泌到细胞外的胞外酶的最适pH则接近环境的pH。pH除了对细胞发生直接影响之外，还对细胞产生种种间接的影响。例如，可影响培养基中营养物质的离子化程度，从而影响微生物对营养物质的吸收，影响环境中有害物质对微生物的毒性，以及影响代谢反应中各种酶的活性等。

微生物在其生命活动过程中也会能动地改变外界环境的pH，这就是通常遇到的培养基的原始pH会在培养微生物的过程中时时发生改变的原因。其中发生pH改变的可能反应有以下数种：

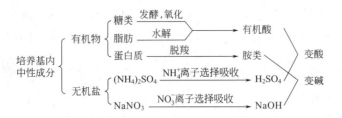

在一般微生物的培养中变酸往往占优势，因此，随着培养时间的延长，培养基的 pH 会逐渐下降。当然，pH 的变化还与培养基的组分尤其是碳氮比有很大的关系，碳氮比高的培养基，例如培养各种真菌的培养基，经培养后其 pH 常会显著下降；相反，碳氮比低的培养基，例如培养一般细菌的培养基，经培养后其 pH 常会明显上升。

在微生物培养过程中 pH 的变化往往对该微生物本身及发酵生产均有不利的影响，因此，如何及时调整 pH 就成了微生物培养和发酵生产中的一项重要措施。通过总结实践中的经验，一般把调节 pH 的措施分成"治标"和"治本"两大类，前者是根据表面现象而进行的直接、及时、快速但不持久的表面化调节，后者则是根据内在机制而采用的间接、缓效但可发挥持久作用的调节。现将这两类措施表解如下。

$$
\text{pH 调节}
\begin{cases}
\text{治标}
\begin{cases}
\text{过酸时，加入 NaOH、Na}_2\text{CO}_3 \text{ 等碱液中和} \\
\text{过碱时，加入 H}_2\text{SO}_4\text{、HCl 等酸液中和}
\end{cases} \\
\text{治本}
\begin{cases}
\text{过酸时}
\begin{cases}
\text{加适当氮源：加尿素、NaNO}_3\text{、NH}_3\cdot\text{H}_2\text{O 或蛋白质等} \\
\text{提高通气量}
\end{cases} \\
\text{过碱时}
\begin{cases}
\text{加适当碳源：加糖、乳酸、醋酸、柠檬酸或油脂等} \\
\text{降低通气量}
\end{cases}
\end{cases}
\end{cases}
$$

（三）氧气

微生物对氧的需要和耐受能力在不同的类群中差别很大，根据它们和氧的关系，可粗分成好氧微生物（好氧菌，aerobes）和厌氧微生物（厌氧菌，anaerobes）两大类，并可进一步细分为 5 类（图 3-7）。

1. 好氧菌

好氧菌又可分为专性好氧菌、兼性厌氧菌和微好氧菌 3 类。

（1）专性好氧菌　必须在较高浓度分子氧的条件下才能生长，它们有完整的呼吸链，以分子氧作为最终氢受体，具有超氧化物歧化酶（SOD）和过氧化氢酶，绝大多数真菌和多数细菌、放线菌都是专性好氧菌，例如醋杆菌属、固氮菌属、铜绿假单胞菌和白喉棒杆菌等。振荡、通气、搅拌都是实验室和工业生产中常用的供氧方法。

（2）兼性厌氧菌　以在有氧条件下的生长为主也可兼在厌氧条件下生长的微生物，有时也称"兼性好氧菌"。它们在有氧时靠呼吸产能，无氧时则借发酵或无氧呼吸产能；细胞含 SOD 和过氧化氢酶。它们在有氧条件下比在无氧条件

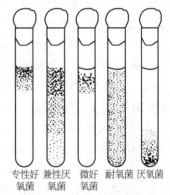

图 3-7　5 类对氧关系不同的微生物在半固体琼脂柱中的生长状态（模式图）

下生长得更好。许多酵母菌和不少细菌都是兼性厌氧菌。例如酿酒酵母、地衣芽孢杆菌以及肠杆菌科的各种常见细菌，包括大肠杆菌、产气肠杆菌和普通变形杆菌等。

（3）微好氧菌　只能在较低的氧分压下才能正常生长的微生物。也是通过呼吸链并以氧为最终氢受体而产能。霍乱弧菌、氢单胞菌属、发酵单胞菌属和弯曲菌属等都属于这类微生物。

2. 厌氧菌

厌氧菌又可分为耐氧菌和（专性）厌氧菌。

（1）耐氧菌　即耐氧性厌氧菌的简称。是一类可在分子氧存在下进行发酵性厌氧生活的厌氧菌。它们的生长不需要任何氧，但分子氧对它们也无害。它们不具有呼吸链，仅依靠专性发酵和底物水平磷酸化而获得能量。耐氧的机制是细胞内存在 SOD 和过氧化物酶（但缺乏过氧化氢酶）。通常的乳酸菌多为耐氧菌，例如乳酸乳杆菌、肠膜明串珠菌、乳链球菌和粪肠球菌等；非乳酸菌类耐氧菌如雷氏丁酸杆菌等。

（2）厌氧菌　有一般厌氧菌与严格厌氧菌（专性厌氧菌）之分。该类微生物的特点是：①分子氧对它们有毒，即使短期接触也会抑制甚至致死；②在空气或含 $10\%CO_2$ 的空气中，它们在固体或半固体培养基表面不能生长，只有在其深层无氧处或在低氧化还原势的环境下才能生长；③生命活动所需能量是通过发酵、无氧呼吸、循环光合磷酸化或甲烷发酵等提供；④细胞内缺乏 SOD 和细胞色素氧化酶，大多数还缺乏过氧化氢酶。常见的厌氧菌有梭菌属、拟杆菌属、梭杆菌属、双歧杆菌属以及各种光合细菌和产甲烷菌等。其中产甲烷菌属于古生菌类，它们都属于极端厌氧菌。

三、微生物的生长规律

1. 微生物的个体生长和同步生长

微生物的细胞是极其微小的，但是，它与一切其他细胞和个体（病毒例外）一样，也有一个自小到大的生长过程。在整个生长过程中，微小的细胞内同样发生着阶段性的极其复杂的生物化学变化和细胞学变化。可是，要研究某一细胞的这类变化，在技术上是极为困难的。目前能使用的方法，一是用电子显微镜观察细胞的超薄切片，二是使用同步培养技术，即设法使某一群体中的所有个体细胞尽可能都处于同样细胞生长和分裂周期中，然后通过分析此群体在各阶段的生物化学特性变化，来间接了解单个细胞的相应变化规律。这种通过同步培养的手段而使细胞群体中各个体处于分裂步调一致的生长状态，称为同步生长。

获得微生物同步生长的方法主要有选择法和诱导法两类。

（1）选择法　这是一类根据微生物细胞在不同生长阶段体积与质量不完全相同的原理设计的方法，其中以膜洗脱法较有效和常用。

① 离心分离法　将不同步的细胞悬浮在不被该菌利用的蔗糖溶液或葡聚糖液中，通过密度梯度离心将大小不同的细胞分成不同区带，分别取出培养，便可得到同步生长细胞。

② 过滤分离法　利用孔径不同的微孔滤膜可将大小不同的细胞分开。选用适当孔径的微孔滤膜只允许个体较小的刚分裂的细胞通过滤膜，收集后培养即可获得同步培养物。

③ 膜洗脱法　将异步生长的菌液通过垫有硝酸纤维薄膜的滤器，不同生长阶段的细菌均吸附于膜上，然后翻转滤膜，用无菌的新鲜培养液慢速洗脱，最初流出的是未吸附的细胞，不久，膜上细胞开始分裂，分裂后的子细胞有的不与膜接触易随培养液流下。若滤膜面积足够大，只要收集刚滴下的子细胞培养液即可获得满意的同步生长细胞。

（2）诱导法　主要是通过控制环境条件如温度、营养物或能够影响周期中主要功能的代谢抑制剂等诱导细胞同步生长。

① 控制温度　通过最适生长温度与允许生长的亚适温度交替处理可使不同步生长细胞转为同步分裂的细胞。在亚适温度下细胞物质合成照常进行，但细胞不能分裂，使群体中分裂准备较慢的个体赶上其他细胞，再换到最适温度时所有细胞都同步分裂。

② 控制培养基成分　将不同步生长营养缺陷型细胞在缺少主要生长因子的培养基中饥饿一段时间，细胞都不能分裂，再转到完全培养基中就能获得同步生长细胞。如大肠杆菌胸腺嘧啶缺陷型菌株在缺少胸腺嘧啶时 DNA 合成停止，但 RNA 和蛋白质合成不受影响，30min 后加入胸腺嘧啶，DNA 合成立即恢复，40min 后几乎所有细胞都进行分裂。也可将不同步菌液在有一定浓度抑制剂（如氯霉素）的培养基里培养一段时间后再接到另一完全培养基中，获得同步生长细胞。

应该明确，保持同步生长的时间因菌种和条件而变化。由于同步群体内细胞个体的差异，同步生长最多只能维持 2～3 代，又逐渐变为随机生长。

2. 单细胞微生物的典型生长曲线

定量描述液体培养基中微生物群体生长规律的实验曲线，称为生长曲线（growth curve）。当把少量纯种单细胞微生物接种到恒容积的液体培养基中，在适宜的温度、通气等条件下，该群体就会由小到大，发生有规律的增长。如以细胞数目的对数值为纵坐标，以培养时间为横坐标，就可画出一条由延滞期、指数期、稳定期和衰亡期 4 个阶段组成的曲线，这就是微生物的典型生长曲线。说其"典型"，是因为它只适合单细胞微生物如细菌和酵母菌，而对丝状生长的真菌或放线菌而言，只能画出一条非"典型"的生长曲线，例如，真菌的生长曲线大致可分为 3 个时期，即生长延滞期、快速生长期和生长衰退期。典型的生长曲线与非典型的丝状菌生长曲线两者的差别是后者缺乏指数生长期，与此期相当的只是培养时间与菌丝体干重的立方根成直线关系的一段快速生长时期。

根据微生物的生长速率常数，即每小时分裂次数（R）的不同，一般可把典型生长曲线粗分为延滞期、指数期、稳定期和衰亡期 4 个时期（图 3-8）。

（1）延滞期（lag phase）　延滞期又称停滞期、调整期或适应期。指少量单细胞微生物接种到新鲜培养液中，在开始培养的一段时间内，因代谢系统适应新环境的需要，细胞数目没有增加的一段时间。该期的特点为：①生长速率常数为零；②细胞形态变大或增长，许多杆菌可长成丝状，如巨大芽孢杆菌在接种时，细胞长仅为 $3.4\mu m$，而培养至 3h 时，其长为 $9.1\mu m$，至 5.5h 时，竟可达 $19.8\mu m$；③细胞内的 RNA 尤其是 rRNA 含量增高，原生质呈嗜碱性；④合成代谢十分活跃，核糖体、酶类和 ATP 的合成加速，易产生各种诱导酶；⑤对外界不良条件如 NaCl 溶液浓度、温度和抗生素等理化因素反应敏感。

延滞期的长短与菌种的遗传性、接种龄、接种量及移种前后所处的环境条件等因素有关，短的几分钟，长的可达几小时。采取措施缩短延滞期在发酵工业上有重要意义，增加培养基营养、采用最适种龄的健壮菌种（处于指数期的菌种）接种、加大接种量都可缩短延滞

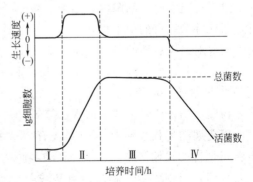

图 3-8　单细胞微生物的典型生长曲线

细胞个数单位为：个/mL

Ⅰ—延滞期；Ⅱ—指数期；Ⅲ—稳定期；Ⅳ—衰亡期

期和发酵周期，提高设备利用率。

出现延滞期的原因，是由于接种到新鲜培养液中的种子细胞，一时还缺乏分解或催化有关底物的酶或辅酶，或是缺乏充足的中间代谢物。为产生诱导酶或合成有关的中间代谢物，就需要有一段用于适应的时间，此即延滞期。

（2）指数期（exponential phase）　指数期又称对数期（logarithmic phase），指在生长曲线中，紧接着延滞期的一段细胞数以几何级数增长的时期。该期的特点是：a. 生长速率常数 R 最大，因而细胞每分裂一次所需的时间——代时（generation time，G，又称世代时间或增代时间）或原生质增加一倍所需的倍增时间最短；b. 细胞进行平衡生长，故菌体各部分的成分十分均匀；c. 酶系活跃，代谢旺盛。

在指数期中，有 3 个重要参数，其相互关系及计算方法为：

设对数期 t_1 时刻的菌数为 x_1，经过 n 次分裂后，t_2 时刻的菌数为 x_2。

① 繁殖代数（n）

$$x_2 = x_1 \times 2^n$$

以对数表示：$\lg x_2 = \lg x_1 + n \lg 2$

因此 $n = (\lg x_2 - \lg x_1)/\lg 2 = 3.322(\lg x_2 - \lg x_1)$

② 生长速率常数（R）　按前述生长速率常数的定义可知：

$$R = n/(t_2 - t_1) = [3.322(\lg x_2 - \lg x_1)]/(t_2 - t_1)$$

③ 代时（G）　按前述平均代时的定义可知：

$$G = 1/R = (t_2 - t_1)/[3.322(\lg x_2 - \lg x_1)]$$

不同菌种指数期的代时不同，同一菌种在不同培养条件下，代时也不同。培养基营养丰富，培养温度适宜，代时较短；反之则长。指数期的微生物具有整个群体的生理特性较一致、细胞各成分平衡增长和生长速率恒定等优点，是用作代谢、生理等研究的良好材料，是增殖噬菌体的最适宿主，也是发酵工业中用作种子的最佳材料。

（3）稳定期（stationary phase）　稳定期又称恒定期或最高生长期。其特点是生长速率常数 R 等于零，即处于新繁殖的细胞数与衰亡的细胞数相等，或正生长与负生长相等的动态平衡之中。此期活菌数达到最高峰，且保持相对稳定。

进入稳定期时，细胞内开始积累糖原、异染颗粒和脂肪等内含物；芽孢杆菌一般在这时开始形成芽孢；有的微生物在这时开始以初生代谢物作前体，通过复杂的次生代谢途径合成抗生素等对人类有用的各种次生代谢物。

稳定期到来的原因是：a. 营养物尤其是生长限制因子的耗尽；b. 营养物的比例失调，例如 C/N 比不合适等；c. 酸、醇、毒素或 H_2O_2 等有害代谢产物的累积；d. pH、氧化还原势等物理化学条件越来越不适宜；等等。

稳定期的生长规律对生产实践有着重要的指导意义，例如，对以生产菌体或与菌体生长相平行的代谢产物（SCP、乳酸等）为目的的某些发酵生产来说，稳定期是产物的最佳收获期；对维生素、碱基、氨基酸等物质进行生物测定来说，稳定期是最佳测定时期；此外，通过对稳定期到来原因的研究，还促进了连续培养原理的提出和工艺、技术的创建。

（4）衰亡期（decline phase 或 death phase）　在衰亡期中，微生物个体的死亡速度超过新生速度，整个群体呈现负生长状态（R 为负值）。这时，细胞形态发生多形化，例如会发生膨大或不规则的退化形态；有的微生物因蛋白水解酶活力的增强而发生自溶；有的微生物在这期会进一步合成或释放对人类有益的抗生素等次生代谢物；而在芽孢杆菌中，往往在此期释放芽孢；等等。

产生衰亡期的原因主要是外界环境对继续生长越来越不利，从而引起细胞内的分解代谢明显超过合成代谢，继而导致大量菌体死亡。

 # 技能训练 11　微生物的接种技术

一、实验目的

1. 进一步熟练和掌握微生物无菌操作技术。

2. 掌握各种微生物接种技术。

二、实验原理

微生物接种技术是进行微生物实验和相关研究的基本操作技能。无菌操作是微生物接种技术的关键。接种是将微生物或微生物悬液引入新鲜培养基的过程。由于实验目的、培养基种类及实验器皿等不同，所用接种方法不尽相同。斜面接种、液体接种、穿刺接种和平板接种等均以获得生长良好的纯种微生物为目的。因此，接种必须在一个无杂菌污染的环境中进行严格的无菌操作。

三、实验器材

1. 菌种　大肠杆菌、弗氏链霉菌、酿酒酵母、黑曲霉。

2. 培养基　牛肉膏蛋白胨培养基（斜面、液体、半固体）（附录Ⅲ-1），高氏Ⅰ号斜面培养基（附录Ⅲ-2）。麦芽汁斜面培养基（附录Ⅲ-3），PDA平板培养基（附录Ⅲ-5）。

3. 仪器或其他用具　接种环，接种针，无菌吸管，酒精灯，无菌水等。

四、实验方法

（一）接种前的准备工作（表3-13）

表3-13　微生物的接种方式

菌　种	培　养　基	接种工具	接　种　方　法
细菌	固体斜面培养基	接种环	自试管底部向上端轻轻划一波浪形曲线或直线
	半固体培养基	接种针	穿刺接种、中心垂直插入，再退回
	液体培养基	接种环	伸入液面以下，接触管壁轻轻摩擦
放线菌	斜面培养基	接种环	自试管底部向上端轻轻划一波浪形曲线或直线
酵母菌	斜面培养基	接种环	自试管底部向上端轻轻划一波浪形曲线或直线
霉菌	斜面、平板培养基	接种钩	点接

1. 接种室的准备

一般小规模的接种操作使用无菌接种箱或超净工作台；工作量大时使用无菌室接种；无菌要求极其严格时在无菌室内再结合使用超净工作台。

2. 接种工具的准备

检查接种工具，如固体斜面培养物转接时使用接种环；穿刺接种时使用接种针；液体培养物转接时使用吸管等。

3. 标记

在待接种的培养基试管或平板上贴好标签，标上接种的菌名、操作者、接种日期等。

4．环境消毒

将培养基、接种工具和其他用品等整齐摆放在实验台上，进行环境消毒。

（二）接种方法

1．斜面接种

斜面接种是指用灭菌的接种工具从已生长好的菌种斜面上挑取少量菌种移植至另一新鲜斜面培养基上的一种接种方法，其操作步骤如图 3-9 所示。

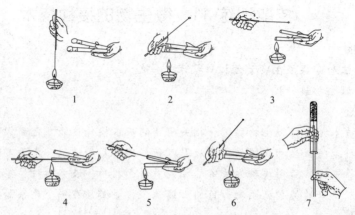

图 3-9　斜面接种的无菌操作和穿刺接种

1—接种环灭菌；2—启开棉塞；3—管口灭菌；4—挑取菌苔；5—接种；6—塞上棉塞；7—穿刺接种

（1）点燃酒精灯

（2）接种　用接种环挑取少许菌种移接到贴好标签的试管斜面上。操作必须按无菌操作法进行。

① 手持试管　将菌种斜面和待接斜面的两支试管用大拇指和其他四指握在左手中，使中指位于两试管之间部位。斜面面向操作者，并使它们位于水平位置。

② 旋松管塞　先用右手松动棉塞或塑料管盖，以便接种时拔出。

③ 灼烧接种环　右手如握铅笔状拿着接种环，在火焰上将环端灼烧灭菌，再将有可能伸入试管的其余部分均灼烧灭菌，重复此操作 1～2 次。

④ 拔管塞　用右手的无名指、小指和手掌边缘先后取下菌种管和待接试管的管塞，然后让试管口缓缓过火灭菌，切勿烧得过烫。

⑤ 冷却接种环　将灼烧过的接种环伸入菌种管，先使环接触试管内壁或没有长菌的培养基，使其冷却。

⑥ 取菌接种　待接种环冷却后，轻轻挑取少量菌体或孢子，然后将接种环小心地移出菌种管并迅速伸入待接斜面试管中。从斜面培养基的底部向上端轻轻划一波浪形曲线或直线，切勿划破培养基。注意：取菌时，接种环部分勿碰触管壁或接触火焰。

⑦ 塞管塞　取出接种环，灼烧试管口，并在火焰旁将管塞旋上。塞棉塞时，不要用试管去迎棉塞，以免试管在移动时纳入不洁空气。接种完毕后，将接种环灼烧灭菌后才可放下。将已接种的试管棉塞旋紧，捆扎后放在适当温度下培养。

2．液体接种

液体接种技术是一种用接种环或无菌吸管等接种工具，将菌液移接到液体培养基中的一种接种方法。此法用于观察细菌、酵母菌的生长特性、生化反应特性及发酵生产中菌种的扩大培养等。

（1）用斜面菌种接种液体培养基时，有下面两种情况：一是接种量小时，可用接种环取少量菌体移入培养基容器（试管或三角瓶等）中，将接种环在液体表面振荡或在器壁上轻轻摩擦把菌苔散开，抽出接种环，塞好棉塞，再将液体摇动，菌体即均匀分散在液体中；二是接种量大时，可先在斜面菌种管中注入定量无菌水，再用接种环把菌苔刮下研开，再把菌悬液倒入液体培养基中，倒前需将试管口在火焰上灭菌。

（2）用液体培养物接种液体培养基时，可根据具体情况采用不同的方法。如用无菌的吸管吸取菌液接种；直接把液体培养物无菌操作倒入液体培养基中接种；利用高压无菌空气通过特制的移液装置把液体培养物注入液体培养基中接种；利用压力差将液体培养物接入液体培养基中接种（如种子菌液接入发酵罐）。

3. 穿刺接种

穿刺接种技术是一种用接种针从菌种斜面上挑取少量菌体并把它垂直插入到固体或半固体的深层培养基中的接种方法。经穿刺接种后的菌种常作为保藏菌种的一种形式，同时也是检查细菌运动能力的一种方法，它只适宜于细菌和酵母的接种培养。其操作步骤基本与斜面接种法相同，不同之处在于：①接种工具采用接种针；②接种时有两种手持操作法（图3-10），一种是水平法，它类似于斜面接种法，一种是垂直法。尽管穿刺时手持方法不同，但穿刺时接种针都必须挺直，将接种针自培养基中心垂直地刺入培养基中。穿刺

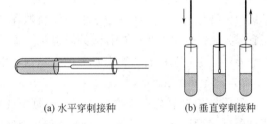

(a) 水平穿刺接种　　　　(b) 垂直穿刺接种

图 3-10　穿刺接种

时要做到手稳、动作轻巧快速，并且要将接种针穿刺到接近试管的底部。然后，沿着接种线将针拔出，将接种过的试管直立于试管架上，置于恒温箱中培养。

4. 平板接种

平板接种技术是一种在平板培养基上点接、划线或涂布接种的方法。接种前，需要先将已灭菌的琼脂培养基制成平板。

（1）点接　对于细菌和酵母菌，常用接种针从菌种斜面上挑取少量菌体，点接到平板的不同位置上，适温培养后观察。对于霉菌，通常先在其斜面内倒入少量无菌水，用接种环将孢子挑起，制成菌悬液，再用接种环点接到平板培养基上，适温培养后观察。

（2）划线接种　方法同"平板划线分离法"。

（3）涂布接种　方法同"涂布法"。

（三）培养及观察

1. 将接种好的斜面、液体、半固体牛肉膏蛋白胨培养基置于37℃恒温箱中，培养24h后观察结果。

2. 将接种好的高氏Ⅰ号斜面培养基置于28℃恒温箱中，培养5～7d后观察结果。

3. 将接种好的麦芽汁斜面培养基置于25～28℃恒温箱中，培养2～3d后观察结果。

4. 将接种好的PDA平板培养基置于25～28℃恒温箱中，培养3～4d后观察结果。

五、实验结果与讨论

1. 检查斜面接种、液体接种、穿刺、平板接种情况，有无杂菌污染等，并描述每一菌种的菌落特征。

2. 接种环（针）接种前后灼烧的目的是什么？为什么在接种前一定要将其冷却？如何

判断灼烧过的接种环已冷却？

模块五　微生物的代谢

一、微生物的新陈代谢

微生物的新陈代谢（metabolism）是指发生在微生物细胞中的分解代谢（catabolism）与合成代谢（anabolism）的总和。微生物代谢虽有着与其他生物代谢的统一性，但其特殊性更为突出。微生物代谢的显著特点是：①代谢旺盛；②代谢极为多样化；③代谢的严格调节和灵活性。

二、微生物的产能代谢

（一）生物氧化

分解代谢实际上是物质在生物体内经过一系列连续的氧化还原反应，逐步分解并释放能量的过程，这个过程也称为生物氧化，是一个产能代谢过程。在生物氧化过程中释放的能量可被微生物直接利用，也可通过能量转换贮存在高能化合物（如 ATP）中，以便逐步被利用，还有部分能量以热的形式被释放到环境中。不同类型微生物进行生物氧化所利用的物质是不同的，异养微生物利用有机物，自养微生物则利用无机物，通过生物氧化来进行产能代谢。

（二）异养微生物的生物氧化

异养微生物氧化有机物的方式，根据氧化还原反应中电子受体的不同可分成发酵和呼吸两种类型，而呼吸又可分为有氧呼吸和无氧呼吸两种方式。

1. 发酵

广义的"发酵"是指利用微生物生产有用代谢产物的一种生产方式；狭义的"发酵"是指微生物细胞将有机物氧化释放的电子直接交给底物本身未完全氧化的某种中间产物，同时释放能量并产生各种不同代谢产物的过程。

在发酵条件下有机化合物只是部分地被氧化，因此，只释放出一小部分的能量。发酵过程的氧化是与有机物的还原偶联在一起的。被还原的有机物来自于初始发酵的分解代谢，即不需要外界提供电子受体。

（1）发酵途径　发酵的种类有很多，可发酵的底物有糖类、有机酸、氨基酸等，其中以微生物发酵葡萄糖最为重要。葡萄糖在厌氧条件下分解产能的途径主要有 EMP 途径、HMP 途径、ED 途径、磷酸解酮酶途径。

① EMP 途径　又称糖酵解途径或二磷酸己糖途径（图 3-11）。这是绝大多数微生物共有的一条基本代谢途径。对于专性厌氧（无氧呼吸）微生物来说，EMP 途径是产能的唯一途径。在这条途径中，葡萄糖所含的碳原子只有部分氧化，所以产能较少。通过 EMP 途径，1 分子葡萄糖转变成 2 分子丙酮酸，产生 2 分子 ATP 和 2 分子 $NADH + H^+$。总反应式为：

$$C_6H_{12}O_6 + 2NAD^+ + 2ADP + 2Pi \longrightarrow 2CH_3COCOOH + 2NADH + 2H^+ + 2ATP + 2H_2O$$

EMP 途径的特征性酶是 1,6-二磷酸果糖醛缩酶，它催化 1,6-二磷酸果糖裂解生成 2 个磷酸丙糖，其中磷酸二羟丙酮可以转为 3-磷酸甘油醛。2 个磷酸丙糖经磷酸烯醇式丙酮酸生成 2 分子丙酮酸。丙酮酸是 EMP 途径的关键产物，由它出发在不同微生物中可以进行多种发酵。

② HMP 途径　又称磷酸戊糖途径（图 3-12）。它是循环途径。开始时需要有 6 分子葡萄糖以 6-磷酸葡萄糖的形式参与，循环一次用去 1 分子葡萄糖，产生大量 $NADPH + H^+$ 形式的还原力，其总反应式为：

6.6-磷酸葡萄糖＋12NADP$^+$＋6 H$_2$O ——→ 5,6-磷酸葡萄糖＋12NADPH＋12H$^+$＋6CO$_2$＋Pi

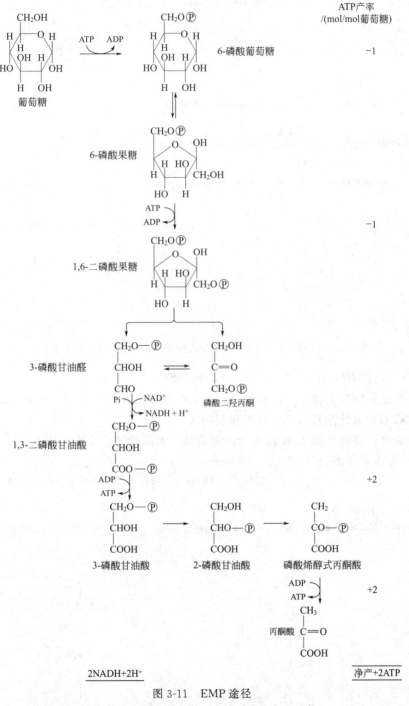

图 3-11　EMP 途径

"－1" 代表消耗 ATP 数；"＋2" 代表生成 ATP 数

　　HMP 途径主要是提供生物合成所需的大量还原力（NADPH＋H$^+$）和各种不同长度的碳架原料。例如，5-磷酸核糖用于核苷酸、核酸及 NAD(P)$^+$、FAD(FMN)、CoA 等辅酶的合成；4-磷酸赤藓糖用于苯丙氨酸、酪氨酸、色氨酸和组氨酸等芳香族氨基酸的合成。HMP 途径还与光能和化能自养微生物的合成代谢密切联系，途径中的 5-磷酸核酮糖可以转

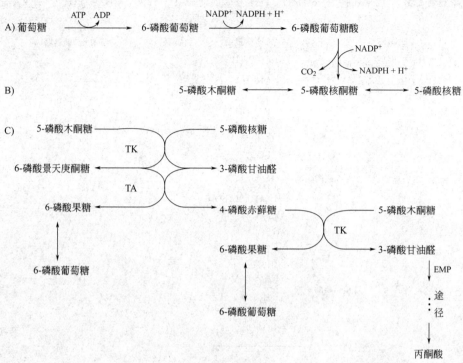

图 3-12　HMP 途径（TK 为转羟乙醛酶，TA 为转二羟丙酮基酶）

化为固定 CO_2 时的 CO_2 受体——1,5-二磷酸核酮糖。

有 HMP 途径的微生物中往往同时存在 EMP 途径。单独具有 HMP 途径的微生物较少见，已知的仅有弱氧化醋杆菌和氧化醋单胞菌。

③ ED 途径　又称 2-酮-3-脱氧-6-磷酸葡萄糖酸裂解途径。步骤见图 3-13。总反应式为：

$$C_6 H_{12} O_6 + ADP + Pi + NADP^+ + NAD^+ \longrightarrow$$
$$2CH_3 COCOOH + ATP + NADPH + H^+ + NADH + H^+$$

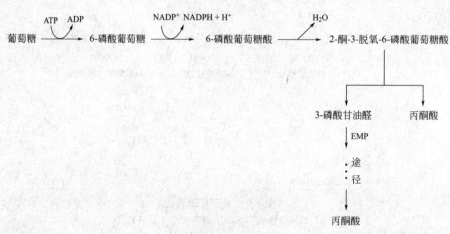

图 3-13　ED 途径

ED 途径具有以下特点：①1 分子葡萄糖经过 4 步反应就生成 2 分子丙酮酸，但这 2 分子丙酮酸的来源不同，1 分子由 2-酮-3-脱氧-6-磷酸葡萄糖酸裂解直接产生，另一分子则由 3-磷酸甘油醛经 EMP 途径转化而来；②特征性反应是 2-酮-3-脱氧-6-磷酸葡萄糖酸裂解成丙酮酸和 3-

磷酸甘油醛，故有 2-酮-3-脱氧-6-磷酸葡萄糖酸裂解途径之称；③特征酶为 2-酮-3-脱氧-6-磷酸葡萄糖酸醛缩酶；④产能效率低，1 分子葡萄糖经 ED 途径分解只产生 1 分子的 ATP。

由于 ED 途径产能较 EMP 途径少，所以只是缺乏完整 EMP 途径的少数细菌产能的一条替代途径，故利用 ED 途径的微生物不多见，它主要存在于嗜糖假单胞菌、铜绿假单胞菌、荧光假单胞菌和林氏假单胞菌等一些假单胞菌以及运动发酵单胞菌和厌氧发酵单胞菌等一些发酵单胞菌中。

④ 磷酸解酮酶途径 该途径的特征性酶是磷酸解酮酶，根据解酮酶的不同，把具有磷酸戊糖解酮酶的称为 PK 途径（图 3-14），把具有磷酸己糖解酮酶的称 HK 途径（图 3-15）。

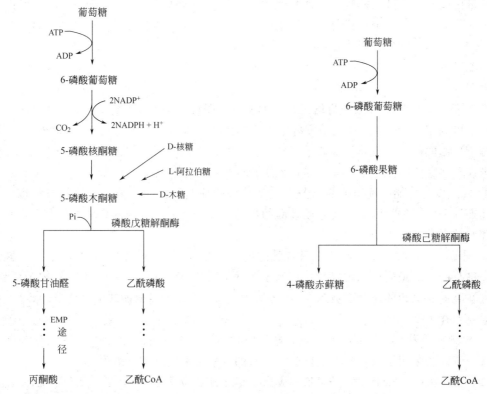

图 3-14 磷酸戊糖解酮酶（PK）途径　　　　图 3-15 磷酸己糖解酮酶（HK）途径

肠膜明串珠菌利用 PK 途径分解葡萄糖。途径中的关键反应为 5-磷酸木酮糖裂解成乙酰磷酸和 3-磷酸甘油醛，关键酶是磷酸戊糖解酮酶，乙酰磷酸通过进一步反应生成乙醇，3-磷酸甘油醛经丙酮酸转化为乳酸。总反应式为：

$$C_6H_{12}O_6 + ADP + Pi + NAD^+ \longrightarrow CH_3CHOHCOOH + CH_3CH_2OH + CO_2 + ATP + NADH + H^+$$

1 分子葡萄糖经 PK 途径产生乳酸、乙醇、ATP 和 NADH＋H$^+$ 各 1 分子。

两歧双歧杆菌是利用 HK 途径分解葡萄糖。在这条途径中，由磷酸解酮酶催化的反应有两步。1 分子 6-磷酸果糖由磷酸己糖解酮酶催化裂解为 4-磷酸赤藓糖和乙酰磷酸；另 1 分子 6-磷酸果糖则与 4-磷酸赤藓糖反应生成 2 分子磷酸戊糖，而其中 1 分子 5-磷酸核糖在磷酸戊糖解酮酶的催化下分解成 3-磷酸甘油醛和乙酰磷酸。1 分子葡萄糖经磷酸己糖解酮酶途径生成 1 分子乳酸、1.5 分子乙酸以及 2.5 分子 ATP。

（2）发酵类型 在无氧条件下，不同的微生物分解丙酮酸后会积累不同的代谢产物。根据发酵产物不同，发酵的类型主要有乙醇发酵、乳酸发酵、丙酮丁醇发酵、混合酸发酵等。

① 乙醇发酵　乙醇发酵是研究最早而又了解最清楚的一类发酵。乙醇发酵有酵母型乙醇发酵和细菌型乙醇发酵。

a. 酵母型乙醇发酵　进行酵母型乙醇发酵的微生物主要是酵母菌（如酿酒酵母）。在厌氧和偏酸性（pH 3.5～4.5）的条件下，它们通过 EMP 途径将 1 分子葡萄糖分解为 2 分子丙酮酸。丙酮酸再在丙酮酸脱羧酶的作用下脱羧生成乙醛，然后再以乙醛为氢受体接受来自 $NADH+H^+$ 的氢生成乙醇。

当培养基中有亚硫酸氢钠时，它便与乙醛加成生成难溶性的磺化羟基乙醛，迫使磷酸二羟丙酮代替乙醛作为氢受体，生成 α-磷酸甘油，再水解去磷酸生成甘油，使乙醇发酵变成甘油发酵。

酵母菌的乙醇发酵应控制在偏酸性条件下，因为在弱碱性条件（pH 7.6）乙醛因得不到足够的氢而积累，两个乙醛分子会发生歧化反应，产生乙酸和乙醇，使磷酸二羟丙酮作氢受体，产生甘油，这称为碱法甘油发酵。这种发酵方式不产生能量。

由此可见，发酵产物会随发酵条件变化而改变。酵母菌的乙醇发酵已广泛应用于酿酒和酒精生产。

b. 细菌型乙醇发酵　细菌也能进行乙醇发酵，既可利用 EMP 途径（如胃八叠球菌和肠杆菌）也可利用 ED 途径（如运动发酵单胞菌和厌氧发酵单胞菌）进行乙醇发酵。经 ED 途径发酵产生乙醇的过程与酵母菌通过 EMP 途径生产乙醇不同，故称细菌乙醇发酵。1 分子葡萄糖经 ED 途径进行乙醇发酵，生成 2 分子乙醇和 2 分子 CO_2，净增 1 分子 ATP。

② 乳酸发酵　能够利用葡萄糖产生大量乳酸的细菌称乳酸细菌。乳酸发酵是指乳酸细菌将葡萄糖分解产生的丙酮酸还原成乳酸的生物学过程。它可分为同型乳酸发酵、异型乳酸发酵和双歧发酵三种类型。

a. 同型乳酸发酵　发酵产物中只有乳酸的发酵称同型乳酸发酵。如乳链球菌、乳酸乳杆菌等进行的发酵是同型乳酸发酵。同型乳酸发酵中，葡萄糖经 EMP 途径降解为丙酮酸，丙酮酸在乳酸脱氢酶的作用下被 NADH 还原为乳酸。1 分子葡萄糖产生 2 分子乳酸、2 分子 ATP，不产生 CO_2。

b. 异型乳酸发酵　发酵产物中除乳酸外同时还有乙醇（或乙酸）、CO_2 和 H_2 等，称异型乳酸发酵。肠膜明串珠菌和短乳杆菌等进行的乳酸发酵是异型乳酸发酵。

异型乳酸发酵以 HMP 途径或磷酸解酮酶(PK 或 HK)途径为基础，发酵 1 分子葡萄糖产生 1 分子乳酸、1 分子乙醇和 1 分子 CO_2，净增 1 分子 ATP（短乳杆菌产生乙酸时为 2 分子 ATP）。

c. 双歧发酵　两歧双歧杆菌发酵葡萄糖产生乳酸的一条途径。此反应中有两种磷酸酮糖酶参加反应，即 6-磷酸果糖磷酸酮糖酶和 5-磷酸木酮糖磷酸酮糖酶分别催化 6-磷酸果糖和 5-磷酸木酮糖裂解产生乙酸磷酸和 4-磷酸丁糖及 3-磷酸甘油醛和乙酸磷酸。

③ 丙酮丁醇发酵　在葡萄糖的发酵产物中，以丙酮、丁醇为主（还有乙醇、CO_2、H_2 以及乙酸）的发酵称为丙酮丁醇发酵。有些细菌如丙酮丁醇梭菌能进行丙酮丁醇发酵。在发酵中，葡萄糖经 EMP 途径降解为丙酮酸，由丙酮酸产生的乙酰辅酶 A 通过双双缩合为乙酰乙酰辅酶 A。乙酰乙酰辅酶 A 一部分可以脱羧生成丙酮，另一部分经还原生成丁酰辅酶 A，然后进一步还原生成丁醇。在此过程中，每发酵 2 分子葡萄糖可产生 1 分子丙酮、1 分子丁醇、4 分子 ATP 和 5 分子 CO_2。

④ 混合酸发酵　能积累多种有机酸的葡萄糖发酵称为混合酸发酵。大多数肠道细菌如大肠杆菌、伤寒沙门菌、产气肠杆菌等均能进行混合酸发酵。先经 EMP 途径将葡萄糖分解为丙酮酸，在不同酶的作用下丙酮酸分别转变成乳酸、乙酸、甲酸、乙醇、CO_2 和 H_2，一

部分磷酸烯醇式丙酮酸转变为琥珀酸。

2. 呼吸

呼吸是指微生物在降解底物的过程中，将释放出的电子交给 NAD（P）$^+$、FAD 或 FMN 等电子载体，再经电子传递系统传给外源电子受体，从而生成水或其他还原型产物并释放出较多能量的过程。其中，以分子氧作为最终电子受体的呼吸称为有氧呼吸，以氧以外的其他氧化型化合物作为最终电子受体的呼吸称为无氧呼吸。呼吸与发酵的根本区别在于：电子载体不是将电子直接传递给底物降解的中间产物，而是交给电子传递系统，逐步释放出能量后再交给最终电子受体。

呼吸是微生物中最普遍和最重要的生物氧化方式和主要的产能方式。好氧微生物从有氧呼吸中获取能量。由于葡萄糖在有氧呼吸中产生的能量要比在发酵中产生的多得多，所以在有氧条件下，兼性厌氧微生物终止厌氧发酵而转向有氧呼吸，这种呼吸抑制发酵的现象称为巴斯德效应。有些厌氧微生物通过无氧呼吸取得能量。

（1）有氧呼吸　在发酵过程中，葡萄糖经过糖酵解作用形成的丙酮酸在厌氧条件下转变成不同的发酵产物，而在有氧呼吸过程中，丙酮酸进入三羧酸循环（TCA 循环），被彻底氧化生成 CO_2 和水，同时释放大量能量（图 3-16）。

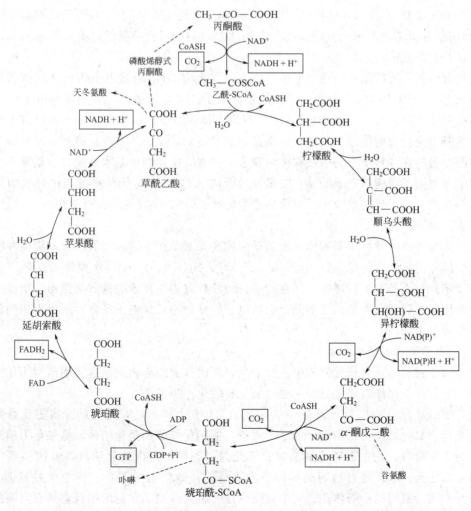

图 3-16　三羧酸循环（TCA 循环）

对于每个经 TCA 循环而被氧化的丙酮酸分子来讲，在整个氧化过程中共释放出 3 分子的 CO_2。一个是在乙酰辅酶 A 形成过程中，一个是在异柠檬酸的脱羧时产生的，另一个是在 α-酮戊二酸的脱羧过程中。与发酵过程相一致，TCA 循环中间产物氧化时所释放出的电子通常先传递给含辅酶 NAD^+ 的酶分子。然而，NADH 的氧化方式在发酵及呼吸作用中是不同的。在呼吸过程中，NADH 中的电子不是传递给中间产物，如丙酮酸，而是通过电子传递系统传递给氧分子或其他最终电子受体。因此，在呼吸过程中，因有外源电子受体的存在，葡萄糖可以被完全氧化成 CO_2，从而可产生比发酵过程更多的能量。

在三羧酸循环过程中，丙酮酸完全氧化为 3 分子的 CO_2，同时生成 4 分子的 NADH 和 1 分子的 $FADH_2$。NADH 和 $FADH_2$ 可经电子传递系统重新被氧化，由此，每氧化 1 分子 NADH 可生成 3 分子 ATP，每氧化 1 分子 $FADH_2$ 可生成 2 分子 ATP。另外琥珀酰辅酶 A 在氧化成延胡索酸时，包含着底物水平磷酸化作用，由此产生 1 分子 GTP，随后 GTP 可转化成 ATP。因此每一次三羧酸循环可生成 15 分子 ATP。此外，在糖酵解过程中产生的 2 分子 NADH 可经电子传递系统重新被氧化产生 6 分子 ATP。在葡萄糖转变为 2 分子丙酮酸时还可借底物水平磷酸化生成 2 分子的 ATP。因此，需氧微生物在完全氧化葡萄糖的过程中总共可得到 38 分子的 ATP。ATP 中的高能磷酸键有 31.8kJ/mol 的能量，那么每 1mol 葡萄糖完全氧化成 CO_2 和 H_2O 时，就有 1208kJ 的能量转变为 ATP 中高能磷酸键的键能。因为完全氧化 1mol 葡萄糖可得到的总能量大约是 2822kJ，因此呼吸的效率大约是 43%，其余的能量以热的形式散失。

在糖酵解和三羧酸循环过程中形成的 NADH 和 $FADH_2$ 通过电子传递系统被氧化，最终形成 ATP，为微生物的生命活动提供能量。电子传递系统是由一系列氢和电子传递体组成的多酶氧化还原体系。NADH、$FADH_2$ 以及其他还原型载体上的氢原子，以质子和电子的形式在其上进行定向传递；其组成酶系是定向有序的，又是不对称地排列在原核微生物的细胞质膜上或是在真核微生物的线粒体内膜上。这些系统具两种基本功能：一是从电子供体接受电子并将电子传递给电子受体；二是通过合成 ATP 把在电子传递过程中释放的一部分能量保存起来。电子传递系统中的氧化还原酶包括：NADH 脱氢酶、黄素蛋白、铁硫蛋白、细胞色素、醌及其化合物。

（2）无氧呼吸　某些厌氧和兼性厌氧微生物在无氧条件下进行无氧呼吸。无氧呼吸的最终电子受体不是氧，而是像 NO_3^-、NO_2^-、SO_4^{2-}、$S_2O_3^{2-}$、CO_2 等这类外源受体。无氧呼吸也需要细胞色素等电子传递体，并在能量分级释放过程中伴随有磷酸化作用，也能产生较多的能量用于生命活动。但由于部分能量随电子转移传给最终电子受体，所以生成的能量不如有氧呼吸产生的多。

（三）自养微生物的生物氧化

有些微生物可以从氧化无机物中获得能量，同时合成细胞物质，这类细菌称为化能自养微生物。它们在无机能源氧化过程中通过氧化磷酸化产生 ATP。

（1）氨的氧化　NH_3 同亚硝酸（NO_2^-）是可以用作能源的最普通的无机氮化合物，能被硝化细菌所氧化，硝化细菌可分为 2 个亚群：亚硝化细菌和硝化细菌。氨氧化为硝酸的过程可分为 2 个阶段，先由亚硝化细菌将氨氧化为亚硝酸，再由硝化细菌将亚硝酸氧化为硝酸。由氨氧化为硝酸是通过这两类细菌依次进行的。硝化细菌都是一些专性好氧的 G^+ 菌，以分子氧为最终电子受体，绝大多数是专性无机营养型。它们的细胞都具有复杂的膜内褶结构，这有利于增加细胞的代谢能力。硝化细菌无芽孢，多数为二分裂，生长缓慢，平均代时在 10h 以上，分布非常广泛。

（2）硫的氧化　硫杆菌能够利用一种或多种还原态或部分还原态的硫化合物（包括硫化物、元素硫、硫代硫酸盐、多硫酸盐和亚硫酸盐）作能源。H_2S 首先被氧化成元素硫，随之被硫氧化酶和细胞色素系统氧化成亚硫酸盐，放出的电子在传递过程中可以偶联产生 4 个 ATP，亚硫酸盐的氧化可分为两条途径，一是直接氧化成 SO_4^{2-} 的途径，由亚硫酸盐-细胞色素 c 还原酶和末端细胞色素系统催化，产生 1 个 ATP；二是经磷酸腺苷硫酸的氧化途径，每氧化 1 分子 SO_3^{2-} 产生 2.5 个 ATP。

（3）铁的氧化　从亚铁到高铁状态铁的氧化，对于少数细菌来说也是一种产能反应，但从这种氧化中只有少量的能量可以被利用。亚铁的氧化仅在嗜酸性的氧化亚铁硫杆菌中进行了较为详细的研究。在低 pH 环境中这种菌能利用亚铁氧化时放出的能量生长。在该菌的呼吸链中发现了一种含铜蛋白质，它与几种细胞色素 c 和一种细胞色素 a_1 氧化酶构成电子传递链。虽然电子传递过程中的放能部位和放出有效能的多少还有待研究，但已知在电子传递到氧的过程中细胞质内有质子消耗，从而驱动 ATP 的合成。

（4）氢的氧化　氢细菌都是一些 G^- 的兼性化能自养菌。它们能利用分子氢氧化产生的能量，同化 CO_2，也能利用其他有机物生长。氢细菌的细胞膜上有泛醌、维生素 K_2 及细胞色素等呼吸链组分。在该菌中，电子直接从氢传递给电子传递系统，电子在呼吸链传递过程中产生 ATP。多数氢细菌中有 2 种与氢的氧化有关的酶。一种是位于壁膜间隙或结合在细胞质膜上的不需 NAD^+ 的颗粒状氧化酶，它能够催化以下反应：

$$H_2 \longrightarrow 2H^+ + 2e^-$$

该酶在氧化氢并通过电子传递系统传递电子的过程中，可驱动质子的跨膜运输，形成跨膜质子梯度，为 ATP 的合成提供动力；另一种是可溶性氢化酶，它能催化氢的氧化，而使 NAD^+ 还原，所生成的 NADH 主要用于 CO_2 的还原。

（四）能量转换

在产能代谢过程中，微生物通过底物水平磷酸化和氧化磷酸化将某种物质氧化而释放的能量贮存于 ATP 等高能分子中，对光合微生物而言，则可通过光合磷酸化将光能转变为化学能贮存于 ATP 中。

（1）底物水平磷酸化　物质在生物氧化过程中，常生成一些含有高能键的化合物，而这些化合物可直接偶联 ATP 或 GTP 的合成，这种产生 ATP 等高能分子的方式称为底物水平磷酸化。底物水平磷酸化既存在于发酵过程中，也存在于呼吸过程中。例如，在 EMP 途径中，1,3-二磷酸甘油酸转变为 3-磷酸甘油酸以及磷酸烯醇式丙酮酸转变为丙酮酸的过程中都分别偶联着 1 分子 ATP 的形成；在三羧酸循环过程中，琥珀酰辅酶 A 转变为琥珀酸时偶联着 1 分子 GTP 的形成。

（2）氧化磷酸化　物质在生物氧化过程中形成的 NADH 和 $FADH_2$ 可通过位于线粒体内膜和细菌质膜上的电子传递系统将电子传递给氧或其他氧化型物质，在这个过程中偶联着 ATP 的合成，这种产生 ATP 的方式称为氧化磷酸化。1 分子 NADH 和 $FADH_2$ 可分别产生 3 个和 2 个 ATP。

由于 ATP 在生命活动中所起的重要作用，阐明 ATP 合成的具体机制长期以来一直是人们的研究热点，并取得丰硕成果。英国学者米切尔（P. Mitchell）1961 年提出化学渗透偶联假说，该学说的中心思想是电子传递过程中导致膜内外出现质子浓度差，从而将能量蕴藏在质子势中，质子势推动质子由膜外进入胞内，在这个过程中通过存在于膜上的 $F_1\text{-}F_0$ ATP 酶偶联 ATP 的形成。

在化学渗透偶联假说提出后，美国科学家博耶（P. D. Boyer）提出构象变化偶联假说，其中心思想是质子势推动的质子跨膜运输，启动并驱使 $F_1\text{-}F_0$ ATP 酶构象发生变化，这种构象变化导致该酶催化部位对 ADP 和 Pi 的亲和力发生改变，并促进 ATP 的生成和释放。

（3）光合磷酸化　光合作用是自然界一个极其重要的生物学过程，其实质是通过光合磷酸化将光能转变成化学能，以用于从 CO_2 合成细胞物质。进行光合作用的生物体除了绿色植物外，还包括光合微生物，如藻类、蓝细菌和光合细菌（包括紫色细菌、绿色细菌、嗜盐菌等）。它们利用光能维持生命，同时也为其他生物（如动物和异养微生物）提供了赖以生存的有机物。

光合磷酸化是指光能转变为化学能的过程。当一个叶绿素分子吸收光量子时，叶绿素性质即被激活，导致叶绿素（或细菌叶绿素）释放一个电子而被氧化，释放出的电子在电子传递系统中逐步释放能量，这就是光合磷酸化的基本动力。

（1）环式光合磷酸化　光合细菌主要通过环式光合磷酸化作用产生 ATP，这类细菌主要包括紫色硫细菌、绿色硫细菌、紫色非硫细菌和绿色非硫细菌。在光合细菌中，吸收光量子而被激活的细菌叶绿素释放出高能电子，于是这个细菌叶绿素分子即带有正电荷。所释放出来的高能电子顺序通过铁氧还蛋白、辅酶 Q、细胞色素 b 和细胞色素 c，再返回到带正电荷的细菌叶绿素分子。在辅酶 Q 将电子传递给细胞色素 c 的过程中，造成了质子的跨膜移动，为 ATP 的合成提供了能量。

在这个电子循环传递过程中，光能转变为化学能，故称环式光合磷酸化。环式光合磷酸化可在厌氧条件下进行，产物只有 ATP，无 NADP(H)，也不产生分子氧。

（2）非环式光合磷酸化　高等植物和蓝细菌与光合细菌不同，它们可以裂解水，以提供细胞合成的还原能力。它们含有两种类型的反应中心，连同天线色素、初级电子受体和供体一起构成了光合系统 Ⅰ 和光合系统 Ⅱ，这两个系统偶联，进行非环式光合磷酸化。在光合系统 Ⅰ 中，叶绿素分子 P_{700} 吸收光子后被激活，释放出一个高能电子。这个高能电子传递给铁氧还蛋白（Fd），并使之被还原。还原的铁氧还蛋白在 Fd：$NADP^+$ 还原酶的作用下，将 $NADP^+$ 还原为 NADPH。用以还原叶绿素分子 P_{700} 的电子来源于光合系统 Ⅱ。在光合系统 Ⅱ 中，叶绿素分子 P_{680} 吸收光子后，释放出一个高能电子。后者先传递给辅酶 Q，再传给光合系统 Ⅰ，使 P_{700} 还原。失去电子的 P_{680}，靠水的光解产生的电子来补充。高能电子从辅酶 Q 到光合系统 Ⅰ 的过程中，可推动 ATP 的合成。

有的光合细菌虽然只有一个光合系统，但也以非环式光合磷酸化的方式合成 ATP，如绿硫细菌和绿色细菌。从光反应中心释放出的高能电子经铁硫蛋白、铁氧还蛋白、黄素蛋白，最后用于还原 NAD^+ 生成 NADH。反应中心的还原依靠外源电子供体，如 S^{2-}、$S_2O_3^{2-}$ 等。外源电子供体在氧化过程中放出电子，经电子传递系统传给失去了电子的光合色素，使其还原，同时偶联 ATP 的生成。由于这个电子传递途径没有形成环式回路，故也称为非环式光合磷酸化。

三、微生物的代谢调节

微生物通过对其代谢的调节，经济地利用有限的养料、能量进行着它所需的酶促反应，从而使得它们的生命活动得以正常进行。在正常情况下，微生物是绝不会浪费能量和原料去进行它不需要的代谢反应的。微生物正是依靠其代谢调节严格又灵活的代谢调节系统才能有高效、经济的代谢，从而在复杂多变的环境条件下生存和发展的。

有两种主要的代谢调节方式：一种是酶合成的调节，即调节酶的合成量，这是一种"粗调"；另一种是酶活力调节，即调节已有的酶的活力，这是一种"细调"。微生物通过对其系统的"粗调"和"细调"从而达到最佳的调节效果。

（一）酶合成的调节

微生物酶合成的调节方式，目前已发现的有 2 种，即酶合成的诱导和酶合成的阻遏。

1. 酶合成的诱导

酶可分为组成酶和诱导酶。组成酶为细胞所固有的酶，在相应的基因控制下合成，不依赖底物或底物类似物而存在，如分解葡萄糖的 EMP 途径中有关酶类；诱导酶是细胞在外来底物或底物类似物诱导下合成的，如 β-半乳糖苷酶和青霉素酶等。诱导降解酶合成的物质称为诱导物（inducer），它常是酶的底物，如诱导 β-半乳糖苷酶或青霉素酶合成的乳糖或青霉素；但在色氨酸分解代谢中酶的分解产物（如犬尿氨酸）也会诱导酶合成。此外，诱导物也可以是难以代谢的底物类似物，如乳糖的结构类似物硫代甲基半乳糖苷（TMG）和异丙基-β-D-硫代半乳糖苷（IPTG），以及苄基青霉素的结构类似物 2,6-二甲氧基苄基青霉素等。大多数分解代谢酶类是诱导合成的。

诱导有协同诱导与顺序诱导两种。诱导物同时或几乎同时诱导几种酶的合成称为协同诱导，如乳糖诱导大肠杆菌同时合成 β-半乳糖苷透性酶、β-半乳糖苷酶和半乳糖苷转乙酰酶等与分解乳糖有关的酶。协同诱导使细胞迅速分解底物。顺序诱导是先后诱导合成分解底物的酶和分解其后各中间代谢产物的酶。例如，在由色氨酸降解成为儿茶酚的途径中，犬尿氨酸先协同诱导出色氨酸加氧酶、甲酰胺酶和犬尿氨酸酶，将色氨酸分解成邻氨基苯甲酸，后者再诱导出邻氨基苯甲酸双氧酶，催化邻氨基苯甲酸生成儿茶酚。顺序诱导对底物的转化速度较慢。

诱导酶是微生物需要它们时才产生的酶类，所以诱导的意义在于它为微生物提供了一种只是在需要时才合成酶以避免浪费能量与原料的调控手段。

2. 酶合成的阻遏

酶合成的阻遏主要有终产物阻遏和分解代谢产物阻遏。

（1）终产物阻遏　催化某一特异产物合成的酶，在培养基中有该产物存在的情况下常常是不合成的，即受阻遏的。这种由于终产物的过量积累而导致的生物合成途径中酶合成的阻遏称为终产物阻遏，它常常发生在氨基酸、嘌呤和嘧啶等这些重要结构元件生物合成的时候。在正常情况下，当微生物细胞中的氨基酸、嘌呤和嘧啶过量时，与这些物质合成有关的许多酶就停止合成。例如过量的精氨酸阻遏了参与生物合成精氨酸的许多酶的合成。终产物阻遏在代谢调节中的意义是显而易见的。它有效地保证了微生物细胞内氨基酸等重要物质维持在适当浓度，不会把有限的能量和养料用于合成那些暂时不需要的酶。微生物通过终产物阻遏与后面将要讨论的一种调节酶活力的反馈抑制的完美配合有效地调节着氨基酸等重要物质的生物合成。

（2）分解代谢产物阻遏　大肠杆菌在含有能分解的两种底物（如葡萄糖和乳糖）的培养基中生长时，首先分解利用其中的一种底物（葡萄糖），而不分解另一种底物（乳糖）。这是因为葡萄糖的分解代谢产物阻遏了分解利用乳糖的有关酶合成的结果。生长在含葡萄糖和山梨醇或葡萄糖和乙酸的培养基中也有类似的情况。由于葡萄糖常对分解利用其他底物的有关酶的合成有阻遏作用，所以分解代谢产物阻遏又称葡萄糖效应（glucose effect）。分解代谢产物阻遏导致所谓"二次生长"，即先是利用葡萄糖生长，待葡萄糖耗尽后，再利用另一种底物生长，两次生长中间隔着一个短暂的停滞期。这是因为葡萄糖耗尽后，它的分解代谢产物阻遏作用解除，经过一个短暂的适应期，β-半乳糖苷酶等分解利用乳糖的酶被诱导合成，这时细菌便利用乳糖进行第二次生长。葡萄糖对氨基酸的分解利用也有类似的阻遏作用。

3. 酶合成调节的机制

诱导和阻遏都可以用 F. Jacob 和 J. Monod（1961）提出的操纵子（operon）理论来解释。这里以最典型和研究得最清楚的乳糖操纵子和色氨酸操纵子来阐明。

（1）一些主要术语　主要有操纵子、诱导物、辅阻遏物、调节蛋白等。

① 操纵子　是指由启动基因（或称启动子）、操纵基因和结构基因组成的一个完整的基因表达单位，其功能是转录 mRNA。操纵子是受调节基因调控的。启动基因是 RNA 聚合酶识别、结合并起始 mRNA 转录的一段 DNA 碱基序列。操纵基因是位于启动基因和结构基因之间的碱基序列，能与阻遏蛋白（一种调节蛋白）相结合。如操纵基因上结合有阻遏蛋白，转录就受阻；如操纵基因上没有阻遏蛋白结合着，转录便顺利进行，所以操纵基因就像一个"开关"似的操纵着 mRNA 的转录。结构基因是操纵子中编码酶蛋白的碱基序列。

② 诱导物与辅阻遏物　诱导物是起始酶诱导合成的物质，如乳糖。阻遏酶产生的物质称为辅阻遏物，如氨基酸和核苷酸等。诱导物和辅阻遏物常被总称为效应物。

③ 调节蛋白　调节蛋白是由调节基因编码产生的一种变构蛋白，有两个结合位点，一个与操纵基因结合，另一个与效应物结合。调节蛋白与诱导物结合后因变构而失去活性；但是与辅阻遏物结合变构后却变得有活性。

调节蛋白可分为 2 种，其一称为阻遏蛋白，它能在没有诱导物时与操纵基因相结合；另一种称为阻遏蛋白原，它只能在辅阻遏物存在时才能与操纵基因相结合。

（2）诱导、阻遏机制　如乳糖操纵子的诱导机制和色氨酸操纵子的末端产物阻遏机制。

① 乳糖操纵子的诱导机制　大肠杆菌乳糖操纵子（lac）由 lac 启动基因、lac 操纵基因和 3 个结构基因所组成。乳糖操纵子是负调节的代表。在缺乏乳糖等诱导物时，其调节蛋白（即 lac 阻遏蛋白）一直结合在操纵基因上，抑制着结构基因进行转录。当有诱导物乳糖存在时，乳糖与 lac 阻遏蛋白相结合，后者发生构象变化，结果降低了 lac 阻遏蛋白与操纵基因间的亲和力，使它不能继续结合在操纵子上。其操纵子的"开关"被打开，转录和转译顺利进行。当诱导物耗尽后，lac 阻遏蛋白再次与操纵基因相结合，这时转录的"开关"被关闭，酶就无法合成，同时，细胞内已转录好的 mRNA 也迅速地被核酸内切酶所水解，所以细胞内酶的量急剧下降。如果通过诱变方法使之发生 lac 阻遏蛋白缺陷突变，就可获得解除调节即在无诱导物时也能合成 β-半乳糖苷诱导酶的突变株。

lac 操纵子还受到另一种调节即正调节的控制。这就是当第二种调节蛋白 CRP（cAMP 受体蛋白）或 CAP（降解物激活蛋白）直接与启动基因结合时，RNA 多聚酶才能连接到 DNA 链上而开始转录。CRP 与 cAMP 的相互作用，会提高 CRP 与启动基因的亲和性。葡萄糖会抑制 cAMP 的形成，从而阻遏了 lac 操纵子的转录。

② 色氨酸操纵子的末端产物阻遏机制　色氨酸操纵子的阻遏是对合成代谢酶类进行正调节的例子。在合成代谢中，催化氨基酸等小分子末端产物合成的酶应随时存在于细胞内，因此，在细胞内这些酶的合成应经常处于消阻遏状态；相反，在分解代谢中的 β-半乳糖苷酶等则经常处于阻遏状态。

大肠杆菌色氨酸操纵子也是由启动基因、操纵基因和结构基因 3 部分组成的。启动基因位于操纵子的开始处；结构基因上有 5 个基因，分别编码"分枝酸→邻氨基苯甲酸→磷酸核糖邻氨基苯甲酸→羧苯氨基脱氧核糖磷酸→吲哚甘油磷酸→色氨酸"途径中的 5 种酶。其调节基因（trp R）远离操纵基因，编码一种称为阻遏蛋白原的调节蛋白。

在没有末端产物色氨酸的情况下，阻遏蛋白原处于无活性状态，因此操纵基因的"开关"是打开的，这时结构基因的转录和转译可正常进行，参与色氨酸合成的酶大量合成；反之，当有色氨酸存在时，阻遏蛋白原可与辅阻遏物色氨酸结合成一个有活性的完全阻遏蛋白，它与操纵基因相结合，使转录的"开关"关闭，从而无法进行结构基因的转录和转译。

（二）酶活力的调节

酶活力的调节包括酶活力的激活和抑制2个方面，抑制主要通过反馈抑制。

（1）酶活力的激活　酶活力的激活是指代谢途径中催化后面反应的酶活力被前面的中间代谢产物（分解代谢时）或前体（合成代谢时）所促进的现象。例如，粪肠球菌的乳酸脱氢酶活力为1,6-二磷酸果糖所促进，粗糙脉孢菌的异柠檬酸脱氢酶活力为柠檬酸所促进，这是分解代谢途径中酶活力激活的例子。在大肠杆菌、节杆菌和深红红螺菌等合成糖原时，1-磷酸葡萄糖对焦磷酸酶促反应有激活作用。

（2）酶活力的抑制　酶活力的抑制主要为产物抑制，它发生在酶促反应的产物没有被后面反应用去的时候。一个酶与其底物结合在一起便发生酶促反应，同时有反应产物释放出来。因为酶促反应通常都是平衡反应，所以如果有反应产物积累，催化该步反应的酶活力就受到抑制。抑制大多属反馈抑制类型。

反馈抑制是指生物合成途径的终产物反过来对该途径中第一个酶（调节酶）活力的抑制作用。例如，当细胞内氨基酸或核苷酸等终产物过量而积累的时候，积累的终产物反过来直接抑制该途径中第一个酶的活力，使整个合成过程减慢或停止。从而避免了不必要的能量和养料浪费。反馈抑制是酶活力调节的一种主要方式，它具有调节精细、快速以及需要这些终产物时可以消除抑制再重新合成等优点。在从苏氨酸合成异亮氨酸的途径中，异亮氨酸的过多合成抑制该合成途径第一个酶——苏氨酸脱氨酶便是最简单的一个例子。

上述是最简单的直线式生化合成途径中的反馈抑制，很多生化合成过程往往是分支的，比较错综复杂。在分支的合成代谢途径中，为避免一条合成支路的终产物过量而影响其他支路的终产物供应，有各式各样针对特定情况的反馈抑制。例如，天冬氨酸族氨基酸的生物合成受同工酶反馈抑制和协同反馈抑制调节，谷氨酰胺合成受累积反馈抑制调节，核苷酸生物合成受合作反馈抑制调节以及芳香族氨基酸合成受顺序反馈抑制调节等。

（3）酶活力调节的机制　酶活力调节的主要方式是反馈抑制。对于氨基酸和核苷酸等小分子终产物能反馈抑制其合成途径中第一个酶活力的机制没有像诱导与阻遏机制那样了解得清楚。但由于受反馈抑制的酶是变构酶，所以目前一般都用变构酶理论来解释。

变构酶在生物合成途径中普遍存在。它有两个重要的结合部位，一个是与底物结合的活力部位或催化中心；另一个是与氨基酸或核苷酸等小分子效应物结合并变构的变构部位或调节中心，当变构部位上有效应物结合时，酶分子构象便发生改变，致使底物不再能结合在活力部位上而失活。只有当氨基酸或核苷酸等的浓度下降，平衡有利于效应物从变构部位上解离而使酶的活力部位又回复到它催化的构象时，反馈抑制被解除，酶活力恢复，终产物重新合成。

模块六　微生物的培养方法

一个良好的微生物培养装置的基本条件是：按微生物的生长规律进行科学的设计，能在提供丰富而均匀营养物质的基础上，保证微生物获得适宜的温度和良好的通气条件（厌氧菌除外），此外，还要为微生物提供一个适宜的物理化学条件，并严防杂菌污染等。

　　从历史发展的角度（纵向）来看，微生物培养技术发展的轨迹有以下特点：①从少量培养到大规模培养；②从浅层培养发展到厚层（固体制曲）或深层（液体搅拌）培养；③从以固体培养技术为主到以液体培养技术为主；④从静止式液体培养发展到通气搅拌式的液体培养；⑤从分批培养发展到连续培养以至多级连续培养；⑥从利用分散的微生物细胞发展到利用固定化细胞；⑦从单纯利用微生物细胞到利用动物、植物细胞进行大规模培养；⑧从利用野生型菌株发展到利用变异株直至遗传工程菌株；⑨从单菌发酵发展到混菌发酵；⑩从低密度培养发展到高密度培养；⑪从人工控制的发酵罐到多传感器、计算机在线控制的自动化发酵罐；等等。

　　以下就实验室和生产实践中一些较有代表性的微生物培养法作一简要介绍。

一、实验室的微生物培养法

（一）好氧培养法

　　（1）固体培养法　实验室中将微生物菌种接种在固体培养基的表面，使之获得充足的氧气生长。因所用器皿不同而分为试管斜面、培养皿琼脂平板、较大型的克氏扁瓶及茄子瓶斜面等平板培养方法（图 3-17）。

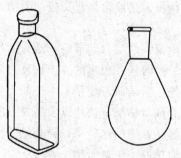

图 3-17　克氏扁瓶（左）和茄子瓶（右）

　　（2）液体培养法　液体培养就是将微生物菌种接种到液体培养基中进行培养。实验室进行好氧菌液体培养的方法主要有四种：试管液体培养、浅层液体培养、摇瓶培养和台式发酵罐培养。

　　① 试管液体培养　装液量可多可少。此法的通气效果一般较差，仅适合培养兼性厌氧菌。常用于微生物的各种生理生化试验等。

　　② 浅层液体培养　在三角瓶中装入浅层培养液，其通气量与装液量、棉塞通气程度密切相关。此法一般仅适用于兼性厌氧菌的培养。

　　③ 摇瓶培养　将装有较少量液体培养基的三角瓶（摇瓶），用 8～12 层纱布或疏松的棉塞封口以利于通气并阻止空气中杂菌或杂质进入，将摇瓶放置在旋转式或往复式摇床上进行振荡培养。为使菌体获得充足的氧，一般装液量为三角瓶容积的 10% 左右，如 250mL 三角瓶装 10～20mL 培养液。摇瓶培养在实验室里被广泛用于微生物的生理生化试验、发酵和菌种筛选等，也常在发酵工业中用于种子培养。

　　④ 台式发酵罐培养　实验室用的发酵罐体积一般为几升到几十升。商品发酵罐的种类很多，一般都有多种自动控制和记录装置。如配置有 pH、溶解氧、温度和泡沫检测电极，有加热或冷却装置，有补料、消泡和 pH 调节用的酸或碱贮罐及其自动记录装置，大多由计算机控制。因为它的结构与生产用的大型发酵罐接近，所以，它是实验室模拟生产实践的重要试验工具。

（二）厌氧培养法

　　（1）固体培养法　实验室中培养厌氧菌除了需要特殊的培养装置或器皿外，首先应配制特殊的培养基。此类培养基中，除保证提供 6 种营养要素外，还须加入适当的还原剂，必要时，还要加入刃天青等氧化还原势指示剂。早期主要采用高层琼脂柱法、厌氧培养皿法，现在主要采用厌氧罐技术、厌氧手套箱技术和亨盖特（Hungate）厌氧试管技术（图 3-18）。

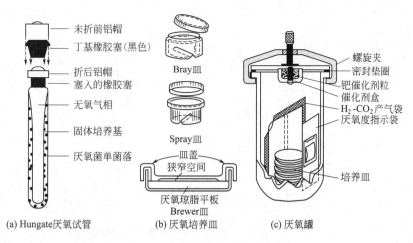

图 3-18　厌氧微生物的培养装置

（2）液体培养法　实验室中厌氧菌的液体培养同固体培养一样，都需要特殊的培养装置以及加有还原剂和氧化还原指示剂的培养基。

若在厌氧罐或厌氧手套箱中对厌氧菌进行液体培养，通常不必提供额外的培养措施；若单独放在有氧环境下培养，则在培养基中必须加入巯基乙酸、半胱氨酸、维生素 C 或庖肉（牛肉小颗粒）等有机还原剂，或加入铁丝等能显著降低氧化还原电势的无机还原剂，在此基础上，再用深层培养或同时在液面上封一层石蜡油或凡士林-石蜡油，则可保证专性厌氧菌的生长。

二、生产实践中的微生物培养法

（一）好氧培养法

（1）固体培养法　工业生产中利用麸皮或米糠等为主要原料，加水搅拌成含水量适度的半固体物料作为培养基，接种微生物进行培养，在豆酱、醋、酱油等酿造食品工业中广泛应用。根据所用设备和通气方法的不同可分为浅盘法、转桶法和厚层通风法（图 3-19）。食用菌生产中通常将棉籽壳等培养料装入塑料袋中或平铺在床架上，接种培养。

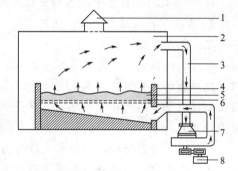

图 3-19　通风曲槽结构模式图
1—天窗；2—曲室；3—风道；4—曲槽；
5—曲料；6—箅架；7—鼓风机；
8—电动机

（2）液体培养法　早期的青霉素和柠檬酸等的发酵工业中，均使用过浅盘培养法，但因其劳动强度大、生产效率低以及易污染杂菌等缺点，未能广泛使用。现代发酵工业中主要采用深层液体通风培养法，向培养液中强制通风，并设法将气泡微小化，使它尽可能滞留于培养液中以促进氧的溶解。最常用的是机械搅拌通风发酵罐（图 3-20）。

（二）厌氧培养法

（1）固体培养法　生产实践中对厌氧菌进行大规模固态培养的例子还不多见，在我国的传统白酒生产中，一向采用大型深层地窖对固态发酵料进行堆积式固态发酵，这对酵母菌的酒精发酵和己酸菌的己酸发酵等都十分有利，因此可生产名优大曲酒（蒸馏白酒）。

（2）液体培养法　工业上主要采用液体静置培养法，接种后不通空气静置保温培养，常

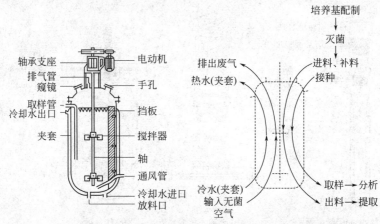

图 3-20　机械搅拌通风发酵罐的构造及其运转原理

用于酒精、啤酒、丙酮、丁醇及乳酸等发酵过程。该法发酵速度快，周期短，发酵完全，原料利用率高，适合大规模机械化、连续化、自动化生产。

技能训练 12　枯草芽孢杆菌摇瓶培养

一、实验目的

1. 熟悉实验室微生物液态好氧培养的方法和原理。

2. 熟练掌握摇瓶培养微生物的方法。

二、实验原理

微生物的摇瓶培养是在摇瓶中放入液体培养基灭菌，接种后在摇床上以一定转速摇动进行恒温培养的培养方法。摇瓶可以是三角瓶或塑料瓶，可以通过摇瓶的装液量或摇床的转速来控制供氧量。摇瓶培养是实验室少量液态培养微生物的一般方式，也是大型发酵前期种子培养的方式。

枯草芽孢杆菌是我国农业部允许作为饲料添加剂的芽孢杆菌之一，也是目前市场上使用最广泛的微生态制剂之一，枯草芽孢杆菌属于好氧微生物，可以通过摇瓶培养获得。

三、实验器材

1. 菌种：枯草芽孢杆菌。

2. 培养基：牛肉膏蛋白胨培养基（附录Ⅲ-1）。

3. 仪器或其他用具：酒精灯，接种环，250mL 三角瓶，恒温摇床等。

四、实验方法

1. 菌种活化

将枯草芽孢杆菌的保藏菌种采用划线接种的方法在牛肉膏蛋白胨试管斜面培养基上划线接种，于 37℃培养 24h，使枯草芽孢杆菌活化。

2. 摇瓶培养基的制备

配制牛肉膏蛋白胨液体培养基分装至 250mL 三角瓶中，每个三角瓶分装 100mL 左右，装量太多会影响培养液中溶氧量，在 121℃、0.1MPa 下灭菌 30min。

3. 接种

用接种环从活化的枯草芽孢杆菌试管斜面菌种接种 1～2 环菌种至三角瓶液体培养基中。

4. 摇床培养

将接种后的摇瓶放在摇床，设置摇床温度 37℃、转速 160r/min 进行振荡培养18～24h。

5. 镜检

培养结束，镜检培养液，观察有无杂菌污染及芽孢形成情况。

五、实验结果与讨论

1. 菌种活化的目的是什么？

2. 怎样通过镜检初步判断摇瓶芽孢培养物是否被杂菌污染？

3. 想一想枯草芽孢杆菌芽孢的形成与哪些因素有关。

 ## 技能训练 13　酸奶制作

一、实验目的

学习并掌握酸奶制作的基本原理和方法。

二、实验原理

酸奶是以牛奶等为原料，经乳酸菌发酵制成的一种具有较高营养价值和特殊风味的发酵乳制品，是具有一定保健作用的食品。其基本原理是通过乳酸菌发酵牛奶中的乳糖产生乳酸，乳酸使牛奶中的酪蛋白变性凝固，而使整个牛奶呈凝乳状态，同时通过发酵还可形成酸奶特有的香味和风味。

三、实验器材

1. 菌种：一般选用保加利亚乳杆菌和嗜热链球菌，本实验采用市场购买的酸奶成品作为种子。

2. 材料：鲜牛奶，白糖。

3. 器材：不锈钢锅，燃气灶，勺子，塑料杯，无菌盖纸，塑料吸管。

四、实验内容

1. 加热灭菌

将牛奶加热至 85～90℃，加入 8％的白砂糖，继续加热至煮沸，维持 5～8min。

2. 冷却接种

将加热灭菌的牛奶冷却至 43～45℃，将市售的酸奶成品按照 10％比例加入牛奶中，搅拌均匀。

3. 分装

将接种后的牛奶分装入清洁的塑料杯中，用无菌封口纸封口。

4. 发酵

放入 41.0℃恒温箱中培养 4～6h，当牛奶发酵成凝固状、基本不流动时停止发酵。

5. 后熟

将发酵好的酸奶放入 4～6℃的低温下，持续 24h 以上后熟，使酸奶风味更好。

五、实验结果与讨论

1. 品尝自己做的酸奶并观察酸奶中的微生物，判断其感官品质是否达到要求，若达不到要求，分析其原因。

2. 酸奶制作过程需要注意哪些问题？

📖 复习参考题

一、名词解释

营养、营养物质、微量元素、碳氮比、天然培养基、合成培养基、半合成培养基、固体培养基、液体培养基、半固体培养基、脱水培养基、灭菌、消毒、防腐、化疗、巴氏消毒法、间歇灭菌法、嗜冷菌、嗜温菌、嗜热菌、最适生长温度、代时、代谢、生物氧化、发酵、无氧呼吸、有氧呼吸、葡萄糖效应。

二、问答题

1. 试述微生物的 6 类营养要素及其生理功能。

2. 什么是碳源？什么是氮源？实验室和生产实践中常用的碳源和氮源物质有哪些？

3. 什么是能源？试以能源为主，碳源为辅对微生物的营养类型进行分类。

4. 什么是生长因子？它主要包括哪几类化合物？是否任何微生物都需要生长因子？如何才能满足微生物对生长因子的需求？

5. 营养物质进入细胞的方式有哪几种？各有何特点？试比较它们的异同点。

6. 什么是培养基？配制培养基时应考虑哪些原则？简述配制培养基的一般步骤。

7. 在设计大生产用的发酵培养基时，为何必须遵循经济节约的原则？应该从哪些方面来考虑这一原则？

8. 试举细菌、放线菌、酵母菌和霉菌培养基各一种。并指出每一培养基中各组分的功能。

9. 常用于制备固体培养基的凝固剂有哪些？它们各有哪些优缺点？

10. 为什么要调节培养基的 pH？常用来调节培养基 pH 的物质有哪些？

11. 什么是选择性培养基？试举一例并分析其中的选择性原理。

12. 什么是鉴别性培养基？试以 EMB 培养基为例，分析其鉴别作用的原理。

13. 试列表比较灭菌、消毒、防腐和化疗的异同，并各举若干实例。

14. 高温灭菌有哪些主要方法？各有何特点和适用范围？

15. 简述干热灭菌箱使用方法。

16. 简述高压灭菌锅的使用步骤及注意事项。

17. 微生物培养过程中 pH 变化的规律如何？如何调整？

18. 根据对分子氧的要求，微生物可分成哪几种类型？它们各有何特点？举例说明之。

19. 什么是同步生长？获得同步生长的方法有哪些？

20. 什么是典型生长曲线？它可分为几期？划分依据是什么？

21. 延滞期有何特点？如何缩短延滞期？

22. 指数期有何特点？处于此期的微生物有何应用？

23. 简述常见的微生物接种方法。

24. 发酵和呼吸的主要区别在哪？

25. 葡萄糖发酵的主要途径有哪几条？论述这几条途径在微生物生命活动中的重要性。

26. 微生物培养装置的类型和发展有哪些规律？

第四单元　微生物生长测定技术

　　微生物尤其是单细胞微生物，由于个体微小，因此个体的生长很难测定，而且也没有太大的实际意义。所以，微生物的生长情况常通过测定单位时间里微生物的数量或质量来评价。通过对微生物生长的测定，可以客观地评价营养物质、培养条件等对微生物生长的影响，或评价抗菌物质对微生物的抑制（或杀死）效果，或客观反映微生物的生长规律。因此，对微生物生长进行测定具有理论和实际意义。

　　测定不同种类、不同生长状态微生物的生长情况，需要选用不同的指标。通常对单细胞微生物来说，既可测定细胞数目，又可测定生长量；而对多细胞微生物（尤其是丝状真菌），则常以生长量的测定，或菌丝生长的长度等作为生长指标。测定微生物生长的方法多种多样，在实际工作中，可根据研究对象或要解决的问题加以选择。

模块一　微生物细胞数目的测定技术

　　测定微生物细胞数目的方法很多，但它们都只适用于测定处于单细胞状态的细菌和酵母菌，而对于放线菌和霉菌等丝状生长的微生物而言，则只能测定其孢子数。

一、显微镜直接计数法

　　显微镜直接计数法是将小量待测样品的悬浮液置于一种特别的具有确定面积和容积的载玻片上（又称计菌器），于显微镜下直接观察、计数的方法。目前国内外常用的计菌器有：血细胞计数板、Peteroff-Hauser 计菌器以及 Hawksley 计菌器等，它们可用于各种微生物单细胞（孢子）悬液的计数，基本原理相同。其中血细胞计数板较厚，不能使用油镜，常用于个体相对较大的酵母细胞、霉菌孢子等的计数，而后两种计菌器较薄，可用油镜对细菌等较小的细胞进行观察和计数。除了用上述这些计菌器外，还有用已知颗粒浓度的样品与未知浓度的微生物细胞（孢子）混合均匀后根据比例推算后者浓度的比例计数法等。

　　显微镜直接计数法的优点是操作简便、快速、直观。但此法的缺点是所测得的结果通常是活菌体和死菌体的总和。为克服这一缺点，已有用特殊染料作活菌染色后再用显微镜计数的方法，例如用美蓝染液对酵母菌染色后，其活细胞为无色，而死细胞则为蓝色，故可作分别计数；又如，细菌经吖啶橙染色后，在紫外光显微镜下可观察到活细胞发出橙色荧光，而死细胞则发出绿色荧光，因而也可作活菌和总菌计数。

　　血细胞计数板计数法是显微镜直接计数中最常用的一种计数方法。其主要操作是将经过适当稀释的菌悬液（或孢子悬液）放在血细胞计数板与盖玻片之间的计数室中，在显微镜下进行计数。由于计数室的容积是一定的（$0.1mm^3$），所以可以根据在显微镜下观察到的微生物数目来换算成单位体积内的微生物的总数目。

二、平板菌落计数法

　　平板菌落计数法适用于各种好氧微生物和部分厌氧微生物，其主要操作（图 4-1）是把稀释后的一定量菌样通过倾注或涂布的方法，让其内的微生物单细胞——分散在琼脂平板上

（内），待培养后，每一活细胞就形成一个单菌落，此即"菌落形成单位"（CFU），根据每皿上形成的 CFU 数乘上稀释度就可推算出菌样的含菌数。此法最为常用，但操作较烦琐且要求操作者技术熟练。为克服此缺点，国外已出现多种微型、商品化的用于菌落计数的小型厚滤纸片或密封琼脂片等。其主要原理是在滤纸或琼脂片上吸有合适的培养基，其中加入活菌指示剂 TTC（2,3,5-氯化三苯基四氮唑），待蘸取测试菌液后置于密封包装袋（或瓶）中短期培养，滤纸或琼脂板上就会出现一定密度的玫瑰红色微小菌落。将其与标准纸色板上图谱比较，就可不必数其具体菌落即可估算出该样品的含菌量。此法灵敏、快速，对于未经微生物技术操作训练的人员也可应用。

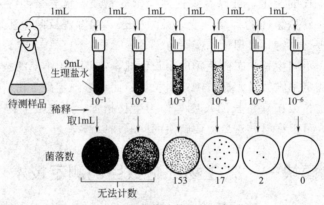

图 4-1　平板菌落计数法的一般步骤

　　平板菌落计数法是一种活菌计数法，可以直接反映出样品中活细胞的数量，因此被广泛应用于生物制品（如活菌制剂）、食品、饮料、水（包括水源水）以及多种产品的质量检测与控制的标准方法中。自动细菌平板稀释仪和自动菌落计数仪等先进设备的应用则可以提供更快速、准确的计数结果。

三、最大可能数计数法

　　最大可能数（most probablenumber，MPN）计数法，又称液体稀释法、稀释培养法，适用于测定在一个混杂的微生物群落中虽不占优势，但却具有特殊生理功能的类群。其特点是利用待测微生物的特殊生理功能的选择性来摆脱其他微生物类群的干扰，并通过该生理功能的表现来判断该类群微生物是否存在及其数量。本法特别适合于测定土壤微生物中的特定生理群（如氨化、硝化、纤维素分解、固氮、硫化和反硫化细菌等）的数量；适合于检测污水、牛奶及其他食品中特殊微生物类群（如大肠菌群）的数量。其缺点是只适用于特殊生理类群的测定，结果也比较粗放，只有在因某种原因不能使用平板菌落计数时才使用。

　　MPN 计数法的主要操作是对未知菌样作连续的 10 倍梯度稀释。根据估计数，从最适宜的 3 个连续的 10 倍稀释液中各取 5mL 试样，接种到 3 组共 15 支装有培养液的试管中（每管接入 1mL）。经培养后，记录每个稀释度出现生长的试管数，然后查 MPN 表，再根据样品的稀释倍数就可计算出其中的活菌含量。

四、光电比浊计数法

　　光电比浊计数法是测定无色菌悬液中总细胞数的一种快速方法。其原理是在一定范围内，菌悬液中的细胞浓度与混浊度成正比，即与光密度（OD）成正比，与透光度成反比。细胞越多，浊度越大，透光量越小。主要操作是借助于分光光度计在一定波长（450～

650nm）下首先对一系列已知菌数的菌悬液测定光密度，之后以光密度值为纵坐标，每毫升菌液细胞数为横坐标制作标准曲线，最后测定待测菌悬液的光密度，对照标准曲线求出菌液浓度。

光电比浊计数法虽然灵敏度较差，然而却具有简便、快速、不干扰或不破坏样品的优点。由于可使用不必取样的侧臂三角瓶在不同的培养时间重复测定样品的浊度，因而被广泛地用作微生物生长速率的测定及生长曲线的制作。此法通常只适用于培养液颜色浅，没有混杂其他物质的样品。若培养液的颜色较深则会影响到测定结果。

五、薄膜计数法

薄膜计数法，也称滤膜法，常用于测定量大、含菌浓度低的流样样品（如水、空气等）。其主要操作是将定量的待测样品通过微孔滤膜过滤器，微生物被阻留在滤膜表面上，将此滤膜放在适当的固体培养基上培养，计算其上长出的菌落数即可求出样品中所含的菌数。此法也常用于含杀菌抑菌成分的药物样品，此类药品进行薄膜计数时，需要过滤并用无菌冲洗液去除杀菌抑菌成分，再将滤膜置于培养基上培养，即可使药品中所含微生物被定量检出。

近年来，又提出一种不需要培养而在滤膜上直接计数的方法，它主要分为过滤、滤膜染色、显微镜计数和计算四个步骤。具体操作是将待测菌液过滤后，将阻留有菌体的滤膜干燥、染色，并经处理使膜透明，再在显微镜下计算膜上（或一定面积中）的菌数，最后求出样品中的含菌数。此法省略了微生物培养过程，检测时间只需要 1h 左右，明显缩短了检测时间，是一种快速、有效的细菌总数检测方法。

固相细胞计数（SPC）是另一项新技术，可在单细胞水平快速检测细菌而不需要生长相。滤过样品后，将存留的微生物在滤膜上进行荧光标记，采用激光扫描设备自动计数及检测。目前，SPC 用于测定水中及其他液体样品中活细菌总数，但今后如果可以从不能滤过的基质中分离出细菌，它将是检测及计数样品中细菌的有效技术。尤其对于生长缓慢的微生物，其检测用时短使该方法极具现实意义。

技能训练 14　显微镜直接计数法

一、实验目的

1. 熟悉血细胞计数板的构造和使用原理。

2. 掌握使用血细胞计数板对酵母细胞的计数操作。

二、实验原理

用血细胞计数板在显微镜下直接计数是一种常用的微生物计数方法。血细胞计数板是一块特制的载玻片，其上由四条槽构成三个平台；中间较宽的平台又被一短横槽隔成两半，每一边的平台上各列有一个方格网，每个方格网共分为九个大方格，中间的大方格即为计数室。血细胞计数板构造如图 4-2 所示。

计数室的刻度一般有两种规格，一种是一个大方格分成 16 个中方格，而每个中方格又分成 25 个小方格，即 16×25 规格（图 4-3）；另一种是一个大方格分成 25 个中方格，而每个中方格又分成 16 个小方

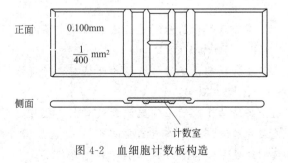

图 4-2　血细胞计数板构造

格，即 25×16 规格（图 4-4）。无论哪种规格的计数板，每一个大方格中都是 400 个小方格。每一个大方格边长为 1mm，则每一个大方格的面积为 $1mm^2$，盖上盖玻片后，盖玻片与载玻片之间的高度为 0.1mm，所以计数室的容积为 $0.1mm^3$（万分之一毫升）。

在计数时，对于 16×25 规格的计数板，通常数上、下、左、右四个中方格的总菌数（图 4-3），然后求得每个中方格的平均值，再乘上 16，就得出计数室中的总菌数，然后再换算成 1mL 菌液中的总菌数；对于 25×16 规格的计数板，通常数上、下、左、右和中间五个中方格的总菌数（图 4-4），然后求得每个中方格的平均值，再乘上 25，就得出计数室中的总菌数，然后再换算成 1mL 菌液中的总菌数。

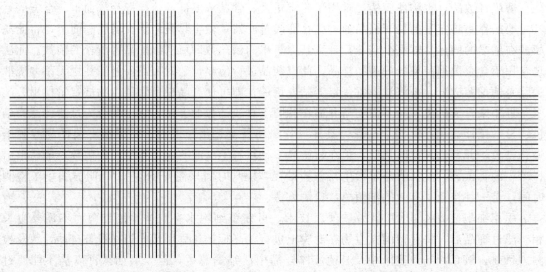

图 4-3　放大后的方格网计数室（16×25）　　图 4-4　放大后的方格网计数室（25×16）

下面以一个大方格有 25 个中方格的计数板为例进行计算：设五个中方格中总菌数为 A，菌液稀释倍数为 B，那么，一个大方格中的总菌数为 $A/5×25×B$。

1mL 菌液中的总菌数 $=A/5×25×10×1000×B=50000×A×B$（个）

同理，如果是 16 个中方格的计数板，设 4 个中方格的总菌数为 A'，则

1mL 菌液中的总菌数 $=A'/4×16×10×1000×B=40000×A'×B$（个）

三、实验器材

1. 样品：酿酒酵母菌悬液。

2. 器材：血细胞计数板（25×16 规格），显微镜，盖玻片，无菌毛细管，吸水纸等。

四、实验方法

1. 稀释

将酿酒酵母菌悬液进行适当稀释，菌液如不浓，可不必稀释。

2. 镜检计数室

在加样前，先对计数板的计数室进行镜检。若有污物，则需清洗后才能进行计数。

3. 加样品

将清洁干燥的血细胞计数板盖上盖玻片，再用无菌的毛细滴管将稀释的酿酒酵母菌液由盖玻片边缘滴一小滴（不宜过多），让菌液沿缝隙靠毛细渗透作用自行进入计数室，一般计数室均能充满菌液。注意不可有气泡产生。

4. 显微镜计数

静止 5min 后，将血细胞计数板置于显微镜载物台上，先用低倍镜找到计数室所在位置，然后换成高倍镜进行计数。在计数前若发现菌液太浓或太稀，需重新调节稀释度后再计数。一般样品稀释度要求每小格内约有 5～10 个菌体为宜。每个计数室选 5 个中格（可选 4 个角和中央的中格）中的菌体进行计数。位于格线上的菌体一般只数上边线和右边线上的。如遇酵母出芽，芽体大小达到母细胞一半时，即作两个菌体计数。计数一个样品要从两个计数室中计得的数值来计算样品的含菌量。

5. 清洗血细胞计数板

使用完毕后，将血细胞计数板在水龙头上用水柱冲洗，切勿用硬物洗刷，洗完后自行晾干或用吹风机吹干。镜检，观察每小格内是否有残留菌体或其他沉淀物。若不干净，则必须重复洗涤至干净为止。

五、实验结果与讨论

1. 结果

将结果记录于表中。A 表示五个中方格中的总菌数；B 表示菌液稀释倍数。

计数室	各中方格中的菌数					A	B	菌数/（个/mL）	两室平均值
	1	2	3	4	5				
第一室									
第二室									

2. 思考题

根据你实验的体会，说明用血细胞计数板计数的误差主要来自哪些方面？应如何尽量减少误差，力求准确？

技能训练 15　平板菌落计数法

一、实验目的

1. 熟悉平板菌落计数的基本原理和方法。

2. 熟练掌握倒平板技术、系列稀释原理及操作方法。

二、实验原理

平板菌落计数法是将待测样品经适当稀释之后，其中的微生物充分分散成单个细胞，取一定量的稀释样液接种到平板上，经过培养，由每个单细胞生长繁殖而形成肉眼可见的菌落，即一个单菌落应代表原样品中的一个单细胞。统计菌落数，根据其稀释倍数和取样接种量即可换算出样品中的含菌数。但是，由于待测样品往往不易完全分散成单个细胞，所以，长成的一个单菌落也可来自样品中的 2～3 个或更多个细胞。因此平板菌落计数的结果往往偏低。为了清楚地阐述平板菌落计数的结果，现在已倾向使用菌落形成单位（colony-forming units，CFU）而不以绝对菌落数来表示样品的活菌含量。

平板菌落计数法虽然操作较繁，结果需要培养一段时间才能取得，而且测定结果易受多种因素的影响，但是，由于该计数方法的最大优点是可以获得活菌的信息，所以被广泛用于生物制品检验（如活菌制剂），以及食品、饮料和水（包括水源水）等的含菌指数或污染程度的检测。

三、实验器材

1. 样品：大肠杆菌悬液

2. 培养基：牛肉膏蛋白胨琼脂培养基（附录Ⅲ-1）。

3. 器材：1mL无菌吸管，无菌平皿，盛有9mL无菌水的试管，试管架和记号笔等。

四、实验方法

1. 编号

取无菌平皿9套，分别用记号笔标明10^{-4}、10^{-5}、10^{-6}各3套。另取6支盛有9mL无菌水的试管，排列于试管架上，依次标明10^{-1}、10^{-2}、10^{-3}、10^{-4}、10^{-5}、10^{-6}。

2. 稀释

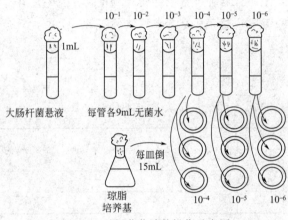

图4-5 平板菌落计数操作示意图

用1mL无菌吸管精确地吸取1mL大肠杆菌悬液放入10^{-1}的试管中，注意吸管尖端不要碰到液面。振荡10^{-1}试管，使菌液充分混匀。然后另取一支1mL无菌吸管插入10^{-1}试管中来回吸吹悬液三次，目的是将菌体分散、混匀，吹吸菌液不宜太猛，吸时吸管要伸入管底，吹时离开水面。用此吸管吸取10^{-1}菌液1mL放入10^{-2}试管中，操作同上……其余依此类推（图4-5）。

每一支吸管只能接触一个稀释度的菌悬液，否则稀释不精确，结果误差较大。

3. 取样

用三支1mL无菌吸管分别吸取10^{-4}、10^{-5}、10^{-6}的稀释菌悬液各1mL，对号放入编好号的无菌平皿中，每个平皿放0.2mL。不要用1mL吸管每次只靠吸管尖部吸0.2mL稀释菌液放入平皿中，这样容易加大同一稀释度几个重复平板间的操作误差。

4. 倒平板

尽快向上述盛有不同稀释度菌液的平皿中倒入融化后冷却至45～50℃左右的牛肉膏蛋白胨琼脂培养基约15mL/平皿，置水平位置迅速旋动平皿，使培养基与菌液混合均匀，而又不使培养基荡出平皿或溅到平皿盖上。

由于细菌易吸附到玻璃器皿表面，所以菌液加入到培养皿后，应尽快倒入培养基并立即摇匀，否则细菌将不易分散或长成的菌落连在一起，影响计数。

待培养基凝固后，将平板倒置于37℃恒温培养箱中培养。

5. 计数

培养48h后，取出培养平板，算出同一稀释度三个平板上的菌落平均数，并按下列公式进行计算，

每毫升中菌落形成单位（CFU）＝同一稀释度三次重复的平均菌落数×稀释倍数×5

一般选择每个平板上长有30～300个菌落的稀释度计算每毫升的含菌量较为合适。同一稀释度三个重复的菌落数不应相差很大，否则表示试验不精确。实际工作中同一稀释度的重复数不能少于三个，这样便于数据统计，减少误差。由10^{-4}、10^{-5}、10^{-6}三个稀释度计算

出的每毫升菌液中菌落形成单位数也不应相差太大。

平板菌落计数法，所选择倒平板的稀释度是很重要的。一般以三个连续稀释度中的第二个稀释度倒平板培养后所出现的平均菌落数在 50 个左右为好，否则要适当增加或减少稀释度加以调整。

平板菌落计数法的操作除上述倾注倒平板的方式以外，还可以用涂布平板的方式进行。二者操作基本相同，所不同的是后者先将牛肉膏蛋白胨琼脂培养基融化后倒平板，待凝固后编号，并于 37℃ 左右的恒温箱中烘烤 30min，或在超静工作台上适当吹干，然后用无菌吸管吸取稀释好的菌液对号接种于不同稀释度编号的平板上，并尽快用无菌玻璃涂布棒将菌液在平板上涂布均匀，平放于实验台上 20～30min，使菌液渗入培养基表层内，然后倒置37℃的恒温箱中培养 24～48h。

涂布平板用的菌悬液量一般以 0.1mL 较为适宜，如果过少菌液不易涂布开，过多则在涂布完后或在培养时菌液仍会在平板表面流动，不易形成单菌落。

五、实验结果与讨论

1. 结果

将计数结果填入记录表中。

计数结果记录表

稀释度	10^{-4}				10^{-5}				10^{-6}			
菌落数	1	2	3	平均	1	2	3	平均	1	2	3	平均
总活菌数/(个/mL)												

2. 思考题

（1）为什么溶化后的培养基要冷却至 45℃ 左右才能倒平板？

（2）要使平板菌落计数准确，需要掌握哪几个关键？为什么？

（3）同一种菌液用血球计数板和平板菌落计数法同时计数，所得结果是否一样？为什么？

（4）试比较平板菌落计数法和显微镜下直接计数法的优缺点。

 技能训练 16　比浊法测定大肠杆菌的生长曲线

一、实验目的

1. 掌握光电比浊计数法的原理及操作方法。

2. 熟悉细菌生长曲线特点及测定原理。

3. 学习用比浊法测定细菌的生长曲线。

二、实验原理

将少量细菌接种到一定体积的、适合的新鲜培养基中，在适宜的条件下进行培养，定时测定培养液中的菌量，以菌量的对数作纵坐标，生长时间作横坐标，绘制的曲线叫生长曲线。它反映了单细胞微生物在一定环境条件下于液体培养时所表现出的群体生长规律。依据其生长速率的不同，一般可把生长曲线分为延滞期、指数期、稳定期和衰亡期。这四个时期的长短因菌种的遗传性、接种量和培养条件的不同而有所改变。因此通过测定微生物的生长曲线，可了解各菌的生长规律，对于科研和生产都具有重要的指导意义。

测定微生物的数量有多种不同的方法，可根据要求和实验室条件选用。本实验采用比浊法测定，由于细菌悬液的浓度与光密度（OD值）成正比，因此可利用分光光度计测定菌悬液的光密度来推知菌液的浓度，并将所测的OD值与其对应的培养时间作图，即可绘出该菌在一定条件下的生长曲线，此法快捷、简便。

三、实验器材

1. 菌种：大肠杆菌

2. 培养基：牛肉膏蛋白胨液体培养基（附录Ⅲ-1）。

3. 器材：721分光光度计，比色杯，恒温摇床，无菌吸管，试管，三角瓶。

四、实验方法

1. 制备菌液

取大肠杆菌斜面菌种1支，以无菌操作挑取1环菌苔，接入牛肉膏蛋白胨培养液中，静置培养18h。

2. 标记编号

取盛有50mL无菌牛肉膏蛋白胨培养液的250mL三角瓶11个，分别编号为0h、1.5h、3h、4h、6h、8h、10h、12h、14h、16h、20h。

3. 接种培养

用2mL无菌吸管分别准确吸取2mL菌液加入已编号的11个三角瓶中，于37℃下振荡培养。然后分别按对应时间将三角瓶取出，立即放冰箱中贮存，待培养结束时一同测定OD值。

4. 生长量测定

将未接种的牛肉膏蛋白胨培养基倾倒入比色杯中，选用600nm波长分光光度计调节零点，作为空白对照，并对不同时间培养液从0h起依次进行测定，对浓度大的菌悬液用未接种的牛肉膏蛋白胨液体培养基适当稀释后测定，使其OD值在0.10～0.65以内，经稀释后测得的OD值要乘以稀释倍数，才是培养液实际的OD值。

五、实验结果与讨论

1. 结果

将测定的OD值填入表中，并以表格中的时间为横坐标，OD_{600}值为纵坐标，绘制大肠杆菌的生长曲线。

时间/h	0	1.5	3	4	6	8	10	12	14	16	20
光密度值（OD_{600}）											

2. 思考题

如果用活菌计数法制作生长曲线，你认为会有什么不同？两者各有什么缺点？

模块二　微生物生长量的测定技术

微生物生长的测定也可以不测定细胞的数目，而代之以测定细胞的生长量以及与生长量相平行的生理指标。此类方法适用于一切微生物。

一、测体积法

测体积法是一种粗放的方法，用于初步比较。例如把待测培养液放在带刻度离心管中作自然沉降或进行一定时间的离心，然后观察其体积。

二、称质量法

重量法包括湿重法和干重法，适用于菌体浓度较高的样品，并要求除尽杂质。微生物的干重一般为其湿重的 $10\%\sim20\%$。

湿重法较粗放、简便，其操作是将一定量的微生物培养液通过离心或过滤将菌体分离出来，经洗涤后收集菌体，直接称重。

干重法是将离心或过滤后得到的湿菌体干燥后称重的方法。在离心法中，将待测培养液放入离心管中，用清水离心洗涤 $1\sim5$ 次后，进行干燥。干燥温度可采用 105℃、100℃ 或红外线烘干，也可在较低的温度（80℃ 或 40℃）下进行真空干燥，然后称干重。以细菌为例，一个细胞约重 $10^{-12}\sim10^{-13}$ g。在过滤法中，丝状真菌可用滤纸过滤，而细菌则可用醋酸纤维膜等滤膜进行过滤。过滤后，细胞可用少量水洗涤，然后在 40℃ 下真空干燥，称干重。以大肠杆菌为例，在液体培养物中细胞的浓度可达 2×10^8 个/mL，100mL 培养物可得 $10\sim90$mg 干重的细胞。

三、生理指标法

微生物的生长伴随着一系列生理指标发生变化，例如酸碱度，发酵液中的含氮量，含糖量，产气量等，与生长量相平行的生理指标很多，它们可作为生长测定的相对值。

1. 含氮量测定法

蛋白质是构成微生物细胞的主要物质，且含量稳定，所以蛋白质的含量可以反映微生物的生长量。而氮又是蛋白质的重要组成元素，因此，可通过菌体含氮量的测定求出蛋白质的含量，并大致算出细胞物质的质量。具体操作是从一定量的培养物中分离出菌体，洗涤后用凯氏定氮法测定其总氮量，再乘以系数 6.25 即得到微生物的粗蛋白含量。蛋白含量越高，说明菌体数和细胞物质量越高。这种方法只适用于菌体浓度较高的样品。由于操作过程烦琐，因此主要用于研究工作。

2. 含碳量测定法

微生物新陈代谢的结果，必然要消耗或产生一定量的物质，以表示微生物的生长量。一般生长旺盛时消耗的物质就多，或者积累的某种代谢产物也多。将少量（干重为 $0.2\sim2.0$mg）生物材料混入 1mL 水或无机缓冲液中，用 2mL 2％重铬酸钾溶液在 100℃ 下加热 30min，冷却后，加水稀释至 5mL，在 580nm 波长下测定光密度值（用试剂作空白对照，并用标准样品作标准曲线），即可推算出生长量。

3. DNA 含量测定法

微生物细胞的 DNA 含量较稳定，因此，可用 DNA 含量来反映微生物的生长量。具体操作是采用适当的荧光指示剂或染色剂与菌体 DNA 作用，再利用荧光比色或分光光度计法测得 DNA 的含量。另外，每个细菌的 DNA 含量相当恒定，平均为 8.4×10^{-5} ng，可以根据 DNA 含量计算出细菌数量。

4. 其他生理指标法

如测定磷、RNA、ATP、DAP（二氨基庚二酸）等的含量。此外，产酸、产气、耗氧、黏度和产热等指标，有时也应用于生长量的测定。

四、丝状微生物菌丝长度的测定

对于丝状微生物，特别是丝状真菌，通常是通过测定其菌丝的长度变化来反映它们的生长速率。方法如下。

（1）培养基表面菌体生长速率测定法　主要测定一定时间内在琼脂培养基表面的菌落直径的增加值。

（2）培养料中菌体速率测定法　主要测定一定时间内在固体培养料（如栽培食用菌的棉籽壳麸皮培养料）中菌丝体向前延伸的距离。

（3）单个菌丝顶端生长速率测定法　可在显微镜下借助目镜测微尺测定在一定时间内单个菌丝的伸长长度。为了维持菌丝生长，可在载玻片上先用双面胶做一个小室，内盛培养液，将菌丝置于小室后，盖上盖玻片，置显微镜下观察测定。

📖 复习参考题

一、名词解释

菌落形成单位、MPN

二、问答题

1. 测定微生物细胞数量有哪些方法？各有何特点和适用范围？

2. 测定微生物生长量有哪些方法？

第五单元　微生物分离纯化及鉴定技术

模块一　微生物纯培养的分离方法

自然界中各种微生物混杂生活在一起，即使取很少量的样品也是许多微生物共存的群体。我们要想研究或利用某一微生物，必须把混杂的微生物类群分离开来，以得到只含一种微生物的培养。微生物学中将在实验室条件下从一个细胞或一种细胞群繁殖得到的后代称为纯培养。微生物的分离纯化通常是研究和利用微生物的基础，是微生物工作中最重要的环节之一，最常用的方法有划线法、稀释平板法、单细胞挑取法及利用选择培养基分离法等。

一、划线法

用接种环沾取少许待分离的样品，在冷凝后的琼脂培养基表面连续划线，随着接种环在培养基上的移动，菌体被分散，经保温培养后，可形成菌落。划线的开始部分，分散度小，形成的菌落往往是连在一起。由于连续划线，菌体逐渐减少，当划线到最后时菌体最少。

将已熔化的培养基倒入无菌平皿，冷却凝固后，用接种环沾取少许待分离的材料，在培养基表面进行平行划线、扇形划线或其他形式的连续划线，微生物将随着划线次数的增加而分散。在划线开始的部分菌体分散度小，形成的菌落往往连在一起。由于连续划线，微生物逐渐减少，划到最后，有可能形成由一个细胞繁殖而来的单菌落，获得纯培养。用其他工具如弯形玻璃代替接种环，在培养基表面涂布，亦可得到同样结果。此法较为简便。

二、稀释平板法

稀释平板法是一种将样品稀释到能在平板培养基上形成菌落，再挑取单菌落进行培养以获得纯菌种的方法。

1. 稀释倾注分离法

稀释倾注分离法是将待分离的材料用无菌水作一系列的稀释（如 $1:10$，$1:100$，$1:1000$，$1:10000$，…），分别取不同稀释液少许，与已熔化并冷却至 $45℃$ 左右的琼脂培养基混合，摇匀后倾入无菌培养皿中，待琼脂培养基凝固后，保温培养一定时间即可有菌落出现。如果稀释得当，在平板表面或琼脂培养基中就可出现分散的单个菌落，这个菌落可能就是由一个细菌细胞繁殖形成的。随后挑取该单个菌落，并重复以上操作数次，便可得到纯培养。

2. 稀释涂布分离法

稀释涂布分离法是先将培养基熔化，在火焰旁注入培养皿，制成平板，然后将待分离的材料用无菌水作一系列的稀释（如 $1:10$，$1:100$，$1:1000$，$1:10000$，…），无菌操作吸取菌悬液 $0.2mL$ 放入平板中，用无菌涂布棒在培养基表面轻轻涂布均匀，倒置培养，调取单个菌落重复以上操作或划线即可得到纯培养。

三、单细胞挑取法

单细胞挑取法是从待分离的材料中挑取一个细胞来培养，从而获得纯培养。其具体操作是将显微镜挑取器装置在显微镜上，把一滴待分离菌悬液置于载玻片上，在显微镜下用安装在显微镜挑取器上的极细的毛细吸管对准某一个单独的细胞挑取，再接种到培养基上培养后即可得到纯培养。此法对操作技术有较高要求，难度较大，多限于高度专业化的科学研究中采用。

四、选择培养基分离法

不同的微生物生长需要不同的营养物质和环境条件，如酸碱度、碳源、氮源等。各种微生物对于化学试剂、消毒剂、染料、抗生素以及其他的物质都有不同程度的反应和抵抗能力。因此，利用微生物的这些特性可配制成只适合某种微生物生长而不适合其他微生物生长的培养基，进行纯种分离。例如从土壤中分离放线菌时，可在培养基中加入10％的酚数滴以抑制细菌和霉菌的生长；采用马丁琼脂培养基分离霉菌时可在培养基中加入链霉菌以抑制细菌生长。

另外，在分离某种微生物时还可以将待分离的样品进行适当处理，以消除部分不需要的微生物，提高分离概率。例如在分离有芽孢的细菌时，可在分离前先将样品进行高温处理，杀死营养菌体而保留芽孢。对一些生理类型比较特殊的微生物，为了提高分离概率，可在特定的环境中先进行富集培养，帮助所需的特殊生理类型的微生物的生长，而不利于其他类型微生物的生长。

五、小滴分离法

将长滴管的顶端经火焰熔化后拉成毛细管，然后包扎灭菌备用。将欲分离的样品制成均匀的悬浮液，并做适当稀释。用无菌毛细管吸取悬浮液，在无菌的盖玻片上以纵横成行的方式滴数个小滴。倒置盖玻片于凹载片上，用显微镜检查。当发现某一小滴内只有单个细胞或孢子时，用另一支无菌毛细管将此小滴移入新鲜培养基内，经培养后则得到由单个细胞发育的菌落。

技能训练 17　微生物的分离纯化

一、实验目的

1. 掌握微生物分离纯化的原理。

2. 掌握常用的分离纯化微生物的方法。

3. 建立无菌操作的概念，掌握无菌操作的基本环节。

二、实验原理

从混杂的微生物群体中获得只含有某一种或某一株微生物的过程称为微生物的分离与纯化。常用的方法是稀释平板法、平板划线法和单细胞挑取法等。为了获得某种微生物的纯培养，一般是根据该微生物对营养、酸碱度、温度和氧等条件要求不同，而供给它适宜的培养条件，或加入某些抑制剂造成抑制其他菌生长而利于此菌生长的环境，从而淘汰其他一些不需要的微生物。

微生物在固体培养基上生长形成的单个菌落，通常是由一个细胞繁殖而成的集合体。因此可通过挑取单菌落而获得一种纯培养。获取单个菌落的方法可通过稀释涂布平板或平板划线等技术完成。值得指出的是，从微生物群体中经分离生长在平板上的单个菌落并不一定保证是纯培养。因此，纯培养的确定除观察其菌落特征外，还要结合显微镜检测个体形态特征后才能确定，有些微生物的纯培养要经过一系列分离与纯化过程和多种特征鉴定才能得到。

土壤是微生物生活的大本营，它所含微生物无论是数量还是种类都是极其丰富的。因此土壤是微生物多样性的重要场所，是发掘微生物资源的重要基地，可以从中分离、纯化得到许多有价值的菌株。本实验将采用不同的培养基从土壤中分离不同类型的微生物。

三、实验材料

1. 培养基　牛肉膏蛋白胨琼脂培养基（附录Ⅲ-1），高氏Ⅰ号培养基（附录Ⅲ-2），马丁琼脂培养基（附录Ⅲ-6）。

2. 试剂　10%酚液，1%链霉素溶液，盛9mL无菌水的试管，盛90mL无菌水并带有玻璃珠的三角烧瓶。

3. 设备及其他　无菌玻璃涂棒，无菌吸管，无菌玻璃涂布器，无菌培养皿接种环，土样，显微镜和恒温培养箱等。

四、实验方法

1. 从土壤中分离好氧性及兼性厌氧性细菌

（1）稀释平板法——倾注法（混菌法）

① 制备土壤稀释液　称取土样10g，放入盛90mL无菌水并带有玻璃珠的三角瓶中，振摇约20min，使土样与水充分混合，将细胞分散。用一支1mL无菌吸管从中吸取1mL土壤悬液加入盛有9mL无菌水的试管中充分混匀，然后用无菌吸管从此试管中吸取1mL（无菌操作见图5-1）加入另一盛有9mL无菌水的试管中，混合均匀，依此类推制成10^{-1}、10^{-2}、10^{-3}、10^{-4}、10^{-5}、10^{-6}不同稀释度的土壤溶液，如图5-2A所示。

② 混合平板的制作　将无菌平皿底面上分别用记号笔写上10^{-4}、10^{-5}和10^{-6}三种稀释度，然后用无菌吸管分别由10^{-4}、10^{-5}和10^{-6}三管土壤稀释液中各吸取1mL，对号放入已写好稀释度的无菌平皿中。每个稀释度做3个重复（图5-2B）。

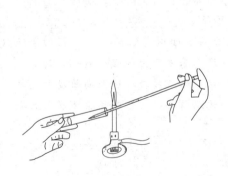
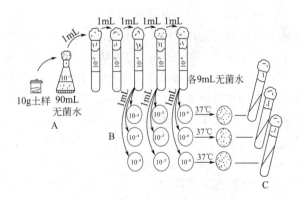

图5-1　用无菌吸管吸取菌液　　　图5-2　从土壤分离微生物的操作过程

将牛肉膏蛋白胨琼脂培养基加热熔化，并冷却至45～50℃后，右手持盛培养基的三角瓶置火焰旁边，用左手将瓶塞轻轻地拔出，瓶口保持对着火焰；左手拿已加有土壤稀释液的培养皿并将皿盖在火焰附近打开一缝，迅速倒入培养基约15mL（图5-3），加盖后轻轻摇动培养皿，使培养基和土壤稀释液充分混匀，然后平置于桌面上，待冷凝后即制成平板。

③ 培养　将平板倒置于37℃温室恒温箱中培养24h。

④ 挑菌落　将培养后长出的单个菌落分别挑取少许细胞接种到牛肉膏蛋白胨培养基斜

面上（图 5-2C），置 37℃ 恒温箱中培养，待菌苔长出后，观察其菌落特征是否一致，同时将细胞涂片染色后用显微镜检查是否为单一的微生物。若发现有杂菌，需再一次进行分离、纯化，直到获得纯培养。

（2）稀释平板法——涂布法

① 制备土壤稀释液　同"倾注法"。

② 倒平板　将已灭菌的牛肉膏蛋白胨琼脂培养基加热熔化，待冷却至 45~50℃ 时，向无菌平皿中倒入适量培养基，待冷凝后制成平板。本实验制作 9 个平板。

倒平板的方法：右手持盛培养基的试管或三角瓶置火焰旁边，用左手将试管塞或瓶塞轻轻地拔出，试管或瓶口保持对着火焰；然后左手拿培养皿并将皿盖在火焰附近打开一缝，迅速倒入培养基约 15mL，加盖后轻轻摇动培养皿，使培养基均匀分布在培养皿底部，然后平置于桌面上，待凝后即为平板（图 5-3）。

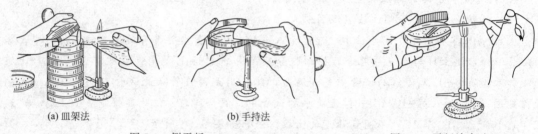

(a) 皿架法　　　　　　　　　(b) 手持法

图 5-3　倒平板　　　　　　　　　　　　图 5-4　平板涂布法

③ 涂布　在制作好的平板底面分别用记号笔写上 10^{-4}、10^{-5} 和 10^{-6} 三种稀释度，每个稀释度 3 个平板。然后用无菌吸管分别由 10^{-4}、10^{-5} 和 10^{-6} 三管土壤稀释液中各吸取 0.1mL，对号放入已写好稀释度的平板中，用无菌玻璃涂布器按图 5-4 所示，在培养基表面轻轻地涂布均匀，室温下静置 5~10min，使菌液吸附进培养基。

平板涂布方法：将 0.1mL 菌悬液小心地滴在平板培养基表面中央位置（0.1mL 的菌液要全部滴在培养基上，若吸管尖端有剩余的，需将吸管在培养基表面上轻轻地按一下便可）。右手拿无菌涂布器平放在平板培养基表面上，将菌悬液先沿一条直线轻轻地来回推动，使之分布均匀，然后改变方向沿另一垂直线来回推动，平板内边缘处可改变方向用涂布器再涂布几次。

④ 培养和挑菌落　同"倾注法"。

（3）平板划线分离法

① 倒平板　按图 5-3 所示倒平板，并用记号笔标明培养基名称、组别和实验日期。

② 划线　在近火焰处，左手拿皿底，右手拿接种环，挑取上述 10^{-1} 的土壤悬液一环在平板上划线（图 5-5）。划线的方法很多，但无论采用哪种方法，其目的都是通过划线将样品在平板上进行稀释，使之形成单个菌落。

常用的划线方法有下列两种：a. 交叉划线法，用接种环以无菌操作挑取土壤悬液一环，先在平板培养基的一边作第一次平行划线 3~4 条，再转动培养皿约 70°角，并将接种环上剩余物烧掉，待冷却后通过第一次划线部分作第二次平行划线，再用同样的方法通过第二次划线部分作第三次划线，通过第三次平行划线部分作第四次平行划线 ［图 5-6(a)］；b. 连续划线法，将挑取有样品的接种环在平板培养基上作连续划线 ［图 5-6(b)］。

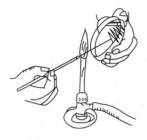

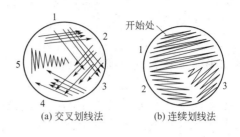

图 5-5　平板划线操作　　　　　　　　　　　图 5-6　划线分离

③ 培养　划线完毕后，盖上培养皿盖，倒置于 37℃ 恒温箱中培养 1～2d，即出现单个菌落。

④ 挑菌落　同"倾注法"，一直到分离的微生物认为纯化为止。

注意：平板划线分离法对细菌、酵母菌的分离较为适宜，而霉菌和放线菌的分离多采用稀释平板法进行。

以上各种分离方法都应按无菌操作进行。所用培养基若在倒平板前，按终浓度 50μg/mL 的量加入用乙醇溶解的制霉菌素或放线菌酮，可起到抑制霉菌的作用，分离细菌的效果会更好。

2. 从土壤中分离放线菌和霉菌

分离放线菌的稀释平板法同前，其不同点主要在于：① 由于放线菌与细菌所要求的营养条件不同，因此，分离放线菌采用高氏Ⅰ号琼脂培养基平板；② 在培养基冷却至 45～50℃，倒平板之前，需要向此培养基中加入 10% 苯酚溶液数滴，以抑制细菌生长。也可以在制备土壤稀释液时，在 100mL 无菌水的三角瓶中加入 10% 苯酚溶液 10 滴；③ 培养条件：28℃ 恒温箱中培养 5～7d。

分离霉菌的稀释平板法同前，其不同点主要在于：① 分离霉菌采用马丁琼脂培养基平板；② 在培养基冷却至 45～50℃，倒平板之前，需要向每 100mL 培养基中加入 1% 链霉素溶液 0.3mL，使其终浓度为 30μg/mL，以抑制细菌和放线菌的生长；③ 培养条件：28℃ 恒温箱中培养 3～4d。

五、结果与讨论

1. 你所做的稀释平板法和平板划线法是否较好地得到了单菌落？如果不是，请分析其原因并重做。

2. 在牛肉膏蛋白胨琼脂培养基、高氏Ⅰ号琼脂培养基、马丁琼脂培养基三种不同的平板上你分离得到哪些类群的微生物？简述它们的菌落特征。

3. 如何确定平板上某单个菌落是否为纯培养？请写出实验的主要步骤。

4. 为什么高氏Ⅰ号琼脂培养基和马丁琼脂培养基中要分别加入酚和链霉素？如果用牛肉膏蛋白胨琼脂培养基分离一种对青霉素具有抗性的细菌，你认为应如何做？

5. 如果一项科学研究内容需从自然界中筛选到能产高温蛋白酶的菌株，你将如何完成？请写出简明的实验方案（提示：产蛋白酶菌株在酪素平板上形成降解酪素的透明圈）。

　技能训练 18　厌氧菌的分离和培养

一、实验目的

1. 了解厌氧微生物的生长特性。

2. 观察厌氧微生物（双歧杆菌）的形态特征。

3. 掌握厌氧微生物的滚管分离、培养与计数技术。

二、实验原理

目前培养厌氧微生物简便而又有效的技术包括厌氧箱培养技术、厌氧罐培养技术、厌氧袋培养技术和亨盖特厌氧滚管技术等。亨盖特滚管技术（hungate roll-tube technique）是美国微生物学家亨盖特于 1950 年首次提出并应用于瘤胃厌氧微生物研究的一种厌氧培养技术。其主要原理是：利用除氧铜柱在 350℃ 下与氧反应来制备高纯度氮，再用此高纯度氮驱除培养基配制、分装过程中各种容器和小环境中的空气，使培养基的配制、分装、灭菌和贮存以及接种、稀释、培养、观察、分离、移种和保藏等操作的全过程始终处于高度无氧的环境下，从而保证了严格厌氧菌的存活。实践证明，亨盖特厌氧滚管技术是研究严格、专性厌氧菌的一种极为有效的技术，该技术不仅可用于有益厌氧菌如双歧杆菌等的分离、培养和计数，还可以用于有害腐败菌（如酪酸菌）或病原菌（如肉毒梭状芽孢杆菌）的分离与鉴定。

三、实验材料

1. 样品：双歧酸奶（液体）或双歧杆菌制剂（固体）。

2. 培养基：改良乳酸细菌培养基（MRS）（附录Ⅲ-23），PTYG 培养基（附录Ⅲ-24）。

3. 器皿：亨盖特厌氧滚管装置一套，厌氧管，厌氧瓶，滚管机，定量加样器。

四、实验方法

1. 铜柱系统除氧

铜柱是一个内部装有铜丝或铜屑的硬质玻璃管，大小为 $40 \sim 400mm$，两端被加工成漏斗状，外壁绕有加热带，并与变压器相连来控制电压和稳定铜柱的温度。铜柱两端连接胶管，一端连接气钢瓶，一端连接出气管口。由于从气钢瓶出来的气体如 N_2、CO_2 和 H_2 等通常都含有 O_2，故当这些气体通过温度约 360℃ 的铜柱时，铜和气体中的微量 O_2 化合生成 CuO，铜柱则由明亮的黄色变为黑色。当向氧化状的铜柱通入 H_2 时，H_2 与 CuO 中的氧就结合形成 H_2O，而 CuO 又被还原成了铜，铜柱则又呈现明亮的黄色。此铜柱可以反复使用，并不断起到除氧的作用。H_2 源也可由氢气发生器产生。

2. 预还原培养基及稀释液的制备

制作预还原培养基及稀释液时，先将配制好的培养基和稀释液煮沸驱氧，而后用半定量加样器趁热分装到螺口厌氧试管中，一般琼脂培养基装 $4.5 \sim 5mL$，稀释液装 9mL，并插入通 N_2 的长针头以排除 O_2。此时可以清楚地看到培养基内加入的氧化还原指示剂——刃天青由蓝到红最后变成无色，说明试管内已成为无氧状态，然后盖上螺口的丁烯胶塞及螺盖，灭菌备用。

3. 双歧杆菌样品不同稀释度的制备

在无菌条件下准确称取 1g 固体或用无菌注射器吸取 1mL 混合均匀的液体样品，而后加入装有预还原生理盐水的厌氧试管中，用振荡器将其振荡均匀，制成 10^{-1} 稀释液。用无菌注射器吸取 1mL 10^{-1} 稀释液至另一支装有 9mL 生理盐水的试管中，制成 10^{-2} 稀释液。按此操作方法依次进行 10 倍系列稀释至 10^{-7}，制成不同浓度的样品稀释液。通常选 10^{-5}、10^{-6}、10^{-7} 三个稀释度进行滚管培养计数。

4. 厌氧滚管培养法

将盛有融化的无菌无氧琼脂培养基试管放置于 50℃ 左右的恒温水浴中，用 1mL 无菌注

射器分别吸取 10^{-5}、10^{-6}、10^{-7} 三个稀释度的稀释液各 0.1mL 于融化了的琼脂培养基试管中，而后将其平放于盛有冰块的盘中或特制的滚管机上迅速滚动，这样带菌的融化培养基在试管内壁立即凝固成一薄层。每个稀释度重复 3 次，而后置于 42℃ 恒温培养箱中培养。培养 24～48h 后，即可在厌氧管的琼脂层内或表面长出肉眼可见的菌落。

5. 双歧杆菌活菌计数

选择分散均匀、数量在几十至几百个菌落的厌氧试管进行活菌计数，即可计算出每克或每毫升样品中含有的双歧杆菌活菌数量。

6. 计算

样品中双歧杆菌的活菌数量(CFU/g 或 CFU/mL)＝0.1g 或 0.1mL 滚管计数的实际平均值×10×稀释倍数

五、结果与讨论

1. 观察双歧杆菌形态，描述其形态特征。

2. 计算每克或每毫升样品中含有的双歧杆菌数量，记录结果。

3. 实验中哪些措施和方法保持了细菌的厌氧状态？

 技能训练 19　食用菌组织分离技术

一、实验目的

1. 掌握食用菌组织分离的原理。

2. 掌握组织分离技术获得食用菌母种的方法。

二、实验原理

食用菌的菌种分为母种、原种和栽培种。母种由食用菌的子实体分离纯化而成。母种分离的方法有孢子分离法、子实体组织块分离法、菇木分离法等。组织分离是一种无性繁殖技术，组织分离法是指切取食用菌子实体或菌核、菌索的任何一部分组织接种到培养基上培养成纯菌丝体的方法。食用菌的子实体是组织化了的纯菌丝体，再生能力较强。因此，只要在无菌的条件下，切取一小块子实体的组织块，将其移植于适宜的培养基上，适温下培养，即能迅速生长，获得纯菌丝体。

三、实验材料

1. 材料：PDA 培养基斜面（附录Ⅲ-5）、新鲜平菇子实体。

2. 设备：超净工作台、恒温培养箱。

3. 其他用品：酒精灯、镊子、解剖刀、无菌水、75％酒精棉球。

四、实验方法

1. 种菇选择

选择外观典型、中等大小、菌肉肥厚、无病虫害、七八分成熟的菇作为种菇。

2. 种菇消毒

切取菇体基部，放在已消毒灭菌好的超净工作台上。用 75％的酒精棉球对菇体进行表面消毒后再用无菌水冲洗 2～3 次，然后用无菌纱布或滤纸吸干菇体表面水分。

3. 切取种块

在超净工作台上将已经消毒处理的种菇撕开，用已经灭菌的解剖刀在菌柄与菌盖的交界处切取绿豆大小的一块组织。

4. 接种培养

先倒去斜面试管中的冷凝水，用无菌的尖嘴镊子夹取此组织块放入斜面培养基试管中，置于斜面培养基中央。一般一片菇，可分离5～7支斜面试管。置于25℃培养10d左右，逐日检查，去杂选优。

5. 移接

在组织块上长出的菌丝（未被污染的）移植到新的培养基上培养，这样反复进行2～3次，即可获得母种。

五、结果与讨论

1. 记录制作的食用菌的生长状态。

2. 哪些食用菌可用组织分离法获得母种？

3. 实验中是否有杂菌污染？如果出现杂菌污染请分析原因。

模块二　微生物的鉴定技术

菌种鉴定工作是各类微生物学实验室都经常遇到的基础性工作。不论鉴定对象属哪一类，其工作步骤一般都离不开以下三步：①获得该微生物的纯种培养物；②测定一系列必要的鉴定指标；③查找权威性的鉴定手册。

获得微生物的纯培养后，首先判定是原核微生物还是真核微生物，这实际上在分离过程中所使用的方法和选择性培养基已经决定了分离菌株的大类的归属，从平板菌落的特征和液体培养的性状都可加以判定。不同的微生物往往有自己不同的重点鉴定指标。例如，在鉴定形态特征较为丰富、形体较大的真菌等微生物时，常以其形态特征为主要指标；在鉴定放线菌和酵母菌时，往往形态特征和生理特征兼用；而在鉴定形态特征较少的细菌时，则须使用较多的生理、生化和遗传等指标。不同的微生物往往使用不同的权威鉴定手册。例如，在细菌鉴定方面多使用《伯杰氏系统细菌学手册》（原名《伯杰氏鉴定细菌学手册》）；在鉴定放线菌时，可以参照中国科学院微生物研究所分类组编著的《链霉菌鉴定手册》；在鉴定真菌时，可以参照《安·贝氏菌物词典》和中国科学院微生物研究所编著的《常见与常用真菌》。另外，荷兰罗德编著的《酵母的分类研究》，对酵母菌的分类有很大的实用价值。

通常把微生物鉴定技术分成四个不同水平：①细胞的形态和习性水平；②细胞组分水平；③蛋白质水平；④基因组水平。按其分类的方法可分为经典分类鉴定方法（主要以细胞的形态和习性为鉴定指标）和现代分类鉴定方法（化学分类、遗传学分类法和数值分类鉴定法）。

一、微生物的经典分类鉴定方法

微生物经典分类鉴定方法是100多年来进行微生物分类鉴定的传统方法，主要的分类鉴定指标是以细胞形态和习性为主，主要包括形态学特征、生理生化反应特征、生态学特征以及血清学反应、对噬菌体的敏感性等。在鉴定时，把这些依据作为鉴定项目，进行一系列的观察和鉴定工作。

1. 鉴定指标

(1) 形态学特征

① 细胞形态　在显微镜下观察细胞外形大小、形状、排列等，细胞构造，革兰染色反应，能否运动、鞭毛着生部位和数目，有无芽孢和荚膜、芽孢的大小和位置，放线菌和真菌

的繁殖器官的形状、构造，孢子的数目、形状、大小、颜色和表面特征等。

②　群体形态　群体形态通常是指以下情况的特征：在一定的固体培养基上生长的菌落特征，包括外形、大小、光泽、黏稠度、透明度、边缘、隆起情况、正反面颜色、质地、气味、是否分泌水溶性色素等；在一定的斜面培养基上生长的菌苔特征，包括生长程度、形状、边缘、隆起、颜色等；在半固体培养基上经穿刺接种后的生长情况；在液体培养基中生长情况，包括是否产生菌膜，均匀浑浊还是发生沉淀，有无气泡，培养基的颜色等。如是酵母菌，还要注意是成醭状、环状还是岛状。

（2）生理生化反应特征

①　利用物质的能力　包括对各种碳源利用的能力（能否以 CO_2 为唯一碳源、各种糖类的利用情况等）、对各种氮源的利用能力（能否固氮、硝酸盐和铵盐利用情况等）、能源的要求（光能还是化能、氧化无机物还是氧化有机物等）、对生长因子的要求（是否需要生长因子以及需要什么生长因子等）等。

②　代谢产物的特殊性　这方面的鉴定项目非常多，如是否产生 H_2S、吲哚、CO_2、醇、有机酸，能否还原硝酸盐，能否使牛奶凝固、陈化等。

③　与温度和氧气的关系　测出适合某种微生物生长的温度范围以及它的最适生长温度、最低生长温度和最高生长温度。对氧气的关系，看它是好氧、微量好氧、兼性好氧、耐氧还是专性厌氧。

（3）生态学特征　生态学特征主要包括它与其他生物之间的关系（是寄生还是共生，寄主范围以及致病的情况）、在自然界的分布情况（pH 情况、水分程度等）、渗透压情况（是否耐高渗、是否有嗜盐性等）等。

（4）血清学反应　很多细菌有十分相似的外表结构（如鞭毛）或有作用相同的酶（如乳酸杆菌属内各种细菌都有乳酸脱氢酶）。虽然它们的蛋白质分子结构各异，但在普通技术（如电子显微镜或生化反应）下，仍无法分辨它们。然而利用抗原与抗体的高度敏感特异性反应，就可用来鉴别相似的菌种，或对同种微生物分型。

用已知菌种、型或菌株制成的抗血清与待鉴定的对象是否发生特异性的血清学反应来鉴定未知菌种、型或菌株，该法常用于肠道菌、噬菌体和病毒的分类鉴定。利用此法，已将伤寒杆菌、肺炎链球菌等菌分成数十种菌型。

（5）生活史　生物的个体在一生的生长繁殖过程中，经过不同的发育阶段。这种过程对特定的生物来讲是重复循环的，常称为该种生物的生活周期或生活史。各种生物都有自己的生活史。在分类鉴定中，生活史有时也是一项指标，如黏细菌就是以它的生活史作为分类鉴定的依据。

（6）对噬菌体的敏感性　与血清学反应相似，各种噬菌体有其严格的宿主范围。利用这一特性，可以用某一已知的特异性噬菌体鉴定其相应的宿主，反之亦然。

2. 鉴定方法

微生物经典分类鉴定法的特点是人为地选择几种形态生理生化特征进行分类，并在分类中将表型特征分为主、次。一般在科以上分类单位以形态特征，而科以下分类单位以形态结合生理生化特征加以区分。其鉴定步骤是首先在微生物分离培养过程中，初步判定分离菌株大类的归属，然后上述经典分类鉴定指标进行鉴定，最后采用双歧法整理实验结果，排列一个个的分类单元，形成双歧法检索表（表 5-1）。

表 5-1 双歧法检索表样例

A. 细胞直径＞1.3μm 或更大	1. 巨球型菌属（*Megasphaera*）
AA. 细胞直径＜1.3μm	
B. 紫外光（360nm）下菌落产生红色荧光，只产生 2 碳的脂肪酸	2. 互营球菌属（*Syntrophococcus*）
BB. 紫外光（360nm）下菌落不产生红色荧光，也产生其他的脂肪酸	
C. 氨基酸是主要能源，不发酵乳酸	3. 氨基酸球菌属（*Acidaminococcus*）
CC. 氨基酸不能作为主要能源，发酵乳酸	4. 韦荣氏球菌属（*Veillonella*）

二、微生物的现代分类鉴定方法

1. 遗传学分类法

（1）DNA 碱基比例的测定 DNA 碱基比例主要是指（G＋C）含量［通常用（G＋C）mol％表示］，即鸟嘌呤（G）和胞嘧啶（C）在整个 DNA 中的摩尔分数。（G＋C）含量一般会随着种的不同而有变化，但是每一个微生物种的 DNA 中（G＋C）含量的数值是恒定的，不会随着环境条件、培养条件等的变化而变化。在同一个属不同种之间，DNA 中（G＋C）含量的数值不会差异太大，可以某个数值为中心成簇分布，显示同属微生物种的（G＋C）含量范围。DNA 中（G＋C）含量分析主要用于区分细菌的属和种，因为细菌 DNA 中（G＋C）含量的变化范围一般在 25％～75％；而放线菌 DNA 中的（G＋C）含量范围非常窄（37％～51％）。一般认为任何两种微生物在（G＋C）含量上的差别超过了 10％，这两种微生物就肯定不是同一个种。因此可利用（G＋C）含量来鉴别各种微生物种属间的亲缘关系及其远近程度。值得注意的是，亲缘关系相近的菌，其（G＋C）含量相同或者近似，但（G＋C）含量相同或近似的细菌，其亲缘关系并不一定相似，这是因为这一数据还不能反映出碱基对的排列序列。要比较两种细菌的 DNA 碱基对排列序列是否相同，以及相同的程度如何，就需做核酸杂交试验。

测定（G＋C）含量值的方法有很多，其中热变性温度法因具有操作简便，重复性好的优点，故最为常用。该法是用紫外分光光度计测定 DNA 的熔解温度（T_m）。

（2）DNA-DNA 杂交 DNA-DNA 杂交法的基本原理是用 DNA 解链的可逆性和碱基配对的专一性，将不同来源的 DNA 在体外加热解链，并在合适的条件下，使互补的碱基重新配对结合成双链 DNA，然后根据能生成双链的情况，检测杂合百分数。如果两条单链 DNA 的碱基顺序全部相同，则它们能生成完整的双链，即杂合率为 100％。如果两条单链 DNA 的碱基序列只有部分相同，则它们能生成的"双链"仅含有局部单链，其杂合率小于 100％。因此，杂合率越高，表示两个 DNA 之间碱基序列的相似性越高，它们之间的亲缘关系也就越近。

许多资料表明，DNA-DNA 杂交最适合于微生物种一级水平的研究。根据约翰逊 1981 年的试验指出，DNA-DNA 杂交同源性在 60％以上的菌株可视为同一个种，同源性低于 20％者为不同属的关系，同源性在 20％～30％之间可视为属内紧密相关的种。

（3）DNA-rRNA 杂交 在生物进化过程中，rRNA 碱基序列的变化比基因组要慢得多，保守得多，它甚至保留了古老祖先的一些碱基序列。因此，当两个菌株的 DNA-DNA 杂交率很低或不能杂交时，用 DNA-rRNA 杂交仍可能出现较高的杂交率，因而可以用来进一步比较关系更远的菌株之间的关系，进行属和属以上等级分类单元的分类。DNA 与 rRNA 杂交的基本原理、实验方法同 DNA 杂交一样，不同的是①是 DNA 杂交中同位素标记的部分是 DNA，而 DNA 与 rRNA 杂交中同位素标记的部分是 rRNA；②DNA 杂交结果用同源性百分数表示，而 DNA 与 rRNA 杂交结果用 $T_m(e)$ 和 RNA 结合数表示。

（4）16S rRNA（16S rDNA）寡核苷酸的序列分析　　16S rRNA 普遍存在于原核生物（真核生物中其同源分子是 18S rRNA）中。16S rRNA 分子中既含有高度保守的序列区域，又有中度保守和高度变化的序列区域，因而它适用于进化距离不同的各类生物亲缘关系的研究。16S rRNA 的相对分子量大小适中，约 1540 个核苷酸，便于序列分析。因此，它可以作为测量各类生物进化和亲缘关系的良好工具。

应用 16S rRNA 核苷酸序列分析法进行微生物分类鉴定，首先要将微生物进行培养，然后提取并纯化 16S rRNA，进行 16S RNA 序列测定，将所得序列通过 Blast 程序与 GenBank 中核酸数据进行比对分析（http：//www.ncbi.nlm.nih.gov/blast），根据同源性高低列出相近序列及其所属种或属，以及菌株相关信息，从而初步判断 16S rDNA 鉴定结果。另外，可利用 DNAStar 软件构建系统发育树并确定其地位。

2. 化学分类法

微生物分类中，根据微生物细胞的特征性化学组分对微生物进行分类的方法称化学分类法（chemotaxonomy）。在近二十多年中，采用化学和物理技术研究细菌细胞的化学组成，已获得很有价值的分类和鉴定资料，各种化学组分在原核微生物分类中的意义见表 5-2。

表 5-2　微生物化学组分分析及其在分类水平上的作用

细胞成分	分析内容	在分类水平上的作用
细胞壁	肽聚糖结构	种和属
	多糖	
	胞壁酸	
膜	脂肪酸	种和属
	极性类脂	
	霉菌酸	
	类异戊二烯苯醌	
蛋白质	氨基酸序列分析	属和属以上单位
	血清学比较	
	电泳图	
	酶谱	
代谢产物	脂肪酸	种和属
全细胞成分分析	热解-气液色谱分析	种和亚种
	热解-质谱分析	

随着分子生物学的发展，细胞化学组分分析用于微生物分类日趋显示出重要性。例如，细胞壁的氨基酸种类和数量现已被接受为细菌"属"的水平的重要分类学标准；在放线菌分类中，细胞壁成分和细胞特征性糖的分析作为区分"属"的依据，已被广泛应用；脂质是区别细菌还是古菌的标准之一，细菌具有酰基脂（脂键），而古菌具有醚键脂，因此醚键脂的存在可用以区分古

	1	2	3	4	5	6	
1		92.0	91.9	100.0	92.5	92.6	1
2	8.0		85.7	91.9	98.3	99.1	2
3	7.9	2.5		90.6	96.7	96.1	3
4	0.0	7.9	8.1		92.2	92.6	4
5	7.7	1.1	2.5	7.9		98.5	5
6	7.5	0.7	2.2	7.4	1.1		6
	1	2	3	4	5	6	

图 5-7　显示 6 个细菌菌株
的遗传相似值矩阵

菌。此外，红外光谱分析对于细菌、放线菌中某些科、属、种的鉴定也都十分有价值。

3. 数值分类法

数值分类法又称阿德逊氏分类法，它的特点是根据较多的特征进行分类，一般为 $50\sim60$ 个，多者可达 100 个以上，在分类上，每一个特性的地位都是均等重要。通常是以形态、生理生化特征，对环境的反应和忍受性以及生态特性为依据。最后，将所测菌株两两进行比较，并借用计算机计算出菌株间的总相似值，列出相似值矩阵（图 5-7）。为便于观察，应将矩阵重新安排，使相似度高的菌株列在一起，然后将矩阵图转换成树状谱（图 5-8），再结合主观上的判断（如划分类似程度大于 85% 者为同种，大于 65% 者为同属等），排列出一个个分类群。

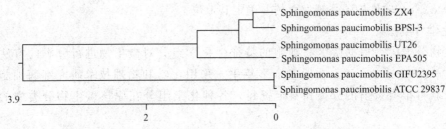

图 5-8　根据相似值矩阵图转换的相似关系树状谱

　　数值分类法的优越性在于它是以分析大量分类特征为依据，对于类群的划分比较客观和稳定，而且促进对微生物类群的全面考察和观察，为微生物的分类鉴定积累大量资料。但在使用数值分类法对细菌菌株分群归类定种或定属时，还应做有关菌株的 DNA 碱基的（G＋C）含量和 DNA 杂交，以进一步加以确证。

三、微生物快速鉴定和自动化分析方法

　　近 20 多年来，随着电子、计算机、分子生物学、物理、化学等先进技术向微生物学的渗透和多学科交叉，微生物的快速鉴定技术已经取得突破性进展。许多快速、准确、简易和自动化的方法技术不但在微生物鉴定中广为使用，而且在微生物学的其他方面也被采用，推动了微生物学的迅速发展。

　　（一）微量多项试验鉴定系统

　　微量多项试验鉴定系统的基本原理是根据微生物生理生化特征进行数码分类鉴定，也称为简易诊检技术，或数码分类鉴定法。它是针对微生物的生理生化特征，配制各种培养基、反应底物、试剂等，分别微量（约 0.1mL）加入各个分隔室中（或用小圆纸片吸收），冷冻干燥脱水或不干燥脱水，各分隔室在同一塑料条或板上构成检测卡。试验时加入待检测的某一种菌液，培养 $2\sim48h$，观察鉴定卡上各项反应，按判定表判定试验结果，用此结果编码，查检索表（根据数码分类鉴定的原理编制成），得到鉴定结果，或将编码输入计算机，用根据数码分类鉴定原理编制的软件鉴定，打印出结果。

　　微量多项试验鉴定系统已广泛用于动、植物检疫、临床检验、食品卫生、药品检查、环境监测、发酵控制、生态研究等方面，尤其是临床检验中深受欢迎。此项技术的产品（或称系统）种类繁多，已标准化、系统化和商品化，主要有法国生物-梅里埃集团的 API/ATB，

瑞士罗氏公司的 Micro-ID、Enterotube、Minitek，美国的 Biolog 全自动和手动细菌鉴定系统，日本的微孔滤膜块等，其中 API/ATB 包括众多的鉴定系统，共计有 750 种反应，可鉴定几乎所有常见的细菌。微量多项鉴定技术优点突出，不仅能快速、敏感、准确、重复性好地鉴检微生物，而且简易，节省人力、物力、时间和空间，缺点是各系统差异较大，有的价格贵，有的个别反应不准，难判定，但毫无疑问，它是微生物技术方法向快速、简易和自动化发展的重要方向之一。

1. 法国生物-梅里埃集团的 API20E 系统

API20E 系统是 API/ATB 中最早和最重要的产品，也是国际上应用最多的系统。该系统的鉴定卡是一块有 20 个分隔室的塑料条，分隔室由相连通的小管和小环组成，各小管中含不同的脱水培养基、试剂，或底物等，每一分隔室可进行一种生化反应，个别的分隔室可进行两种反应，主要用来鉴定肠杆菌科细菌，如图 5-9 所示。

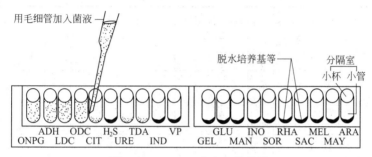

图 5-9　API 20E 鉴定卡示意图

鉴定未知细菌的主要过程：将菌液加入每一个分隔室；培养后，有的分隔室的小杯中需要添加试剂，观察鉴定卡上 20 个分隔室中的反应变色情况，根据反应判定表，判定各项反应是阳性还是阴性反应；按鉴定卡上反应项目从左到右的顺序，每三个反应项目编为一组，共编为七组，每组中每个反应项目定为一个数值，依次是 1、2、4，各组中试验结果判定的反应是阳性者记“＋”，则写下其所定的数值，反应阴性者记“－”，则写为 0，每组中的数值相加，便是该组的编码数，这样便形成了 7 位数字的编码；用 7 位数字的编码查 API20E 系统的检索表，或输入计算机检索，则能将检验的细菌鉴定出是什么菌种或生物型（表5-3、表 5-4）。

表 5-3　API20E 反应结果判定

鉴定卡上的反应项目		反　应　结　果	
代　　号	项　目　名　称	阴　性	阳　性
ONPN	β-半乳糖苷酶	无色	黄
ADH	精氨酸水解	黄绿	红,橘红
LDC	赖氨酸脱羧	黄绿	红,橘红
ODC	鸟氨酸脱羧	黄绿	红,橘红
CIT	枸橼酸盐利用	黄绿	绿蓝
H_2S	产 H_2S	无色	黑色沉淀
URE	尿素酶	黄	红紫
TDA	色胺酸脱氨酶	黄	红紫
IND	吲哚形成	黄绿	红
VP	V. P. 试验	无色	红
GEL	蛋白酶	黑粒	黑液

鉴定卡上的反应项目		反 应 结 果	
代　号	项 目 名 称	阴　性	阳　性
GLU	葡萄糖产酸	蓝	黄绿
MAN	甘露醇产酸	蓝	黄绿
INO	肌醇产酸	蓝	黄绿
SOR	山梨醇产酸	蓝	黄绿
RHA	鼠李糖产酸	蓝	黄绿
SAC	蔗糖产酸	蓝	黄绿
MEL	密二糖产酸	蓝	黄绿
AMY	淀粉产酸	蓝	黄绿
ARA	阿拉伯糖产酸	蓝	黄绿

表 5-4　API20E 举例说明

项目名称	ONPG	ADH	LDC	ODC	CIT	H₂S	URE	TDA	IND	VP	GEL	GLU	MAN	INO	SOR	RHA	SAC	MEL	AMY	ARA
所定数值	1	2	4	1	2	4	1	2	4	1	2	4	1	2	4	1	2	4	1	2
试验结果	+	−	+	+	+	−	−	−	+	−	+	+	+	+	+	+	+	+	+	+
记下数值	1	0	4	1	2	0	0	0	4	0	2	4	1	2	4	1	2	4	1	2
编码		5			3			0			5			7			7			3
检索结果	5305773 产气肠杆菌（*Enterobacter aerogenes*）																			

2. Enterotube 系统

Enterotube 系统是一种应用较广泛的系统，它的鉴定卡是由带有 12 个分隔室的一根塑料管组成，每个分隔室内装有不同的培养基琼脂斜面，能检验微生物的 15 种生理生化反应，一根接种丝穿过全部分隔室的各种培养基，并在塑料管的两端突出，被两个塑料帽盖着，像一根火腿肠。

鉴定未知菌时，将塑料管的两端帽子移去，用接种丝一端的突出尖端接触平板上待鉴定的菌落中心，然后在另一端拉出接种丝，通过全部分隔室，使所有培养基都被接种，再将一段接种丝插回到 4 个分隔室的培养基中，以保持其还原或厌氧条件。培养后，有的分隔室也需加试剂。然后按 API20E 类似的步骤，观察反应变色情况，判定试验结果阴性或阳性，写出编码数，形成 5 位数的编码，因 12 个分隔中有 3 个分隔中的培养基都能观察到 2 种生化反应，此肠道管系统共 15 个反应，可分为 5 个组。根据编码查肠道管系统的索引，或用计算机检索，获得鉴定细菌的种名或生物型。

3. 微孔滤膜大肠菌测试卡

这是一种可携带的检测水中大肠菌数的大肠菌测试卡，即微孔滤膜菌落计数板。它是在一块拇指大小的塑料板上，装有一薄层脱水干燥的大肠菌选择鉴定培养基，其上覆盖微孔滤膜（0.45μm），整个塑料板有一外套。检测时，脱下外套，将塑料板浸入受检水中约半分钟，滤膜仅允许 1mL 水进入有培养基的一边，干燥的培养基则吸水溶解，扩散与滤膜相连，而 1mL 水中的大肠菌则滞留在膜的另一边，再将外套套上，培养 12～24h，统计滤膜上形成的蓝或绿色菌落数。菌落的多少可以表明水中污染大肠菌群的状况。该测定卡携带和培养都方便，适于野外工作和家庭使用，可以放在人体内衣口袋中培养。置换塑料板上的培养基，可以制成检测各种样品的微孔滤膜块。

（二）微生物自动化检测和鉴定系统

微生物自动化检测和鉴定设备分为两大类：一类是物理、化学等领域常用的仪器和设备；另一类为微生物领域专用的或者首先使用的自动化程度很高的仪器和设备。它们分别包括如下几类。

1. 通用仪器

包括气相色谱仪及高压液相色谱仪、质谱仪等，这类仪器设备主要利用物理、化学、材料、电子信息等科学和领域中的技术手段对微生物的化学组成、结构和性能等进行精密测量，获得每种微生物的特征"指纹图"，将未知微生物的特征"指纹图"与已知微生物的"指纹图"比较分析，就能对未知微生物作出快速鉴定。例如，幽门螺杆菌（HP）是已知的最广泛的慢性细菌性感染，全世界感染率达 50%。它可能会引起胃及十二指肠疾病，世界卫生组织（WHO）将其列为第一类致癌因子，并将其明确认定为胃癌的危险因子。碳-13尿素呼气法能快速鉴定是否感染 HP，其原理是：HP 具有人体不具有的尿素酶，受检者口服少量的 ^{13}C 标记的尿素，如有 HP 感染，则尿素被尿素酶分解生成 NH_3 和 $^{13}CO_2$，用质谱仪能快速灵敏地测出受检者呼气中 $^{13}CO_2$ 的量，准确地鉴定是否被 HP 感染，这就是"吹口气查胃病"。该方法采用的是稳定同位素，无放射性损伤，无痛苦，无创伤，准确、特异、快捷，深受临床检验的欢迎。另外，通用仪器也可用于除鉴定之外的微生物学其他方面检测、分析的快速、自动仪技术。

2. 专用仪器

包括药敏自动测定仪、生物发光测量仪、自动微生物检测仪、微生物菌落自动识别计数仪、微生物传感器等，鉴定系统的工作原理因不同的仪器和系统而异。

（1）BBL Crystal 半自动/自动细菌鉴定系统　该系统是 BD 公司产品，将传统的酶、底物生化呈色反应与先进的荧光增强显色技术结合以设计鉴定反应最佳组合。系统操作流程为：①将采用比浊计配置好的细菌悬浮液直接倒入 BBL Crystal 鉴定板中；②轻摇鉴定板使其试剂孔充满菌液，盖上盖子；③置入配套托盘，孵育；④机外孵育足够时间后取出鉴定板，鉴定孔内颜色变化和荧光强度易于判读（可选择自动或半自动判读仪）；⑤将判读结果输入计算机 BBL Crystal 软件，或应用 BBL Autoreader 进行判读，立即得出准确的鉴定结果。该系统提供高度专业化六大类鉴定试验板，可鉴定 500 余种细菌，鉴定结果准确。

（2）VITEK AMS 全自动微生物鉴定和药敏分析系统　该系由法国生物-梅里埃公司生产，可快速鉴定包括各种肠杆菌科细菌、非发酵细菌、厌氧菌和酵母菌等达 500 种以上，具有 20 多种药敏测试卡、97 种抗生素和测定超广谱 β-内酰胺酶测试卡。VITEK 系统依据容量大小可分 VITEK32 型、60 型、120 型、240 型，分别可同时进行 32、60、120、240 张卡片的检测（表 5-5）。VITEK 系统是世界各国应用最普遍的全自动微生物鉴定和药敏分析系统之一，该系统由计算机主机、孵育箱/读取器、充填机/封口机、打印机等组成。鉴定原理是根据不同微生物的理化性质不同，采用光电比色法，测定微生物分解底物导致pH 改变而产生的不同颜色，来判断反应的结果。在每张卡上有 30 项生化反应。由计算机控制的读数器，每隔 1h 对各反应孔底物进行光扫描，并读数一次，动态观察反应变化。一旦鉴定卡内的终点指示孔到达临界值，则指示此卡已完成。系统最后一次读数后，将所得的生物数码与菌种数据库标准菌的生物模型相比较，得到相似系统鉴定值，并自动打印出实验报告。

表 5-5 　 VITEK 系统常用试卡

卡　名	用　途	卡　名	用　途
GNI	革兰阴性菌鉴定卡	GPs-TA/101	链球菌药敏卡
GNI+	快速革兰阴性菌鉴定卡	ANI	厌氧菌鉴定卡
GNS	革兰阴性菌药敏卡	BACILLUS	芽孢杆菌鉴定卡
GNSrNT	ESBLS 鉴定及药敏卡	YBC	酵母菌鉴定卡
GNU	革兰阴性菌尿标本药敏卡	NFC	非发酵菌鉴定卡
GPI	革兰阳性菌鉴定卡	NHI	奈瑟菌、嗜血杆菌鉴定卡
GPS	革兰阳性菌药敏卡	UID	尿菌计数及鉴定卡
GPI-SA	葡萄球菌药敏卡	EPS	肠病原菌筛选卡

系统的操作流程为：获得细菌的纯培养后，调整菌悬液浓度，根据不同的细菌选择相应的药敏试验卡片，在充液仓中对卡片进行充液，然后放置在孵育箱/读数器中孵育，自动定时测试、读取数据和判断结果。

（3）PHOENIXTM 系统　该系统是新一代全自动快速细菌鉴定/药敏系统，由 BD 公司生产。鉴定试验采用 BD 专利荧光增强技术与传统酶、底物生化呈色反应相结合的原理。药敏试验采用传统比浊法和 BD 专利呈色反应双重标准进行药敏试验结果判断。该系统由主机、比浊仪、微生物专家系统等组成，有 PHOENIXTM100 和 PHOENIXTM 50 两种型号。PHOENIXTM 100 型分别可进行 100 个鉴定试验和 100 个药敏试验，可鉴定革兰阳性菌 139 种、革兰阴性菌 158 种。90％细菌的鉴定在 3～6h 完成，鉴定准确率大于 90％，85％的细菌药敏试验在 4～6h 内出结果。

（4）MicroScan 系统　该系统在美国使用普遍，它综合利用传统比色、荧光标记和光电比浊等多种检测技术，增加了反应的灵敏度、准确性，加快了反应速率。系统由主机、真空加样器、孵育箱/读取器、计算机、打印机等组成。菌种资料库丰富，可鉴定包括需氧菌、厌氧菌和酵母菌等 800 多种细菌。鉴定板分普通板和快速板两种，普通板获得结果需要 16～18h，快速板测定只需 2～3.5h。药敏测试采用比浊法进行测定，90％菌株可在 5.5h 内获得对 17～33 种抗菌药物的 MIC 值。该系统操作简便，工作人员只需接种试验盘，其余步骤皆由仪器自动完成。

（5）Biolog 系统　该系统是美国 Biolog 公司研制开发的新型自动化快速微生物鉴定系统。Biolog 微生物鉴定数据库容量是目前世界上最大的，可快速鉴定包括细菌、酵母和丝状真菌在内的约 2000 种微生物。结合 16S rRNA 序列分析和（G＋C）含量，可以将未知菌鉴定到种的分类水平。Biolog 系统的鉴定原理是利用微生物对不同碳源代谢率的差异，针对每一类微生物筛选 95 种不同碳源，配合四唑类显色物质（如 TTC、TV），固定于 96 孔板上（A1 孔为阴性对照），接种菌悬液后培养一定时间，通过检测微生物细胞利用不同碳源进行新陈代谢过程中产生的氧化还原酶与显色物质发生反应而导致的颜色变化（吸光度）以及由于微生物生长造成的浊度差异（浊度），与标准菌株数据库进行比对，即可得出最终鉴定结果。Biolog 系统的鉴定板分类简单，仅 5 种鉴定板，对操作人员的专业水平要求不高。鉴定过程简单，对菌株的预分析简单，只需做一些最常规的工作即可，如细菌只需做革兰染色、氧化酶试验和三糖铁琼脂试验。

（三）使用自动化鉴定仪的局限性

自动化鉴定系统是根据数据库中所提供的背景资料鉴定细菌，数据库资料的不完整将直接影响鉴定的准确性。目前为止，尚无一个鉴定系统能包括所有的细菌鉴定资料。对细菌的分类是根据传统的分类方法，因此鉴定也以传统的手工鉴定方法为"金标准"。使用自动化鉴定仪的实验室，应对技术人员进行手工鉴定基础与操作技能培训。

细菌的分类系统随着人们对细菌本质认识的加深而不断演变，使用自动化鉴定仪的实验室应经常与生产厂家联系，及时更新数据库。实验室技术人员应了解细菌分类的最新变化，便于在系统更新之前即可进行手工修改。通过自动化鉴定仪得出的结果，必须与其他已获得的生物性状（如标本来源、菌落特征及其他的生理生化特征）进行核对，以避免错误的鉴定。

 # 技能训练20　大分子物质的水解试验

一、实验目的

1. 了解大分子物质水解试验的原理和用途。
2. 掌握大分子物质水解试验的操作步骤。

二、实验原理

微生物的胞外酶（如淀粉酶、脂肪酶等）将大分子物质的分解过程可以通过观察细菌菌落周围的物质变化来证实。

有些微生物能产生淀粉酶，将培养基中的淀粉水解为小分子的糊精、双糖和单糖。此过程可通过观察细菌菌落周围的物质变化来证实，淀粉遇碘会变蓝，但淀粉被水解的区域，用碘测定不再产生蓝色。

有些微生物能产生脂肪酶，将培养基中的脂肪水解为甘油和脂肪酸。通过在培养基加入中性红指示剂可检测出脂肪酸的产生。中性红指示范围为 pH6.8（红）～8.0（黄）。当细菌分解脂肪产生脂肪酸时，培养基 pH 下降，菌落周围培养基出现红色斑点。

明胶是由胶原蛋白经水解产生的蛋白质。在 25℃ 以下可维持凝胶状态，以固体形式存在，而在 25℃ 以上明胶就会液化。有些微生物能产生水解明胶的蛋白酶，使明胶分解，凝固性降低，甚至在 4℃ 仍能保持液化状态。

有些微生物能分解和利用牛奶中的乳糖及酪蛋白。在牛奶中加入石蕊作为酸碱指示剂和氧化还原指示剂。石蕊在中性时呈淡紫色，酸性时呈红色，碱性时呈蓝色。还原时，则随还原程度部分或全部脱色。微生物对牛奶的作用有以下几种情况：①产酸及酸凝固，细菌发酵乳糖产酸，使石蕊变红，当酸度很高时，可使牛奶凝固；②产碱，细菌分解酪蛋白产生碱性物质，使石蕊变蓝；③凝乳酶凝固，有些细菌产生凝乳酶使牛奶中的酪蛋白凝固，此时石蕊呈蓝色或不变色；④胨化，细菌产生蛋白酶，使酪蛋白分解，故牛奶变得比较澄清；⑤还原，细菌生长旺盛时，使培养基氧化还原电位降低，因而石蕊褪色。

三、实验器材

1. 菌种：枯草芽孢杆菌，大肠杆菌，金黄色葡萄球菌，沙门菌。
2. 培养基：淀粉琼脂培养基（附录Ⅲ-7），油脂琼脂培养基（附录Ⅲ-8），明胶培养基（试管）（附录Ⅲ-9），石蕊牛奶培养基（试管）（附录Ⅲ-10）。
3. 溶液或试剂：革兰染色用卢戈碘液（附录Ⅱ-4）。
4. 仪器及其他：无菌平板，无菌试管，接种环，接种针，试管架。

四、实验方法

1. 淀粉水解试验

制成淀粉培养基平板后，将平板分为四个区域，分别点接枯草芽孢杆菌、大肠杆菌、金黄色葡萄球菌及沙门菌于培养基表面，并用记号笔在平板的反面标记菌名。倒置平板，37℃培养24h。观察各细菌的生长情况，并向平板上滴加少量卢戈碘液，轻轻旋转平板，使碘液均匀铺满整个平板。若菌落周围出现无色透明圈，则说明淀粉已被水解，为阳性反应（用"＋"表示）；反之，为阴性反应（用"－"表示）。透明圈直径与菌落直径的比值大小可用于判断该菌水解淀粉能力的强弱，即产生胞外淀粉酶活力的高低。

2. 油脂水解试验

制成油脂培养基平板后，将枯草芽孢杆菌、大肠杆菌、金黄色葡萄球菌和沙门菌分别用无菌操作划十字接种于平板上，并用记号笔在平板的反面标记菌名。倒置平板，37℃培养24h。观察各细菌的菌苔颜色，若出现红色斑点，说明脂肪已被水解，为阳性反应（用"＋"表示）；反之，为阴性反应（用"－"表示）。

3. 明胶液化试验

取3支明胶培养基试管，用记号笔标明各管欲接种的菌名。在明胶培养基中分别穿刺接种枯草芽孢杆菌、大肠杆菌、金黄色葡萄球菌和沙门菌，置于20℃培养2～5d后观察培养基有无液化情况及液化后的形状。若明胶液化，表示明胶被分解，为阳性反应（用"＋"表示）；反之，为阴性反应（用"－"表示）。

4. 石蕊牛奶试验

取2支石蕊牛奶培养基试管，用记号笔标明各管欲接种的菌名。分别接种沙门菌和大肠杆菌于石蕊牛奶培养基中，置于35℃培养24～48h后观察培养基颜色变化情况以及是否凝固或胨化。石蕊在酸性条件下为粉红色，碱性为紫色，而被还原时为白色。

五、结果与讨论

1. 观察并记录实验结果。"＋"表示阳性反应，"－"表示阴性反应。

（1）淀粉水解试验、油脂水解试验和明胶液化试验结果

菌　名	淀粉水解试验	油脂水解试验	明胶液化试验
大肠杆菌			
枯草芽孢杆菌			
金黄色葡萄球菌			
沙门菌			

（2）石蕊牛奶试验结果

菌　名	产酸及酸凝固	产碱	凝乳酶凝固	胨化	还原
大肠杆菌					
沙门菌					

2. 不利用碘液，你怎么证明淀粉水解的存在？

3. 接种后的明胶试管可以在35℃培养，在培养后你如何做才能证明液化的存在？

技能训练21　糖发酵试验

一、实验目的

1. 了解糖发酵试验的原理和在肠道细菌鉴定中的重要作用。

2. 掌握糖发酵试验鉴别不同微生物的方法。

二、实验原理

糖发酵试验是常用的鉴别微生物的生理生化反应，在肠道细菌的鉴定上尤为重要。绝大多数细菌都能利用糖类作为碳源和能源，但是各种细菌所具有的相应酶系不尽相同，因此对不同糖类的利用能力和方式也存在很大差异。有些细菌能分解某种糖产生有机酸（如乳酸、醋酸、丙酸等）和气体（如氢气、甲烷、二氧化碳等）；有些细菌只产酸不产气。例如，大肠杆菌能分解乳糖和葡萄糖产酸并产气；伤寒杆菌分解葡萄糖产酸不产气，不能分解乳糖；普通变形杆菌分解葡萄糖产酸产气，不能分解乳糖。发酵培养基含有蛋白胨、溴甲酚紫指示剂、倒置的德汉氏

(a) 培养前的情况　(b) 培养后产酸不产气　(c) 培养后产酸产气

图 5-10　糖发酵试验

小管和不同的糖类。当发酵产酸时，溴甲酚紫指示剂可由紫色（pH 6.8）变为黄色（pH 5.2）。气体的产生可由培养试管中倒置的德汉氏小管中有无气泡来证明（图 5-10）。

三、实验器材

1. 菌种：大肠杆菌，沙门菌

2. 培养基：葡萄糖发酵培养基，乳糖发酵培养基，蔗糖发酵培养基，麦芽糖发酵培养基（附录Ⅲ-12）（液体培养基试管中装倒置的德汉氏小管）。

3. 仪器及其他：试管，试管架，接种环，恒温箱等。

四、实验方法

1. 编号

用记号笔在各试管外壁上分别标明发酵培养基名称和所接种的细菌菌名。

2. 接种

① 将大肠杆菌分别接入葡萄糖发酵培养基、乳糖发酵培养基、蔗糖发酵培养基和麦芽糖发酵培养基中，每种培养基各1支。

② 将沙门菌分别接入葡萄糖发酵培养基、乳糖发酵培养基、蔗糖发酵培养基和麦芽糖发酵培养基中，每种培养基各1支。

③ 取葡萄糖发酵培养基、乳糖发酵培养基、蔗糖发酵培养基和麦芽糖发酵培养基各1支，不接种，作为对照。

3. 培养

将已接种试管和对照试管均置于37℃恒温箱中，培养24～48h。

4. 观察

各试管中培养基颜色变化及德汉氏小管中有无气泡。若培养基由紫色变黄色，表示产酸，为阳性反应（用"＋"表示）；不变或变蓝（紫）则为阴性反应（用"－"表示）；德汉氏小管中若有气泡，表示产气。

五、结果与讨论

观察实验结果并记录在表中。产酸产气，用"⊕"表示；只产酸，用"＋"表示；不产酸或不产气，用"－"表示。

菌　名	葡萄糖发酵试验	乳糖发酵试验	蔗糖发酵试验	麦芽糖发酵试验
大肠杆菌				
沙门菌				

技能训练 22　甲基红 （M.R.）试验

一、实验目的

1. 了解甲基红试验的原理及其在肠道细菌鉴定中的重要作用。

2. 掌握甲基红试验鉴别不同微生物的方法。

二、实验原理

甲基红试验是用来检测细菌能否分解葡萄糖产生有机酸（如甲酸、乙酸、乳酸等）的。有些细菌（如大肠杆菌）能分解糖类产生丙酮酸，丙酮酸进一步反应形成，使培养基的 pH 降低到 4.2 以下，若加入甲基红指示剂 [pH 4.2(红色)～pH 6.3(黄色)]，培养基呈现红色，即甲基红试验为阳性。而有些细菌（如产气肠杆菌）在培养的早期产生有机酸，但在后期将有机酸转化为非酸性末端产物，如乙醇、丙酮酸等，使 pH 升至大约 6，此时加入甲基红指示剂，培养基呈现黄色，即甲基红试验为阴性。

三、实验器材

1. 菌种　大肠杆菌和产气肠杆菌。

2. 培养基　葡萄糖蛋白胨水培养基（附录Ⅲ-13）。

3. 溶液或试剂　甲基红（M.R.）试剂（附录Ⅳ-6）。

4. 仪器及其他　试管，试管架，接种环，恒温箱等。

四、实验方法

1. 编号

用记号笔在各试管外壁上分别标明所接种的细菌菌名。

2. 接种与培养

将大肠杆菌、产气肠杆菌分别接入 2 支葡萄糖蛋白胨水培养基中。另取葡萄糖蛋白胨水培养基 1 支，不接种，作为对照。将已接种试管和对照试管均置于 37℃恒温箱中，培养 48h。

3. 观察

取出培养好的试管，沿管壁向试管中加入甲基红（M.R.）试剂 3～4 滴，呈现红色者为阳性反应；呈现黄色者为阴性反应。

五、结果与讨论

观察实验结果并记录在表中。"＋"表示阳性反应；"－"表示阴性反应。

菌　名	大肠杆菌	产气肠杆菌
M.R. 试验结果		

 技能训练 23　乙酰甲基甲醇 （V.P.）试验

一、实验目的

1. 了解乙酰甲基甲醇（V.P.）试验的原理及其在肠道细菌鉴定中的重要作用。

2. 掌握乙酰甲基甲醇（V.P.）试验鉴别不同微生物的方法。

二、实验原理

乙酰甲基甲醇（V.P.）试验检测的是细菌分解葡萄糖产生非酸性或中性末端产物的能力。有些细菌（如产气肠杆菌）分解葡萄糖生成丙酮酸，再将丙酮酸进行缩合、脱羧生成乙酰甲基甲醇，此化合物在碱性条件下能被空气中的氧气氧化成二乙酰。二乙酰与蛋白胨中精氨酸的胍基作用，生成红色化合物，即 V.P. 试验为阳性；不产生红色化合物者为阴性反应。有时为了使反应更为明显，可加入少量含胍基的化合物，如肌酸等。大肠杆菌为阴性反应，产气肠杆菌为阳性反应。

其化学反应过程如下所示。

$$
\text{葡萄糖} \longrightarrow
\begin{matrix} CH_3 \\ | \\ 2CO \\ | \\ COOH \end{matrix}
\xrightarrow{-CO_2}
\begin{matrix} CH_3 \\ | \\ CO \\ | \\ COHCOOH \\ | \\ CH_3 \end{matrix}
\xrightarrow{-CO_2}
\begin{matrix} CH_3 \\ | \\ CO \\ | \\ CHOH \\ | \\ CH_3 \end{matrix}
\xrightarrow{2H}
\begin{matrix} CH_3 \\ | \\ CHOH \\ | \\ CHOH \\ | \\ CH_3 \end{matrix}
$$

丙酮酸　　　　乙酰乳酸　　　乙酰甲基甲醇　　2,3-丁二醇

$$
\xrightarrow[+OH^-]{-2H}
\begin{matrix} CH_3 \\ | \\ CO \\ | \\ CO \\ | \\ CH_3 \end{matrix}
$$

二乙酰

$$
\begin{matrix} CH_3 \\ | \\ CO \\ | \\ CO \\ | \\ CH_3 \end{matrix}
+ HN=C\!\!\begin{matrix} NH_2 \\ \\ NH_2 \end{matrix}
\longrightarrow
HN=C\!\!\begin{matrix} N=C-CH_3 \\ \\ N=C-CH_3 \end{matrix}
+ 2H_2O
$$

二乙酰　　　　　胍基　　　　　红色化合物

三、实验器材

1. 菌种：大肠杆菌，产气肠杆菌
2. 培养基：葡萄糖蛋白胨水培养基（附录Ⅲ-13）。
3. 溶液或试剂：6％ α-萘酚酒精溶液，40％氢氧化钾溶液，或 V.P. 试剂（附录Ⅳ-7）。
4. 仪器及其他：试管，试管架，接种环，恒温箱等。

四、实验方法

1. 编号

用记号笔在各试管外壁上分别标明所接种的细菌菌名。

2. 接种与培养

将大肠杆菌、产气肠杆菌分别接入 2 支葡萄糖蛋白胨水培养基中。另取葡萄糖蛋白胨水培养基 1 支，不接种，作为对照。将已接种试管和对照试管均置于 37℃ 恒温箱中，培养 48h。

3. 观察

在上述三支试管中分别按培养液一半的量加入 6％ α-萘酚酒精液，摇匀，再按培养液 1/3 的量加 40％ 氢氧化钾液，充分摇动，观察结果，呈现红色者为 V-P 试验阳性，记做 "＋" 号，不呈现红色者，为阴性，记做 "－" 号。但后者应放在（36±1）℃ 下培养 4h 再进行观察判定。

五、结果与讨论

观察实验结果并记录在表中。"＋" 表示阳性反应；"－" 表示阴性反应。

菌　名	大肠杆菌	产气肠杆菌
V.P. 试验结果		

技能训练 24　吲哚试验

一、实验目的

1. 了解吲哚试验的原理及其在肠道细菌鉴定中的重要作用。

2. 掌握吲哚试验鉴别不同微生物的方法。

二、实验原理

吲哚试验是检测细菌代谢色氨酸产生吲哚的能力。有些细菌（如大肠杆菌）能产生色氨酸酶，分解蛋白胨中的色氨酸产生吲哚和丙酮酸。吲哚与对二甲基氨基苯甲醛结合，形成红色的玫瑰吲哚。但并非所有微生物都具有分解色氨酸产生吲哚的能力，因此吲哚试验可以作为一个生物化学检测的指标。

色氨酸分解反应：

$$\underset{\text{色氨酸}}{\text{CH}_2\text{CH(NH}_2\text{)COOH}} + H_2O \longrightarrow \underset{\text{吲哚}}{} + NH_3 + CH_3COCOOH$$

吲哚与对二甲基氨基苯甲醛反应：

$$2\,\underset{\text{吲哚}}{} + \underset{\text{对二甲基氨基苯甲醛}}{} \longrightarrow \underset{\text{玫瑰吲哚}}{} + H_2O$$

三、实验器材

1. 菌种：大肠杆菌、产气肠杆菌。

2. 培养基：蛋白胨水培养基（附录Ⅲ-11）。

3. 溶液或试剂：吲哚试剂（附录Ⅳ-8）

4. 仪器及其他：试管，试管架，接种环，恒温箱等。

四、操作步骤

1. 编号

用记号笔在各试管外壁上分别标明所接种的细菌菌名。

2. 接种与培养

将大肠杆菌、产气肠杆菌分别接入 2 支蛋白胨水培养基中。另取 1 支蛋白胨水培养基，不接种，作为对照。将已接种试管和对照试管均置于37℃恒温箱中，培养24～48h。

3. 结果观察

取出培养好的试管，沿管壁向试管中加入 1mL 吲哚试剂于培养物液面，不振动。呈现玫瑰红色者为阳性反应；不变色为阴性反应。

五、结果与讨论

观察实验结果并记录在表中。"＋"表示阳性反应；"－"表示阴性反应。

菌　名	大肠杆菌	产气肠杆菌
吲哚试验结果		

技能训练 25　三糖铁琼脂试验

一、实验目的

1. 了解三糖铁试验的原理及其在肠道细菌鉴定中的重要作用。

2. 掌握三糖铁试验鉴别不同微生物的方法。

二、实验原理

在肠道细菌中有的菌能分解乳糖和蔗糖，如大肠杆菌；而有的菌不能分解乳糖和蔗糖，如伤寒沙门菌。三糖铁琼脂培养基适合于肠杆菌科的鉴定，可用于观察细菌对糖的利用和硫化氢的产生。三糖铁琼脂高层斜面中含有指示剂酚红，它在 pH<6.8 时为黄色，pH 约为 7.3 时为土黄色，pH>8.4 时为红色。该培养基含有乳糖、蔗糖和葡萄糖的比例为 $10:10:1$，只能利用葡萄糖的细菌，葡萄糖被分解产酸可使斜面先变黄，但因量少，生成的少量酸因接触空气而氧化，加之细菌利用培养基中含氮物质，生成碱性产物，故使斜面后来又变红，底部由于是在厌氧状态下，酸类不被氧化，所以仍保持黄色。而发酵乳糖的细菌($e.coli$)，则产生大量的酸，使整个培养基呈现黄色。另外，有的菌分解蛋白胨中的含硫氨基酸，产生 H_2S，由于硫代硫酸钠是还原剂，故不能使 H_2S 很快被氧化，而 H_2S 却和培养基中的铁离子生成黑色的 FeS 沉淀。不能分解含硫氨基酸的菌在此培养基中生长时，无黑色沉淀出现。

三、实验材料

1. 菌种：大肠杆菌、伤寒沙门菌。

2. 培养基：三糖铁琼脂高层培养基（附录Ⅲ-22）。

3. 仪器和器具：酒精灯，接种针，恒温箱等。

四、实验方法

1. 编号

取三糖铁琼脂高层培养基斜面三支，其中两支分别用记号笔在试管外壁上标明所接种的细菌菌名，一支标注为空白。

2. 接种与培养

将大肠杆菌、伤寒沙门菌分别接入 2 支三糖铁琼脂高层培养基斜面中。另取 1 支三糖铁琼脂高层培养基斜面，不接种，作为对照。将已接种试管和对照试管均置于 37℃ 恒温箱中，培养 24h 后观察现象。

3. 结果观察

取出培养好的试管，观察表面和底层的颜色变化，观察是否有黑色沉淀产生。

五、结果与讨论

1. 检视所有培养基斜面底部的颜色变化，依据观察结果判定酸、碱或无变化，以及糖类的发酵情形，并将结果记录于表格中。

2. 检视所有培养基，观察是否变黑色，依照观察结果判断各菌种是不是具有产生硫化氢的能力，并将结果记录于表格中。

 技能训练 26　BIOLOG 系统进行微生物的分类鉴定

一、实验目的

1. 学习利用计算机微生物分类鉴定系统进行分类鉴定的基本原理和一般操作方法。

2. 了解一般细菌、芽孢杆菌、霉菌和酵母在分类鉴定时，菌种培养和菌悬液制备方法的差异。

3. 学习并掌握人工读取和读数仪读取微孔培养板的结果。

4. 学习使用 Biolog MicroLog 软件，掌握数据库使用方法。

二、实验原理

Biolog 分类鉴定系统的微孔板有 96 孔，横排为：1，2，3，4，5，6，7，8，9，10，11，12；纵排为：A，B，C，D，E，F，G，H。96 孔中都含有四唑类氧化还原染色剂，其中 Al 孔内为水，作为对照。其他 95 孔是 95 种不同的碳源物质。

待测细菌利用碳源进行代谢时会将四唑类氧化还原染色剂从无色还原成紫色，从而在微生物鉴定板上形成该微生物特征性的反应模式或"指纹"，通过人工读取或者纤维光学读取设备——读数仪来读取颜色变化，并将该反应模式或"指纹"与数据库进行比对，就可以在瞬间得到鉴定结果，对于真核微生物——酵母菌和霉菌还需要通过读数仪读取碳源物质被同化后的变化（即浊度的变化），以进行最终的分类鉴定。

三、实验器材

1. 菌种经纯化培养后已知学名（属名和种名）的微生物：非芽孢细菌（如 *Pseudomonas putida* 恶臭假单胞菌）1 株；芽孢杆菌（如 *Bacillus subtilis* 枯草芽孢杆菌）1 株；酵母菌（如 *Saccharomyces cerevisiae* 啤酒酵母菌）1 株；霉菌（如 *Aspergillus niger* 黑曲霉）1 株。

2. Biolog 专用培养基：BUG 琼脂培养基，BUG＋B 培养基，BUG＋M 培养基，BUY 培养基，2% 麦芽汁琼脂培养基（可从 Biolog 购买）。

3. 试剂：Biolog 专用菌悬液稀释液、脱血纤维羊血、麦芽糖、麦芽汁提取物、琼脂粉、蒸馏水等。

4. 仪器：Biolog 微生物分类鉴定系统及数据库、浊度仪、读数仪、恒温培养箱、光学显微镜、pH 计、八道移液器、试管等。

四、实验方法

1. 待测微生物的纯培养

使用 Biolog 推荐的培养基和培养条件，对待测微生物进行纯化培养。

（1）培养基　好氧细菌使用 BUG＋B 培养基；厌氧细菌使用 BUA＋B 培养基；酵母菌使用 BUY 培养基；丝状真菌使用 2% 麦芽汁琼脂培养基；

（2）培养温度　选择不同微生物生长最适宜的培养温度；

（3）培养时间　细菌 24h，酵母 72h，丝状真菌 10d。

检查并确认培养物为纯培养。

2. 以待测微生物的革兰染色反应结果选择实验模式

确认待测微生物的革兰染色反应是阴性还是阳性、显微观察待鉴定细菌是球菌还是杆菌，以判断微孔板的使用种类。即阳性菌采用 GP、阴性菌采用 GN；真菌无革兰染色反应，则酵母菌采用 YT，霉菌采用 FF。

3. 制备特定浓度的菌悬液

氧浓度决定待测微生物培养后的细胞浓度，在 Biolog 系统中，氧浓度是必须控制的关键参数。因此，接种物的准备必须严格按照 Biolog 系统的要求进行。如果是 GP 球菌和杆菌，则在菌悬液中加入 3 滴巯基乙酸钠和 1mL 100mmol/L 的水杨酸钠。使菌悬液浓度与标准悬液浓度具有同样的浊度。

4. 接种并对点样后的微孔板进行培养

使用八道移液器，将菌悬液接种于微孔板的 96 孔中：一般细菌 150μL，芽孢菌 150μL，酵母菌 100μL，霉菌 100μL。接种过程不能超过 20min。

5. 读取结果

读取结果之前要对读数仪进行初始化。可事先输入微孔板的信息，以缩短读取结果时间，这对人工读取和读数仪读取结果都适用。由于工作表中无培养时间，所以人工读取和读数仪读取结果时首先要选择培养时间，然后选择 Select Read，从已打开的工作表读取结果，之后可以 Read Next 按次序读取结果。如果认为自动读取的结果与实际不符，可以人工调整域值以得到认为是正确的结果。对霉菌域值的调整会导致颜色和浊度的阴阳性都发生变化。实验时应加以注意。

GN、GP 数据库是动态数据库，微生物总是最先利用最适碳源并最先产生颜色变化，颜色变化也最明显；对次最适的碳源菌体利用较慢，相应产生的颜色变化也较慢，颜色变化也没有最适碳源明显。动态数据库则充分考虑了微生物这种特性，使结果更准确和一致。酵母菌和霉菌是终点数据库；软件同时检测颜色和浊度的变化。

6. 结果解释

软件将对 96 孔板显示出的实验结果按照与数据库的匹配程度列出 10 个鉴定结果，并在 ID 框中进行显示，如果第 1 个结果都不能很好匹配，则在 ID 框中就会显示 "No ID"。

评估鉴定结果的准确性：% PROB 提供使用者可以与其他鉴定系统比较的参数；SIM 显示 ID 与数据库中的种之间的匹配程度；DIST 显示 ID 与数据库中的种间的不匹配程度。

种的比较："＋"表示样品和数据库的匹配程度≥80%；"－"表示样品和数据库的匹配程度≤20%。

欲查看 10 个结果之外的结果，按 Other 显示框。双击 Other 显示数据库，在数据库中选中欲比较的种，就可以显示出各种指标；用右键点击显示动态数据库和终点数据库。

五、结果与讨论

1. 报告实验所选用的菌种、Biolog 实验模式的选择、Biolog 的鉴定结果。评估鉴定结果的准确性，若鉴定结果不理想，分析其可能原因。

2. Biolog 分类鉴定系统能够 100% 地鉴定出微生物的属名和种名吗？如果不能，还需要进行什么实验才能鉴定出菌株的种名？

3. 鉴定冻干菌种时需要如何进行前处理？

4. 需要严格控制接种液的浊度吗？

5. 人工读数时，如果有些微孔有些颜色，但不明显，如何判断？

6. 鉴定细菌时，如果 4h 鉴定的结果与 16~24h 的结果不同，该如何判断结果？

📖 复习参考题

问答题

1. 获得微生物纯培养的方法有哪些？各有何优缺点？

2. 现分离到一株肠道细菌，能否利用所学的试验设计试验方案进行鉴别。

3. 你知道有哪些项目已被用于细菌学分类和鉴定？

4. 举出一个自动化快速鉴定微生物的系统，描述其工作原理。

5. 利用 16S rRNA 序列鉴定微生物的原理是什么？

第六单元　微生物选育技术

模块一　微生物的遗传变异

一、微生物遗传变异的基本概念

遗传和变异是生物体最本质的属性之一。所谓遗传，讲的是发生在亲子间的关系，即指生物的上一代将自己的一整套遗传因子稳定地传递给下一代的行为或功能，它具有极其稳定的特性。而变异是指子代与亲代之间的不相似性。遗传是相对的，变异是绝对的。遗传保证了物种的存在和延续，而变异推动了物种的进化和发展。在学习遗传、变异内容时，先应清楚掌握以下四个概念。

遗传型　又称基因型，指某一生物个体所含有的全部遗传因子即基因组所携带的遗传信息。遗传型是一种内在可能性或潜力，其实质是遗传物质上所负载的特定遗传信息。具有某遗传型的生物只有在适当的环境条件下，通过自身的代谢和发育，才能将它具体化，即产生表型。

表型　指某一生物体所具有的一切外表特征及内在特性的总和，是其遗传型在合适环境下通过代谢和发育而得到的具体体现。所以，它与遗传型不同，是一种现实性。

变异　指在某种外因或内因的作用下生物体遗传物质结构或数量的改变，亦即遗传型的改变。变异的特点是在群体中以极低的概率（一般为 $10^{-5} \sim 10^{-10}$）出现，性状变化的幅度大，且变化后的新性状是稳定的、可遗传的。

饰变　指一种不涉及遗传物质结构改变而只发生在转录、翻译水平上的表型变化。其特点是整个群体中的几乎每一个体都发生同样变化；性状变化的幅度小；因其遗传物质不变，故饰变是不遗传的。例如，*Serratia marcescens*（黏质沙雷菌）在 25℃ 下培养时，会产生深红色的灵杆菌素，它把菌落染成鲜血似的。可是，当培养在 37℃ 下时，群体中的一切个体都不产色素。如果重新降温至 25℃，所有个体又可恢复产色素能力。所以，饰变是与变异有着本质差别的另一种现象。上述的 *S. marcescens* 产色素能力也会因发生突变而消失，但其概率仅 10^{-4}，且这种消失是不可恢复的。

从遗传学研究的角度来看，微生物有着许多重要的生物学特性：微生物结构简单，个体易于变异；营养体一般都是单倍体；易于在成分简单的合成培养基上大量生长繁殖；繁殖速度快；易于累积不同的最终代谢产物及中间代谢物；菌落形态特征的可见性与多样性；环境条件对微生物群体中各个体作用的直接性和均一性；易于形成营养缺陷型；各种微生物一般都有相应的病毒；以及存在多种处于进化过程中的原始有性生殖方式等。因此在研究现代遗传学和其他许多重要的生物学基本理论问题时，微生物是最佳材料和研究对象。对微生物遗传变异规律的深入研究，不仅促进了现代生物学的发展，而且还为微生物育种工作提供了丰富的理论基础。

二、遗传变异的物质基础

遗传变异的物质基础是蛋白质还是核酸，曾是生物学中激烈争论的重大问题之一。直至1944年后由于连续利用微生物这一有利的实验对象设计了3个著名的实验，才以确凿的事实证实了核酸尤其是 DNA 才是遗传变异的真正物质基础。

（一）证明核酸是遗传变异的物质基础的经典实验

（1）经典转化实验　最早进行转化实验的是英国医生 F. Griffith（1928 年）。他以肺炎链球菌（旧称肺炎双球菌）作为研究对象。肺炎链球菌是一种球形细菌，常成双或成链排列，可使人患肺炎，也可使小鼠患败血症而死亡。它有许多不同的菌株，有荚膜者是致病性的，它的菌落表面光滑，所以称 S 型；有的不形成荚膜，无致病性，菌落外观粗糙，故称 R 型。F. Griffith 做了以下 3 组实验。

① 动物试验

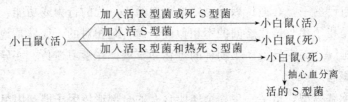

② 细菌培养试验

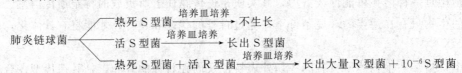

③ S 型菌的无细胞抽提液试验

$$活 R 型菌 + S 型的无细胞抽提液 \xrightarrow{\text{培养皿培养}} 长出大量 R 型菌和少量 S 型菌$$

以上实验说明，加热杀死的 S 型细菌，在其细胞内可能存在一种具有遗传转化能力的物质，它能通过某种方式进入 R 型细胞，并使 R 型细胞获得表达 S 型荚膜性状的遗传特性。

1944 年，Avery 等人从热死的 S 型肺炎链球菌中提纯了可能作为转化因子的各种细胞成分（DNA、蛋白质、荚膜多糖等），在离体条件下进行了转化实验。

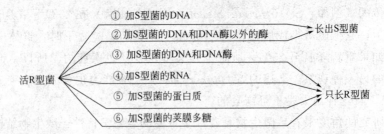

上述研究结果表明，只要 DNA 被破坏的抽提物，无毒 R 型菌变成有毒 S 型菌的转化就被阻断，只有 S 型菌株的 DNA 才能将肺炎链球菌的 R 型转化为 S 型，而且 DNA 的纯度越高，其转化效率也越高，直至只取用 6×10^{-8} g 的纯 DNA 时，仍保持转化活力。这就有力地说明，S 型转移给 R 型的绝不是遗传性状（在这里是荚膜多糖）的本身，而是以 DNA 为物质基础的遗传信息。

（2）噬菌体感染实验　1952 年，A. D. Hershey 和 M. Chase 发表了证实 DNA 是噬菌体的遗传物质的著名实验——噬菌体感染实验。首先，他们将大肠杆菌培养在以放射性

$^{32}\mathrm{PO}_4^{3-}$ 或 $^{35}\mathrm{SO}_4^{2-}$ 作为磷源或硫源的合成培养基中，从而获得含 ^{32}P-DNA 核心或含 ^{35}S-蛋白质外壳的两种实验用噬菌体。接着，他们作了两组实验（图 6-1），可清楚地看到，在噬菌体的感染过程中，其蛋白质外壳未进入宿主细胞。进入宿主细胞的虽只有 DNA，但经增殖、装配后，却能产生一大群既有 DNA 核心、又有蛋白质外壳的完整的子代噬菌体粒。这就有力地证明，在其 DNA 中，存在着包括合成蛋白质外壳在内的整套遗传信息。

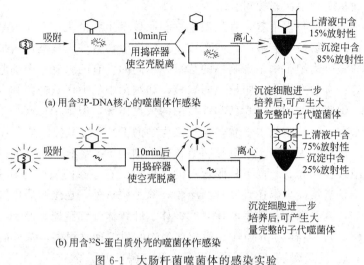

(a) 用含 ^{32}P-DNA核心的噬菌体作感染

(b) 用含 ^{32}S-蛋白质外壳的噬菌体作感染

图 6-1　大肠杆菌噬菌体的感染实验

（3）植物病毒的重建实验　为了证明核酸是遗传物质，H. Fraenkel-Conrat（1956 年）进一步用含 RNA 的烟草花叶病毒（TMV）进行了著名的植物病毒重建实验。把 TMV 放在一定浓度的苯酚溶液中振荡，就能将它的蛋白质外壳与 RNA 核心相分离。结果发现裸露的 RNA 也能感染烟草，并使其患典型症状，而且在病斑中还能分离到完整的 TMV 粒子。但由于提纯的 RNA 缺乏蛋白质衣壳的保护，所以感染频率要比正常 TMV 粒子低些。在实验中，还选用了另一株与 TMV 近缘的霍氏车前花叶病毒（HRV）。整个实验的过程和结果可见图 6-2。

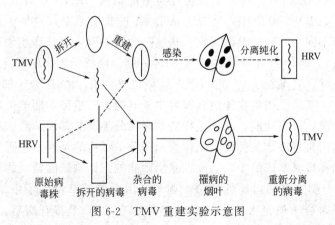

图 6-2　TMV 重建实验示意图

图 6-2 说明，当用 TMV-RNA 与 HRV-衣壳重建后的杂合病毒去感染烟草时，烟叶上出现的是典型的 TMV 病斑，再从中分离出来的新病毒也是未带任何 HRV 痕迹的典型 TMV 病毒。反之，用 HRV-RNA 与 TMV-衣壳进行重建时，也可获得相同的结论。这就充

分证明，在 RNA 病毒中，遗传的物质基础也是核酸，只不过是 RNA 罢了。

通过这 3 个具有历史意义的经典实验，得到了一个确信无疑的共同结论：只有核酸才是负载遗传信息的真正物质基础。

（二）遗传物质在细胞中的存在方式

核酸尤其是 DNA 是如何存在于生物体中的呢？原核生物与真核生物中 DNA 存在形式不完全相同。下面从 7 个层次来探讨。

（1）细胞水平　从细胞水平看，真核微生物和原核微生物的大部分 DNA 都集中在细胞核或核区中。真核微生物核外有核膜，叫真核。原核微生物核外无核膜，叫拟核或原核，也称核区。在不同的微生物细胞中，细胞核的数目是不同的。有的只有一个细胞核，如细菌中的球菌和酵母菌等；有的有两个细胞核，叫双核，如细菌中的大多数杆菌和真菌中的担子菌等；还有的有多个细胞核，如许多真菌和放线菌的菌丝体等，但孢子只有一个核。

（2）细胞核水平　从细胞核水平看，真核微生物的 DNA 与组蛋白结合在一起形成染色体，由核膜包裹，形成有固定形态的真核。原核微生物的 DNA 不与任何蛋白质结合，也有少数与非组蛋白结合在一起，形成无核膜包裹的呈松散状态存在的核区，其中的 DNA 呈环状双链结构。不论是真核微生物还是原核微生物，除细胞核外，在细胞质中还有能自主复制的遗传物质。例如，真核微生物的中心体、线粒体、叶绿体等细胞器基因和共生生物（草履虫体内的卡巴颗粒等），还有 $2\mu m$ 质粒。原核微生物的质粒种类很多，常见的质粒有细菌的致育因子（F 因子）、抗药因子（R 因子）以及大肠杆菌素因子等。

（3）染色体水平　不同生物核内染色体的数目不同。真核微生物的细胞核中染色体数目较多，而原核微生物中只有一条。除染色体的数目外，染色体的套数也不相同。如果一个细胞中只有一套染色体，它就是一个单倍体。绝大多数微生物是单倍体。如果一个细胞中含有两套相同功能的染色体，则称为双倍体。少数微生物（如酿酒酵母菌）的营养细胞以及单倍体的性细胞接合或体细胞融合后所形成的合子是双倍体。

（4）核酸水平　从核酸的种类来看，绝大多数生物的遗传物质是 DNA，只有部分病毒（其中多数是植物病毒，还有少数是噬菌体）的遗传物质才是 RNA。在核酸的结构上，绝大多数微生物的 DNA 是双链的，只有少数病毒为单链结构。RNA 也有双链（大多数真菌病毒）与单链（大多数 RNA 噬菌体）之分。从 DNA 的长度来看，真核生物的 DNA 比原核生物的长得多，但不同生物间的差别很大。从核酸的状态看，真核微生物的核内 DNA 是念珠状链（核小体链），核外 DNA 同原核微生物的一样。原核微生物中双链 DNA 是环状，在细菌质粒中呈麻花状。病毒粒子中双链 DNA 呈环状或线状，RNA 分子都是线状的。

（5）基因水平　基因是指生物体内具有自主复制能力的遗传功能单位，它是具有特定核苷酸顺序的核酸片段。根据功能，原核生物的基因可分为调节基因、启动基因、操纵基因和结构基因。结构基因是指决定某种酶及结构蛋白质分子结构的基因，它所编码的蛋白质合成与否，受调节基因和操纵基因的控制。操纵基因则能控制结构基因转录的开放或关闭。启动基因则是 RNA 聚合酶附着和启动的部位。调节基因是能调节操纵子中结构基因活动的基因。一个基因的相对分子质量大约为 6.7×10^5，约有 1000 个核苷酸对。每个细菌大约有 5000～10000 个基因。

（6）密码子水平　遗传密码是指 DNA 链上特定的核苷酸排列顺序。基因中携带的遗传信息通过 mRNA 传给蛋白质。遗传密码的单位是密码子。三联密码子一般都用 mRNA 上的 3 个核苷酸序列来表示。A、C、G 和 U 4 种核苷酸 3 个一组可排列 64 种密码子，其中

AUG 为起始密码子，对应甲硫氨酸（真核生物）或甲酰甲硫氨酸（原核生物）；UAA，UGA 和 UAG 是蛋白质合成的终止信号，叫终止密码子。其余的分别对应除甲硫氨酸以外的 19 种编码氨基酸。两者的对应关系早已破译，这种关系在生物界是通用的。因此，原核微生物也可翻译人的基因转录的 mRNA。如人胰岛素基因转入大肠杆菌体内，大肠杆菌即可合成人的胰岛素。

（7）核苷酸水平　核苷酸是核酸的组成单位，在绝大多数微生物的 DNA 中，都只含有 dAMP、dTMP、dGMP 和 dCMP 4 种脱氧核糖核苷酸；在绝大多数 RNA 中，只含有 AMP、UMP、GMP 和 CMP 4 种核糖核苷酸。当其中某一个核苷酸中的碱基发生变化，则导致一个密码子意义改变，进而导致整个基因信息改变，指导合成新的蛋白质，引起性状改变。因此，核苷酸是最小的突变单位或交换单位。

模块二　微生物的育种技术

一、基因突变

一个基因内部遗传结构或 DNA 序列的任何改变，包括一对或少数几对碱基的缺失、插入或置换，而导致的遗传变化称为基因突变，其发生变化的范围很小，所以又称点突变或狭义的突变。染色体畸变是指大段染色体的缺失、重复、倒位、易位。广义的突变包括染色体畸变和点突变。从自然界分离得到的菌株一般称野生型菌株，简称野生型。野生型经突变后形成的带有新性状的菌株，称突变株。基因突变是重要的生物学现象，它是一切生物变化的根源，连同基因转移、重组一起提供了推动生物进化的遗传多变性，也是用来获得优良菌株的重要途径之一。

（一）基因突变的类型

基因突变的类型极为多样。人们可从不同的角度对基因突变进行分类，并给以不同的名称。根据突变体表型不同，可把突变分成以下几种类型。

（1）营养缺陷型　某一野生型菌株因发生基因突变而丧失合成一种或几种生长因子、碱基或氨基酸的能力，因而无法在基本培养基（MM）上正常生长繁殖的变异类型，称为营养缺陷型，它们可在加有相应营养物质的基本培养基平板上选出。营养缺陷型突变株在遗传学、分子生物学、遗传工程和育种等工作中十分有用。

（2）抗性突变型　抗性突变型是指野生型菌株因发生基因突变，而产生的对某化学药物或致死物理因子的抗性变异类型，它们可在加有相应药物或用相应物理因子处理的培养基平板上选出。抗性突变型普遍存在，例如对一些抗生素具抗药性的菌株等。抗性突变型菌株在遗传学、分子生物学、遗传育种和遗传工程等研究中极其重要。

（3）条件致死突变型　某菌株或病毒经基因突变后，在某种条件下可正常地生长、繁殖并呈现其固有的表型，而在另一种条件下却无法生长、繁殖，这种突变类型称为条件致死突变型。广泛应用的一类是温度敏感突变型。这些突变型在一定温度条件下并不致死，所以可以在这一温度中保存下来。它们在另一温度下是致死的，通过它们的致死作用，可以用来研究基因的作用等问题。

（4）形态突变型　形态突变型是指由突变引起的个体或菌落形态的变异，一般属非选择性突变。例如，细菌的鞭毛或荚膜的有无，霉菌或放线菌的孢子有无或颜色变化，菌落表面的光滑、粗糙以及噬菌斑的大小、清晰度等的突变。

（5）抗原突变型　抗原突变型是指由于基因突变引起的细胞抗原结构发生的变异类型，包括细胞壁缺陷变异（L型细菌等）、荚膜或鞭毛成分变异等，一般也属非选择性突变。

（6）其他突变型　如毒力、糖发酵能力、代谢产物的种类和产量以及对某种药物的依赖性等的突变型。

（二）突变率

某一细胞（或病毒颗粒）在每一世代中发生某一性状突变的概率，称突变率。例如，突变率为 10^{-8} 者，即表示该细胞在 1 亿次分裂过程中，平均会发生 1 次突变。为方便起见，突变率也可以用某一单位群体在每一世代（即分裂一次）中产生突变株的数目来表示。例如，一个含 10^8 个细胞的群体，当其分裂为 2×10^8 个细胞时，即平均发生 1 次突变的突变率也是 10^{-8}。

某一基因的突变一般是独立发生的，它的突变率不会影响其他基因的突变率。这表明要在同一细胞中同时发生两个或两个以上基因突变的概率是极低的，因为双重或多重基因突变的概率是各个基因突变概率的乘积，例如某一基因的突变率为 10^{-8}，另一为 10^{-6}，则双重突变的概率仅 10^{-14}。

（三）基因突变的特点

整个生物界，由于它们的遗传物质是相同的，所以显示在遗传变异特性上都遵循着共同的规律，这在基因突变的水平上尤为明显。基因突变一般有以下 7 个共同特点。

（1）不对应性　即突变的性状与引起突变的原因间无直接的对应关系。例如，细菌在有青霉素的环境下，出现了抗青霉素的突变体；在紫外线的作用下，出现了抗紫外线的突变体；在较高的培养温度下，出现了耐高温的突变体等。从表面上看，会认为正是由于青霉素、紫外线或高温的"诱变"，才产生了相对应的突变性状。事实恰恰相反，这类性状都可通过自发的或其他任何诱变因子诱发得到。这里的青霉素、紫外线或高温仅是起着淘汰原有非突变型（敏感型）个体的作用。

（2）自发性　由于自然界环境因素的影响和微生物内在的生理生化特点，在没有人为诱发因素的情况下，各种遗传性状的改变可以自发地产生。

（3）稀有性　指自发突变的频率较低，而且稳定，一般在 $10^{-6} \sim 10^{-9}$ 间。

（4）独立性　突变的发生一般是独立的，即在某一群体中，既可发生抗青霉素的突变型，也可发生抗链霉素或任何其他药物的抗药性。某一基因的突变，即不提高也不降低其他任何基因的突变率。突变不仅对某一细胞是随机的，且对某一基因也是随机的。

（5）可诱变性　通过各种物理、化学诱变剂的作用，可提高突变率，一般可提高 $10 \sim 10^5$ 倍。

（6）稳定性　由于突变的根源是遗传物质结构上发生了稳定的变化，所以产生的新性状也是稳定的和可遗传的。

（7）可逆性　由原始的野生型基因变异为突变型基因的过程称为正向突变，相反的过程则称为回复突变。实验证明，任何性状既有可能正向突变，也有可能发生回复突变，两者发生的频率基本相同。

（四）基因突变的机制

基因突变的原因是多种多样的，它可以是自发的或诱发的。诱发的又可分为点突变和染色体畸变，它们还可进一步细分，具体如下。

1. 诱发突变

诱发突变简称诱变，是指通过人为的方法，利用物理、化学或生物因素显著提高基因自发突变频率的手段。凡具有诱变效应的任何因素，都可称为诱变剂。

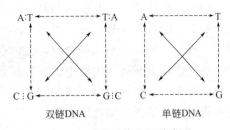

双链DNA   单链DNA

图6-3 碱基置换的两种类型
转换（实线，对角线）和
颠换（虚线，纵横线）

（1）碱基的置换 碱基置换可分为两类：一类叫转换，即DNA链中的一个嘌呤被另一个嘌呤或是一个嘧啶被另一个嘧啶所置换；另一类叫颠换，即一个嘌呤被另一个嘧啶或是一个嘧啶被另一个嘌呤所置换（图6-3）。

① 直接引起置换的诱变剂 这是一类可直接与核酸的碱基发生化学反应的诱变剂，在体内或离体条件下均有作用，例如亚硝酸、羟胺和各种烷化剂等，后者包括硫酸二乙酯（DES）、甲基磺酸乙酯（EMS）、N-甲基-N'-硝基-N-亚硝基胍（NTG）、乙烯亚胺、环氧乙酸、氮芥等。它们可与一个或几个碱基发生生化反应，引起DNA复制时发生转换。能引起颠换的诱变剂很少。

② 间接引起置换的诱变剂 它们都是一些碱基类似物，如5-溴尿嘧啶（5-BU）、5-氨基尿嘧啶（5-AU）、8-氮鸟嘌呤（8-NG）、2-氨基嘌呤（2-AP）和6-氯嘌呤（6-CP）等，其作用是通过活细胞的代谢活动掺入到DNA分子中而引起的，故是间接的。

（2）移码突变 指诱变剂会使DNA序列中一个或少数几个核苷酸发生增添（插入）或缺失，从而使该部位后面的全部遗传密码发生转录和翻译错误的一类突变。由移码突变所产生的突变株，称为移码突变株。与染色体畸变相比，移码突变只能算是DNA分子的微小损伤。

能引起移码突变的因素是一些吖啶类染料，包括原黄素、吖啶黄、吖啶橙和α-氨基吖啶等，以及一系列"ICR"类化合物。

目前认为吖啶类化合物引起移码突变的机制是因为它们都是一种平面型三环分子（图6-4），结构与一个嘌呤-嘧啶对十分相似，故能嵌入两个相邻DNA碱基对之间，造成双螺旋的部分解开（两个碱基对原来相距0.34nm，当嵌入一个吖啶分子后，即变成0.68nm），从而在DNA复制过程中，使链上增添或缺失一个碱基，并引起了移码突变。

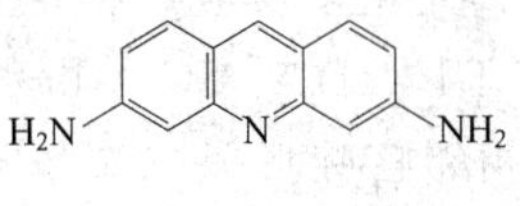

原黄素(二氨基吖啶) 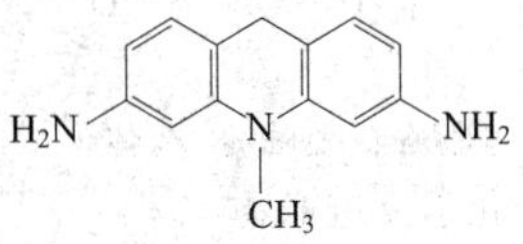   吖啶黄

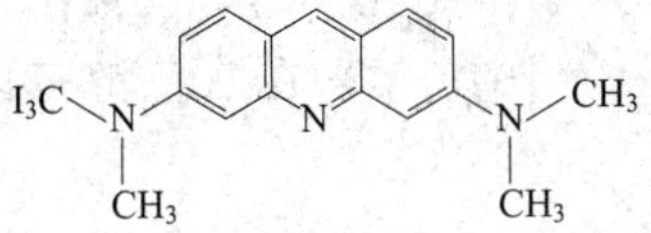

吖啶橙 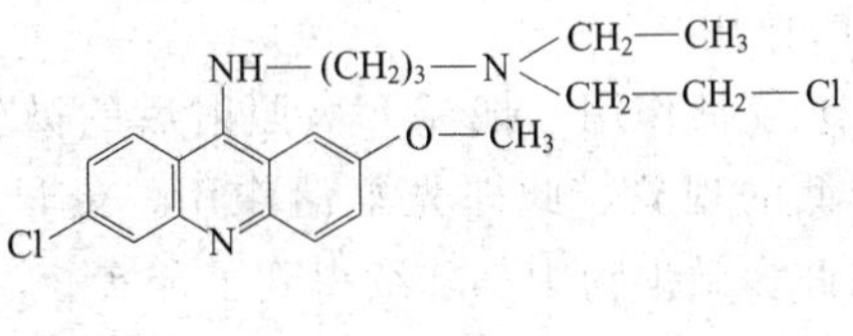   ICR-100

图6-4 能引起移码突变的几种代表性化合物

（3）染色体畸变　某些强烈理化因子，如 X 射线等的辐射及烷化剂、亚硝酸等，除了能引起上述的点突变外，还会引起 DNA 的大损伤——染色体畸变，既包括染色体结构上的缺失、重复、插入、易位和倒位，也包括染色体数目的变化。

染色体畸变在高等生物中很容易观察。在微生物中，尤其在原核生物中，近年来才证实了它的存在。许多理化诱变剂的诱变作用都不是单一功能的。例如，亚硝酸既能引起碱基的转换作用，又能诱发染色体畸变。

2. 自发突变

自发突变是指生物体在无人工干预下自然发生的低频率突变。随诱变机制的研究，对自发突变的原因已有所认识，下面讨论几种自发突变的可能机制。

（1）背景辐射和环境因素的诱变　不少"自发突变"实质上是由一些原因不详的低剂量诱变因素长期的综合效应导致。例如充满宇宙空间的各种短波辐射、高温的诱变效应以及自然界中普遍存在的一些低浓度的诱变物质的作用等。

（2）微生物自身有害代谢产物的诱变　过氧化氢是普遍存在于微生物体内的一种代谢产物，它对脉孢菌具有诱变作用。这种作用可因同时加入过氧化氢酶而降低，如果同时再加入过氧化氢酶抑制剂，则又可提高突变率。这就说明，过氧化氢可能是自发突变中的一种内源诱变剂。在许多微生物的陈旧培养物中易出现自发突变株，可能也是同样的原因。

（3）由 DNA 复制过程中碱基配对错误引起　据统计，DNA 链每次复制中，每个碱基对错误配对的频率是 $10^{-7} \sim 10^{-11}$，而一个基因平均约含 1000bp，故自发突变频率约为 10^{-6}。因此，若对细菌做一般液体培养时，因其细胞浓度常可达到 10^8 个/mL，故经常会在其中产生自发突变株。

3. 紫外线对 DNA 的损伤及其修复

已知的 DNA 损伤类型很多，机体对其修复的方法也各异。发现得较早和研究得较深入的是紫外线（UV）的作用。

嘧啶对紫外线的敏感性要比嘌呤强得多，其光化学反应产物主要是嘧啶二聚体（TT，TC，CC）和水合物（图6-5），相邻嘧啶形成二聚体后造成局部 DNA 分子无法配对，从而引起微生物的死亡或突变。微生物具有多种修复受损 DNA 的作用。

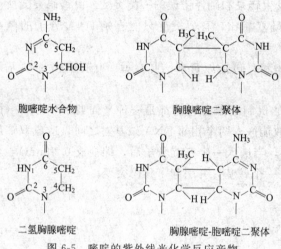

图 6-5　嘧啶的紫外线光化学反应产物

（1）光复活作用　把经 UV 照射后的微生物立即暴露于可见光下时，就可出现其死亡率明显降低的现象，此即光复活作用。最早是 A. Kelner（1949 年）在灰色链霉菌中发现的，后在许多微生物中都陆续得到了证实。

现已了解，经 UV 照射后带有嘧啶二聚体的 DNA 分子，在黑暗下会被一种光激活酶——光解酶（光裂合酶）结合，这种复合物在 300~500nm 可见光下时，此酶会因获得光能而激活，并使二聚体重新分解成单体。与此同时，光解酶也从复合物中释放出来，以便重新执行功能。由于一般的微生物中都存在着光复活作用，所以在利用 UV 进行诱变育种等工作时，就应在红光下进行照射和后续操作，并放置在黑暗条件下培养。

（2）切除修复　是活细胞内对被 UV 等诱变剂损伤后 DNA 的修复方式之一，又称为暗修复，这是一种不依赖可见光，只通过酶切作用去除嘧啶二聚体，随后重新合成一段正常DNA 链的核酸修复方式。在整个修复过程中，共有 4 种酶参与：①内切核酸酶在胸腺嘧啶二聚体的 $5'$ 一侧切开一个 $3'$-OH 和 $5'$-P 的单链缺口；②外切核酸酶从 $5'$-P 至 $3'$-OH 方向切除二聚体，并扩大缺口；③DNA 聚合酶以 DNA 的另一条互补链为模板，从原有链上暴露的 $3'$-OH 端起逐个延长，重新合成一条缺失的 DNA 链；④通过连接酶的作用，把新合成的寡核苷酸的 $3'$-OH 末端与原链的 $5'$-P 末端相连接，从而完成了修复作用。

（3）重组修复作用　又称为复制后修复，必须在 DNA 进行复制的情况下进行。重组修复可以在不切除胸腺嘧啶二聚体的情况下，以带有二聚体的这一单链为模板而合成互补单链，可是在每一个二聚体附近留下一个空隙。一般认为通过染色体交换，空隙部位就不再面对着胸腺嘧啶二聚体而面对着正常的单链，在这种情况下 DNA 多聚酶和连接酶便能起作用而把空隙部分进行修复。

（4）紧急呼救（SOS）修复系统　这是细胞经诱导产生的一种修复系统。它的修复功能依赖于某些蛋白质的诱导合成，但这些蛋白质是不稳定的。SOS 修复功能和细菌的一系列生理活动有关，如细胞的分裂抑制、引起 DNA 损伤的因素和抑制 DNA 复制的许多因素都能引起 SOS 反应。

二、基因重组

基因重组是指两个独立基因组内的遗传基因，通过一定的途径转移到一起，形成新的稳定基因组的过程。基因重组时，不发生基因突变，而是整个基因的水平转移，导致受体细胞获得该基因并表现其性状。基因重组是核酸分子水平上的概念，是遗传物质分子水平上的杂交。细胞水平上的杂交必然包含有分子水平上的重组，而重组则不仅限于杂交一种形式。真核微生物可通过有性杂交、准性杂交和原生质体融合等进行整套染色体的重组；原核微生物主要经转化、转导、接合和原生质体融合等途径实现部分染色体或个别基因的重组。基因重组可以在人为设计的条件下发生，使之服务于人类育种的目的。

（一）原核微生物的基因重组

在原核微生物中，基因重组主要有转化、转导、接合和原生质体融合 4 种形式。

（1）转化　受体菌直接吸收来自供体菌的 DNA 片段，通过交换将其整合到自己的基因组中，从而获得了供体菌部分遗传性状的现象称为转化。通过转化方式而形成的杂种后代，称为转化子。转化子指有转化活性的外源 DNA 片段。它是供体菌释放或人工提取的游离 DNA 片段。

转化子需具备两个条件，较高的相对分子质量和同源性。相对分子质量一般在 1×10^7，以双链较多，单链者少见。供体菌和受体菌亲缘关系越近，DNA 的纯度越高，越易转化。

两个菌种或菌株间能否发生转化，与它们在进化过程中的亲缘关系有着密切的联系。但即使在转化频率极高的菌种中，不同菌株间也不一定都可发生转化。能进行转化的细胞必须是感受态的。受体细胞最易接受外源 DNA 片段并实现转化的生理状态称为感受态。处于感受态的细胞，其吸收 DNA 的能力，有时可比一般细胞大一千倍。感受态的出现受该菌的遗传性、菌龄、生理状态和培养条件等的影响。

转化的具体过程以 G^+ 菌肺炎链球菌研究的最多，主要过程可见图 6-6。供体菌的双链DNA 片段与感受态受体菌的细胞表面的特定位点结合，其中一条链被核酸酶水解，另一条进入细胞。来自供体的单链 DNA 片段在细胞内与受体细胞核染色体组上的同源区段配对、

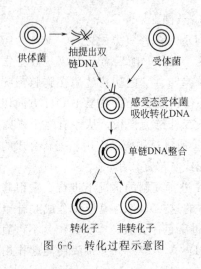

供体菌 抽提出双链DNA 受体菌

感受态受体菌吸收转化DNA

单链DNA整合

转化子 非转化子

图 6-6 转化过程示意图

重组，形成一小段杂合 DNA 区段。受体菌染色体组进行复制，杂合区段分离成两个，其中之一获得了供体菌的转化基因，形成转化子，另一个未得获转化基因。

（2）转导　通过缺陷噬菌体的媒介，把供体细胞的小片段 DNA 携带到受体细胞中，通过交换与整合，使后者获得前者部分遗传性状的现象，称为转导。由转导作用而获得部分新遗传性状的重组细胞，称为转导子。

转导现象是由 J. Lederberg 等（1952 年）首先在鼠伤寒沙门菌中发现的。以后在许多原核微生物中都陆续发现了转导，如大肠杆菌属、芽孢杆菌属、变形杆菌属、假单胞菌属、志贺菌属和葡萄球菌属等。转导现象在自然界中比较普通，它在低等生物进化过程中很可能是一种产生新基因组合的重要方式。目前所知道的转导已有多种，现分别介绍如下。

① 普遍转导　通过极少数完全缺陷噬菌体对供体菌基因组上任何小片段 DNA 进行"误包"，而将其遗传性状传递给受体菌的现象，称为普遍转导。噬菌体侵入寄主细胞后，通过复制和合成，亦将寄主 DNA 降解为许多小片段，进入装配阶段。正常情况下，噬菌体将自身的 DNA 包裹在衣壳中，但也有异常的可能。它误将寄主细胞 DNA 的某一片段包裹进去。这样的噬菌体称缺陷噬菌体。体内仅含有供体 DNA 的缺陷噬菌体称完全缺陷噬菌体。体内同时含有供体 DNA 和噬菌体 DNA 的缺陷噬菌体称为部分缺陷噬菌体。这种异常情况出现的概率很低（$10^{-5} \sim 10^{-8}$）。由于噬菌体产生子代数量很多，所以这种异常情况的出现还是很多的。当包裹有寄主 DNA 片段的噬菌体释放后，再度感染新的寄主，其中的供体菌的 DNA 片段进入受体菌，并通过基因重组使受体菌形成稳定的转导子。

② 局限转导　局限性转导指通过部分缺陷的温和噬菌体把供体菌的少数特定基因携带到受体菌中，并与后者的基因组整合、重组，形成转导子的现象。最初于 1954 年在大肠杆菌 K12 中发现。它只能转导一种或少数几种基因（一般为位于附着点两侧的基因）。

（3）接合　供体菌通过性菌毛与受体菌直接接触，把 F 质粒或其携带的不同长度的核基因组片段传递给后者，使后者获得若干新遗传性状的现象，称为接合。通过接合而获得新遗传性状的受体细胞称为接合子。由于在细菌和放线菌等原核生物中出现基因重组的机会极为少见（如大肠杆菌 K12 约为 10^{-6}），而且重组子形态指标不明，所以关于细菌接合的工作直至 J. Lederberg 等（1946 年）采用两株大肠杆菌的营养缺陷型进行实验后，才奠定了方法学上的基础。研究细菌接合的营养缺陷型法的基本原理见图 6-7。

细胞的接合现象在大肠杆菌中研究得最清楚。大肠杆菌有性别分化，决定它们性别的因子称为 F 因子（即致育因子或性质粒）。F 因子是一种独立于染色体外的小型的环状 DNA，一般呈超螺旋状态，它具有自主地与染色体进行同步复制和转移到其他细胞中去的能力。F 因子的分子质量为 $5 \times 10^7 Da$，在大肠杆菌中 F 因子的 DNA 含量约占总染色体含量的 2%，每个细胞含有约 1~4 个 F 因子。F 因子既可脱离染色体在细胞内独立存在，也可整合到染色体组上；它既可经过接合作用而获得，也可通过一些理化因素（如吖啶橙、丝裂霉素、利福平、溴化乙锭和加热等）的处理而从细胞中消除。

F^+ 菌株可以与不含 F 因子的 F^- 菌株接合，从而使后者也成为 F^+ 菌株（见图 6-8），其过程大体可分两个阶段：首先是 F⁺ 菌株与 F⁻ 菌株配对，并通过性菌毛接合；然后 F 因子双链 DNA 的一条单链在一特定的位置断开，通过性菌毛内腔向 F⁻ 菌株细胞内转移，并同时在两个菌株细胞内以一条 DNA 单链为模板，各自复制合成完整的 F 因子。

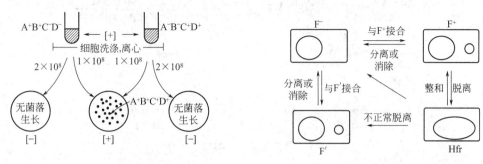

图 6-7 研究细菌接合的营养缺陷型法原理   图 6-8 F 质粒的 4 种存在方式及相互关系

有些大肠杆菌的 F 因子可与核染色体整合在一起，这种类型的菌株与 F⁻ 菌株接合的重组频率比 F⁺ 与 F⁻ 菌株接合的重组频率高几百倍以上，因此，常将其称为高频重组（Hfr）菌株，Hfr 与 F⁻ 菌株接合时，染色体的一条单链可以在 F 因子处断裂，并以 F 因子为末端向 F⁻ 菌株胞内转移。由于转移的过程中常发生染色体的断裂，所以这种接合可以使 F⁻ 菌株获得部分供体基因，但很少使 F⁻ 菌株获得 F 因子。

Hfr 菌株中的 F 因子有时可由不正常的切割而带有一小段核染色体基因的杂合 F 因子，通常称为 F′ 因子，当带有 F′ 菌株与 F⁻ 菌株接合后，可使 F⁻ 菌株成为既有 F 因子又带有部分供体菌基因的次生 F′ 菌株。

（4）原生质体融合 通过人为的方法，使遗传性状不同的两个细胞的原生质体进行融合，借以获得兼有双亲遗传性状的稳定重组子的过程，称为原生质体融合。由此法获得的重组子，称为融合子。原核生物原生质体融合研究是从 20 世纪 70 年代后期才发展起来的一种育种新技术，是继转化、转导和接合之后发现的一种较有效的遗传物质转移手段。

原生质体融合的主要操作步骤是：先选择两株有特殊价值、并带有选择性遗传标记的细胞作为亲本菌株置于等渗溶液中，用适当的脱壁酶（如细菌和放线菌可用溶菌酶等处理，真菌可用蜗牛消化酶或其他相应酶处理）去除细胞壁，再将形成的原生质体（包括球状体）进行离心聚集，加入促融合剂 PEG（聚乙二醇）或借电脉冲等因素促进融合，然后用等渗溶液稀释，再涂在能促使它再生细胞壁和进行细胞分裂的基本培养基平板上。待形成菌落后，再通过影印平板法，把它接种到各种选择性培养基平板上，检验它们是否为稳定的融合子，最后再测定其有关生物学性状或生产性能（图 6-9）。

原生质体融合技术有许多优越性，它打破了微生物的种属界限，可以实现远缘菌株间的基因重组；可使遗传物质传递更完整，可快速组合性状，加速育种速度；可借助聚合剂同时将几个亲本的原生质体随机地融合在一起，获得综合几个亲本性状的重组体。

（二）真核微生物的基因重组

在真核微生物中，基因重组的方式很多，在此重点介绍一下有性杂交和准性杂交。

（1）有性杂交 杂交是在细胞水平上发生的一种遗传重组方式。有性杂交，一般指不同遗传型的两性细胞间发生的接合和随之进行的染色体重组，进而产生新遗传型后代的一种育种技术。凡能产生有性孢子的酵母菌或霉菌，原则上都可应用与高等动、植物杂交育种相似的有性杂交方法进行育种。现以工业上常用的酿酒酵母为例来加以说明。

酿酒酵母一般都是以双倍体的形式存在。将不同生产性状的甲、乙两个亲本分别接种到

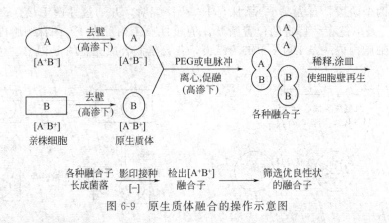

图 6-9 原生质体融合的操作示意图

产孢子培养基（醋酸钠培养基等）斜面上，使其产生子囊，经过减数分裂后，在每个子囊内会形成 4 个子囊孢子（单倍体）。用蒸馏水洗下子囊，经机械研磨法或蜗牛酶酶解法破坏子囊，再经离心，然后用获得的子囊孢子涂布平板，就可以得到单倍体菌落。把两个亲体的不同性别的单倍体细胞密集在一起就有更多机会出现双倍体的杂交后代。它们的双倍体细胞和单倍体细胞有很大不同，易于识别。有了各种双倍体的杂交子代后，就可以进一步从中筛选出优良性状的个体。

生产实践中利用有性杂交培育优良品种的例子很多。例如，用于酒精发酵的酵母和用于面包发酵的酵母虽属同一种酿酒酵母，但两者是不同的菌株，表现在前者产酒精率高而对麦芽糖和葡萄糖的发酵力弱，后者则产酒精率低而对麦芽糖和葡萄糖的发酵力强。两者通过杂交，就得到了既能生产酒精，又能将其残余的菌体综合利用作为面包厂和家用发面酵母的优良菌种。

（2）准性杂交　准性杂交是一种类似于有性生殖但比它更为原始的两性生殖方式，它可使同一生物的两个不同来源的体细胞经融合后，不通过减数分裂而导致低频率的基因重组。准性生殖常见于某些真菌，尤其是半知菌类中。准性杂交包括下列几个阶段。

① 菌丝联结　它发生于一些形态上没有区别，但在遗传性上有差别的两个同种不同菌株的体细胞（单倍体）间。发生菌丝联结的频率很低。

② 形成异核体　两个遗传型有差异的体细胞经菌丝联结后，先发生质配，使原有的两个单倍体核集中到同一个细胞中，形成双相异核体。异核体能独立生活。

③ 核融合　异核体中的双核在某种条件下，低频率地产生双倍体杂合子核的现象。某些理化因素如樟脑蒸气、紫外线或高温等的处理，可以提高核融合的频率。

④ 体细胞交换和单倍体化　体细胞交换即体细胞中染色体间的交换，也称有丝分裂交换。双倍体杂合子性状极不稳定，在其进行有丝分裂过程中，其中极少数核中的染色体会发生交换和单倍体化，从而形成了极个别具有新性状的单倍体杂合子。如对双倍体杂合子用紫外线、γ 射线等进行处理，就会促进染色体断裂、畸变或导致染色体在两个子细胞中分配不均，因而有可能产生各种不同性状组合的单倍体杂合子。

三、微生物的菌种选育

良好的菌种是微生物发酵工业的基础。在应用微生物生产各类产品时，应特别关注如下 4 点：①挑选出符合生产需要的菌种，一方面可以根据有关信息向菌种保藏机构、工厂或科研单位直接索取；另一方面根据所需菌种的形态、生理、生态和工艺特点的要求，从自然界特定的生态环境中以特定的方法分离出新菌株；②根据菌种的遗传特点，改良菌株的生产性能，使产品产量、质量不断提高；③当菌种的性能下降时，还要设法使它复壮；④要有合适的工艺条件和合理先进的设备与菌种相配合，使菌种的优良性得以充分发挥。

（一）从自然界筛选工业菌种

我国幅员辽阔，各地气候条件、土质条件、植被条件差异很大，这为自然界中各种微生物的存在提供了良好的生存环境。由于微生物在自然界大多是以混杂的形式群居在一起的，而现代发酵工业是以纯种培养为基础，故采用各种不同的筛选手段，挑选出性能良好、符合生产需要的纯种是工业育种的关键一步。自然界工业菌种分离筛选的主要步骤是：采样、增殖培养、培养分离和筛选。如果产物与食品制造有关，还需对菌种进行毒性鉴定。

（1）采样　土壤是微生物的大本营，故采样以采集土壤为主。一般在有机质较多的肥沃土壤中，微生物的数量最多，中性偏碱的土壤以细菌和放线菌为主，酸性红土壤及森林土壤中霉菌较多，果园、菜园和野果生长区等富含碳水化合物的土壤和沼泽地中酵母和霉菌较多。采样的对象也可以是植物、腐败物品和某些水域等。采样应充分考虑采样的季节性和时间因素，以温度适中，雨量不多的秋初为好。因为真正的原地菌群的出现可能是短暂的，如在夏季或冬季土壤中微生物存活数量较少，暴雨后土壤中微生物会显著减少。采样方式是在选好适当地点后，用无菌刮铲、土样采集器等，采集有代表性的样品，如特定的土样类型和土层、叶子碎屑和腐质、根系及根系周围区域、海底水、泥及沉积物、植物表皮及各部、阴沟污水及污泥、反刍动物第一胃内含物和发酵食品等。

具体采集土样时，就森林、旱地、草地而言，可先掘洞，由土壤下层向上层顺序采集；就水田等浸水土壤而言，一般是在不损土层结构的情况下插入圆筒采集。如果层次要求不严格，可取离地面 5～15cm 处的土壤。将采集到的土样盛入清洁的聚乙烯袋、牛皮袋或玻璃瓶中，必须完整地标上样本的种类及采集日期、地点以及采集地点的地理、生态参数等。

在采集植物根际土样时，一般方法是将植物根从土壤中慢慢拔出，浸渍在大量无菌水中约 20min，洗去黏附在根上的土壤，然后再用无菌水漂洗下根部残留的土，这部分土即为根际土样。在采集水样时，将水样收集于 100mL 干净、灭菌的广口塑料瓶中。由于表层水中含有泥沙，应从较深的静水层中采集水样。方法是：握住采样瓶浸入水中 30～50cm 处，瓶口朝下打开瓶盖，让水样进入。如果有急流存在的话，应直接将瓶口反向于急流。水样采集完毕时，应迅速从水中取出采样瓶。水样不应装满采样瓶，采集的水样应在 24h 之内迅速进行检测，或者 4℃ 下贮存。

采好的样品应及时处理，暂不能处理的也应贮存于 4℃ 下，但贮存时间不宜过长。这是因为一旦采样结束，试样中的微生物群体就脱离了原来的生态环境，其内部生态环境就会发生变化，微生物群体之间就会出现消长。例如要分离嗜冷菌，则在室温下保存样品会使其中的嗜冷菌数量明显降低。

（2）增殖培养　一般情况下，采来的样品可以直接进行分离，但是如果样品中所需要分离的菌类含量不多或不占优势，为了容易分离到目的菌种，应设法增加其数量，以增加分离的概率。可以通过选择性地配制培养基（如营养成分、添加抑制剂等），选择一定的培养条件（如培养温度、溶氧、培养基酸碱度等）来控制。例如：根据微生物利用碳源的特点，可选定糖、淀粉、纤维素或者石油等，以其中的一种为唯一碳源，那么只有利用这一碳源的微生物才能大量正常生长，而其他微生物就可能死亡或淘汰；在分离细菌时，培养基中添加浓度约为 50μg/mL 的抗真菌剂（如放线菌酮和制霉素），可以抑制真菌的生长；在分离放线菌时，通常于培养基中加入 1～5mL 天然浸出汁（植物、岩石、有机混合腐质等的浸出汁）作为最初分离的促进因子，由此可以分离出更多不同类型的放线菌类型。放线菌还可以十分有效地利用低浓度的底物和复杂底物（如几丁质），因此，大多数放线菌的分离培养是在贫瘠或复杂底物的琼脂平板上进行的，而不是在含丰富营养的生长培养基上分离的。在放线菌分离琼脂中通常加入抗真菌剂制霉菌素或放线菌酮，以抑制真菌的繁殖。此外，为了对某些特殊种类的放线菌进行富集和分离，可选择性地添加一些抗生素（如新生霉素）；在分离真菌时，利用低 C/N（碳氮比）的培养基可使真菌生长菌落分散，利于计数、分离和鉴定。在分离培养基中加入一定的抗生素如氯霉素、四环素、卡那霉素、青霉素、链霉素等即可有效地抑制细菌生长及其菌落形成。

（3）分离培养　通过增殖培养，样品中的微生物还是处于混杂生长状态，因此还必须分离纯化。在这一步，增殖培养的选择性控制条件还应进一步应用，而且要控制更为细致。常用的纯种分离方法有稀释平板法、平板划线分离法和组织分离法等。稀释平板法是将样品进行适当稀释，然后将稀释液涂布于培养基平板上进行培养，待长出独立的单个菌落，进行挑选分离。平板划线分离法是利用接种环（接种环）挑取样品，在无菌平板表面进行平行划线、扇形划线或其他形式的连续划线，微生物细胞数量将随着划线次数的增加而减少，并逐步分散开来，经培养后可在平板表面得到单菌落。组织分离法主要用于食用菌菌种或某些植物病原菌的分离。分离时，首先用 10% 漂白粉或 0.1% 升汞液对植物或器官组织进行表面消毒，用无菌水洗涤数次后，移植到培养皿中的培养基上，于适宜温度培养数天后，可见微生物向组织块周围扩展生长。为确保得到纯种，可对获得的单个菌落进行多次纯化，经菌落特征和细胞特征观察确认为纯种后，即可由菌落边缘挑取部分菌种进行移接斜面培养。

对于有些微生物如毛霉、根霉等在分离时，由于其菌丝的蔓延性，极易生长成片，很难挑取单菌落，故常在培养基中添加 0.1% 的去氧胆酸钠或在察氏培养基中添加 0.1% 的山梨糖及 0.01% 的蔗糖，利于单菌落的分离。

（4）筛选　从自然界中分离得到的纯种称为野生型菌株，它只是筛选生产菌种的第一步。所得菌种是否具有生产上的实用价值，需进一步进行生产性能的测试。性能测定的方法分初筛和复筛两种。初筛的目的是去掉明确不符合要求的大部分菌株，把生产性状类似的菌株尽量保留下来，使优良菌种不至于漏网。因此初筛工作以量为主，应尽可能快速、简单，测定的精确性还在其次。复筛的目的是确认符合生产要求的菌株，复筛工作以质为主，应精确测定每个菌株的生产指标。

初筛可采用平皿快速检测法和使用自动筛选仪器等方法加快筛选速度。平皿快速检测法是利用菌体在特定固体培养基平板上的生理生化反应，将肉眼观察不到的产量性状转化成肉眼可见的变化，包括纸片培养显色法、变色圈法、透明圈法、生长圈法和抑制圈法等（图 6-10）。纸片培养显色法是将浸含某种指示剂的固体培养基的滤纸片搁于培养皿中，用牛津杯架空，下放小团浸有 3% 甘油的脱脂棉以保湿，将待筛选的菌悬液稀释后接种到滤纸上，保温培养形成分散的单菌落，菌落周围将会产生对应的颜色变化。从指示剂变色圈与菌落直径之比可以了解菌株的相对产量性状。指示剂可以是酸碱指示剂，也可以是能与特定产物反应产生颜色的化合物。变色圈法是将指示剂直接掺入固体培养基中，进行待筛选菌悬液的单菌落培养，或喷洒在已培养成分散单菌落的固体培养基表面，在菌落周围形成变色圈。如在含淀粉培养基上涂布一定浓度的产淀粉酶菌株的菌悬液，培养后使其呈单菌落，然后喷上稀碘液，发生显色反应。变色圈与菌落直径之比越大，说明该菌产酶的能力越强。透明圈法是在固体培养基中掺入溶解性差、可被特定菌利用的营养成分，造成浑浊、不透明的培养基背景。待筛选菌悬液在固体培养基中单菌落培养后，在菌落周围就会形成透明圈，透明圈的大小反映了菌落利用此物质的能力。如在培养基中掺入可溶性淀粉、酪素或 $CaCO_3$ 可以分别用于检测菌株产淀粉酶、产蛋白酶或产酸能力的大小。生长圈法是利用一些有特别营养要求的微生物作为工具菌，若待分离的菌在缺乏上述营养物的条件下，能合成该营养物，或能分泌酶将该营养物的前体转化成营养物，那么，在这些菌的周围就会有工具菌生长，形成环绕菌落生长的生长圈。该法常用来选育氨基酸、核苷酸和维生素的生产菌，工具菌往往都是对应的营养缺陷型菌株。抑制圈法是待筛选的菌株能分泌产生某些能抑制工具菌生长的物质，或能分泌某种酶并将无毒的物质水解成对工具菌有毒的物质，从而在该菌落周围形成工具菌不能生长的抑菌圈。例如将培养后的单菌落连同周围的小块琼脂用穿孔器取出，以避免其他因素干扰，移入无培养基平皿，继续培养 4～5d，使抑制物积累，此时的抑制物难以渗透到其他地方，再将其移入涂布有工具菌的平板，每个琼脂块中心间隔距离为 2cm，培养过夜后，即会出现抑菌圈。抑菌圈的大小反映了琼脂块中积累的抑制物的浓度高低。该法常用于抗生素产生菌的筛选，工具菌常是抗生素敏感菌。这些平皿快速检测方法较粗放，一般只能定性或半定量用，常只用于初筛，但它们可以大大提高筛选的效率。其缺点是由于培养平皿上种种条件与摇瓶培养，尤其是发酵罐深层液体培养时的条件有很大的差别，有时会造成两者的结果不一致。

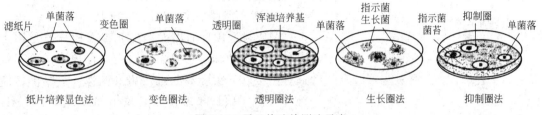

图 6-10　平皿快速检测法示意

另外，微量化仪器和自动操作系统也已经用于菌种筛选，如高通量筛选技术以分子水平和细胞水平的实验方法为基础，将许多筛选模型固定在各自不同的微板载体上，用机器人加样，培养后，以灵敏快速的检测仪器采集实验结果数据，以计算机对实验数据进行分析处理，优选出所需的目的菌种。使用自动筛选仪器的优点是使筛选从繁重的劳动中解脱出来，可在短时间里进行大量筛选，提高了工作效率，一个星期就可筛选十几个、几十个模型，成千上万个样品。不过，自动筛选仪器的一次性设备投资费用很大，特别是机器人的使用、设备的保养费和软件的费用都价格不菲。

（5）毒性试验　自然界中的一些微生物在一定条件下可产生毒素，为了保证食品的安全性，凡是与食品工业有关的菌种，除啤酒酵母、脆壁酵母、黑曲霉、米曲霉和枯草杆菌无须作毒性试验外，其他微生物均需通过两年以上的毒性试验。

（二）自发突变育种

（1）从生产中选育　在日常生产过程中，微生物也会以一定频率发生自发突变。富于实际经验和善于细致观察的人们就可及时抓住这类良机来选育优良的生产菌株。例如，从污染噬菌体的发酵液中有可能分离到抗噬菌体的新菌株。

（2）定向培育优良菌株　定向培育是指用某一特定因素长期处理某一微生物培养物，同时不断对它们进行传代，以达到累积并选择相应的自发突变体的一种古老的育种方法。由于定向培育的自发突变频率较低，变异程度较轻微，所以培育新种的过程十分缓慢。与诱变育种、杂交育种和基因工程技术相比，定向培育法带有"守株待兔"的性质，除某些抗性突变外，一般要相当长的时间。

（三）诱变育种

　　诱变育种是指利用物理或化学诱变剂处理均匀而分散的微生物细胞群，促进其突变频率大幅度提高，然后设法采用简便、快速高效的筛选方法，从中挑选少数符合育种目的的突变株，以供生产实践或科学实验之用。诱变育种具有极其重要的实践意义。当前发酵工业和其他微生物生产部门所使用的高产菌株，几乎都是通过诱变育种而大大提高了生产性能的。其中最突出的例子就是青霉素生产菌株的选育。1943年，产黄青霉每毫升发酵液只产生约20单位的青霉素，通过诱变育种和其他措施配合，目前的发酵单位已比原来提高了三四十倍，达到了每毫升5万～10万单位。

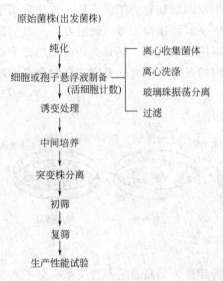

图6-11　微生物诱变育种的基本程序

　　诱变育种不仅能提高菌种的生产性能而增加产品的产量外，而且还可达到改进产品质量、扩大品种和简化生产工艺等目的，故仍是目前使用最广泛的育种手段之一。

1. 诱变育种的基本程序

　　微生物诱变育种一般按照图6-11程序进行。

2. 诱变育种中应注意的几个问题

　　（1）挑选优良的出发菌株　出发菌株就是用于育种的原始菌株。出发菌株适合，育种工作效率就高。参考以下实际经验选用出发菌株：①以单倍体纯种为出发菌株，可排除异核体和异质体的影响；②采用具有优良性状的菌株，如生长速度快、营养要求低以及产孢子早而多的菌株；③选择对诱变剂敏感的菌株，由于有些菌株在发生某一变异后，会提高对其他诱变因素的敏感性，故可考虑选择已发生其他变异的菌株为出发菌株；④许多高产突变往往要经过逐步累积的过程，才变得明显，所以有必要多挑选一些已经过诱变的菌株为出发菌株，进行多步育种，确保高产菌株的获得。

　　（2）菌悬液的制备　一般采用生理状态一致（用选择法或诱导法使微生物同步生长）的单细胞或孢子进行诱变处理。所处理的细胞必须是均匀而分散的单细胞悬液。分散状态的细胞可以均匀地接触诱变剂，又可避免长出不纯菌落。由于某些微生物细胞是多核的，即使处理其单细胞，也会出现不纯的菌落。有时，虽然处理的是单核的细胞或孢子，但由于诱变剂一般只作用于DNA双链中的某一条单链，故某一突变无法反映在当代的表型上，而是要经过DNA的复制和细胞分裂后才表现出来，于是出现了不纯菌落，这就叫表型延迟。上述两类不纯菌落的存在，也是诱变育种工作中初分离的菌株经传代后很快出现生产性状"衰退"的主要原因。鉴于上述原因，因此用于诱变育种的细胞应尽量选用单核细胞，如霉菌或放线菌的孢子或细菌的芽孢。

　　细胞的生理状态对诱变处理也会产生很大的影响。细菌在对数期诱变处理效果较好；霉菌或放线菌的分生孢子一般都处于休眠状态，所以培养时间的长短对孢子影响不大，但稍加萌发后的孢子则可提高诱变效率。

　　在实际工作中，要得到均匀分散的细胞悬液，通常可用无菌的玻璃珠来打散成团的细胞，然后再用脱脂棉过滤。一般处理真菌的孢子或酵母细胞时，其悬浮液的浓度大约为10^6个/mL，细菌和放线菌孢子的浓度大约为10^8个/mL。另外，根据选用的诱变剂不同，菌悬液可用生理盐水或缓冲液配置。

（3）选择简便有效、最适剂量的诱变剂　诱变剂主要有两大类，即物理诱变剂和化学诱变剂。物理诱变剂如紫外线、X射线、γ射线和快中子等；化学诱变剂种类极多，主要有烷化剂、碱基类似物和吖啶类化合物。最常用的烷化剂有 N-甲基-N'-硝基-N-亚硝基胍（NTG）、甲基磺酸乙酯（EMS）、甲基亚硝基脲（NMU）、硫酸二乙酯（DES）和环氧乙烷等。

目前常用的诱变剂主要有紫外线（UV）、硫酸二乙酯、N-甲基-N'-硝基-N-亚硝基胍（NTG）和亚硝基甲基脲（NMU）等。后两种因有突出的诱变效果，所以被誉为"超诱变剂"。

剂量的选择受处理条件、菌种情况、诱变剂的种类等多种因素的影响。剂量一般指强度与作用时间的乘积。在育种实践中，常采用杀菌率来作各种诱变剂的相对剂量。

要确定一个合适的剂量，通常要进行多次试验。在实际工作中，突变率往往随剂量的增高而提高，但达到一定程度后，再提高剂量反而会使突变率下降。根据对紫外线、X射线和乙烯亚胺等诱变效应的研究结果，发现正变较多地出现在偏低的剂量中，而负变则较多地出现于偏高的剂量中，还发现经多次诱变而提高产量的菌株中，更容易出现负变。因此，在诱变育种工作中，目前比较倾向于采用较低的剂量。例如，过去在用紫外线作诱变剂时，常采用杀菌率为99％的剂量，而近年来则倾向于采用杀菌率为30％～75％的剂量。

（4）利用复合处理的协同效应　诱变剂的复合处理常呈现一定的协同效应，因而对育种有利。复合处理的方法包括两种或多种诱变剂的先后使用，同一种诱变剂的重复使用，两种或多种诱变剂的同时使用等。

（5）突变体的筛选　诱变处理使微生物群体中出现各种突变型，其中绝大多数是负变株。要获得预定的效应表型主要靠科学的筛选方案和筛选方法，一般要经过初筛和复筛两个阶段的筛选。

初筛一般通过平板稀释法获得单个菌落，然后对各个菌落进行有关性状的初步测定，从中选出具有优良性状的菌落。例如，对抗生素产生菌来说，选出抑菌圈大的菌落；对于蛋白酶产生菌来说，选出透明圈大的菌落。此法快速、简便，结果直观性强。缺点是培养皿的培养条件与三角瓶、发酵罐的培养条件相差大，两者结果常不一致。

复筛指对初筛出的菌株的有关性状作精确的定量测定。一般要在摇瓶或台式发酵罐中进行培养，经过精细的分析测定，得出准确的数据。突变体经过筛选后，还必须经过小型或中型的投产试验，才能用于生产。

3. 营养缺陷型突变株的筛选

营养缺陷型是指通过诱变产生的，由于发生了丧失某酶合成能力的突变，因而只能在加有该酶合成产物的培养基中才能生长的突变株。营养缺陷型的筛选与鉴定涉及下列几种培养基：基本培养基（MM，符号为［－］）是指仅能满足某微生物的野生型菌株生长所需的最低成分的合成培养基。完全培养基（CM，符号为［＋］）是指可满足某种微生物的一切营养缺陷型菌株的营养需要的天然或半合成培养基。补充培养基（SM，符号为［A］或［B］等）是指在基本培养基中添加某种营养物质以满足该营养物质缺陷型菌株生长需求的合成或半合成培养基。

营养缺陷型菌株不仅在生产中可直接作发酵生产核苷酸、氨基酸等中间产物的生产菌，而且在科学实验中也是研究代谢途径的好材料和研究杂交、转化、转导、原生质融合等遗传规律必不可少的遗传标记菌种。

营养缺陷型的筛选一般要经过诱变、淘汰野生型、检出和鉴定营养缺陷型四个环节。现分述如下。

第一步，诱变剂处理：与上述一般诱变处理相同。

第二步，淘汰野生型：在诱变后的存活个体中，营养缺陷型的比例一般较低。通过以下的抗生素法或菌丝过滤法就可淘汰为数众多的野生型菌株即浓缩了营养缺陷型。

抗生素法 有青霉素法和制霉菌素法等数种。青霉素法适用于细菌，青霉素能抑制细菌细胞壁的生物合成，杀死正在繁殖的野生型细菌，但无法杀死正处于休止状态的营养缺陷型细菌。制霉菌素法则适合于真菌，制霉菌素可与真菌细胞膜上的甾醇作用，从而引起膜的损伤，也是只能杀死生长繁殖着的酵母菌或霉菌。在基本培养基中加入抗生素，野生型生长被杀死，营养缺陷型不能在基本培养基中生长而被保留下来。

菌丝过滤法 适用于进行丝状生长的真菌和放线菌。其原理是：在基本培养基中，野生型菌株的孢子能发芽成菌丝，而营养缺陷型的孢子则不能。通过过滤就可除去大部分野生型，保留下营养缺陷型。

第三步，检出缺陷型：具体方法很多。用一个培养皿即可检出的，有夹层培养法和限量补充培养法；在不同培养皿上分别进行对照和检出的，有逐个检出法和影印接种法。可根据实验要求和实验室具体条件加以选用。现分别介绍如下。

夹层培养法 先在培养皿底部倒一薄层不含菌的基本培养基，待凝，添加一层混有经诱变剂处理菌液的基本培养基，其上再浇一薄层不含菌的基本培养基，经培养后，对首次出现的菌落用记号笔一一标在皿底。然后再加一层完全培养基，培养后新出现的小菌落多数都是营养缺陷型突变株（图 6-12）。

限量补充培养法 把诱变处理后的细胞接种在含有微量（<0.01%）蛋白胨的基本培养基平板上，野生型细胞就迅速长成较大的菌落，而营养缺陷型则缓慢生长成小菌落。若需获得某一特定营养缺陷型，可再在基本培养基中加入微量的相应物质。

逐个检出法 把经诱变处理的细胞群涂布在完全培养基的琼脂平板上，待长成单个菌落后，用接种针或灭过菌的牙签把这些单个菌落逐个整齐地分别接种到基本培养基平板和另一完全培养基平板上，使两个平板上的菌落位置严格对应。经培养后，如果在完全培养基平板的某一部位上长出菌落，而在基本培养基的相应位置上却不长，说明此乃营养缺陷型。

影印平板法 将诱变剂处理后的细胞群涂布在一完全培养基平板上，经培养长出许多菌落。用特殊工具——"印章"把此平板上的全部菌落转印到另一基本培养基平板上。经培养后，比较前后两个平板上长出的菌落。如果发现在前一培养基平板上的某一部位长有菌落，而在后一平板上的相应部位却呈空白，说明这就是一个营养缺陷型突变株（图 6-13）。

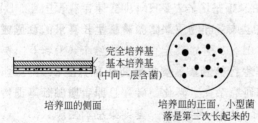

图 6-12 夹层培养法及结果

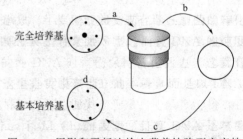

图 6-13 用影印平板法检出营养缺陷型突变株

第四步，鉴定缺陷型：可借生长谱法进行。生长谱法是指在混有供试菌的平板表面点加微量营养物，视某营养物的周围有否长菌来确定该供试菌的营养要求的一种快速、直观的方法。用此法鉴定营养缺陷型的操作是：把生长在完全培养液里的营养缺陷型细胞经离心和无菌水清洗后，配成适当浓度的悬液（如 $10^7 \sim 10^8$ 个/mL），取 0.1mL 与基本培养基均匀混合后，倾注在培养皿内，待凝固、表面干燥后，在皿背划几个区，然后在平板上按区加上微量待鉴定缺陷型所需的营养物粉末（用滤纸片法也可），例如氨基酸、维生素、嘌呤或嘧啶碱基等。经培养后，如发现某一营养物的周围有生长圈，就说明此菌就是该营养物的缺陷型突变株。用类似方法还可测定双重或多重营养缺陷型。

（四）基因工程技术用于菌种改良

自进入 20 世纪 70 年代后，由于分子生物学、分子遗传学和核酸化学等基础理论的发展，产生了一种新的育种技术——基因工程。基因工程又称遗传工程，是指人们利用分子生物学的理论和技术，自觉设计、操纵、改造和重建细胞的基因组，从而使生物体的遗传性状发生定向变异，以最大限度地满足人类活动的需要。这是一种自觉的、可人为操纵的体外 DNA 重组技术，是一种可达到超远缘杂交的育种技术，更是一种前景宽广、正在迅速发展的定向育种新技术。

基因工程的基本操作包括目的基因的取得，载体系统的选择，目的基因与载体重组体的构建，重组载体导入受体细胞，"工程菌"或"工程细胞株"的表达、检测以及实验室和一系列生产性试验等。其主要原理见图 6-14。

（1）目的基因的取得　选择目的基因的途径有 3 种：①选择适宜的供体细胞，以便从中采集分离到有生产意义的目的基因；②通过逆转录酶的作用由 mRNA 合成 cDNA（互补 DNA）；③用化学方法合成特定功能的基因。

（2）选择载体　载体必须具备下列几个条件：①是一个有自我复制能力的复制子；②能在受体细胞内大量增殖，有较高的复制率；③载体上最好只有一个限制性内切核酸酶的切口，使目的基因能固定地整合到载体 DNA 的一定位置上；④载体上必须有一种选择性遗传标记，以便及时把极少数"工程菌"选择出来。目前原核受体细胞的载体主要有细菌质粒（松弛型）和 λ 噬菌体两类。真核细胞受体的载体主要有 SV_{40} 病毒（动物）和 Ti 质粒（植物）。

（3）目的基因与载体 DNA 的体外重组　对目的基因与载体 DNA 均采用限制性内切酶处理，从而获得互补黏性末端或人工合成黏性末端。然后把两者放在较低的温度（5~6℃）下混合"退火"。由于每一种限制性内切酶所切断的双链 DNA 片段的黏性末端有相同的核苷酸组

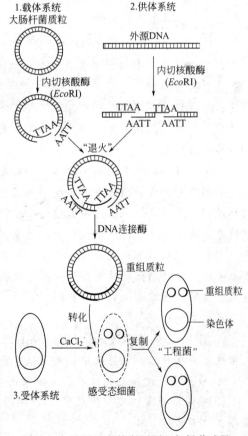

图 6-14　基因工程的主要原理与操作步骤

分，所以当两者相混时，凡黏性末端上碱基互补的片段，就会因氢键的作用而彼此吸引，重新形成双链。这时，在外加连接酶的作用下，供体的 DNA 片段与质粒 DNA 片段的裂口处被"缝合"，形成一个完整的有复制能力的环状重组体。

（4）重组载体引入受体细胞　体外反应生成的重组载体只有将其引入受体细胞后，才能使其基因扩增和表达。受体细胞可以是微生物细胞，也可以是动物或植物细胞。把重组载体 DNA 分子引入受体细胞的方法很多。若以重组质粒作为载体时，可以用转化的手段；若以病毒 DNA 作为重组载体时，则用感染的方法。

在理想情况下，上述重组载体进入受体细胞后，能通过自主复制而得到大量扩增，从而使受体细胞表达出供体基因所提供的部分遗传性状，受体细胞就成了"工程菌"。

基因工程虽是在 20 世纪 70 年代初才开始发展起来的一个遗传育种新领域，但由于它反映了时代的要求，因而进展极快。遗传基因的转移不仅在微生物之中取得很多成果，而且还能在动物、植物、微生物之间进行任意的、定向的和超远缘的分子杂交和高效表达。有人估计，用基因工程方法获取新种，要比自然进化的速度提高一亿至十亿倍。利用基因工程进行育种工作的出现，为遗传育种工作者提出了一系列具有吸引力的研究课题，同时也为有关工作展示了一幅光辉灿烂的美好前景。但是也应保持清醒的头脑，警惕它的某些潜在危险性，尤其要反对和防止试验一些使人失去战斗力的或极毒的"基因武器"来残害人民。

技能训练 27　从自然界筛选α-淀粉酶生产菌种

一、实验目的

1. 掌握从环境中采集样品的技术。

2. 掌握利用选择性培养基板分离微生物的基本操作技术。

二、实验原理

α-淀粉酶是一种液化型淀粉酶，广泛分布于自然界，尤其是在含有淀粉类物质的土壤等样品中。从自然界筛选菌种的具体做法，大致可以分成以下四个步骤：采样、增殖培养、纯种分离和性能测定。

为了获得某种微生物的纯培养，一般是根据该微生物对营养、酸碱度、氧等条件要求不同，而供给它适宜的培养条件，或加入某种抑制剂造成只利于此菌生长，而抑制其他菌生长的环境，从而淘汰其他一些不需要的微生物，再用稀释涂布平板法或稀释混合平板法或平板划线分离法等分离、纯化该微生物，直至得到纯菌株。

配制以淀粉为唯一碳源的培养基，在其上生长的即为淀粉分解菌。可利用碘液滴加在培养基表面，观察菌落的透明圈，以判断淀粉酶产生的能力大小。透明圈直径与菌落直径之比越大，说明产生淀粉酶的能力越强。

三、实验器材

1. 盛 9mL 无菌水的试管、盛 90mL 无菌水并带有玻璃珠的三角烧瓶、无菌玻璃涂棒、无菌吸管、接种环、无菌铁铲、无菌纸、无菌袋，无菌培养皿。

2. 培养基：淀粉琼脂培养基（附录Ⅲ-7），麸曲培养基（附录Ⅲ-14）。

3. 碘液：卢戈碘液（附录Ⅳ-3），碘原液（附录Ⅳ-9），标准稀碘液（附录Ⅳ-10），比色稀碘液（附录Ⅳ-11）。

4. 其他试剂：0.2% 可溶性淀粉液（附录Ⅳ-12），磷酸氢二钠-柠檬酸缓冲液 pH 6.0

（附录Ⅳ-13），标准糊精液（附录Ⅳ-14）。

四、实验方法

1. 分离纯化

① 采集土样　在淀粉厂周围以无菌铁铲取土壤样品，置于无菌牛皮纸袋中，标注时间、地点、周围环境等信息。

② 样品稀释　在无菌纸上称取样品 10g，放入 90mL 无菌水并带有玻璃珠的三角瓶中，振摇约 20min，使土样与水充分混合，将菌分散。用一支 1mL 无菌吸管从中吸取 1mL 土壤悬液注入盛有 9mL 无菌水的试管中，震荡混匀。然后换一支 1mL 无菌吸管从此试管中吸取 1mL 注入另一盛有 9mL 无菌水的试管中，依此类推制成 10^{-1}、10^{-2}、10^{-3}、10^{-4}、10^{-5}、10^{-6} 各种稀释度的土壤溶液。

③ 分离　将上述淀粉培养基的三个平板底面分别用记号笔写上 10^{-4}、10^{-5} 和 10^{-6} 三种稀释度，然后用三支 1mL 无菌吸管分别由 10^{-4}、10^{-5} 和 10^{-6} 三管土壤稀释液中各吸取 0.2mL 对号放入已写好稀释度的平板中，用无菌玻璃涂棒在培养基表面轻轻地涂布均匀。

④ 培养　将培养基平板倒置于 28℃ 温室中培养 48h。

⑤ 检查　利用卢戈碘液滴加在培养基表面，观察菌落的透明圈，以判断淀粉酶产生的能力大小。透明圈直径与菌落直径之比越大，说明产生淀粉酶的能力越强。将产生淀粉酶能力强的菌落分别挑取接种到斜面上，分别置 28℃ 培养，待菌苔长出后，检查菌苔是否单纯，也可用显微镜涂片染色检查是否是单一的微生物，若有其他杂菌混杂，就要再一次进行分离、纯化，直到获得纯培养。

2. 麸曲培养

取纯化菌落斜面中加入 5mL 无菌水制成菌悬液，取 2mL 接种至麸曲培养基中，搅匀后，36℃ 培养 24h。

3. 酶活测定

① 制备酶液　在已成熟的麸曲三角瓶中，加水 100mL，搅匀，置 30℃ 水浴 30min，用滤纸过滤，滤液即细菌 α-淀粉酶液，待测。

② 测定　在三角瓶中，加入 0.2% 可溶性淀粉溶液 2mL，缓冲液 0.5mL，在 60℃ 水浴中 10min 平衡温度，加入 3mL 酶液，充分混匀，即刻记时，定时取出一滴反应液于比色板穴中，穴中先盛有比色稀碘液，当由紫色逐渐变为棕橙色，与标准比色管颜色相同，即为反应终点，记录时间（t），单位为分钟。

③ 计算　淀粉酶活力单位 $= (60/t) \times 2 \times 0.002 \times n/3$　（式中 n 是酶的稀释倍数）。

酶活力定义：1g 或 1mL 酶制剂或酶液于 60℃，在 1h 内液化可溶性淀粉的质量（g）表示淀粉酶的活力单位 $\{g/[g(\text{或 }mL) \cdot h]\}$。

注意：淀粉液应当天配制使用，不能久贮。测定液化时间应控制在 2～3min 内。

五、实验结果与讨论

1. 绘制淀粉酶产生菌的菌体形态图，描述其菌落培养特征和 α-淀粉酶产生能力。

2. 经过一次分离的菌种是否为纯种？不纯怎么办？采用哪种分离方法比较合适？

3. 如果要分离得到极端嗜盐细菌，在什么地方取样品为宜？并说明其理由。

 ## 技能训练 28　蛋白酶高产菌株的选育

一、实验目的

1. 了解微生物的突变机理。

2. 掌握紫外线诱变育种的方法和原理。

3. 掌握微生物突变株的筛选、检出和鉴定方法。

二、实验原理

紫外线是常用的诱变剂之一，其引起基因突变的机理在于直接作用和间接作用。直接作用是由于遗传物质核酸在紫外线波长 260nm 处有最大的吸收，而导致 DNA 链的断裂、形成胸腺嘧啶二聚体等效应的遗传物质的直接损伤；间接作用则是紫外线造成细胞内的水电离，产生各种自由基，跟遗传物质发生作用。

采用紫外线诱变时，一般选用 15W 低功率紫外灯，照射强度取决于照射时间和照射距离两因素，一般照射距离控制在 30cm 左右，照射时间控制在使微生物致死率在 80％ 左右。经紫外线照射引起突变的 DNA 能被可见光复活，因此在进行紫外线诱变育种时，只能在红光下进行照射，并将照射处理后的菌液放置在黑暗中培养。

采用紫外线对沪酿 3042 菌株的分生孢子进行诱变处理，以酪素平板上菌落周围呈现的酪素水解透明圈直径与菌落直径之比值作为初筛的指标，再通过摇瓶培养进行复筛，测定蛋白酶的含量，选育出蛋白酶活力比出发菌株高的突变株。

三、实验器材

1. 菌种：米曲霉沪酿 3042。

2. 培养基：豆芽汁蔗糖培养基（附录Ⅲ-15）、酪素培养基（附录Ⅲ-16）、麸曲培养基 2（附录Ⅲ-17）。

3. 试剂：标准酪氨酸溶液（50μg/mL）、0.55mol/L 碳酸钠、Folin-酚试剂、0.5％酪蛋白溶液、10％三氯醋酸溶液等。

4. 设备及其他：超净工作台、诱变箱、磁力搅拌器、涂布器、玻璃珠、试管、培养皿、血细胞计数板等。

四、实验方法

1. 出发菌株的选择

选择生长快、适合固体曲培养、蛋白酶活力较高的沪酿 3042，经分离纯化转接至豆芽汁斜面培养基中，30℃培养 3～5d 活化，待孢子丰满备用。

2. 诱变处理

① 菌悬液制备　在生长良好的纯种斜面上加入 0.1mol/L pH 6.0 的无菌磷酸缓冲液，洗下孢子，移入装有玻璃珠的三角瓶中，振荡使孢子散开，用垫有脱脂棉的灭菌漏斗过滤，制成孢子悬液，用血细胞计数板计数，调整孢子浓度为 10^6 个/mL。

② 紫外线诱变处理　取 10mL 孢子悬液于直径 9cm 培养皿中（带磁棒），同时制作 5份，置于诱变箱磁力搅拌器上，照射时间分别为 15s、30s、1min、2min、5min；如实验室没有诱变箱，可以超净工作台替代，以红光照明。打开紫外灯预热 20min，将培养皿平放在离紫外灯 30cm（垂直距离）处的磁力搅拌器上，照射 1min 后打开培养皿盖，开始搅拌并照射，即时计算时间。紫外线照射时注意保护眼睛和皮肤。

③ 中间培养　取 1mL 处理液转入装有 20mL 豆芽汁蔗糖液体培养基的 250mL 三角瓶中，避光 30℃振荡培养过夜。

④ 稀释菌悬液　取中间培养过的菌液 1mL 进行适当稀释（以每平板 10～12 个菌落为宜），取 0.1mL 稀释液涂布于酪素平板并静置，待菌液渗入培养基后倒置，30℃恒温培养

$2\sim3d$。

3. 优良菌株的筛选

① 初筛　首先观察在菌落周围出现的透明圈大小，并测量其菌落直径与透明圈直径之比，选择比值大且菌落直径也大的菌落 $40\sim50$ 个，接入斜面，30℃培养 $2\sim3d$，待长好后于冰箱中保存，作为复筛菌株。

② 平板复筛　分别倒酪素培养基平板，在每个平皿的背面用红笔划线分区，从圆心划线至周边分成 8 等份，$1\sim7$ 份中点种初筛菌株，第 8 份点种原始菌株，作为对照。培养 48h 后即可见生长，若出现明显的透明圈，即可按初筛方法检测，获得数株二次优良菌株，进大摇瓶复筛阶段。

③ 摇瓶复筛　将平板复筛出的菌株接入麸曲培养基中，摇匀于 30℃下培养 $12\sim13h$ 至麸曲表面呈现少量白色菌丝时，进行第一次摇瓶，使物料松散，以便排出曲料中的 CO_2 和降温，有利于菌丝生长。继续培养至 18h，进行第二次摇瓶，之后继续培养至 30h 为止。测定麸曲中的蛋白酶活性。经复筛后选择 1 株高产优良菌株。

4. 蛋白酶活力的测定

① 取样　培养后随机称取以上摇瓶培养物 1g，加蒸馏水 100mL（或 200mL），40℃水浴，浸酶 1h，取上清浸液测定酶活性。另取 1g 培养物于 105℃烘干测定含水量。

② 酶活力测定　30℃ pH 7.5 条件下水解酪蛋白（底物为 0.5% 酪蛋白），每分钟产酪氨酸 $1\mu g$ 为一个酶活力单位。

酪氨酸标准曲线的制作　取 6 支试管（标号 0，$1\sim5$），按顺序分别加入 0.00mL，0.20mL，0.40mL，0.60mL，0.80mL 和 1.00mL 标准酪氨酸溶液（$50\mu g/mL$），再用水补足到 1.00mL，摇匀后各加入 0.55mol/L 碳酸钠 5.0mL，摇匀。依次加入 Folin-酚试剂 1.00mL，摇匀并计时，于 30℃水浴锅中保温 15min。然后 680nm 处测定吸光值（以 0 号管作对照）。以酪氨酸含量（μg）作横坐标，吸光值为纵坐标绘制酪氨酸标准曲线。

酶反应　取一支试管，加入 2.0mL 0.5% 的酪蛋白溶液，于 30℃水浴中预热 5min，再加入 1.0mL 已预热好的米曲霉突变株蛋白酶液，立即计时，水浴中准确保温 10min，从水浴中取出后，立即加入 2.0mL 的 10% 三氯醋酸溶液，摇匀静置数分钟，干滤纸过滤，收集滤液（A 样品液）。另取一试管，先加入 1.0mL 已预热好的米曲霉突变株蛋白酶液和 2.0mL 的 10% 三氯醋酸溶液，摇匀，放置数分钟，再加入 2.0mL 0.5% 的酪蛋白溶液，然后于 30℃水浴保温 10min，同样干滤纸过滤，收集滤液（A 对照液）。以上两过程，应各做一次平行实验。

滤液中酪氨酸含量的测定　取 3 支试管，分别加入 1.0mL 水、1.0mL A 样品液、1.0mL A 对照液，然后各加入 5.0mL 0.55mol/L 碳酸钠溶液和 1.00mL Folin-酚试剂，摇匀按标准曲线制作方法保温并测定吸光度值。根据吸光度值，由标准曲线查出 A 样品液、A 对照液中酪氨酸含量差值，根据计算公式即可推算出酶活力单位。

计算公式为：蛋白酶的活力单位 = (A 样品 OD_{680} 值 − A 对照 OD_{680} 值) $\times K \times V/T \times N$

式中，K 为标准曲线上 A 样品 OD_{680} 值 = 1 时对应的酪氨酸质量，μg；V 为酶促反应的总体积，mL；T 为酶促反应时间，min；N 为酶的稀释倍数。

五、实验结果与讨论

1. 试列表说明高产蛋白酶菌株的筛选过程和结果。

2. 中间培养的作用是什么？

3. 试述紫外线诱变的作用机理及其在具体操作中应注意的问题。

📖 复习参考题

一、名词解释

遗传型、表型、变异、突变率、营养缺陷型、野生型、点突变、光复活作用、诱变剂、基本培养基、完全培养基、补充培养基、基因重组、接合、转化、原生质体融合、基因工程

二、问答题

1. 证明核酸是遗传变异物质基础的经典实验有哪几个？请举出其中之一详细加以说明。

2. 试从不同水平来认识遗传物质在细胞内的存在方式。

3. 基因突变有何特点？突变有哪几种类型？

4. 诱发突变的机制是什么？

5. 试述紫外线的诱变机制及其光复活作用。

6. 什么是诱变育种，其有哪些环节？

7. 为什么在进行诱变处理时，要把成团的微生物细胞或孢子制成充分分散的单细胞或孢子悬液？

8. 如何挑选优良的出发菌株？如何选择合适的诱变剂及剂量？

9. 试述筛选营养缺陷型的主要步骤和方法。

10. 原核微生物与真核微生物各有哪些基因重组形式？

11. 试述转化的过程及机制。

12. 原生质体融合育种的步骤是什么？

13. 什么叫基因工程？它的基本操作步骤是什么？

14. 基因工程在哪些领域得到应用及其发展前景如何？

15. 设计一种从自然界中筛选高温淀粉酶产生菌的试验方案，并解释主要步骤的基本原理。

第七单元　微生物菌种保藏技术

模块一　菌种的衰退和复壮

在微生物的基础研究和应用研究中，选育一株理想的菌株是一件艰苦的工作，而欲使菌种始终保持优良性状的遗传稳定性，便于长期使用，还需要做很多日常的工作。实际上，由于各种各样的原因，要使菌种永远不变是不可能的，菌种衰退是一种潜在的威胁。只有掌握了菌种衰退的某些规律，才能采取相应的措施，尽量减少菌种的衰退或使已衰退的菌种得以复壮。

一、菌种的衰退

1. 菌种衰退的现象

菌种衰退（degeneration）是指由于自发突变的结果，而使某物种原有的一系列生物学性状发生量变或质变的现象。菌种衰退的具体表现有以下几个方面。

（1）菌落和细胞形态改变　每一种微生物在一定的培养条件下都有一定的形态特征，如果典型的形态特征逐渐减少，就表现为衰退。例如，泾阳链霉菌"5406"的菌落原来为凸形变成了扇形、帽形或小山形；孢子丝由原来螺旋形变成波曲形或直形，孢子从椭圆形变成圆柱形等。

（2）生长速度缓慢，产孢子越来越少　例如，"5406"的菌苔变薄，生长缓慢（半个月以上才长出菌落），不产生丰富的橘红色的孢子层，有时甚至只长些黄绿色的基内菌丝。

（3）代谢产物生产能力的下降，即出现负突变　例如，黑曲霉糖化力、放线菌抗生素发酵单位的下降以及各种发酵代谢产物量的减少等，在生产上是十分不利的。

（4）致病菌对宿主侵染能力下降　例如白僵菌对宿主致病能力的降低等。

（5）对外界不良条件（包括低温、高温或噬菌体侵染等）抵抗能力的下降等　例如抗噬菌体菌株变为敏感菌株等。

值得指出的是，有时培养条件的改变或杂菌污染等原因会造成菌种衰退的假象，因此在实践工作中一定要正确判断菌种是否退化，这样才能找出正确的解决办法。

2. 菌种衰退的原因

菌种衰退不是突然发生的，而是从量变到质变的逐步演变过程。开始时，在群体细胞中仅有个别细胞发生自发突变（一般均为负变），不会使群体菌株性能发生改变。经过连续传代，群体中的负变个体达到一定数量，发展成为优势群体，从而使整个群体表现为严重的衰退。经分析发现，导致这一现象的原因有以下几方面。

（1）基因突变

① 有关基因发生负突变导致菌种衰退　菌种衰退的主要原因是有关基因的负突变。如果控制产量的基因发生负突变，则表现为产量下降；如果控制孢子生成的基因发生负突变，则产生孢子的能力下降。菌种在移种传代过程中会发生自发突变。虽然自发突变的频率很低

187

（一般为 $10^{-6} \sim 10^{-9}$），尤其是对于某一特定基因来说，突变频率更低。但是由于微生物具有极高的代谢繁殖能力，随着传代次数增加，衰退细胞的数目就会不断增加，在数量上逐渐占优势，最终成为一株衰退了的菌株。

② 表型延迟造成菌种衰退　表型延迟现象也会造成菌种衰退。例如在诱变育种过程中，经常会发现某菌株初筛时产量较高，进行复筛时产量却下降了。

③ 质粒脱落导致菌种衰退　质粒脱落导致菌种衰退的情况在抗生素生产中较多，不少抗生素的合成是受质粒控制的。当菌株细胞由于自发突变或外界条件影响（如高温），致使控制产量的质粒脱落或者核内 DNA 和质粒复制不一致，即 DNA 复制速度超过质粒，经多次传代后，某些细胞中就不具有对产量起决定作用的质粒，这类细胞数量不断提高达到优势，则菌种表现为衰退。

（2）连续传代　连续传代是加速菌种衰退的一个重要原因。一方面，传代次数越多，发生自发突变（尤其是负突变）的概率越高；另一方面，传代次数越多，群体中个别的衰退型细胞数量增加并占据优势越快，致使群体表型出现衰退。

（3）不适宜的培养和保藏条件　不适宜的培养和保藏条件是加速菌种衰退的另一个重要原因。不良的培养条件如营养成分、温度、湿度、pH、通气量等和保藏条件如营养、含水量、温度、氧气等，不仅会诱发衰退型细胞的出现，还会促进衰退细胞迅速繁殖，在数量上大大超过正常细胞，造成菌种衰退。

3. 菌种衰退的防止

根据菌种衰退原因的分析，可以制定出一些防止衰退的措施，主要从以下几方面考虑。

（1）控制传代次数　意即尽量避免不必要的移种和传代，将必要的传代降低到最低限度，以减少自发突变的发生率。一套良好的菌种保藏方法可大大减少不必要的移种和传代次数。

（2）创造良好的培养条件　创造一个适合原种的良好培养条件，可以防止菌种衰退。如培养营养缺陷型菌株时应保证适当的营养成分，尤其是生长因子；培养一些抗性菌时应添加一定浓度的药物于培养基中，使回复的敏感型菌株的生长受到抑制，而生产菌能正常生长；控制好碳源、氮源等培养基成分和 pH、温度等培养条件，使之有利于正常菌株生长，限制退化菌株的数量，防止衰退。例如，利用菟丝子的种子汁培养"鲁保一号"真菌可防止其退化；在赤霉素生产菌藤仓赤霉的培养基中，加入糖蜜、天冬酰胺、谷氨酰胺、5-核苷酸或甘露醇等丰富营养物时，也有防止菌种衰退的效果；此外，将培养栖土曲霉（*Aspergillus terricola*）3.942 的温度从 $28 \sim 30℃$ 提高到 $33 \sim 34℃$，可防止其产孢子能力的衰退。

（3）利用不易衰退的细胞移种传代　在放线菌和霉菌中，由于它们的菌丝细胞常含几个细胞核，甚至是异核体，因此用菌丝接种就会出现不纯和衰退，而孢子一般是单核的，用它接种时，就不会发生这种现象。在实践中，若用灭过菌的棉团轻巧地对放线菌进行斜面移种，由于避免了菌丝的接入，因而达到了防止衰退的效果；另外，有些霉菌（如构巢曲霉）若用其分生孢子传代就易衰退，而改用子囊孢子移种则能避免衰退。

（4）采用有效的菌种保藏方法　有效的菌种保藏方法是防止菌种衰退的极其必要的措施。在实践中，应当有针对性地选择菌种保藏的方法。例如，啤酒酿造中常用的酿酒酵母，保持其优良发酵性能最有效的保藏方法是 $-70℃$ 低温保藏，其次是 $4℃$ 低温保藏，若采用对于绝大多数微生物保藏效果很好的冷冻干燥保藏法和液氮保藏法，其效果并不理想。

一般斜面冰箱保藏法只适用于短期保藏，而需要长期保藏的菌种，应当采用砂土管保藏法、冷冻干燥保藏法及液氮保藏法等方法。对于比较重要的菌种，尽可能采用多种保藏方法。

工业生产用菌种的主要性状都属于数量性状，而这类性状恰是最易衰退的。即使在较好的保藏条件下，还是存在这种情况。例如链霉素产生菌——灰色链霉菌的菌种保藏即使是用冷冻干燥保藏法等现今较好的方法，还是会出现这类情况。由此说明有必要研究和采用更有效的保藏方法以防止菌种的衰退。

（5）定期进行分离纯化 定期进行分离纯化，对相应指标进行检查，也是有效防止菌种衰退的方法。此方法将在菌种复壮部分介绍。

二、菌种的复壮

1. 复壮

从菌种衰退的本质可以看出，通常在已衰退的菌种中存在有一定数量尚未衰退的个体。

狭义的复壮是指在菌已经发生衰退的情况下，通过纯种分离和测定典型性状、生产性能等指标，从已衰退的群体中筛选出少数尚未退化的个体，以达到恢复原菌株固有性状的相应措施。

广义的复壮是指在菌种的典型特征或生产性状尚未衰退前，就经常有意识地采取纯种分离和生产性状测定工作，以期从中选择到自发的正突变个体。

由此可见，狭义的复壮是一种消极的措施，而广义的复壮是一种积极的措施，也是目前工业生产中积极提倡的措施。

2. 菌种复壮的主要方法

（1）纯种分离法 通过纯种分离，可将衰退菌种细胞群体中一部分仍保持原有典型性状的单细胞分离出来，经扩大培养，就可恢复原菌株的典型性状。常用的分离纯化的方法可归纳成两类：一类较粗放，只能达到"菌落纯"的水平，即从种的水平来说是纯的。例如采用稀释平板法、涂布平板法、平板划线法等方法获得单菌落。另一类是较精细的单细胞或单孢子分离方法。它可以达到"细胞纯"即"菌株纯"的水平。后一类方法应用较广，种类很多，既有简单的利用培养皿或凹玻片等作分离室的方法，也有利用复杂的显微操纵器的纯种分离方法。对于不长孢子的丝状菌，则可用无菌小刀切取菌落边缘的菌丝尖端进行分离移植，也可用无菌毛细管截取菌丝尖端单细胞进行纯种分离。

（2）宿主体内复壮法 对于寄生性微生物的衰退菌株，可通过接种到相应昆虫或动植物宿主体内来提高菌株的毒性。例如，苏云金芽孢杆菌经过长期人工培养会发生毒力减退、杀虫率降低等现象，可用退化的菌株去感染菜青虫的幼虫，然后再从病死的虫体内重新分离典型菌株。如此反复多次，就可提高菌株的杀虫率。根瘤菌属经人工移接，结瘤固氮能力减退，将其回接到相应豆科宿主植物上，令其侵染结瘤，再从根瘤中分离出根瘤菌，其结瘤固氮性能就可恢复甚至提高。

（3）淘汰法 将衰退菌种进行一定的处理（如药物、低温、高温等），往往可以起到淘汰已衰退个体而达到复壮的目的。如有人曾将"5406"的分生孢子在低温（$-10 \sim -30℃$）下处理 $5 \sim 7d$，使其死亡率达到 80%，结果发现在抗低温的存活个体中留下了未退化的健壮个体。

（4）遗传育种法 即把退化的菌种，重新进行遗传育种，从中再选出高产而不易退化的稳定性较好的生产菌种。

模块二　菌种的保藏

一、菌种保藏的目的和原理

微生物菌种资源是自然科技资源的重要组成部分，是生物多样性的重要体现，也是微生物科学研究、教学及生物技术产业持续发展的基础，在国民经济建设中发挥重要作用。微生物菌种收集、整理、保藏是一项基础性、公益性工作，微生物资源的收集和保藏具有重要意义，可以为科技工作者从事科研活动提供物质基础，为政府决策提供依据。微生物纯培养的收集、分类和管理，兼具活标本馆、基因库的作用。

1. 菌种保藏的目的

广泛收集在科学研究与生产中有价值的菌种；研究它们的生物学特性；研究和采取妥善的保藏方法，使菌种不死、不污染并尽可能少发生变异；编制菌种目录，为掌握和利用微生物资源提供依据。

2. 菌种保藏的原理

选择适宜的培养基、培养温度和菌龄，以便得到健壮的细胞或孢子；保藏于低温、隔氧、干燥、避光的环境中，尽量降低或停止微生物的代谢活动，减慢或停止生长繁殖；不被杂菌污染，在较长时期内保持着生活能力。

3. 菌种保藏的要求

① 应针对保藏菌株确定适宜的保藏方法。

② 同一菌株应选用两种或两种以上方法进行保藏。

③ 只能采用一种保藏方法的菌株或细胞株必须备份并存放于两个以上的保藏设备中。

④ 菌种保藏方法参照相应的标准操作规程。

⑤ 菌种的入库和出库应记录入档，实行双人负责制管理。

⑥ 重要菌种应异地保藏备份。

⑦ 高致病性病原微生物和专利菌种应由国家指定的保藏机构保藏。

⑧ 菌种保藏设施应确保正常运行，设专人负责管理，定期检修维护。

⑨ 菌种保藏设施应有备用电源，防止断电事故发生。

⑩ 保藏机构要定期检查菌种保藏效果，有污染或退化迹象时，要及时分离纯化复壮。每次检查要有详细记录。

⑪ 废弃物的处置参照 GB 19489《实验室　生物安全通用要求》的有关规定执行。

二、菌种保藏的方法

各种微生物由于遗传特性不同，因此适合采用的保藏方法也不一样。一种良好的有效保藏方法，首先应能保持原菌种的优良性状长期不变，同时还须考虑方法的通用性、操作的简便性和设备的普及性。下面介绍几种常用的菌种保藏方法。

1. 定期移植法

将菌种接种于所要求的培养基上，在最适温度中培养，至静止期或产生成熟的孢子时，置入 4℃ 的冰箱（或冰库）保藏。在培养和保藏的过程中，由于代谢产物的累积而改变了原菌的生活条件，结果菌落群体中的个体就不断衰老和死亡，因此每 1～6 个月重新移植一次，具体间隔时间因种而异。凡能人工培养的微生物都可用此法保藏。此法不需特殊设备，但烦琐、费时，而且经常移植容易引起菌种退化。

2. 液体石蜡法

将化学纯的液体石蜡（矿油）经高压蒸汽灭菌，放在40℃恒温箱中蒸发其中的水分，然后注入斜面培养物中，使液面高出斜面约1cm。将试管直立，放在室温或4～6℃低温中保藏。由于在斜面培养物上覆盖一层液体，既能隔绝空气，又能防止培养基因水分蒸发而干燥，可以延长菌种保藏的时间。但注入的液体必须不与培养基混溶、对菌种无毒、不易被利用和挥发。此法适用于酵母菌、芽孢杆菌；不适用于固氮菌、乳酸杆菌、明串珠菌、法门氏菌和毛霉目中的大多数属种。此法简便易行，但必须注意防火和污染。

3. 沙土管法

将沙或土过筛、烘干、装管、灭菌、然后将菌种制成孢子悬液滴入其中混匀，放到盛氯化钙的干燥器里吸除水分，干燥后保藏或用火焰封管后保藏。吸附在干燥沙土上的孢子因缺水而处于休眠状态，可保藏较长时期。此法适用于芽孢杆菌、梭状芽孢杆菌、放线菌、镰刀菌等。

4. 麸皮法

将麸皮制成培养基，培养要保藏的菌种。待生长良好后，置干燥器中保藏。这是根据中国酿造酒、醋、酱时制曲的经验所采用的一种保藏方法，适用于谷物微生物区系中的种类。

5. L-干燥法

又称液体干燥法或真空干燥法，用含3％谷氨酸钠的0.1mol/L磷酸缓冲溶液（pH 7.0）做分散媒，将待保藏的微生物制成高浓度的细胞悬液，滴入无菌安瓿瓶中，每管0.05mL；将安瓿瓶固定在多歧管上，并以水浴保持安瓿瓶内样品温度为10℃，在13.3～1.3Pa的真空度下干燥，火焰封管保藏。此法不经冻结，用真空泵迅速抽干，可避免菌种的冻伤或死亡。广泛应用于病毒、噬菌体、细菌、酵母菌、蓝藻、原生动物等。

6. 梭氏法

将容有1滴细胞悬液的小管，置于盛有氢氧化钾或五氧化二磷吸水剂的大试管中，用真空泵抽至1.3Pa时，将大试管密封保藏。这是为减少细胞死亡率而采取的一种不经冻结、缓慢脱水的干燥保藏法，适用于多种细菌、真菌。

7. 冷冻干燥法

将细胞悬液每0.1～0.2mL注入一无菌安瓿瓶，于-40℃预冻1h，再于-20～-30℃、真空度为13.3Pa的条件下脱水。在脱水过程后期，安瓿瓶外温度可逐渐升至25℃。脱水后的样品含水量应在3％以下。最后，将安瓿瓶保持真空度1.3Pa，用火焰熔封，置4℃保藏。为防止细胞在冻结和脱水过程中损伤或死亡，要用保护剂制备细胞悬液。保护剂有脱脂牛奶、血清、10％蔗糖或葡萄糖溶液等，其作用是通过氧和离子键对水和细胞所产生的亲合力来稳定细胞成分的构型。此法适用于病毒、衣原体、支原体、细菌、放线菌、酵母菌、丝状真菌等的长期保藏，是当前保藏菌种的一个重要方法。但是，盐杆菌、发光杆菌、黏杆菌、阿舒囊霉、多囊霉、担子菌中的大多数属种不适用于此法保藏。

8. 液氮超低温法

用甘油或二甲基亚砜（DMSO）作保护剂制备细胞悬液，分装入无菌安瓿瓶，每管0.2mL，在控制温度下降速率为1℃/min的条件下预冻至-40℃，然后立即放入液氮生物贮存罐中气相（-150℃）或液相（-196℃）保藏。恢复培养时，先直接浸入38℃水浴中解冻5～10min，再接种于适宜培养基内培养。这是根据在低于-130℃时一切生化反应处于停止状态、微生物也不能进行代谢活动而设计的冻结法。为避免冻死、冻伤和细胞内形成大量冰晶，用保护剂制备悬液并控制预冻时的冷却速率和解冻时融化速率。微生物的大多数属种适于慢速冻结和快速解冻。此法适用于病毒、支原体、各种细菌、放线菌、酵母菌、丝状真菌、蓝藻等。

三、菌种保藏的分工和机构

菌种保藏可按微生物各分支学科的专业性质分为普通、工业、农业、医学、兽医、抗生素等保藏中心。此外，也可按微生物类群进行分工，如沙门菌、弧菌、根瘤菌、乳酸杆菌、放线菌、酵母菌、丝状真菌、藻类等保藏中心。

菌种是一个国家的重要资源，世界各国都对菌种极为重视，设置了各种专业性的菌种保藏机构。目前，世界上约有 550 个菌种保藏机构。其中著名的有美国菌种保藏中心（简称ATCC，马里兰），1925 年建立，是世界上最大的、保藏微生物种类和数量最多的机构，保藏病毒、衣原体、细菌、放线菌、酵母菌、真菌、藻类、原生动物等，都是典型株；荷兰真菌菌种保藏中心（简称 CBS，得福特），1904 年建立，保藏酵母菌、丝状真菌，大多是模式株；英国全国菌种保藏中心（简称 NCTC，伦敦），保藏医用和兽医用病原微生物；英联邦真菌研究所（简称 CMI，萨里郡），保藏真菌模式株、生理生化和有机合成等菌种；日本大阪发酵研究所（简称 IFO，大阪），保藏普通和工业微生物菌种；美国农业部北方利用研究开发部（北方地区研究室，简称 NRRL，伊利诺伊州皮契里亚），收藏农业、工业、微生物分类学所涉及的菌种，包括细菌、丝状真菌、酵母菌等。

1970 年 8 月在墨西哥城举行的第 10 届国际微生物学代表大会上成立了世界菌种保藏联合会（简称 WFCC），同时确定澳大利亚昆士兰大学微生物系为世界资料中心。这个中心用电子计算机存储全世界各菌种保藏机构的有关情报和资料，1972 年出版《世界菌种保藏名录》。

中国于 1979 年成立了中国微生物菌种保藏管理委员会（简称 CCCCM，北京）。

1. 国内主要菌种保藏机构（表 7-1）

表 7-1　国内主要菌种保藏机构

单位简称	单位名称	单位简称	单位名称
CCCCM	中国微生物菌种保藏管理委员会	NICPBP	卫生部药品生物制品检定所
CGMCC	中国普通微生物菌种保藏中心	—	中国预防医学科学院病毒研究所
AS	中国科学院微生物研究所	CACC	中国抗生素微生物菌种保藏中心
AS-IV	中国科学院武汉病毒研究所	IMB	中国医学科学院医药生物技术研究所
ACCC	中国农业微生物菌种保藏中心	SIA	四川抗生素研究所
ISF	中国农业科学院土壤与肥料研究所	IANP	华北制药厂抗生素研究所
CICC	中国工业微生物菌种保藏中心	CVCC	中国兽医微生物菌种保藏中心
IFFI	中国食品发酵工业研究院	NCIVBP	农业部兽药监察研究所
CMCC	中国医学微生物菌种保藏中心	CFCC	中国林业微生物菌种保藏中心
ID	中国医学科学院皮肤病研究所	RIF	中国林业科学院林业研究所

2. 国外部分菌种保藏机构（表 7-2）

表 7-2　国外部分菌种保藏机构

单位简称	单位名称	单位简称	单位名称
ATCC	美国典型培养物收藏中心	NCTC	国家典型菌种保藏中心(英国)
NRRL	北方开发利用研究部(美国)	IAM	东京大学应用微生物研究所(日本)
CBS	霉菌中心保藏所(荷兰)	CCTM	法国典型微生物保藏中心

单位简称	单位名称	单位简称	单位名称
NCIB	英国国立工业细菌菌库	CMI	英联邦真菌研究所
IFO	大阪发酵研究所（日本）	SSI	国立血清研究所（丹麦）
CSH	冷泉港实验室（美国）	WHO	世界卫生组织

四、菌种的获取方法

微生物菌种在食品、医药、化工、农业等领域生产研究中具有重要价值。微生物菌种可以根据自己的需求从自然界（如土壤）中自行分离培养，同时也可以从国内外各菌种保藏中心直接购买。二者获得菌种的方式各有千秋，从自然界中分离菌种选择范围广，成本较低，但是菌种的分离纯化及后期菌种鉴定工作烦琐。从菌种保藏中心购买菌种，成本较自然分离高，但是省去了菌种分离纯化工作，而且由于购买的菌种分类信息准确，可以省去后期菌种鉴定的烦琐工作。

当用户有菌种购买需求时，可以利用菌种保藏机构网站的菌种检索功能根据自己的需求进行搜索。比如可以通过菌种的中文名称、拉丁名称或者菌种用途等进行搜索，然后从搜索结果中挑选自己满意的菌种；也可以电话联系工作人员，将自己的菌种购买要求告知，让工作人员推荐菌种。各个菌种保藏机构订购流程大同小异，以中国普通微生物保藏管理中心（简称 CGMCC）为例进行介绍。

CGMCC 仅受理注册用户的订购申请，非注册用户应首先办理用户注册手续。非CGMCC 注册用户应先阅读并签署《微生物遗传资源提供和利用协议书》及《数据利用协议》，并填写《用户注册登记表》一式两份，将完成的文件邮寄至 CGMCC；收到 CGMCC发出的《新用户注册通知书》和 CGMCC 寄回的《微生物遗传资源提供和利用协议书》及《数据利用协议》各一份。成功注册的 CGMCC 用户可以采取网上订购方式，或者查阅 CG-MCC 菌种目录或通过网站数据库查询所需菌株的保藏编号及相关资料，选择所需购买的菌种，记录预购买菌株的名称及 CGMCC 保藏编号，填写《菌种订购单》。通过邮寄、支票或者亲临 CGMCC 交纳现金完成缴费，并将《菌种订购单》连同缴费凭证邮寄或传真至 CGM-CC，或亲临 CGMCC 购买。CGMCC 将在收到注册用户缴费后寄出菌种、菌种供应清单、发票、冷干菌种安瓿管的开启说明、培养基配方、其他必要的处理、操作说明等。

技能训练 29　菌种保藏

一、实验目的

1. 掌握菌种保藏的基本原理。

2. 学习并掌握各种菌种保藏的操作技术及适用范围。

二、实验原理

微生物个体微小，代谢活跃，生长繁殖快，如果保藏不妥容易发生变异，或被其他微生物污染，甚至导致细胞死亡，这种现象屡见不鲜。菌种的长期保藏对任何微生物学工作者都是很重要的，而且也是非常必要的。

自 19 世纪末 F. Kral 开始尝试微生物菌种保藏以来已建立了许多长期保藏菌种的方法。虽不同的保藏方法其原理各异，但基本原则是使微生物的新陈代谢处于最低或几乎停止的状态。保藏方法通常基于温度、水分、通气、营养成分和渗透压等方面考虑。

随着分子生物学发展的需要，基因工程菌株的保藏已成为菌种保藏的重要内容之一，其保藏的原理和方法与其他菌种相同。但考虑重组质粒在宿主中的不稳定性，所以基因工程菌株的长期保藏目前趋向于将宿主和重组质粒分开保藏，因此本实验也将介绍 DNA 和重组质粒的保藏方法。

三、实验器材

1. 菌种：细菌，放线菌，酵母菌，霉菌。

2. 培养基：牛肉膏蛋白胨培养基（附录Ⅲ-1），马铃薯培养基（附录Ⅲ-5），麦芽汁酵母膏培养基（附录Ⅲ-18）。

3. 溶液或试剂：液体石蜡，20%脱脂乳，甘油，五氧化二磷，河沙，瘦黄土或红土，95%乙醇，10%盐酸，无水氯化钙，食盐，干冰。

4. 仪器或其他用具：无菌橡胶塞，无菌吸管，无菌滴管，无菌培养皿，接种环，安瓿管，冻干管，40目与100目筛子，油纸，干燥器，真空泵，真空压力表，喷灯，L形五通管，冰箱，低温冰箱（-30℃），超低温冰箱和液氮罐。

四、实验方法

（一）定期移植保藏法

低温条件下保藏可减缓微生物菌种的代谢活动，抑制其繁殖速度，达到减少菌株突变，延长菌种保藏时间的目的。

保藏培养基一般含较多有机氮，糖分总量不超过2%，既能满足菌种培养时生长繁殖的需要，又可防止因产酸过多而影响菌株的保藏。

1. 培养基制备

不同菌种应根据要求选择合适的培养基，根据要求将培养基灭菌，经无菌检查后备用。

2. 接种

（1）斜面接种

① 点接　把菌种点接在斜面中部偏下方处。适用于扩散型生长及绒毛状气生菌丝类霉菌（如毛霉、根霉等）。

② 中央划线　从斜面中部自下而上划一直线。适用于细菌和酵母菌等。

③ 稀波状蜿蜒划线法　从斜面底部自下而上划"之"字形线。适用于易扩散的细菌，也适用于部分真菌。

④ 密波状蜿蜒划线法　从斜面底部自下而上划密"之"字形线。能充分利用斜面获得大量菌体细胞，适用于细菌和酵母菌等。

⑤ 挖块接种法　挖取菌丝体连同少量琼脂培养基，转接到新鲜斜面上。适用灵芝等担子菌类真菌。

（2）穿刺接种　用直接种针从原菌种斜面上挑取少量菌苔，从柱状培养基中心自上而下刺入，直到接近管底（勿穿到管底），然后沿原穿刺途径慢慢抽出接种针。适用于细菌和酵母菌等。

（3）液体接种　挑取少量固体斜面菌种或用无菌滴管等吸取原菌液接种于新鲜液体培养基中。

3. 培养

将接种后的培养基放入培养箱中，在适宜的条件下培养至细胞稳定期或得到成熟孢子。

4. 保藏

（1）保藏温度和时间　培养好的菌种于4~6℃保藏，根据要求每3~6个月移植一次。

对于某些菌种，如芽裂酵母，阿舒假囊酵母，棉病囊霉等，须 1～3 个月移植一次。

（2）保藏湿度　用相对湿度表示，通常为 50%～70%。测量仪表采用毛发湿度计或干湿球湿度计。

5. 移植培养

将培养物转接到另一新鲜培养基中，再在适宜条件下培养。

6. 菌种复壮

菌种如有退化，应将退化的菌种引入原来的生活环境中令其生长繁殖，通过纯种分离，在宿主体内生长等方法进行复壮。

7. 适用范围

本方法适用于大多数细菌和真菌。

8. 注意事项

（1）不同菌种应根据要求选择合适的培养基。

（2）接种时要求无菌操作，避免染菌。

（3）保藏期间要定期检查菌种存放的房间、冷库、冰箱等的温度、湿度，各试管的棉塞有无污染现象，如发现异常应取出该管，重新移植培养后补上空缺。

（4）大量菌种同时移植时，各菌株的菌号、所用培养基要进行核对，避免发生错误。

（5）每次移植培养后，应与原保藏菌株和菌株的登记卡片逐个对照，检查无误后再存放。

（6）斜面菌种应保藏相继三代培养物以便对照，防止因意外和污染造成损失。

（二）液体石蜡保藏法

液体石蜡保藏法可作为定期移植保藏法的辅助方法。在液体石蜡覆盖下，菌种的生物代谢受到抑制，细胞老化被推迟。此方法可阻止氧气进入，使好气菌不能继续生长，也可防止因培养基的水分蒸发而引起的菌体死亡，达到延长菌种保藏时间的目的。

1. 液体石蜡

将液体石蜡分装加棉塞，用牛皮纸包好，0.1MPa 灭菌 30min 取出，置 40℃ 恒温箱蒸发水分，经无菌检查后备用。

2. 斜面培养物的制备

参照定期移植保藏法，斜面宜短，不超过试管 1/3 为宜。

3. 灌注石蜡

无菌条件下将灭菌的液体石蜡注入刚培养好的斜面培养物上，液面高出斜面顶部 1cm 左右，使菌体与空气隔绝。

4. 保藏

将注入石蜡油的菌种斜面直立存放于低温（4～15℃）干燥处，保藏时间为 2～10 年不等。

5. 恢复培养

恢复培养时，挑取少量菌体转接在适宜的新鲜培养基上，生长繁殖后，再重新转接一次。

6. 适用范围

本方法适用于不能分解液体石蜡的酵母菌、某些细菌（如芽孢杆菌属，醋酸杆菌属等）和某些丝状真菌（如青霉属，曲霉属等）。

7. 注意事项

（1）不同菌种应根据要求选择合适的培养基。

（2）应选用优质化学纯液体石蜡。

（3）液体石蜡易燃，在对液体石蜡保藏菌种进行操作时注意防止火灾。

（4）保藏场所应保持干燥，防止棉塞污染。

（5）保藏期间应定期检查，如培养基露出液面，应及时补充灭菌的液体石蜡。

（三）沙土管保藏法

干燥条件下微生物菌种代谢活动减缓，繁殖速度受到抑制。此方法可减少菌株突变，延长存活时间。

1. 沙土管制备

将河沙用 60 目过筛，弃去大颗粒及杂质，再用 80 目过筛，去掉细沙。用吸铁石吸去铁质，放入容器中用 10％盐酸浸泡，如河沙中有机物较多可用 20％盐酸浸泡。24h 后倒去盐酸，用水洗泡数次至中性，将沙子烘干或晒干。另取瘦红土 100 目过筛，水洗至中性，烘干，按沙：土＝2：1 混合。把混匀的沙土分装入安瓿管或小试管中，高度为 1cm 左右。塞好棉塞，0.1MPa 灭菌 30min，或常压间歇灭菌 3 次，每天每次 1h。灭菌后在不同部位抽出若干管，分别加营养肉汁、麦芽汁、豆芽汁等培养基，经培养检查后无微生物生长方可使用。

2. 斜面培养物的制备

参照定期移植保藏法。

3. 制备菌悬液

向培养好的斜面培养物中注入 3～5mL 无菌水，洗下细胞或孢子制成菌悬液。用无菌吸管吸取菌悬液，均匀滴入沙土管中，每管 0.2～0.5mL。放线菌和霉菌可直接挑取孢子拌入沙土管中。

4. 干燥

用真空泵抽去安瓿管中水分并放置于干燥器内。

5. 纯培养检查

从做好的沙土管中，按 10：1 比例抽查。无菌条件下用接种环取出少量沙土粒，接种于适宜的固体培养基上，培养后观察其生长情况和有无杂菌生长。如出现杂菌或菌落数很少，或根本不长，则须进一步抽样检查。

6. 保藏

将纯培养检查合格的沙土管用火焰熔封管口。制好的沙土管存放于低温（4～15℃）干燥处，半年检查一次活力及杂菌情况。也可将纯培养检查合格的沙土管直接用牛皮纸或塑料纸包好，置干燥器内保藏。用此方法保藏时间为 2～10 年不等。

7. 复活

复活时在无菌条件下打开沙土管，取部分沙土粒于适宜的斜面培养基上，长出菌落后再转接一次，也可取沙土粒于适宜的液体培养基中，增殖培养后再转接斜面。

8. 适用范围

本方法适用于产孢类放线菌、芽孢杆菌、曲霉属、青霉属以及少数酵母如隐球酵母和红酵母等。不适用于病原性真菌的保藏，特别是不适于以菌丝发育为主的真菌的保藏。

（四）冷冻干燥保藏法

将微生物冷冻，在减压下利用升华作用除去水分，使细胞的生理活动趋于停止，从而长期维持存活状态。

1. 安瓿管准备

安瓿管材料以中性玻璃为宜。清洗安瓿管时，先用 2% 盐酸浸泡过夜，自来水冲洗干净后，用蒸馏水浸泡至 pH 中性，干燥后、贴上标签，标上菌号及时间，加入脱脂棉塞后，121℃ 下高压灭菌 15～20min，备用。

2. 保护剂的选择和准备

保护剂种类要根据微生物类别选择。配制保护剂时，应注意其浓度及 pH 值，以及灭菌方法。如血清，可用过滤灭菌；牛奶要先脱脂，用离心方法去除上层油脂，一般在 100℃ 间歇煮沸 2～3 次，每次 10～30min，备用。

3. 冻干样品的准备

在最适宜的培养条件下将细胞培养至静止期或成熟期，进行纯度检查后，与保护剂混合均匀，分装。微生物培养物浓度以细胞或孢子不少于 10^8～10^{10} 个/mL 为宜（以大肠杆菌为例，为了取得 10^{10} 个活细胞/mL 菌液 2～2.5mL，只需 10mL 琼脂斜面两支）。采用较长的毛细滴管，直接滴入安瓿管底部，注意不要溅污上部管壁，每管分装量约 0.1～0.2mL，若是球形安瓿管，装量为半个球部。若是液体培养的微生物，应离心去除培养基，然后将培养物与保护剂混匀，再分装于安瓿管中。分装安瓿管时间尽量要短，最好在 1～2h 内分装完毕并预冻。分装时应注意在无菌条件下操作。

4. 预冻

一般预冻 2h 以上，温度达到 −20～−35℃ 左右。

5. 冷冻干燥

采用冷冻干燥机进行冷冻干燥。

将冷冻后的样品安瓿管置于冷冻干燥机的干燥箱内，开始冷冻干燥，时间一般为8～20h。

终止干燥时间应根据下列情况判断：

(1) 安瓿管内冻干物呈酥块状或松散片状；

(2) 真空度接近空载时的最高值；

(3) 样品温度与管外温度接近；

(4) 选用 1～2 支对照管，其水分与菌悬液同量，无水视为干燥完结；

(5) 选用一个安瓿管，装 1%～2% 氯化钴，如变深蓝色，可视为干燥完结。

冷冻干燥完毕后，取出样品安瓿管置于干燥器内，备用。

6. 真空封口及真空检验

将安瓿管颈部用强火焰拉细，然后采用真空泵抽真空，在真空条件下将安瓿管颈部加热熔封。

熔封后的干燥管可采用高频电火花真空测定仪测定真空度。

7. 保藏

安瓿管应低温避光保藏。

8. 质量检查

冷冻干燥后抽取若干支安瓿管进行各项指标检查，如存活率、生产能力、形态变异、杂菌污染等。

9. 保藏周期

不同微生物复苏周期不同，一般10年左右。

10. 复苏方法

先用70％酒精棉花擦拭安瓿上部。将安瓿管顶部烧热。用无菌棉签蘸冷水，在顶部擦一圈，顶部出现裂纹，用锉刀或镊子轻叩一下，敲下已开裂的安瓿管的顶端。用无菌水或培养液溶解菌块，使用无菌吸管移入新鲜培养基上，进行适温培养。

11. 适用范围

适用于大多数细菌、放线菌、病毒、噬菌体、立克次体、霉菌和酵母等的保藏，但不适于霉菌的菌丝、菇类、藻类和原虫等。

12. 注意事项

厌氧菌冷冻干燥管的制备主要程序与需氧菌操作相同，但是保护剂使用前应在100℃的沸水中煮沸15min左右，脱气后放入冷水中急冷，除掉保护剂中的溶解氧。

（五）液氮超低温保藏法

液氮超低温保藏技术是将菌种保藏在-196℃的液态氮，或在-150℃的氮气中的长期保藏方法，它的原理是利用微生物在-130℃以下新陈代谢趋于停止而有效地保藏微生物。

1. 安瓿管或冻存管的准备

用圆底硼硅玻璃制品的安瓿管，或螺旋口的塑料冻存管。注意玻璃管不能有裂纹。将冻存管或安瓿管清洗干净，121℃下高压灭菌15~20min，备用。

2. 保护剂的准备

保护剂种类要根据微生物类别选择。配制保护剂时，应注意其浓度，一般采用10％~20％甘油。

3. 微生物保藏物的准备

微生物不同的生理状态对存活率有影响，一般使用静止期或成熟期培养物。

分装时注意应在无菌条件下操作。

菌种的准备可采用下列几种方法：

（1）刮取培养物斜面上的孢子或菌体，与保护剂混匀后加入冻存管内；

（2）接种液体培养基，振荡培养后取菌悬液与保护剂混合分装于冻存管内；

（3）将培养物在平皿培养，形成菌落后，用无菌打孔器从平板上切取一些大小均匀的小块（直径约5~10mm），真菌最好取菌落边缘的菌块，与保护剂混匀后加入冻存管内；

（4）在小安瓿管中装1.2~2mL的琼脂培养基，接种菌种，培养2~10d后，加入保护剂，待保藏。

4. 预冻

预冻时一般冷冻速度控制在以每分钟下降1℃为好、使样品冻结到-35℃。

目前常用的有三种控温方法。

（1）程序控温降温法：应用电子计算机程序控制降温装置，可以稳定连续降温，能很好地控制降温速率。

（2）分段降温法：将菌体在不同温级的冰箱或液氮罐口分段降温冷却，或悬挂于冰的气雾中逐渐降温。一般采用二步控温，将安瓿管或塑料小管，先放-20~-40℃冰箱中1~2h，然后取出放入液氮罐中快速冷冻。这样冷冻速率大约每分钟下降1~1.5℃。

（3）对耐低温的微生物、可以直接放入气相或液相氮中。

5. 保藏

将安瓿管或塑料冻存管置于液氮罐中保藏。一般气相中温度为－150℃，液相中温度为－196℃。

6. 保藏周期

一般 10 年以上。

7. 复苏方法

从液氮罐中取出安瓿管或塑料冻存管，应立即放置在 38～40℃水浴中快速复苏并适当摇动。直到内部结冰全部溶解为止，一般约需 50～100s。开启安瓿管或塑料冻存管，将内容物移至适宜的培养基上进行培养。

8. 适用范围

各类微生物。

9. 注意事项

（1）防止冻伤，操作注意安全，戴面罩及皮手套；

（2）塑料冻存管一定要拧紧螺帽；

（3）运送液氮时一定要用专用特制的容器，绝不可用密闭容器存放或运输液氮，切勿使用保温瓶存放液氮；

（4）注意存放液氮容器的室内通风，防止过量氮气使人窒息；

（5）防止安瓿管或塑料冻存管破裂爆炸，如液氮渗入管内，当从液氮容器取出时，液态氮体积膨胀约 680 倍，爆炸力很大，要特别小心；

（6）注意观察液氮容器中液氮的残存量，定期补充液氮。

（六）低温冷冻保藏法

这里所说的低温是在冰箱条件下的低温范围（－18～－80℃）。低温冷冻法现在已成为实验室保藏微生物的常用方法。其操作程序同液氮法大体相同，只是在预冻方式可略为简单，如果样品需在－18～－30℃保藏，样品分装后在 4℃静置 20～30min，然后转入低温冰箱；若样品将存放于－80℃，则需按液氮法预冻。

在普通实验室样品多分装在无菌离心管内，替代液氮法中的冷冻管。经低温冷冻法保藏的样品解冻同液氮法。

低温冷冻法使用的保护剂浓度随存放温度下降而增加，菌种保藏的时间往往随温度的下降而延长。在高于－40℃条件下，菌种保藏的时间较短。

（七）核酸的保藏

DNA 和 RNA 常采用以下方法保藏。

1. 以溶液的形式置低温保藏

DNA 溶于无菌 TE 缓冲液（10mmol/L Tris·Cl，1mmol/L EDTA，pH 8.0）中，其中 EDTA 的作用是螯合溶液中二价金属离子，从而抑制 DNA 酶的活性（Mg^{2+} 是 DNA 酶的激活剂）。将 TE pH 调至 8.0 是为了减少 DNA 的脱氨反应。哺乳动物细胞 DNA 的长期保藏，可在 DNA 样品中加入 1 滴氯仿，避免细菌和核酸酶的污染。

RNA 一般溶于无菌 0.3mol/L 醋酸钠（pH 5.2）或无菌双蒸馏水中，也可在 RNA 溶液中加 1 滴 0.3mol/L VRC（氧矾核糖核苷复合物），其作用是抑制 RNase 的降解。

核酸分子溶于合适的溶液后置 4℃、－20℃或－70℃条件下存放。4℃条件下样品可保藏 6 个月左右，－70℃条件下则可存放 5 年以上。

2. 以沉淀的形式置低温保藏

乙醇是核酸分子有效的沉淀剂。将提纯的 DNA 或 RNA 样品加入乙醇使之沉淀，离心后去上清液，再加入乙醇，置4℃、－20℃可存放数年，而且还可以在常温状态下邮寄。

3. 以干燥的形式保藏

将核酸溶液按一定的量分装于离心管中，置低温（盐冰、干冰、低温冰箱均可）预冻，然后在低温状态下进行真空干燥，置4℃可存放数年以上。取用时只需加入适量的无菌双蒸水，待 DNA 或 RNA 溶解后便可使用。

五、实验结果与讨论

1. 实验结果

（1）菌种保藏记录

菌种名称	保藏编号	保藏方法	保藏日期	存放条件	经手人

（2）存活率检测结果

菌种名称	保藏方法	保护剂	保藏时间/月	保藏前活菌数/(个/mL)	保藏后活菌数/(个/mL)	存活率/%

2. 思考题

（1）根据以上结果，你认为哪些因素影响菌种存活性。

（2）根据你自己的实验，谈谈2～3种菌种保藏方法的利弊。

📖 复习参考题

一、名词解释

菌种衰退、复壮、冷冻干燥保藏法、液氮超低温保藏法。

二、问答题

1. 菌种衰退的原因是什么？如何区分衰退、饰变与杂菌污染？

2. 菌种衰退一般表现在哪些方面？如何防止？

3. 如何进行菌种复壮？

4. 菌种保藏的基本原理是什么？

5. 菌种保藏主要有哪些方法？试就方法的繁简、保藏效果、保藏对象、保藏原理及保藏期等诸方面对各种保藏方法列表进行比较。

6. 为什么采用定期移植保藏法菌种较易发生衰退（相对于其他保藏法而言）？但为什么实际工作中还是较多地被采用？

7. 为什么说冷冻干燥保藏法与液氮超低温保藏法是目前两种比较理想的菌种保藏方法？

第八单元　环境微生物及其检测技术

微生物最主要的特点就是体积小，种类多，繁殖迅速，适应环境能力强，因此微生物广泛分布于自然界中。可以说，凡是它们能够生存的地方，都是它们的家园。土壤、水体、空气、动植物体表和体内、食品……几乎所有的地方都有微生物的身影。它们当中包括病毒、细菌、放线菌、真菌、藻类、原生动物等，这些形形色色的微生物相互之间构成了复杂的关系，并且微生物和它们所处的环境，包括和人类之间也发生着密切的联系。有时人们将微生物视为敌人，但是更多的时候，微生物为人类提供了丰富的资源。可以说微生物是"魔鬼"，但它更是"天使"，必须对各种微生物进行全面认识，用正确的态度和方法对环境中的微生物加以改造和利用。要做好这项工作，首先必须了解环境中微生物的分布情况，以及如何对环境中的微生物进行检测。

模块一　微生物在自然界中的分布

微生物是自然界中分布最广的生物，陆地、水域、空气、动植物以及人体的外表和某些内部器官，甚至在许多极端环境中都有微生物存在。

一、土壤中的微生物

由于土壤具备了微生物生长繁殖及生命活动所需要的营养物质、水分、空气、酸碱度、渗透压和温度等诸多条件，所以成为了微生物生活最适宜的环境。可以说，土壤是微生物的"天然培养基"。土壤中微生物种类多，数量大，是人类最丰富的"菌种资源库"。

土壤微生物是其他自然环境（如空气和水）中微生物的主要来源，主要种类有细菌、放线菌、真菌、藻类和原生动物等类群。其中细菌最多，约占土壤微生物总量的 $70\% \sim 90\%$，放线菌、真菌次之，藻类和原生动物等较少。土壤微生物通过其代谢活动可改变土壤的理化性质，促进物质转化，因此，土壤微生物是构成土壤肥力的重要因素。

土壤微生物的分布主要受到营养状况、含水量、氧气、温度和 pH 等因素的影响，集中分布于土壤表层和土壤颗粒表面。

二、水体中的微生物

水是一种良好的溶剂，水中溶解或悬浮着多种无机和有机物质，能供给微生物营养而使其生长繁殖，水体是微生物栖息的第二天然场所。

天然水体大致可分为淡水和海水两大类型。

1. 淡水微生物

淡水中的微生物多来自于土壤、空气、污水、腐败的动植物尸体及人类的粪便等，尤其是土壤中的微生物。主要有细菌、放线菌、真菌、病毒、藻类和原生动物等，其种类和数量一般要比土壤少得多。

微生物在淡水中的分布常受许多环境因素影响，最重要的一个因素是营养物质，其次是温度、溶解氧等。微生物在深水中还具有垂直分布的特点。水体内有机物含量高，则微生物数量大，中温水体内微生物数量比低温水体内多；深层水中的厌氧菌较多，而表层水内好氧菌较多。

在远离人们居住区的湖泊、池塘和水库中，有机物含量少，微生物也少（$10\sim10^3$ 个/mL），并以自养型微生物为主；而处于城镇等人口密集区的湖泊、河流以及下水道中，有机物的含量高，微生物的数量可高达 $10^7\sim10^8$ 个/mL，这些微生物大多数是腐生型细菌和原生动物。

水中微生物的含量和种类对该水源的饮用价值影响很大。在饮用水的微生物学检验中，不仅要检查其总菌数，还要检查其中所含的病原菌数。由于水中病原菌含量少，且检测手续复杂，故一般以来源相同、数量又多的大肠菌群作指示菌，通过检查指示菌的数量来判断水源被粪便污染的程度，从而间接推测其他病原菌存在的概率（见本章后述）。

2. 海水微生物

海水含有相当高的盐分，一般为 $3.2\%\sim4\%$，含盐量越高，则渗透压越大。海洋微生物多为嗜盐菌，并能耐受高渗透压。深海（1000m 以下）中的微生物还能耐受低温（2～3℃）、低营养和很高的静水压。

接近海岸和海底淤泥表层的海水中和淤泥上，菌数较多，离海岸越远，菌数越少。一般在河口、海湾的海水中，细菌数约为 10^5 个/mL，而远洋的海水中，只有 $10\sim250$ 个/mL。许多海洋细菌能发光，称为发光细菌。这些细菌在有氧存在时发光，对一些化学药剂与毒物较敏感，故可用于监测环境污染物（见本章后述）。

三、空气中的微生物

空气中没有微生物生长繁殖所必需的营养物质、充足的水分和其他条件，相反，日光中的紫外线还有强烈的杀菌作用，因此空气不是微生物生活的良好场所，但空气中却飘浮着许多微生物。土壤、水体、各种腐烂的有机物以及人和动植物体上的微生物，都可随着气流的运动被携带到空气中去，微生物身小体轻，能随空气流动到处传播，因而微生物的分布是世界性的。

微生物在空气中的分布很不均匀，尘埃多的空气中，微生物也多。一般在畜舍、公共场所、医院、宿舍、城市街道等的空气中，微生物数量较多，而在海洋、高山、森林地带，终年积雪的山脉或高纬度地带的空气中，微生物数量则甚少。空气的温度和湿度也影响微生物的种类和数量，夏季气候湿热，微生物繁殖旺盛，空气中的微生物比冬季多。雨雪季节的空气中微生物的数量大为减少。

空气中的微生物主要有各种球菌、芽孢杆菌、产色素细菌以及对干燥和射线有抵抗力的真菌孢子等。也可能有病原菌，如结核分支杆菌、白喉棒杆菌、溶血性链球菌及病毒（流感病毒、麻疹病毒）等，在医院或患者的居室附近，空气中常有较多的病原菌。空气中的微生物与动植物病害的传播、发酵工业的污染以及工农业产品的霉腐变质都有很大的关系。测定空气中微生物的数量可采用培养皿沉降法或液体阻留法。

四、工农业产品中的微生物

1. 农产品上的微生物

各种农产品上均有微生物生存，粮食尤为突出。据统计，全世界每年因霉变而损失的粮食就占总产量的 2%左右。粮食和饲料上的微生物以曲霉属、青霉属和镰孢（霉）属的一些种为主，其中以曲霉危害最大，青霉次之。有些真菌可产生真菌毒素，有的真菌毒素是致癌物，其中以部分黄曲霉菌株产生的黄曲霉毒素（aflatoxin）最为常见。黄曲霉毒素是一种强烈的致肝癌毒物，对热稳定（300℃时才能被破坏），对人、家畜、家禽的健康危害极大。

2. 食品上的微生物

由于在食品的加工、包装、运输和贮藏等过程中，都不可能进行严格的无菌操作，因此经常遭到细菌、霉菌、酵母菌等的污染，在适宜的温、湿度条件下，它们又会迅速繁殖。其中有的是病原微生物，有的还能产生毒素，从而引起食物中毒或其他严重疾病的发生，所以食品的卫生工作就显得格外重要。

罐头是人们保存食品的方法之一。罐头食品在制作过程中虽然经过了加热处理，但有时也会出现变质现象。导致罐头食品变质的微生物主要是某些耐热的，并具有厌氧或兼性厌氧特点的微生物，如肉类罐头变质时，可检出嗜热脂肪芽孢杆菌、生孢梭菌、肉毒梭菌等。

要有效地防止食品的霉腐变质，除在加工制作过程中必须注意清洁卫生外，还要控制保藏条件，尤其要采用低温、干燥、密封等措施。此外，也可在食品中添加少量无毒的化学防腐剂，如苯甲酸、山梨酸、脱氢醋酸、丙酸或二甲基延胡索酸等。

3. 引起工业产品霉腐的微生物

许多工业产品是部分或全部由有机物组成，因此易受环境中微生物的侵蚀，引起生霉、腐烂、腐蚀、老化、变形与破坏，即便是无机物如金属、玻璃也会因微生物活动而产生腐蚀与变质，使产品的品质、性能、精确度、可靠性下降。

霉腐微生物通过产生各种酶系来分解产品中的相应组分，从而产生危害，如纤维素酶破坏棉、麻、竹、木等材料；蛋白酶分解革、毛、丝等产品；一些氧化酶和水解酶可破坏涂料、塑料、橡胶和粘接剂等合成材料。此外，微生物还可通过菌体的大量繁殖和代谢产物对工业产品产生危害，如霉腐微生物在矿物油中生长后，不仅因产生的大量菌体阻塞机件，而且其代谢产物还会腐蚀金属器件；硫细菌、铁细菌和硫酸盐还原菌会对金属制品、管道和船舰外壳等产生腐蚀，霉腐微生物的菌体和代谢产物属于电解质，对电信、电机器材来说会危及其电学性能；有些霉菌分泌的有机酸会腐蚀玻璃，以致严重降低显微镜、望远镜等光学仪器的性能。

五、正常人体及动物体上的微生物

正常人体及动物体上都存在着许多微生物。生活在健康人体和动物体各部位、数量大、种类较稳定且一般是有益无害的微生物种群，称为正常菌群。例如，动物的皮毛上经常有葡萄球菌、链球菌和双球菌等，在肠道中存在着大量的拟杆菌、大肠杆菌、双歧杆菌、乳杆菌、粪链球菌、产气荚膜梭菌、腐败梭菌和纤维素分解菌等，它们都属于动物体上的正常菌群。

人体在健康的情况下与外界隔绝的组织和血液是不含菌的，而身体的皮肤、黏膜以及一切与外界相通的腔道，如口腔、鼻咽腔、消化道和泌尿生殖道中存在有许多正常的菌群。胃中含有盐酸，pH较低不适于微生物生活，除少数耐酸菌外，进入胃中的微生物很快被杀死。人体肠道呈中性或弱碱性，且含有被消化的食物，适于微生物的生长繁殖，所以肠道特别是大肠中含有很多微生物。

一般情况下，正常菌群与人体保持平衡状态，且菌群之间互相制约，维持相对的平衡。它们与人体的关系一般表现为互生关系。但是，所谓正常菌群，也是相对的、可变的和有条件的。当机体防御机能减弱时，如皮肤大面积烧伤、黏膜受损、机体受凉或过度疲劳时，一部分正常菌群会成为病原微生物。另一些正常菌群由于其生长部位发生改变也可导致疾病的发生，如因外伤或手术等原因，大肠杆菌进入腹腔或泌尿生殖系统，可引起腹膜炎、肾炎或膀胱炎等炎症。还有一些正常菌群由于某种原因破坏了正常菌群内各种微生物之间的相互制约关系时，也能引起疾病，如长期服用广谱抗生素后，肠道内对药物敏感的细菌被抑制，而不敏感的白色假丝酵母或耐药性葡萄球菌则大量繁殖，从而引起病变。这就是通常所说的菌群失调症。因此在进行治疗时，除使用药物来抑制或杀灭致病菌外，还应考虑调整菌群恢复肠道正常菌群生态平衡的问题。

六、极端环境中的微生物

在自然界中，存在着一些可在绝大多数微生物所不能生长的高温、低温、高酸、高碱、高盐、高压或高辐射强度等极端环境下生活的微生物，被称为极端环境微生物或极端微生物。

微生物对极端环境的适应，是自然选择的结果，是生物进化的动因之一。了解极端环境下微生物的种类、遗传特性及适应机制，不仅可为生物进化、微生物分类积累资料，提供新的线索，还可利用它的特殊基因、特殊机能，培育更有用的新种。因此，研究极端环境中的微生物，在理论上和实践上都具有重要的意义。

1. 嗜热菌

嗜热菌广泛分布在草堆、厩肥、温泉、煤堆、火山地、地热区土壤及海底火山附近等。它们的最适生长温度一般在 50～60℃，有的可以在更高的温度下生长，如热熔芽孢杆菌可在 92～93℃下生长。专性嗜热菌的最适生长温度在 65～70℃，超嗜热菌的最适生长温度在 80～110℃。大部分超嗜热菌都是古生菌。

嗜热菌代谢快、酶促反应温度高、代时短等特点是嗜温菌所不及的，在发酵工业、城市和农业废物处理等方面均具有特殊的作用。嗜热细菌耐高温 DNA 聚合酶为 PCR 技术的广泛应用提供了基础，但嗜热菌的良好抗热性也造成了食品保存上的困难。

2. 嗜冷菌

嗜冷菌分布在南北极地区、冰窖、高山、深海等低温环境中。嗜冷菌可分为专性和兼性两种。嗜冷菌是导致低温保藏食品腐败的根源，但其产生的酶在日常生活和工业生产上具有应用价值。

3. 嗜酸菌

嗜酸菌分布在工矿酸性水、酸性热泉和酸性土壤等处，极端嗜酸菌能生长在 pH 3 以下。如氧化硫硫杆菌的生长 pH 范围为 0.9～4.5，最适 pH 为 2.5，在 pH 0.5 以下仍能存活，能氧化硫产生硫酸（浓度可高达 5%～10%）。氧化亚铁硫杆菌为专性自养嗜酸杆菌，能将还原态的硫化物和金属硫化物氧化产生硫酸，还能把亚铁氧化成高铁，并从中获得能量。这种菌已被广泛用于铜等金属的细菌沥滤中。

4. 嗜碱菌

在碱性和中性环境中均可分离到嗜碱菌，专性嗜碱菌可在 pH 11～12 的条件下生长，而在中性条件下却不能生长，如巴氏芽孢杆菌在 pH 11 时生长良好，最适 pH 为 9.2，而低于 pH 9 时生长困难；嗜碱芽孢杆菌在 pH 10 时生长活跃，pH 7 时不生长。嗜碱菌产生的碱性酶可被用于洗涤剂或其他用途。

5. 嗜盐菌

嗜盐菌通常分布在晒盐场、腌制海产品、盐湖和著名的死海等处，如盐生盐杆菌和红皮盐杆菌等。其生长的最适盐浓度高达 15%～20%，甚至还能生长在 32% 的饱和盐水中。嗜盐菌是一种古生菌，它的紫膜具有质子泵和排盐的作用，目前正设法利用这种机制来制造生物能电池和海水淡化装置。

6. 嗜压菌

嗜压菌仅分布在深海底部和深油井等少数地方。嗜压菌与耐压菌不同，它们必须生活在高静水压环境中，而不能在常压下生长。例如，从深海底部压力为 101.325MPa 处，分离到一种嗜压的假单胞菌；从深 3500m、压强 40.53MPa、温度 60～105℃ 的油井中分离到嗜热性耐压的硫酸盐还原菌。有关嗜压菌和耐压菌的耐压机制目前还不太清楚。

7. 抗辐射微生物

抗辐射微生物对辐射仅有抗性或耐受性，而不是"嗜好"。与微生物有关的辐射有可见光、紫外线、X 射线和 γ 射线，其中生物接触最多、最频繁的是太阳光中的紫外线。生物具有多种防御机制，或能使它免受放射线的损伤，或能在损伤后加以修复。抗辐射的微生物就是这类防御机制很发达的生物，因此可作为生物抗辐射机制研究的极好材料。1956 年，Anderson 从射线照射的牛肉上分离到了耐放射异常球菌，此菌在一定的照射剂量范围内，虽已发生相当数量 DNA 链的切断损伤，但都可准确无误地被修复，使细胞几乎不发生突变，其存活率可达 100％。

模块二　微生物与生物环境间的关系

自然界中微生物极少单独存在，总是较多种群聚集在一起，当微生物的不同种类或微生物与其他生物出现在一个限定的空间内，它们之间互为环境，相互影响，既有相互依赖又有相互排斥，表现出相互间复杂的关系。

以下就其中最典型和重要的 5 种关系作一简单介绍。

一、互生

互生是指两种可以单独生活的生物，当它们在一起时，通过各自的代谢活动而有利于对方，或偏利于一方的生活方式。这是一种"可分可合，合比分好"的松散的相互关系。

土壤中好氧性自生固氮菌与纤维素分解菌生活在一起时，后者分解纤维素的产物有机酸可为前者提供固氮时的营养，而前者可将固定的有机氮化物提供给后者。两者相互为对方创造有利于各自增殖和扩展的条件。

根际微生物与高等植物之间也存在着互生关系。根系向周围土壤中分泌有机酸、糖类、氨基酸、维生素等物质，这些物质是根际微生物的重要营养来源和能量来源。另外根系的穿插，使根际的通气条件和水分状况比根际外的良好，温度也比根际外的略高一些。因此根际是一个对微生物生长有利的特殊生态环境。根际微生物的活动，不但加速了根际有机物质的分解，而且旺盛的固氮作用，菌体的自溶和产生的一些生长刺激物等，既为植物提供了养料，又能刺激植物的生长。有些根际微生物还能产生杀菌素，可以抑制植物病原菌的生长。

人体肠道正常菌群与宿主间的关系，主要是互生关系。人体为肠道微生物提供了良好的生态环境，使微生物能在肠道得以生长繁殖。而肠道内的正常菌群可以完成多种代谢反应，如多种核苷酶反应，固醇的氧化、酯化、还原、转化、合成蛋白质和维生素等作用，均对人体生长发育有重要意义。肠道微生物所完成的某些生化过程是人体本身无法完成的，如维生素 K 和维生素 B_1、B_2、B_6、B_{12} 的合成等。此外，人体肠道中的正常菌群还可抑制或排斥外来肠道致病菌的侵入。

二、共生

共生是指两种生物共居在一起，相互分工合作、相依为命，甚至达到难分难解、合二为一的极其紧密的一种相互关系。

最典型的例子是由菌藻共生或菌菌共生的地衣。前者是真菌（一般为子囊菌）与绿藻共生，后者是真菌与蓝细菌共生。其中的绿藻或蓝细菌进行光合作用，为真菌提供有机养料，而真菌则以其产生的有机酸去分解岩石中的某些成分，为藻类或蓝细菌提供所必需的矿质元素。

另外，根瘤菌与豆科植物之间的关系，牛、羊、鹿、骆驼和长颈鹿等反刍动物与瘤胃微生物之间的关系，都属于共生关系。

三、寄生

寄生一般指一种小型生物生活在另一种较大型生物的体内（包括细胞内）或体表，从中夺取营养并进行生长繁殖，同时使后者蒙受损害甚至被杀死的一种相互关系。前者称为寄生物，后者称为寄主或宿主。

有些寄生物一旦离开寄主就不能生长繁殖，这类寄生物称为专性寄生物。有些寄生物在脱离寄主以后营腐生生活，这些寄生物称为兼性寄生物。

在微生物中，噬菌体寄生于宿主菌是常见的寄生现象。此外，细菌与真菌，真菌与真菌之间也存在着寄生关系。土壤中存在着一些溶真菌细菌，它们侵入真菌体内，生长繁殖，最终杀死寄主真菌，造成真菌菌丝溶解。真菌间的寄生现象比较普遍，如某些木霉寄生于丝核菌的菌丝内。蛭弧菌与寄主细菌属于细菌间的寄生关系。

寄生于动植物及人体的微生物也极其普遍，常引起各种病害。凡能引起动植物和人类发生病变的微生物都称为致病微生物。致病微生物在细菌、真菌、放线菌、病毒中都有。能引起植物病害的致病微生物主要是真菌。能引起人和动物致病的微生物很多，主要是细菌、真菌和病毒。微生物也能使害虫致病，利用昆虫病原微生物防治农林害虫已成为生物防治的重要方面。

四、拮抗

拮抗又称抗生，指由某种生物所产生的特定代谢产物可抑制他种生物的生长发育甚至杀死它们的一种相互关系。根据拮抗作用的选择性，可将拮抗分为非特异性拮抗和特异性拮抗两类。

在制造泡菜、青储饲料过程中，由于乳酸菌迅速繁殖产生大量乳酸导致环境的 pH 下降，从而抑制其他微生物的生长，这是一种非特异拮抗，因为这种抑制作用没有特定专一性，对不耐酸细菌均有抑制作用。

许多微生物在生命活动过程中，能产生某种抗生素，具有选择性地抑制或杀死别种微生物的作用，这是一种特异性拮抗。如青霉菌产生的青霉素抑制 G^+ 菌，链霉菌产生的制霉菌素抑制酵母菌和霉菌等。

微生物间的拮抗关系已被广泛应用于抗生素的筛选、食品保藏、医疗保健和动植物病害的防治等领域。

五、捕食

捕食又称猎食，一般是指一种大型的生物直接捕捉、吞食另一种小型生物以满足其营养需要的相互关系。微生物间的捕食关系主要是原生动物捕食细菌和藻类，它是水体生态系统中食物链的基本环节，在污水净化中也有重要作用。另有一类是捕食性真菌例如少孢节丛孢菌等巧妙地捕食土壤线虫的例子，它对生物防治具有一定的意义。

模块三　微生物与环境保护

环境污染是指生态系统的结构和机能受到外来有害物质的影响或破坏，超过了生态系统的自净能力，打破了正常的生态平衡，给人类造成严重危害。随着工业高度发展、人口急剧增长，在人类生活的环境中，大量的生活废弃物，工业生产形成的三废（废气、废渣和废水）及农业上使用化肥、农药的残留物等，特别是生活污水和工业废水，不经处理，大量排放入水体，给人类生存环境造成严重污染。环境污染对人畜健康、工业、农业、水产业等都有很大危害，所以保护生态环境已成为人类关心的大问题。

环境保护除保护自然环境外，就是防治污染和其他公害。微生物不但可以处理污染物，还可用于环境监测，所以微生物在环境保护方面起重要作用。

一、微生物对污染物的降解与转化

1. 生物降解

生物降解是微生物（也包括其他生物）对物质（特别是环境污染物）的分解作用。生物降解和传统的分解在本质上是一样的，但又有分解作用所没有的新的特征（如共代谢，降解性质粒等），因此可视为分解作用的扩展和延伸。生物降解是生态系统物质循环过程中的重要一环。研究难降解污染物的降解是当前生物降解的主要课题。

2. 降解性质粒

污染物的生物降解反应和其他生物反应本质上都是酶促反应，降解过程中大部分降解酶是由染色体编码的，但其中有些酶，特别是降解难降解化合物的酶类是由质粒控制的，这类质粒被称为降解性质粒。细菌中的降解性质粒和分离的细菌所处环境污染程度密切相关，从污染地分离到的细菌50％以上含有降解性质粒，与从清洁区分离的细菌质粒相比，不但数量多，其分子也大（信息量大）。

3. 降解反应和生物降解性

发生在自然界的有机物的氧化分解过程也见于污染物的降解，主要包括氧化反应、还原反应、水解反应和聚合反应。化学结构是决定化合物生物降解性的主要因素，一般一种有机物其结构与自然物质越相似，就越易降解，结构差别越大，就越难降解。因此，部分具有不常见取代基和化学结构的化学农药难于生物降解而残留。塑料薄膜因分子体积过大而抗降解，造成白色污染。

二、重金属的转化

环境污染中所说的重金属一般指汞、镉、铬、铅、砷、银、硒、锡等。微生物特别是细菌、真菌在重金属的生物转化中起重要作用。微生物可以改变重金属在环境中的存在状态，会使化学物毒性增强，引起严重环境问题，还可以浓缩重金属，并通过食物链积累。另一方面微生物直接和间接的作用也可以去除环境中的重金属，有助于改善环境。

汞所造成的环境污染最早受到关注，汞的微生物转化及其环境意义具有代表性。汞的微生物转化包括三个方面：无机汞（Hg^{2+}）的甲基化；无机汞（Hg^{2+}）还原成 Hg^0，甲基汞和其他有机汞化合物裂解并还原成 Hg^0。包括梭菌、脉孢菌、假单胞菌等和许多真菌在内的微生物具有甲基化汞的能力。能使无机汞和有机汞转化为单质汞的微生物被称为抗汞微生物，包括铜绿假单胞菌、金黄色葡萄球菌、大肠杆菌等。微生物的抗汞功能是由质粒控制的。

微生物对其他重金属也具有转化能力，硒、铅、锡、镉、砷、铝、镁、钯、金、铊也可以甲基化转化。微生物虽然不能降解重金属，但通过对重金属的转化作用，控制其转化途径，可以达到减轻毒性的作用。

三、污染介质的微生物处理

人类生产和生活活动产生的污水（废水）、废气及固体废弃物都可以用生物方法进行处理。

（一）污水处理

水源的污染是危害最大、最广的环境污染。污水的种类很多，包括生活污水、农牧业污水、工业有机废水和有毒污水等。这些污水必须先经处理，除去其杂质与污染物，待水质达到一定标准后，才能排入自然水体或直接供给生产和生活重复使用。

污水处理的方法有物理法、化学法和生物法。各种方法都有其特点，可以相互配合、相互补充。目前应用最广的是生物学方法，其优点是效率高、费用低、简单方便。

污水处理按程度可分为一级处理、二级处理和三级处理。一级处理也称为预处理，主要通过格栅等过滤器除去粗固体；二级处理称为常规处理，主要去除可溶性的有机物，方法包括生物方法、化学方法和物理方法；三级处理称为高级处理，主要是除氮、磷和其他无机物，还包括出水的氯化消毒，也有生物、物理、化学方法。

污水处理中常见的名词：

（1）BOD（biochemical oxygen demand） 即"生化需氧量"或"生物需氧量"，是水中有机物含量的一个间接指标。一般指在 1L 污水或待测水样中所含有的一部分易氧化的有机物，当微生物对其氧化、分解时，所消耗的水中的溶解氧质量（mg）（其单位为 mg/L）。BOD 的测定条件一般规定在 20℃下 5 昼夜，故常用 BOD_5 符号表示。

（2）COD（chemical oxygen demand） 即"化学需氧量"，是表示水体中有机物含量的简便的间接指标，指 1L 污水中所含有的有机物在用强氧化剂将它氧化后，所消耗氧的质量（mg）（单位为 mg/L）。常用的化学氧化剂有 $K_2Cr_2O_7$ 或 $KMnO_4$。其中常用 $K_2Cr_2O_7$，由此测得的 COD 用"COD_{Cr}"表示。

生物处理根据其处理过程中氧的状况，可分为好氧处理系统与厌氧处理系统。

1. 好氧处理系统

微生物在有氧条件下，吸附环境中的有机物，并将其氧化分解成无机物，使污水得到净化，同时合成细胞物质。微生物在污水净化过程，以活性污泥和生物膜的主要成分等形式存在。

（1）活性污泥法 又称曝气法，是利用含有好氧微生物的活性污泥，在通气条件下，使污水净化的生物学方法。此法是现今处理有机废水的最主要的方法。

所谓活性污泥是指由菌胶团形成菌、原生动物、有机和无机胶体及悬浮物组成的絮状体。在污水处理过程中，它具有很强的吸附、氧化分解有机物或毒物的能力。在静止状态时，又具有良好沉降性能。活性污泥中的微生物主要是细菌，占微生物总数的 90%～95%，并多以菌胶团的形式存在，具有很强的去除有机物的能力，原生动物起间接净化作用。

活性污泥法根据曝气方式不同，分多种方法，目前最常用的是完全混合曝气法。基本工艺流程见图 8-1。

污水进入曝气池后，活性污泥中的细菌等微生物大量繁殖，形成菌胶团絮状体，构成活性污泥骨架，原生动物附着其上，丝状细菌和真菌交织在一起，形成一个个颗粒状的活跃的微生物群体。曝气池内不断充气、搅拌，形成泥水混合液，当废水与活性污泥接触时，废水中的有机物在很短时间内被吸附到活性污泥上，可溶性物质直接进入细胞内。大分子有机物通过细胞产生的胞外酶将其降解成为小分子物质后再渗入细胞内。进入细胞内的营养物质在细胞内酶的作用下，经一系列生化反应，使有机物转化为 CO_2、H_2O 等简单无机物，同时产生能量。微生物利用呼吸放出的能量和氧化过程中产生的中间产物合成细胞物质，使菌

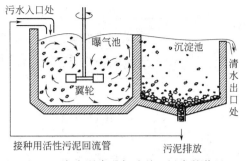

图 8-1　完全混合曝气法处理污水的装置

体大量繁殖。微生物不断进行生物氧化，环境中有机物不断减少，使污水得到净化。当营养缺乏时，微生物氧化细胞内贮藏物质，并产生能量，这种现象叫自身氧化或内源呼吸。

　　曝气池中混合物以低 BOD 值流入沉淀池。活性污泥通过静止、凝集、沉淀和分离，上清液是处理好的水，排放到系统外。沉淀的活性污泥一部分回流曝气池与未处理的废水混合，重复上述过程，回流污泥可增加曝气池内微生物含量，加速生化反应过程。剩余污泥排放出去或进行其他处理后继续应用。

　　（2）生物膜法　该法是以生物膜为净化主体的生物处理法。生物膜是附着在载体表面，以菌胶团为主体所形成的黏膜状物。生物膜的功能和活性污泥法中的活性污泥相同，其微生物的组成也类似。净化污水的主要原理是附着在载体表面的生物膜对污水中有机物的吸附与氧化分解作用。生物膜法根据介质与水接触方式不同，有生物转盘法（图 8-2）、塔式生物滤池法等。

　　2. 厌氧处理系统

　　在缺氧条件下，利用厌氧菌（包括兼性厌氧菌）分解污水中有机污染物的方法，又称厌氧消化或厌氧发酵法。因为发酵产物产生甲烷，又称甲烷发酵。此法既能消除环境污染，又能开发生物能源，所以备受人们重视。厌氧消化器的一般构造如图 8-3 所示。

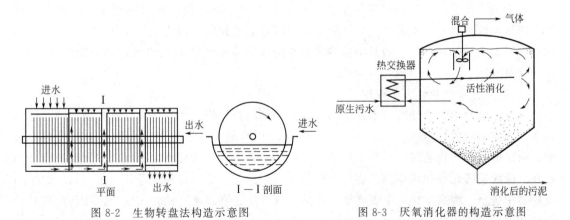

图 8-2　生物转盘法构造示意图　　　　　图 8-3　厌氧消化器的构造示意图

　　污水厌氧发酵是一个极为复杂的生态系统，它涉及多种交替作用的菌群，各要求不同的基质和条件，形成复杂的生态体系。甲烷发酵包括 3 个阶段：液化阶段、产氢产乙酸阶段和产甲烷阶段（图 8-4）。

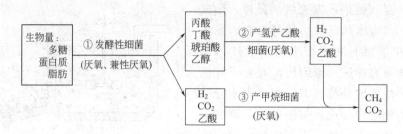

图 8-4　甲烷发酵的 3 个阶段

此法主要用于处理农业和生活废弃物或污水厂的剩余污泥，也可用于处理面粉厂、食品厂、造纸厂、制革厂、酒精厂、糖厂、油脂厂、农药厂或石油化工厂等工厂废水。

（二）固体废弃物处理

固体废弃物是指被人们丢弃的固体状和泥状的污染物质。处理的方法有焚烧、填埋、综合利用、生物法等。其中生物法主要是利用微生物分解有机物，制作有机肥料和沼气，可分为好氧性堆肥法和厌氧发酵法两大类。

好氧性堆肥法的基本生物化学反应过程与污水生物处理相似，但堆肥处理只进行到腐熟阶段，并不需有机物的彻底氧化，这一点与污水处理是不同的。一般认为堆料中易降解有机物基本上被降解即达到腐熟。这个过程大致可分为嗜温好氧菌为主的产热阶段、嗜热菌占主导的高温阶段和嗜温菌（最适温度为中温，能耐受高温）为主的降温腐熟阶段。

厌氧发酵法包括厌氧堆肥法和沼气发酵。厌氧堆肥法是指在不通气条件下，微生物通过厌氧发酵将有机弃废物转化为有机肥料，使固体废物无害化的过程。堆制方式与好氧堆肥法基本相同。但此法不设通气系统、有机废弃物在堆内进行厌氧发酵，温度低，腐熟及无害化所需时间长。利用固体废弃物进行沼气发酵与污水的厌氧处理情况基本相似，也有 3 个相似的阶段，最后可产生甲烷、CO_2 等产物。该技术在城市下水道污泥、农业固体废弃物（农作物秸秆等）和粪便处理中得到广泛应用。我国农村大力推广的沼气工程对改善农村生态环境和环境卫生有重要作用。

对于城市垃圾的处理还可采用生态工程处理方法，其原理是利用适当的防渗和阻断材料，将垃圾堆进行物理隔离，然后在隔离的垃圾堆上重建以植物为主的土壤-植物生态系统，同时辅以适当的景观建筑、园林小品等将原来的垃圾山建成公园式的风景娱乐场所或为农、牧业重新利用。

（三）气态污染物的生物处理

气态污染物的生物处理技术是生物降解污染物的新应用。生物处理气态污染物的原理与污水处理是一致的，本质上是对污染物的生物降解与转化。生物降解作用难于在气相中进行，所以废气的生物处理中，气态污染物首先要经历由气相转移到液相或固体表面液膜中的过程。降解与转化液化污染物的也是混合的微生物群体。处理过程在悬浮或附着系统的生物反应器中进行。提高净化效率需要增强传质过程（即污染物从气相转入液相）和创造有利于转化和降解的条件。

四、污染环境的生物修复

生物修复是微生物催化降解有机污染物、转化其他污染物从而消除污染的一个受控或自发进行的过程。生物修复基础是发生在生态环境中微生物对有机污染物的降解作用。由于自然的生物修复过程一般较慢，难于实际应用，生物修复技术则是工程化在人为促进条件下的生物修复；它是传统的生物处理方法的延伸，其创新之处在于它治理的对象是较大面积的污染。由于污染环境和污染物的复杂多样，因而产生了不同于传统治理点源污染的新概念和新的技术措施。

目前生物修复技术主要用于土壤、水体（包括地下水）、海滩的污染（如原油的泄漏）治理以及固体废弃物的处理。主要的污染物是石油烃及各种有毒、有害、难降解的有机污染物。

生物修复的本质是生物降解，能否成功取决于生物降解速率，在生物修复中采取强化措施促进生物降解十分重要。这包括：①接种微生物，目的是增加降解微生物数量，提高降解能力，针对不同的污染物可以接种人工筛选分离的高效降解微生物或人工构建的遗传工程菌；②添加微生物营养盐，微生物的生长繁殖和降解活动需要充足均衡的营养，为了提高降解速度，需要添加缺少的营养物；③提供电子受体，为使有机物的氧化降解途径畅通，要提供充足的电子受体，一般为好氧环境提供氧，为厌氧环境的降解提供硝酸盐；④提供共代谢底物，共代谢有助于难降解有机污染物的生物降解；⑤提高生物可利用性，低水溶性的疏水污染物难于被微生物所降解，利用表面活性剂、各种分散剂来提高污染物的溶解度，可提高生物可利用性；⑥添加生物降解促进剂，一般使用 H_2O_2 可以明显加快生物降解的速度。

近十余年来，人类在石油、农药、重金属汞等物质的微生物代谢、降解、转化方面取得了一定的进展。

五、环境污染的微生物监测

生态环境中的微生物是环境污染的直接承受者，环境状况的任何变化都对微生物群落结构和生态功能产生影响，因此可以用微生物指示环境污染。由于微生物易变异，抗性强，微生物作为环境污染的指示物在应用上不及动物和植物广泛而规范。但微生物的某些独有的特性使微生物在环境监测中有特殊作用。

1. 粪便污染指示菌

粪便中肠道病原菌对水体的污染是引起霍乱、伤寒等流行病的主要原因。沙门菌、志贺菌等肠道病原菌数量少，检出鉴定困难。因此不能把直接检测病原菌作为常规的监测手段，从而提出了检测与病原菌并存于肠道，且具相关性的"指示菌"，从它们的数量来判定水质污染程度和饮水（包括食品等）的安全性。大肠菌群是最基本的粪便污染指示菌，是最常用的水质指标之一。

大肠菌群是指一大群与大肠杆菌相似的好氧及兼性厌氧的革兰阴性无芽孢杆菌，它们能在 48h 内发酵乳糖产酸产气，包括埃希菌属、柠檬酸杆菌属、肠杆菌属、克雷伯菌属等。

常用的大肠菌群测定方法有发酵法和滤膜法。大肠菌群数量的表示法有两种，一是"大肠菌群数"，即 1L 水中含有的大肠菌群数量；二是"大肠菌群值"，是指水样中可检出 1 个大肠菌群数的最小水样体积（mL），即：

$$大肠菌群值＝1000/大肠菌群数$$

我国卫生部门规定的饮用水标准是：1mL 自来水中的细菌总数不可超过 100 个（37℃，培养 24h）；而 1000mL 自来水中的大肠菌群数则不能超过 3 个（37℃，培养 48h），即大肠菌群值不得小于 333mL。

2. 致突变物与致癌物的微生物检测

环境污染物的遗传学效应主要表现在污染物的致突变作用，致突变作用是致癌和致畸的根本原因。具有致突变作用或怀疑具有致突变效能的化合物数量巨大，这就要求发展快速准确的检测手段。微生物生长快的特点正适合这种要求，微生物监测被公认是对致突变物最好的初步检测方法。

现在被广泛使用的是美国 Ames 教授等建立的称为 Ames 试验的方法。其原理是利用鼠伤寒沙门菌的组氨酸营养缺陷型菌株在致突变物的作用下发生回复突变的性能，来检测物质的致突变性。一般采用纸片点试法和平皿掺入法监测环境污染物的致突变性。当培养基中含有微量组氨酸时，倾注过量菌液的平板上形成一层微小的菌落，但当受到致突变物作用时，缺陷型菌株回复为野生型菌株，这时在培养基上长出明显的菌落。

Ames 试验准确性较高、周期短、方法简便，可反应多种污染物联合作用的总效应。人们称此法是一种良好的潜在致突变物与致癌物的初筛报警手段。

3. 发光细菌检测法

发光细菌发光是菌体生理代谢正常的一种表现，这类菌在生长对数期发光能力极强。当环境条件不良或有毒物质存在时，发光能力受到影响而减弱，其减弱程度与毒物的毒性大小和浓度成一定的比例关系。通过灵敏的光电测定装置，检查在毒物作用下发光菌的发光强度变化可以评价待测物的毒性。其中研究和应用最多的为明亮发光杆菌。

 ## 技能训练 30 水中细菌总数的测定

一、实验目的

1. 了解和学习水中细菌总数的测定原理和测定意义。
2. 学习和掌握用稀释平板计数法测定水中细菌总数的方法。

二、实验原理

水是微生物广泛分布的天然环境。各种天然水中常含有一定数量的微生物。水中微生物的主要来源有：水中的水生性微生物（如光合藻类），来自土壤径流、降雨的外来菌群和来自下水道的污染物和人畜的排泄物等。水中的病原菌主要来源于人和动物的传染性排泄物。水中细菌总数可反映出水体被有机物污染的程度。细菌总数越多，说明水中有机物的含量就越高。

本实验应用平板菌落计数技术来测定水样中的细菌总数。由于水中细菌的种属不一，它们对营养成分和生长条件的要求差别很大，不可能设计出一种培养基在同一固定的条件下，能满足水中所有细菌的营养要求，使其都能生长繁殖，形成菌落。然而，肠道中的绝大多数腐生性和致病性的细菌，可在营养丰富的牛肉膏蛋白胨培养基上进行生长，出现肉眼可见的菌落，虽然这样计算出来的水中细菌的总数实际上是一种近似值，但它基本上能代表水样中细菌的数量。故而水中细菌总数的测定和计算是指：在牛肉膏蛋白胨琼脂培养基上，1mL 水样，经 37℃，24h 培养后平板上形成的菌落数（colony-forming unit，CFU），其单位是 CFU/mL。国家饮用水标准规定，饮用水中细菌总数每 mL 不超过 100 个。

三、实验器材

1. 培养基及其他：牛肉膏蛋白胨琼脂培养基（附录Ⅲ-1）；无菌生理盐水。
2. 器材：灭菌三角瓶，灭菌的具塞三角瓶，灭菌平皿，灭菌吸管，灭菌试管等。

四、实验方法

1. 水样的采集

（1）自来水　先将自来水龙头用酒精灯火焰灼烧灭菌，再开放水龙头使水流 5min，以灭菌三角瓶接取水样以备分析。

（2）池水、河水、湖水等地面水源水　在距岸边 5m 处，取距水面 10～15cm 的深层水样，先将灭菌的具塞三角瓶，瓶口向下浸入水中，然后翻转过来，除去玻璃塞，水即流入瓶中，盛满后，将瓶塞盖好，再从水中取出。如果不能在 2h 内检测的，需放入冰箱中保存。

2. 细菌总数的测定

① 水样稀释　按无菌操作法，将水样作 10 倍系列稀释。根据对水样污染情况的估计，选择 2～3 个适宜稀释度（饮用水如自来水、深井水等，一般选择 1、1∶10 两种浓度；水源水如河水等，比较清洁的可选择 1∶10、1∶100、1∶1000 三种稀释度；污染水可选择 1∶100、1∶1000、1∶10000 三种稀释度）。每一稀释度需要一支无菌吸管，不可用同一吸管连续吸取，否则培养后出现的菌落数偏高，误差大。

② 培养　吸取 1mL 稀释液于灭菌平皿内，每个稀释度作 3 个重复。将熔化后保温至 45℃的牛肉膏蛋白胨琼脂培养基倒平皿，每皿约 15mL，并趁热转动平皿混合均匀。待琼脂凝固后，将平皿倒置于 37℃培养箱内培养（24±1）h 后取出，计算平皿内菌落数目，乘以稀释倍数，即得 1mL 水样中所含的细菌菌落总数。

3. 计算方法

作平板计数时，可用肉眼观察，必要时用放大镜检查，以防遗漏。在记下各平板的菌落数后，求出同稀释度的各平板平均菌落数。

4. 计数的报告

① 平板菌落数的选择　选取菌落数在 30～300 之间的平板作为菌落总数测定标准。一个稀释度使用两个重复时，应选取两个平板的平均数。如果一个平板有较大片状菌落生长时，则不宜采用，而应以无片状菌落生长的平板计数作为该稀释度的菌数。若片状菌落不到平板的一半，而其余一半中菌落分布又很均匀，可计算半个平板后乘 2 以代表整个平板的菌落数。

② 稀释度的选择　应选择平均菌落数在 30～300 之间的稀释度，乘以该稀释倍数报告之（表 8-1 例 1）；若有两个稀释度，其生长的菌落数均在 30～300 之间，则视二者之比如何来决定。若其比值小于 2，应报告其平均数；若比值大于 2，则报告其中较小的数字（表 8-1 例 2、例 3）；若所有稀释度的平均菌落均大于 300，则应按稀释倍数最低的平均菌落数乘以稀释倍数报告之（表 8-1 例 4）；若所有稀释度的平均菌落数均小于 30，则应按稀释倍数最低的平均菌落数乘以稀释倍数报告之（表 8-1 例 5）；若所有稀释度均无菌落生长，则以小于 1 乘以最低稀释倍数报告之（表 8-1 例 6）；若所有稀释度的平均菌落数均不在 30～300 之间，则以最接近 30 或 300 的平均菌落数乘以该稀释倍数报告。

③ 细菌总数的报告　细菌的菌落数在 100 以内时，按其实有数报告；大于 100 时，用二位有效数字，在二位有效数字后面的数字，以四舍五入方法修约。为了缩短数字后面的 0 的个数，可用 10 的指数来表示，如表 8-1 "报告方式" 一栏所示。

表 8-1　稀释度的选择及细菌数报告方式

序号	稀释度及菌落数			两稀释度之比	菌落总数 /(CFU/mL 或 CFU/g)	报告方式(菌落总数) /(CFU/mL 或 CFU/g)
	10^{-1}	10^{-2}	10^{-3}			
1	多不可计	164	20	—	16400	16000 或 $1.6×10^4$
2	多不可计	295	46	1.6	37750	38000 或 $3.8×10^4$
3	多不可计	271	60	2.2	27100	27000 或 $2.7×10^4$
4	多不可计	多不可计	313	—	313000	310000 或 $3.1×10^5$
5	27	11	5	—	270	270 或
6	0	0	0	—	<10	<10
7	多不可计	305	12	—	30500	31000 或 $3.1×10^4$

五、结果与讨论

1. 根据实验结果报告所检测水样的细菌总数，并判断是否符合饮用水的卫生学指标。

2. 试与其他同学的实验结果进行比较，从中判断你的实验结果误差如何？原因是什么？

技能训练 31 多管发酵法测定水中大肠菌群数

一、实验目的

1. 了解和学习水中大肠菌群的测定原理和测定意义。

2. 学习和掌握水中大肠菌群的检测方法。

二、实验原理

在正常情况下，肠道中主要有大肠菌群、粪链球菌和厌氧芽孢杆菌等多种细菌。这些细菌都可随人畜排泄物进入水源，由于大肠菌群在肠道内数量最多，所以，水源中大肠菌群的数量，是直接反映水源被人畜排泄物污染的一项重要指标，也可间接反映出水体中肠道致病菌的存在与否。目前，国际上已公认大肠菌群的存在是粪便污染和致病菌污染的指标。水的微生物学的检验，特别是肠道细菌的检验，在保证饮水安全和控制传染病上有着重要意义，同时也是评价水质状况的重要指标。国家饮用水标准规定，饮用水中大肠菌群数每升中不超过 3 个。

所谓大肠菌群，是指在 37℃ 24h 内能发酵乳糖产酸、产气的兼性厌氧的革兰阴性无芽孢杆菌的总称，主要由肠杆菌科中四个属内的细菌组成，即大肠杆菌属、柠檬酸杆菌属、克雷伯菌属和肠杆菌属。水的大肠菌群数是指 100mL 水检样内含有的大肠菌群实际数值，以大肠菌群最近似数（MPN）表示。

水中大肠菌群的检验方法，常用多管发酵法和滤膜法。多管发酵法是水的标准检测方法，操作简便，不需要专门仪器，多年使用，结果明显，易鉴别，为我国大多数卫生单位与水厂所采用。滤膜法快速，结果重复性好，需配备滤膜过滤装置，仅适用于自来水和深井水，操作简单、快速，但不适用于杂质较多、易于阻塞滤孔的水样。

三、实验器材

1. 培养基：乳糖胆盐蛋白胨培养基（附录Ⅲ-19），双倍或三倍乳糖胆盐蛋白胨培养基（除水以外，其余成分加倍或取三倍用量，参考附录Ⅲ-19），伊红美蓝琼脂培养基（附录Ⅲ-20），乳糖发酵管（除不加胆盐外，其余同乳糖胆盐蛋白胨培养基，参考附录Ⅲ-19）。

2. 器材：灭菌三角瓶，灭菌的具塞三角瓶，灭菌平皿，灭菌吸管，灭菌试管等。

四、实验方法

1. 水样的采集（同技能训练 25）

2. 生活饮用水或食品生产用水中大肠菌群数的检测（多管发酵法）

（1）初步发酵试验 在 2 个各装有 50mL 的 3 倍浓缩乳糖胆盐蛋白胨培养液（可称为三倍乳糖胆盐）的三角瓶中（内有倒置小管），以无菌操作各加水样 100mL。在 10 支装有 5mL 的三倍乳糖胆盐的发酵试管中（内有倒置小管），以无菌操作各加入水样 10mL。如果饮用水的大肠菌群数变异不大，也可以接种 3 份 100mL 水样。摇匀后，37℃培养 24h。

（2）平板分离 经 24h 培养后，将产酸产气及只产酸的发酵管（瓶），分别划线接种于伊红美蓝琼脂平板（EMB 培养基）上，37℃培养 18～24h。大肠菌群在 EMB 平板上，菌落呈紫黑色，具有或略带有或不带有金属光泽，或者呈淡紫红色，仅中心颜色较深；挑取符合上述特征的菌落进行涂片，革兰染色，镜检。

（3）复发酵试验 将革兰阴性无芽孢杆菌的菌落的剩余部分接于单倍乳糖发酵管中，为防止遗漏，每管可接种来自同一初发酵管的平板上同类型菌落 1～3 个，37℃培养 24h，如果产酸又产气者，即证实有大肠菌群存在。

（4）报告　根据证实有大肠菌群存在的复发酵管的阳性管数，查表8-2（或表8-3），即求得每100mL水样中存在的总大肠菌群数。我国目前系以1L为报告单位，故MPN值再乘以10，即为1L水样中的总大肠菌群数。

表8-2　大肠菌群最可能数（MPN）检索表（饮用水）

100mL 水样的阳性管数	0	1	2
10mL 水样的阳性管数	每升水样中大肠菌群数		
0	<3	4	11
1	3	8	18
2	7	13	27
3	11	18	38
4	14	24	52
5	18	30	70
6	22	36	92
7	27	43	120
8	31	51	161
9	36	60	230
10	40	69	>230

注：接种水样总量300mL（100mL 2份，10mL 10份）。

表8-3　大肠菌群数变异不大的饮用水

100mL 水样阳性管数	0	1	2	3
每升水样中大肠菌群数	<3	4	11	>18

注：接种水样总量300mL（3份100mL）。

3. 水源水中大肠菌群数的检验

① 水样稀释　利用10倍稀释法将水样稀释成10^{-1}和10^{-2}。

② 初步发酵试验　以无菌操作分别吸取1mL 10^{-2}、10^{-1}的稀释水样和1mL原水样，各装入有5mL单倍乳糖胆盐蛋白胨发酵管中。另取10mL和100mL原水样，分别注入装有5mL和50mL三倍浓缩乳糖蛋白胨发酵液的试管（瓶）中。摇匀后，37℃培养24h。

应注意，需要根据预计水源水的污染程度选用下列水样的接种量。对于严重污染水接种水样1mL、0.1mL、0.01mL、0.001mL各1份，对于中度污染水接种水样10mL、1mL、0.1mL、0.01mL各1份，对于轻度污染水接种水样100mL、10mL、1mL、0.1mL各1份，对于大肠菌群变异不大的水源水接种水样10mL 10份。接种量1mL及1mL以内时，用单倍乳糖胆盐发酵管；接种量在1mL以上者，应保证接种后发酵管（瓶）中的总液体量为单倍培养液量。

③ 平板分离和复发酵试验　同生活饮用水或食品生产用水的检验。

④ 报告　根据证实有大肠菌群存在的阳性管（瓶）数，查表8-4～表8-6，报告每升水样中的大肠菌群数。

表8-4　大肠菌群最可能数（MPN）检索表（轻度污染水）

接种水样量/mL				每升水样中大肠菌群数	接种水样量/mL				每升水样中大肠菌群数
100	10	1	0.1		100	10	1	0.1	
−	−	−	−	<9	−	+	+	+	28
−	−	−	+	9	+	−	−	+	92
−	−	+	−	9	+	−	+	−	94
−	+	−	−	9.5	+	−	+	+	180
−	+	−	+	18	+	+	−	−	230

续表

接种水样量/mL				每升水样中大肠菌群数	接种水样量/mL				每升水样中大肠菌群数
100	10	1	0.1		100	10	1	0.1	
−	+	−	+	19	+	+	−	+	960
−	+	+	−	22	+	+	+	−	2380
+	−	−	−	23	+	+	+	+	>2380

注：接种水样总量为 111.1mL（100mL、10mL、1mL、0.1mL 各一份）。

表 8-5　大肠菌群最可能数（MPN）检索表（中度污染水）

接种水样量/mL				每升水样中大肠菌群数	接种水样量/mL				每升水样中大肠菌群数
10	1	0.1	0.01		10	1	0.1	0.01	
−	−	−	−	<90	−	+	+	+	280
−	−	−	+	90	+	−	−	−	920
−	−	+	−	90	+	−	−	+	940
−	+	−	−	95	+	−	+	−	1800
−	−	+	+	180	+	+	−	−	2300
−	+	−	+	190	+	−	+	+	9600
−	+	+	−	220	+	+	−	+	23800
+	−	−	−	230	+	+	+	+	>23800

注：接种水样总量为 11.11mL（10mL、1mL、0.1mL、0.01mL 各一份）。

表 8-6　大肠菌群最可能数（MPN）检索表（严重污染水）

接种水样量/mL				每升水样中大肠菌群数	接种水样量/mL				每升水样中大肠菌群数
1	0.1	0.01	0.001		1	0.1	0.01	0.001	
−	−	−	−	<900	−	+	+	+	2200
−	−	−	+	900	+	−	−	−	2300
−	−	+	−	900	+	−	−	+	2800
−	+	−	−	950	+	−	+	−	9200
−	+	−	+	1800	+	−	+	+	9400
−	+	+	−	1900					

注：接种水样总量为 1.111mL（1mL、0.1mL、0.01mL、0.001mL 各一份）。

五、结果与讨论

1. 根据实验结果报告所检测水样的大肠菌群数。

2. 根据实验结果判断你所检测的自来水是否达到我国规定的饮用水卫生学指标？你所检测的池塘水、河水和湖水是否可以作为饮用水的水源水？

3. EMB 培养基含有哪几种主要成分？用于检测大肠菌群时各起什么作用？

 # 技能训练 32　空气中细菌总数的测定

一、实验目的

1. 了解和学习空气中细菌总数的测定原理和测定意义。

2. 学习和掌握空气中细菌总数的检测方法。

二、实验原理

空气微生物对环境的污染及其危害，特别是对人群健康带来的危害日益严重并受到各方的关注。准确地检测室内外环境空气中的微生物污染，对制定环境标准，消除危害和保障人民健康都是十分重要的。目前，用于环境中细菌总数测定的常用方法包括撞击法和自然沉降法。其中，撞击法是指采用撞击式空气微生物采样器采样，通过抽气动力作用，使空气通过狭缝或小孔而产生高速气流，从而使悬浮在空气中的带菌粒子撞击到营养琼脂平板上，经37℃、48h培养后，计算每立方米空气中所含的细菌菌落数的采样测定方法。自然沉降法是指使用直径9cm的营养琼脂平板在采样点暴露5min，经37℃、48h培养后，计数生长的细菌菌落数的采样测定方法。

三、实验器材

1. 器材：高压蒸汽灭菌器、干热灭菌器、恒温培养箱、培养皿（直径9cm）、撞击式空气微生物采集器、量筒、三角烧瓶。

2. 培养基：牛肉膏蛋白胨琼脂培养基（附录Ⅲ-1），将各成分混合，加热溶解，校正pH至7.4，过滤分装，121℃、20min高压灭菌，用自然沉降法测定时，倾注约15mL于灭菌平皿内，制成营养琼脂平板。用撞击法测定时则参照采样器使用说明制备营养琼脂平板。

四、实验方法

1. 撞击法

① 选择有代表性的位置设置采样点，将采样器消毒，按仪器使用说明进行采样。

② 样品采完后，将带菌培养皿置36℃±1℃恒温箱中，培养48h，计数菌落数，并根据采样器的流量和采样时间，换算成每立方米空气中的菌落数。以每立方米菌落数（CFU/m^3）报告结果。

计算公式为：空气菌落数(CFU/m^3)$=N\times1000/(Q\times T)$。N表示所有平皿菌落数，T表示采样时间（min），Q表示采样流量(L/min)。

2. 自然沉降法

① 设置采样点时，应根据现场的大小，选择有代表性的位置作为空气细菌检测的采样点。通常设置5个采样点，即室内墙角对角线交点为一采样点，该交点与四墙角连线的中点为另外4个采样点。采样高度为1.2～1.5m。采样点应远离墙壁1m以上，并避开空调、门窗等空气流通处。

② 将培养皿置于采样点处，打开皿盖，暴露5min，盖上皿盖，翻转平板，置36℃±1℃恒温箱中，培养48h。

③ 计数每块平板上生长的菌落数，求出全部采样点的平均菌落数。以每立方米菌落数（CFU/m^3）报告结果。

计算公式为：空气菌落数（CFU/m^3）$=N\times5000/（A\times T）$。N表示所有平皿菌落数，T表示平皿暴露时间（min），A表示平皿面积（cm^2）。

五、结果与讨论

1. 根据实验结果报告所检测环境中的细菌总数。

2. 采用撞击法和自然沉降法测定环境中细菌总数时，其结果有无差异？若有差异，请分析主要原因。

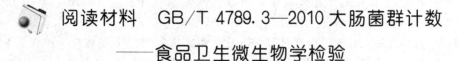

阅读材料　GB/T 4789.3—2010 大肠菌群计数

——食品卫生微生物学检验

1. 范围

本标准规定了食品中大肠菌群（coliforms）计数的方法。本标准适用于食品中大肠菌群的计数。

2. 术语和定义

2.1　大肠菌群 coliforms

在一定培养条件下能发酵乳糖、产酸产气的需氧和兼性厌氧革兰阴性无芽胞杆菌。

2.2　最可能数 most probable number，MPN

基于泊松分布的一种间接计数方法。

3. 设备和材料

除微生物实验室常规灭菌及培养设备外，其他设备和材料如下：

3.1　恒温培养箱：$36℃±1℃$ 。

3.2　冰箱：$2\sim5℃$ 。

3.3　恒温水浴箱：$46℃±1℃$ 。

3.4　天平：感量 0.1g 。

3.5　均质器。

3.6　振荡器。

3.7　无菌吸管：1mL（具 0.01mL 刻度）、10mL（具 0.1mL 刻度）或微量移液器及吸头。

3.8　无菌锥形瓶：容量 500mL 。

3.9　无菌培养皿：直径 90mm 。

3.10　pH 计或 pH 比色管或精密 pH 试纸。

3.11　菌落计数器。

4. 培养基和试剂

4.1　月桂基硫酸盐胰蛋白胨（lauryl sulfate tryptose，LST）肉汤。

4.2　煌绿乳糖胆盐（brilliant grecn lactose bile，BGLB）肉汤。

4.3　结晶紫中性红胆盐琼脂（violet red bile agar，VRBA）。

4.4　磷酸盐缓冲液。

4.5　无菌生理盐水。

4.6　无菌 1mol/L NaOH 。

4.7　无菌 1mol/L HCl 。

第一法　大肠菌群 MPN 计数法

5. 检验程序

大肠菌群 MPN 计数的检验程序见图 8-5。

6. 操作步骤

6.1　样品的稀释

6.1.1　固体和半固体样品：称取 25g 样品，放入盛有 225mL 磷酸盐缓冲液或生理盐水的无菌均质杯内，$8000\sim10000$r/min 均质 $1\sim2$min，或放入盛有 225mL 磷酸盐缓冲液或生理盐水的无菌均质袋中，用拍击式均质器拍打 $1\sim2$min，制成 1:10 的样品匀液。

6.1.2　液体样品：以无菌吸管吸取 25mL 样品置盛有 225mL 磷酸盐缓冲液或生理盐水的无菌锥形瓶（瓶内预置适当数量的无菌玻璃珠）中，充分混匀，制成 1:10 的样品匀液。

6.1.3　样品匀液的 pH 值应在 $6.5\sim7.5$ 之间，必要时分别用 1mol/L NaOH 或 1mol/L HCl 调节。

6.1.4　用 1mL 无菌吸管或微量移液器吸取 1∶10 样品匀液 1mL，沿管壁缓缓注入 9mL 磷酸盐缓冲液或生理盐水的无菌试管中（注意吸管或吸头尖端不要触及稀释液面），振摇试管或换用 1 支 1mL 无菌吸管反复吹打，使其混合均匀，制成 1∶100 的样品匀液。

6.1.5　根据对样品污染状况的估计，按上述操作，依次制成十倍递增系列稀释样品匀液。每递增稀释 1 次，换用 1 支 1mL 无菌吸管或吸头。从制备样品匀液至样品接种完毕，全过程不得超过 15min。

6.2　初发酵试验

每个样品，选择 3 个适宜的连续稀释度的样品匀液（液体样品可以选择原液），每个稀释度接种 3 管月桂基硫酸盐胰蛋白胨（LST）肉汤，每管接种 1mL（如接种量超过 1mL，则用双料 LST 肉汤），36℃±1℃ 培养 24h±2h，观察倒管内是否有气泡产生，24h±2h 产气者进行复发酵试验，如未产气则继续培养至 48h±2h，产气者进行复发酵试验。未产气者为大肠菌群阴性。

6.3　复发酵试验

用接种环从产气的 LST 肉汤管中分别取培养物 1 环，移种于煌绿乳糖胆盐肉汤（BGLB）管中，36℃±1℃ 培养 48h±2h，观察产气情况。产气者，计为大肠菌群阳性管。

6.4　大肠菌群最可能数（MPN）的报告

按 6.3 确证的大肠菌群 LST 阳性管数，检索 MPN 表（表 8-7），报告每 g（mL）样品中大肠菌群的 MPN 值。

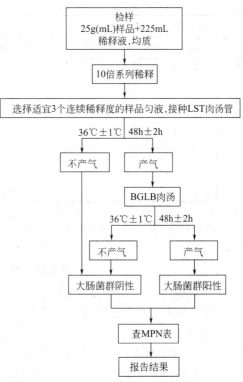

图 8-5　大肠菌群 MPN 计数法检验程序

表 8-7　大肠菌群最可能数（MPN）检索表

阳性管数			MPN	95％可信限		阳性管数			MPN	95％可信限	
0.10	0.01	0.001		下限	上限	0.10	0.01	0.001		下限	上限
0	0	0	<3.0	—	9.5	2	2	0	21	4.5	42
0	0	1	3.0	0.15	9.6	2	2	1	28	8.7	94
0	1	0	3.0	0.15	11	2	2	2	35	8.7	94
0	1	1	6.1	1.2	18	2	3	0	29	8.7	94
0	2	0	6.2	1.2	18	2	3	1	36	8.7	94
0	3	0	9.4	3.6	38	3	0	0	23	4.6	94
1	0	0	3.6	0.17	18	3	0	1	38	8.7	110
1	0	1	7.2	1.3	18	3	0	2	64	17	180
1	0	2	11	3.6	38	3	1	0	43	9	180
1	1	0	7.4	1.3	20	3	1	1	75	17	200
1	1	1	11	3.6	38	3	1	2	120	37	420

续表

阳性管数			MPN	95%可信限		阳性管数			MPN	95%可信限	
0.10	0.01	0.001		下限	上限	0.10	0.01	0.001		下限	上限
1	2	0	11	3.6	42	3	1	3	160	40	420
1	2	1	15	4.5	42	3	2	0	93	18	420
1	3	0	16	4.5	42	3	2	1	150	37	420
2	0	0	9.2	1.4	38	3	2	2	210	40	430
2	0	1	14	3.6	42	3	2	3	290	90	1000
2	0	2	20	4.5	42	3	3	0	240	42	1000
2	1	0	15	3.7	42	3	3	1	460	90	2000
2	1	1	20	4.5	42	3	3	2	1100	180	4100
2	1	2	27	8.7	94	3	3	3	>1100	420	—

注：1. 本表采用3个稀释度 [0.1g（或0.1mL）、0.01g（或0.01mL）和0.001g（或0.001mL）]，每个稀释度接种3管。

2. 表内所列检样量如改用1g（或1mL）、0.1g（或0.1mL）和0.01g（或0.01mL）时，表内数字应相应降低10倍；如改用0.01g（或0.01mL）、0.001g（或0.001mL）、0.0001g（或0.0001mL）时，则表内数字应相应增高10倍，其余类推。

第二法　大肠菌群平板计数法

7. 检验程序

大肠菌群平板计数法的检验程序见图8-6。

8. 操作步骤

8.1　样品的稀释

按6.1进行。

8.2　平板计数

8.2.1　选取2～3个适宜的连续稀释度，每个稀释度接种2个无菌平皿，每皿1mL。同时取1mL生理盐水加入无菌平皿作空白对照。

8.2.2　及时将15～20mL冷至46℃的结晶紫中性红胆盐琼脂（VRBA）约倾注于每个平皿中。小心旋转平皿，将培养基与样液充分混匀，待琼脂凝固后，再加3～4mL VRBA覆盖平板表层。翻转平板，置于36℃±1℃培养18～24h。

8.3　平板菌落数的选择

选取菌落数在15～150CFU之间的平板，分别计数平板上出现的典型和可疑大肠菌群菌落。典型菌落为紫红色，菌落周围有红色的胆盐沉淀环，菌落直径为0.5mm或更大。

8.4　证实试验

从VRBA平板上挑取10个不同类型的典型和可疑菌落，分别移种于BGLB肉汤管内，36℃±1℃培养24～48h，观察产气情况。凡BGLB肉汤管产气，即可报告为大肠菌群阳性。

8.5　大肠菌群平板计数的报告

经最后证实为大肠菌群阳性的试管比例乘以8.3中计数的平板菌落数，再乘以稀释倍数，即为每g（或mL）样品中大肠菌群数。例：10^{-4}样品稀释液1mL，在VRBA

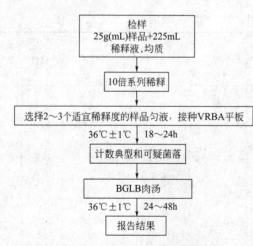

图8-6　大肠菌群平板计数法检验程序

平板上有 100 个典型和可疑菌落，挑取其中 10 个接种 BGLB 肉汤管，证实有 6 个阳性管，则该样品的大肠菌群数为：$100×6/10×10^{-4}$/g(或 mL)$=6.0×10^5$CFU/g(或 CFU/mL)。

📖 复习参考题

一、名词解释

正常菌群、互生、共生、寄生、拮抗、捕食、生物降解、BOD、COD、活性污泥、大肠菌群

二、问答题

1. 为什么说土壤是人类最丰富的"菌种资源库"？如何从中筛选所需要的菌种？

2. 淡水和海水中的微生物有何不同？为什么饮用水源必须检测大肠菌群？我国卫生部门对饮用水的细菌总数和大肠菌群量有何规定？

3. 测定空气中的微生物有何意义？

4. 什么是嗜热菌？它们在理论和实践中有何重要性？

5. 什么是生物体的正常菌群？试分析肠道正常菌群与人体的关系。

6. 举例说明微生物之间的 5 种类型的相互关系。

7. 试述微生物在环境保护中的作用和地位。

8. 什么是活性污泥？活性污泥包括哪些部分？活性污泥法净化污水的原理是什么？

9. 微生物在环境监测中有何作用？

10. 试提出一个用微生物处理废水或废弃物，变废为可利用资源的方案。

第九单元　病毒学技术

非细胞生物包括病毒和亚病毒。病毒（virus）是一类体积非常微小、结构极其简单、性质十分特殊的生命形式。与其他生物相比，它们具有下列基本特征。

① 形体极其微小。一般都能通过细菌滤器，故必须在电镜下才能观察。

② 缺乏独立代谢能力。只能利用宿主活细胞内现成的代谢系统合成自身的核酸和蛋白质组分，再以核酸和蛋白质等"元件"的装配实现其大量增殖。无个体生长，无二均分裂繁殖方式。

③ 没有细胞结构。病毒被称为"分子生物"，其化学成分较简单，主要成分仅核酸和蛋白质两种，而且只含 DNA 或 RNA 一类核酸。尚未发现一种病毒兼含两类核酸的。

④ 对一般抗生素不敏感，而对干扰素敏感。

⑤ 具有双重存在方式。在活细胞内营专性寄生，在活体外能以化学大分子颗粒状态长期存在并保持侵染活性。

病毒既是一种致病因子，也是一种遗传成分。几乎所有的细胞型生物，包括微生物、植物、动物及人类都发现有病毒，不过就某类病毒而言，它具有宿主的特异性。人们习惯根据其宿主种类将病毒分为微生物病毒、植物病毒和动物病毒。20 世纪 70 年代以来，陆续发现了比病毒更小、结构更简单的亚病毒，亚病毒包括类病毒、拟病毒和朊病毒。

可以认为，病毒是一类超显微的、结构极其简单的、专性活细胞内寄生的、在活体外能以无生命的化学大分子状态长期存在并保持其侵染活性的非细胞生物。

模块一　病毒的形态结构和化学组成

一、病毒的大小及形态

1. 病毒的大小

成熟的具有侵染能力的病毒个体称为病毒粒子。病毒粒子的大小以纳米（nm）来计量。各种病毒的大小相差悬殊，一般分为大、中、小三种。较大的病毒如痘病毒，其体积为 300nm×200nm×100nm；中等大的病毒如流感病毒，其直径为 90～120nm；小型的病毒直径仅 20nm，如口蹄疫病毒。绝大多数病毒直径都在 150nm 以下。病毒的大小可借分级过滤、电泳、超速离心沉降、电镜观察等方法测定。

2. 病毒的形态

病毒粒子的形态大致可分为 5 类（图 9-1）。

（1）球形　人、动物、真菌的病毒多为球形，其直径 20～30nm 不等，如腺病毒、疱疹病毒、脊髓灰质炎病毒、花椰菜花叶病毒、噬菌体 MS2 等。

（2）杆状或丝状　是某些植物病毒的固有特征，如烟草花叶病毒、苜蓿花叶病毒、甜菜黄化病毒等。人和动物的某些病毒也有呈丝状的，如流感病毒、麻疹病毒、家蚕核型多角体病毒等，其丝长短不一，直径 15～22nm，长度可达 70nm。

（3）蝌蚪状　是大部分噬菌体的典型特征。有一个六角形多面体的"头部"和一条细长的"尾部"，但也有一些噬菌体无尾。

（4）砖形　这是各类痘病毒的特性。病毒粒子呈长方形，很像砖块。其体积约300nm×200nm×100nm，是病毒中较大的一类。

（5）弹状　见于狂犬病毒、动物水泡性口腔炎病毒和植物弹状病毒等。这类病毒粒子呈圆筒形，一端钝圆，另一端平齐，直径约70nm，长约180nm，略似棍棒。

常见病毒粒子的形态如图9-1所示，可供鉴定病毒时参考。

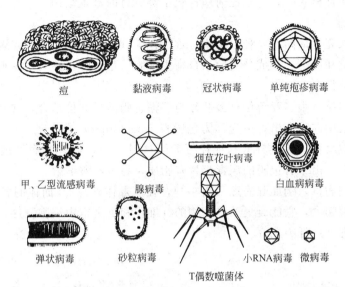

图 9-1　常见病毒粒子的形态

二、病毒的结构、化学成分及其功能

病毒粒子的基本结构主要包括两部分，即核心与衣壳。除此之外，有些较为复杂的病毒还具有包膜、刺突等结构（图9-2）。

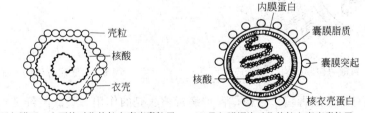

(a) 无包膜正二十面体对称的核衣壳病毒粒子　(b) 带包膜螺旋对称的核衣壳病毒粒子

图 9-2　病毒粒子的结构断面（模式）

病毒粒子的基本化学成分是核酸和蛋白质，有的病毒还有脂类、糖类等其他成分。

1. 病毒的核心

病毒的核心（viral core）是病毒粒子的内部中心结构。核心内有单链或双链的核酸（DNA或RNA），还有少量功能蛋白质（病毒核酸多聚酶和转录酶）。共同特点是，任何一种病毒粒子核心内只含有一种类型的核酸，DNA或RNA，绝不混合含两种核酸。DNA或RNA构成病毒的基因组，包含着该病毒编码的全部遗传信息，能主导病毒的生命活动，控制病毒增殖、遗传、变异、传染致病等作用。

2. 病毒的衣壳

病毒的衣壳，是包围在病毒核心外面的一层蛋白质结构，由数目众多的蛋白质亚单位（多肽）按一定排列程序组合而成。这些亚单位称为衣壳粒，彼此呈对称形排列。每一个衣壳粒，可由一个或几个多肽组成。衣壳的功能除能保护核心内的病毒核酸免受外界环境中不良因素（如 DNA 酶和 RNA 酶）的破坏外，还具有对宿主细胞特别的亲和力，又是该病毒的特异性抗原。

核心和衣壳合称核衣壳，它是任何病毒粒子都具有的基本结构。

3. 病毒的包膜

有些病毒在衣壳外面附有一种双层膜，称为包膜（viral envelope）或囊膜，它的主要成分是蛋白质、多糖和脂类。其成分主要来自宿主细胞，是病毒在感染宿主细胞"出芽"时从细胞膜或核膜处获得的。

包膜上的蛋白质由很多亚单位（多肽）与多糖、脂类呈共价结合，常组成糖蛋白亚微结构。嵌附在脂质层中向外突出，称为称为包膜粒（peplomer）或纤突（spike）。例如流感病毒包膜上有两种包膜粒，即血凝素和神经氨酸酶（图 9-3）。但有些病毒包膜虽有糖蛋白及脂质，但无包膜粒。由于有包膜的病毒都含有脂质，易被乙醚溶解。

另外，有某些病毒，例如腺病毒（图 9-4），在病毒体外壳 20 面体的各个顶角上有触须样纤维突起，顶端膨大，它能凝集某些动物的红细胞和毒害宿主细胞。这些突起与病毒的包膜粒一起称做刺突（或纤突）。

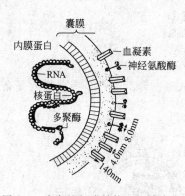

图 9-3　病毒的包膜结构（流感病毒）

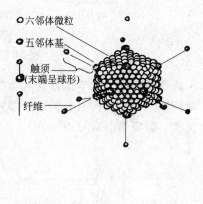

图 9-4　腺病毒体的表面结构模式

病毒包膜有维系病毒粒子结构，保护病毒核衣壳的作用。囊膜与纤突构成病毒颗粒的表面抗原，与宿主细胞嗜性、致病性和免疫原性有密切关系。

三、病毒结构的对称性

用电镜观察发现病毒的结构呈现高度对称性：即立体对称、螺旋对称、复合对称及复杂对称。立体对称与螺旋对称是病毒的两种基本结构类型，复合对称是前两种对称的结合。立体对称、螺旋对称和复合对称分别相当于球形、杆状和蝌蚪状这 3 种形态的病毒。所有 DNA 病毒除痘病毒外为立体对称，RNA 病毒有立体对称，也有螺旋对称，噬菌体及逆转录病毒多数呈复合对称，痘病毒属于复杂对称型。

1. 立体对称

有些病毒的外形呈"球状"，实际上是一个立体对称的多面体，一般为二十面体。它由

20个等边三角形组成，具有12个顶角，20个面和30条棱。腺病毒（图9-4）是二十面体对称的典型代表。二十面体病毒有的也具有包膜。

2. 螺旋对称

有些病毒粒子呈杆状或丝状，其衣壳形似一中空柱，电镜观察可见其表面有精细螺旋结构。在螺旋对称衣壳中，病毒核酸以多个弱键与蛋白质亚基相结合，能够控制螺旋排列的形式及衣壳长度，核酸与衣壳的结合也增加了衣壳结构的稳定性。烟草花叶病毒（TMV）（图9-5）是螺旋对称的典型代表。

3. 复合对称

大肠杆菌T4噬菌体（图9-6）是复合对称的代表，由二十面体的头部与螺旋对称的尾部复合构成，呈蝌蚪状。头部蛋白质衣壳内有线状双链DNA构成的核心。在头尾相连处有颈部，由颈环和颈须构成，颈须的功能是裹住吸附前的尾丝。尾部由尾管、尾鞘、基板、刺突和尾丝构成。尾管中空，是头部DNA进入宿主细胞的通道。尾鞘由24圈螺旋组成。基板是六角形盘状结构，上面有6个刺突和6根尾丝，均有吸附功能。

逆转录病毒内部是螺旋形的核心，外部是二十面体的外壳，是复合对称型病毒。

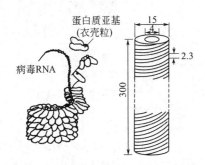

图9-5 烟草花叶病毒的结构示意图

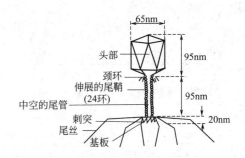

图9-6 大肠杆菌T4噬菌体结构模式图

4. 复杂对称

痘病毒科的病毒对称性比较复杂，病毒粒子通常呈卵圆形，干燥的病毒标本呈砖形。在病毒体表面有双层膜，在病毒中心为哑铃状的核心，核心内含有蛋白质和核酸，核酸为双链DNA，线形。在核心两侧为侧面小体。

四、病毒的群体形态

虽然病毒粒无法用光镜观察到，但当它们大量聚集并使宿主细胞发生病变时，就形成了具有一定形态、构造并能用光学显微镜加以观察和识别的特殊"群体"，例如动、植物细胞中的病毒包涵体；有的还可以用肉眼观察，例如由噬菌体在菌苔上形成的"负菌落"即噬菌斑，由动物病毒在宿主单层细胞培养物上形成的空斑以及由植物病毒在植物叶片上形成的枯斑等。病毒的这类"群体"形态对病毒的分离、纯化、鉴别和计数等许多实际工作具有一定的意义。

五、噬菌体

噬菌体（phage，bacteriophage）即原核生物病毒，包括噬细菌体、噬放线菌体和噬蓝细菌体等。噬菌体具有其他病毒的共同特性：体积小，结构简单，有严格的寄生性，必须在活的易感宿主细胞内增殖。噬菌体分布广，种类多，目前已成为研究分子生物学的一种重要实验工具，其危害主要存在于发酵工业中。

根据外形，噬菌体可分为蝌蚪形、球形、丝状 3 种。根据结构又可分为 A、B、C、D、E、F 6 种。其中 A、B、C 型均为蝌蚪形，D、E 型均为球形，F 型为丝状（图 9-7，表 9-1）。

噬菌体的化学成分主要是核酸和蛋白质，后者组成尾部和头部的外壳。核酸为噬菌体的遗传物质，已知有 DNA 噬菌体和 RNA 噬菌体。在大多数 DNA 噬菌体中，多数是 dsDNA，只有少数是 ssDNA。至今发现的 RNA 噬菌体中只有 ssRNA。

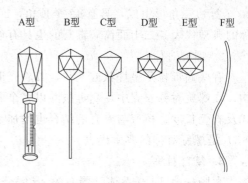

图 9-7 各型噬菌体的形态结构模式图

表 9-1 噬菌体的形态特征及其宿主

形态及特征			大肠杆菌噬菌体举例	其他菌种噬菌体
形态	类型	特征		
蝌蚪形	A 型	dsDNA，收缩性尾	T2、T4、T6	假单胞菌属：12S，PB-1 芽孢杆菌属：SP-50 黏球菌属：MX-1 沙门菌属：66t
	B 型	dsDNA，非收缩性长尾	T1、T5、λ	假单胞菌属：PB-2 棒杆菌属：B 链霉菌属：K1
	C 型	dsDNA，非收缩性短尾	T3、T7	假单胞菌属：12B 土壤杆菌属：PR-1001 芽孢杆菌属：GA/1 沙门菌属：P22
球形	D 型	ssDNA，无尾，大顶衣壳粒	ΦX174	沙门菌属：ΦR
	E 型	ssRNA，无尾，小顶衣壳粒	f2，MS2，Q_B	假单胞菌属：7S，PP7 柄细菌属的某些噬菌体
丝状	F 型	ssDNA，无头尾	fd，f1，M13	假单胞菌属的某些噬菌体

模块二　病毒的增殖

病毒的增殖是病毒基因组在宿主细胞内复制与表达的结果，它完全不同于其他微生物的繁殖方式，又称为病毒的复制。病毒由于缺乏完整的酶系统，不能单独进行物质代谢，必须在易感的活细胞中寄生。由宿主细胞提供病毒合成的原料、能量和场所。

一、病毒增殖的一般过程

病毒粒子进入细胞内增殖发育成熟的全过程，大体上分为吸附、侵入与脱壳、生物合成、装配、释放 5 个阶段。不同病毒的增殖过程在细节上有所差异。噬菌体的增殖方式见图 9-8。

1. 吸附

吸附是指病毒以其表面的特殊结构与宿主细胞的病毒受体发生特异性结合的过程，这是发生感染的第一步。

病毒吸附蛋白（VAP）是病毒表面的结合蛋白，它能特异性识别宿主细胞上的病毒受体并与之结合。如流感病毒包膜表面的血凝素，T 偶数噬菌体的尾丝蛋白。病毒受体是宿主细胞的表面成分，能够被病毒吸附蛋白特异性识别并与之结合，介导病毒侵入。如狂犬病毒的受体是细胞表面的乙酰胆碱受体，单纯疱疹病毒的受体是硫酸乙酰肝素。噬菌体以其尾丝尖端的蛋白质吸附于菌体细胞表面的特异性受体上。如 T3、T4 和 T7 噬菌体吸附的特异性受体是脂多糖；T2 和 T5 噬菌体的受体为脂蛋白；沙门菌的 X 噬菌体吸附在细菌的鞭毛上。

吸附作用受许多内外因素的影响，如细胞代谢抑制剂、酶类、脂溶剂、抗体，以及温度、pH、离子浓度等。

2. 侵入与脱壳

侵入是指病毒或其一部分进入宿主细胞的过程。侵入的方式因病毒或宿主细胞种类的不同而异。

有伸缩尾的 T 偶数噬菌体吸附于宿主细胞后，尾丝收缩使尾管触及细胞壁，尾管端携带的溶菌酶溶解局部细胞壁的肽聚糖。接着通过尾鞘收缩将尾管推出并将头部核酸迅速注入到细胞内，其蛋白质衣壳留在菌体外。

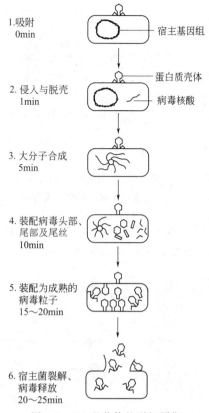

1. 吸附 0min — 宿主基因组

2. 侵入与脱壳 1min — 蛋白质壳体 病毒核酸

3. 大分子合成 5min

4. 装配病毒头部、尾部及尾丝 10min

5. 装配为成熟的病毒粒子 15～20min

6. 宿主菌裂解、病毒释放 20～25min

图 9-8　T4 噬菌体的裂解周期

动物病毒侵入宿主细胞有 3 种方式：①膜融合，病毒包膜与宿主细胞膜融合，将病毒的内部组分释放到细胞质中，如流感病毒；②利用细胞的胞吞作用，多数病毒按此方式侵入；③完整病毒穿过细胞膜的移位方式，如腺病毒。

植物病毒的侵入通常是由表面伤口或咬食的昆虫口器感染，并通过胞间连丝、导管和筛管在细胞间乃至整个植株中扩散。

脱壳是病毒侵入后，病毒的包膜和/或衣壳被除去而释放出病毒核酸的过程。脱壳的部位和方式随病毒种类的不同而异。大多数病毒在侵入时就已在宿主细胞表面完成，如 T 偶数噬菌体；有的病毒则需在宿主细胞内脱壳，如痘病毒需在吞噬泡中溶酶体酶的作用下部分脱壳，然后启动病毒基因部分表达出脱壳酶，在脱壳酶作用下完全脱壳。

3. 生物合成

生物合成指病毒在宿主细胞内合成病毒蛋白质，并复制核酸的过程。此过程可分为三个连续的阶段：①病毒早期基因的表达；②病毒基因组的复制；③病毒晚期基因的表达。

（1）病毒蛋白质的合成　病毒粒子在细胞内脱壳后，释放出 DNA 或 RNA。这些 DNA 或 RNA 转入细胞核中或仍留在细胞质内。若是 DNA 病毒，其基因组作为模板进行转录成具有特定信息的 RNA 即 mRNA。mRNA 转移到细胞的核糖体上进行转译，合成病毒蛋白质。若是 RNA 病毒，其 RNA 正链可直接作为 mRNA 进行蛋白质的合成。

病毒早期转译的蛋白质，主要是参与病毒核酸复制及转录，以及改变或抑制宿主细胞的

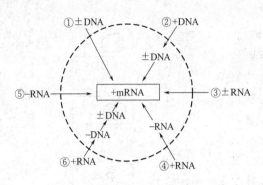

图 9-9 不同核酸类型病毒在
宿主内 mRNA 的合成方式

正常代谢的功能性蛋白质。晚期转译的蛋白质种类较多，其中主要是构成子代病毒粒的结构蛋白质。

（2）病毒核酸的复制　根据病毒核酸的类型以及复制、转录方式的不同可分为 6 类，如图 9-9 所示。

4. 装配

装配就是在病毒感染的细胞内，将分别合成的病毒核酸和蛋白质组装为成熟病毒粒子的过程。

（1）噬菌体的装配　T4 噬菌体装配过程
（图 9-10）较复杂，主要步骤有：DNA 分子的缩合，通过衣壳包裹 DNA 而形成完整的头部，尾丝和尾部的其他"部件"独立装配完成，头部和尾部相结合后，最后装上尾丝。

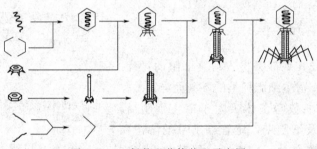

图 9-10　T 偶数噬菌体装配示意图

（2）动物病毒的装配　无包膜的动物病毒组装成核衣壳即为成熟的病毒体，有包膜的动物病毒一般在核内或细胞质内组装成核衣壳，然后以出芽形式释放时再包上宿主细胞核膜或质膜后，成为成熟病毒。

（3）植物病毒的装配　TMV 等杆状病毒是先初装成许多双层盘，然后因 RNA 嵌入和pH 降低等因素而变成双圈螺旋，最后由它聚合成完整的杆状病毒（图 9-11）。球状病毒则是靠一种非专一的离子相互作用而进行的自体装配体系来完成的。它们的核酸能催化蛋白亚基的聚合和装配，并决定其准确的二十面体对称的球状外形。

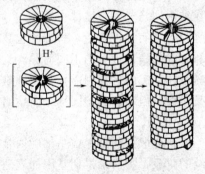

图 9-11　TMV 病毒的装配模式

5. 释放

释放是指病毒粒子从被感染的细胞内转移到外界的过程。主要有两种方式：破胞释放和芽生释放。

（1）破胞释放　无包膜病毒在细胞内装配完成后，借助自身的降解宿主细胞壁或细胞膜的酶，如噬菌体的溶菌酶和脂肪酶、流感病毒包膜刺突的神经氨酸酶等裂解宿主细胞，子代病毒便一起释放到胞外，宿主细胞死亡。

（2）芽生释放　有包膜的病毒在宿主细胞内合成衣壳蛋白时，还合成包膜蛋白，经添加糖残基修饰成糖蛋白，转移到核膜、细胞膜上，取代宿主细胞的膜蛋白。宿主核膜或细胞膜上有该病毒特异糖蛋白的部位，便是出芽的位置。在细胞质内装配的病毒，出芽时外包上一层质膜成分。若在核内装配的病毒，出芽时包上一层核膜成分。有的先包上一层核膜成分，后又包上一层质膜成分，其包膜由两层膜构成，两层包膜上均带有病毒编码的特异蛋白、血凝素、神经氨酸酶等，宿主细胞并不死亡。

有些病毒如巨细胞病毒，往往通过胞间连丝或细胞融合方式，从感染细胞直接进入另一正常细胞，很少释放于细胞外。

二、一步生长曲线

一步生长曲线（one-step growth curve）是研究病毒复制的一个实验，最初为研究噬菌体复制而建立，现已推广到动物病毒及植物病毒复制的研究中。具体操作是将适量病毒接种于高浓度敏感细胞培养物，或高倍稀释病毒细胞培养物，或以抗病毒血清处理病毒细胞培养物以建立同步感染，以感染时间为横坐标，病毒的效价为纵坐标，绘制出的病毒特征曲线，即为一步生长曲线。一步生长曲线分为潜伏期、成熟期和平稳期（图9-12）。

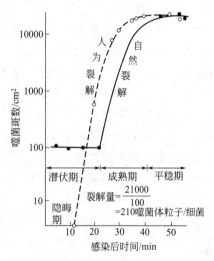

图 9-12　T4 噬菌体的一步生长曲线

1. 潜伏期

潜伏期（latent period）是指病毒吸附于细胞到受染细胞释放出子代病毒所需的最短时间。不同病毒潜伏期长短不一，噬菌体一般有几分钟，动物病毒和植物病毒以小时或天计。

人为裂解病毒感染细胞，在潜伏期前一阶段，受染细胞内检测不到感染性病毒，在后一阶段感染性病毒在受染细胞内数量急剧增加。病毒在感染细胞内消失到细胞内重新出现新的感染病毒的时期为隐蔽期（eclipse period），也称隐晦期。

2. 成熟期

在潜伏期后，病毒效价急剧增加，这是新合成的病毒核酸和蛋白质装配成大量病毒粒子，并释放的结果。潜伏期后宿主细胞裂解释放出大量子代病毒的时期称为成熟期或裂解期（rise phase）。

3. 平稳期

成熟期末，受染细胞将子代病毒粒子全部释放出来，病毒效价稳定在最高处的时期，称为平稳期（plateau phase）。裂解量（burst size）是指每个受染细胞产生的子代病毒粒子的平均数目，其值等于平稳期受染细胞释放的全部子代病毒粒子数除以潜伏期受染细胞的数目，即平稳期病毒效价与潜伏期病毒效价之比。裂解量取决于病毒和宿主细胞。不同病毒有不同的裂解量，噬菌体的裂解量一般几十到几百个，而植物病毒和动物病毒一般为几百到几万个。

三、温和噬菌体与溶源菌

1. 烈性噬菌体和温和噬菌体

大部分噬菌体感染宿主细胞后，能迅速在宿主细胞内增殖，产生大量子代噬菌体并引起宿主细胞裂解，这类噬菌体称为烈性噬菌体。有些噬菌体侵入相应宿主细胞后，其DNA整合到宿主的核基因组上，并可长期随宿主DNA的复制而进行同步复制，一般情况下不进行增殖，也不引起宿主细胞裂解，这类噬菌体称为温和噬菌体。温和噬菌体侵染敏感细胞后与细胞共存的特性称溶源性。

温和噬菌体的存在形式有 3 种：①游离态，指游离的具有侵染性的成熟病毒粒子；②整合态，指整合在宿主基因组上的前噬菌体状态；③营养态，前噬菌体经外界理化因素诱导后，脱离宿主核基因组而处于积极复制、合成和装配的状态。

温和噬菌体有很多种，如大肠杆菌 λ 噬菌体，大肠杆菌 Mu-1、P1 和 P2 噬菌体，鼠伤寒沙门菌的 P22 等噬菌体。温和噬菌体一般用括号表示，写在宿主细菌株号的后面。如 $E.coli$ K12(λ)，表示 λ 噬菌体是一种温和噬菌体，寄生在大肠杆菌 K12 菌株细胞。

2. 溶源菌

溶源菌是指在核基因组上整合有前噬菌体 DNA 并能正常生长繁殖而不被裂解的细菌（或其他微生物）。

溶源菌具有如下基本特性：①稳定性，溶源菌通常很稳定，将整合到自己 DNA 上的前噬菌体作为其遗传结构的一部分，随宿主 DNA 同步复制，能够经历很多代；②免疫性，溶源菌对同源噬菌体具有免疫性，这种免疫性具有高度的特异性；③裂解，溶源菌中少数（$10^{-3} \sim 10^{-5}$）前噬菌体自发脱离宿主细胞染色体，进行增殖，导致细胞裂解，这种现象称为溶源菌的自发裂解。经紫外线、X 射线、氮芥、丝裂霉素等理化因子处理而发生的高频率裂解现象，称诱导或诱发裂解；④复愈，有极少数（10^{-5}）溶源菌增殖过程中会丧失其前噬菌体，成为非溶源性菌，这一过程称为复愈或非溶源化，复愈后的细胞其免疫性也随之丧失；⑤溶源转变，噬菌体 DNA 整合到宿主核基因组中而改变了宿主的基因型，使宿主某些性状发生改变，称溶源转变。

溶源菌的检出在发酵工业上具有重要的意义。一般可将少量待测菌与大量敏感性指示菌（溶源菌裂解后释放出的温和噬菌体可使之发生裂解性周期者）混合，涂布于琼脂平板上。

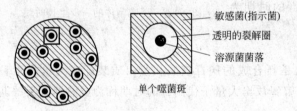

图 9-13　溶源菌及其特殊噬菌斑

培养一段时间后，溶源菌可长出菌落。由于溶源菌在生长过程中有极少数个体会发生自发裂解，产生的噬菌体可侵染溶源菌周围敏感性指示菌菌苔，这样会产生一个个中央为溶源菌小菌落、周围有透明圈的特殊噬菌斑（图 9-13）。

也可先用紫外线照射生长的待测菌株，以诱导前噬菌体裂解，并进一步培养及滤去培养物中的活细菌。然后将滤液与敏感菌混合培养。若所测菌株为溶源菌，由于紫外线诱发裂解产生的噬菌体可侵染敏感性指示菌菌苔，而形成一个个透明的噬菌斑。

四、理化因素对病毒的作用

理化因素包括热、辐射、pH 和化学试剂等对病毒的灭活作用，改变和破坏病毒核酸，使其失去转录和翻译的功能；或者是改变和破坏病毒蛋白衣壳或脂质等结构，从而消除病毒的感染性。但是经灭活的病毒可继续保持其抗原性以及诱导产生干扰素。

了解各种理化因素对病毒的灭活作用，有着重要的实际意义。由于不同病毒对各种理化因子的敏感性不同，因此在消毒时必须针对该病毒特点，选择最为有效的消毒剂。相反，在保存毒种或病毒材料时，则必须注意防止和避免各种灭活条件。

病毒对不同理化因素的抵抗力，也是鉴定病毒的一个重要依据。

1. 温度

病毒喜冷怕热。大多数病毒可在 4℃以下良好地生存，特别是在干冰温度（−70℃）和液氮（−196℃）下更可长期保持其感染性。相反地，大多数病毒可在 55～60℃条件下几分钟到十几分钟内灭活，100℃可在几秒钟内灭活。因此必须低温保存病毒和疫苗等。

必须指出，各种病毒对热的抵抗力不同，甚至有着明显的差异。例如黏病毒和 RNA 肿瘤病毒等具有包膜的病毒，感染半衰期为 37℃1h，而痘病毒在干燥状态下，却可耐受100℃加热5～10min。

热对病毒的灭活作用，受周围环境因素的影响。蛋白质以及钙、镁等离子的存在，常可提高某些病毒对热的抵抗力。

长期保存病毒一般采用下述两种方法。

（1）快速低温冷冻　于病毒液中加入灭活的正常动物血清或其他蛋白保护剂，最好再加入 5％～10％的二甲基亚砜，并迅速冷冻和保存于−70～−196℃。对含病毒的组织材料可以直接低温冷冻保存，如有些病毒可先浸入 50％的甘油缓冲盐水中，再行低温保存，效果更好。

（2）冷冻干燥　在真空条件下使冰冻病毒悬液脱水（通常是冷冻真空干燥），可保存几年甚至几十年，毒力不变。

毒种的保护剂：一般用脱脂牛乳、经灭活的动物血清、饱和蔗糖溶液等。真空干燥时，将病毒液加等量保护剂，每支装 0.2～0.5mL，放入冻干机内冷冻。现代冻干机具有冷冻、干燥、抽真空等全部装置，使用十分方便。

2. pH

大多数病毒在 pH 6～8 的范围内保持稳定。在 pH 5.0 以下的酸性环境中，以及 pH 9.0 以上的碱性环境中，病毒大多迅速灭活。酸、碱溶液是病毒学实践中常用的消毒剂。例如，实验室常用 1％的盐酸溶液浸泡玻璃器皿和塑料制品，如吸管、微量培养板、滴定板等。常用烧碱作环境消毒剂。贮存病毒，以中性或微碱性为宜，例如病毒病料置中性的 50％甘油盐水中保存。

但是必须指出，各种病毒对 pH 变化的稳定性可能显著不同。例如呼肠孤病毒能够抵抗 pH 3.0；口蹄疫病毒在 pH 6.0～6.5 及 pH 8.0～9.0 迅速灭活；猪水泡病病毒在 pH 2.2 条件下 24h 内仍保持其感染性。因此 pH 的稳定性，是鉴定某些病毒的一个重要指标。

根据某些病毒的耐酸性能，病毒实验室已经成功地应用酸性解离方法从病毒-抗体复合物中分离感染性病毒。例如，1983 年 Pinheiro 氏等将脊髓灰质炎病毒-抗体复合物的 pH 降至 2.5，分离获得了感染性病毒。

3. 辐射

电离辐射中的 γ 射线和 X 射线以及非电离辐射紫外线，都对病毒呈现灭活作用。其原因是它们可以破坏病毒核酸的分子结构，使其失去生物活性。

4. 超声波和光动力作用

超声波主要以强烈振荡对细菌和其他微生物以及细胞等呈现破坏作用，但对病毒的灭活作用并不明显。常用超声波破坏细胞，使病毒粒子从细胞内释放，以便收获和提纯病毒。有些病毒核酸被染料（如甲苯胺蓝、啶橙）作用后，就能被可见光灭活，称为染料的光动力作用。

5. 脂溶剂

乙醚、氯仿和丙酮等脂溶剂对有包膜的病毒具有灭活作用。乙醚等灭活试验是鉴定病毒的一个重要指标。

6. 甘油和抗生素

应用50%的甘油盐水，大多数细菌被杀灭，但病毒可以存活数日，甚至几年。生产实践中常用50%甘油盐水保存病毒材料，同时采取冷藏措施，效果较为理想；一般的抗生素物质如青霉素、链霉素、土霉素对病毒无作用，故常将青霉素、链霉素等加入到含有病毒的材料中去，以杀死细菌而有利于病毒的分离与培养。近年来，人们已发现一些抗生素对病毒有作用，有的已用在病毒病的预防和治疗上，如金刚铵、利福霉素、放线菌素 D 等。

模块三　病毒的一般诊断程序

病毒的一般诊断程序见图 9-14。

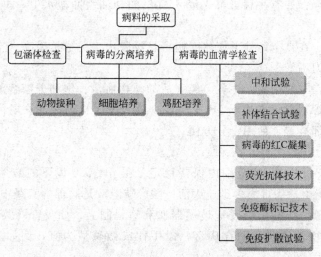

图 9-14　病毒的一般诊断程序

一、标本的采集和处理

用于分离病毒的标本应含有足够量的活病毒，因此必须根据病毒的生物学特性、病毒感染的特征、流行病学规律以及机体的免疫保护机制，来选择所需要采集标本的种类、确定最适采集时间和标本处理的方法。标本采集必须无菌操作，如有细菌污染，可通过加抗菌素、过滤和离心等方法处理。由于大多数病毒对热不稳定，所以标本经处理后一般应立即接种。若需要运送或保存，数小时内可置于50%中性甘油内 4℃ 保存，对需较长时间冻存的标本最好置于－20℃ 以下或干冰保存。

以感染病毒的动物病料采集为例，一般说来，应从病畜体内存在病毒最多的器官或组织采取病料。例如上呼吸道疾病取鼻分泌物，脑炎取脑组织，痘症取患部皮肤。采集病料的时间，以症状刚出现，机体尚未产生抗体之前的疾病急性期为佳。检查抗体时，则采取一个病畜的初期和恢复期的血清，以了解抗体滴度的变化。

二、病毒的分离培养

病毒与细菌不同，病毒是严格的活细胞内寄生的，因此分离培养病毒应采用易感动物接种法、鸡胚培养法或细胞培养法，而且还必须根据不同病毒的要求进行选择，才能得到满意的结果。

1. 易感动物接种法

分离的标本接种于实验寄主的种类和接种途径主要取决于病毒寄主范围和组织嗜性，同时还应考虑操作、培养及结果判定的简便。

噬菌体标本可接种于生长在培养液或培养基平板中的细菌培养物。

植物病毒标本可接种于敏感植物叶片，产生坏死斑或枯斑。

动物病毒标本可接种于敏感动物的特定部位，嗜神经病毒接种于动物脑内，嗜呼吸道病毒接种于动物鼻腔。常用动物有小白鼠、大白鼠、地鼠、家兔和猴子等。在兽医病毒学实践中，还常用本动物进行实验感染试验。例如，应用健康马驹作马传染性贫血病毒接种试验；应用健康猪、鸡分别作猪瘟病毒、鸡新城疫病毒接种试验等。接种病毒后，隔离饲养，每日观察动物发病情况，根据动物出现的症状，初步确定是否有病毒增殖。

2. 鸡胚培养法

不同的病毒可选择不同日龄的鸡胚和不同的接种途径，如痘病毒接种于 $10\sim12d$ 的鸡胚绒毛尿囊膜上，鸡新城疫病毒宜接种在 10d 尿囊腔和羊膜腔内，虫媒病毒宜接种于 5d 卵黄囊，继续培养观察。

3. 细胞培养法

用机械方法或胰蛋白酶等方法将离体的活组织分散成单个的细胞，在平皿中制成贴壁的单层细胞，然后铺上动物病毒悬液进行培养。细胞培养是目前最常用的方法。

三、病毒的鉴定

病毒鉴定是诊断病毒性疾病的可靠方法，也是病毒分类的前提。一般可通过以下方法确证病毒的存在。

1. 病毒的群体形态特征

（1）噬菌斑　噬菌斑测定一般采用双层平板法，将一定量经稀释的噬菌体悬液与高浓度敏感菌悬液及半固体琼脂培养基（1％琼脂）混合均匀后，然后倒入含底层琼脂培养基（2％琼脂）的平板，经过一段时间培养后，在细菌菌苔上会出现一个个圆形局部透明区域，即噬菌斑（图 9-15）。可以认为，每个噬菌斑是一个噬菌体侵染的结果，一个噬菌斑中的噬菌体遗传性都相同，故通过多次重复接种，可获得纯系噬菌体。因每种噬菌体的噬菌斑有一定的大小、形状、边缘和透明度，故可作为鉴定的指标。此外，噬菌斑亦可用于病毒的定量。

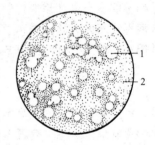

图 9-15　噬菌斑
1—噬菌斑；2—菌苔

（2）空斑和感染病灶　一些动物病毒在动物细胞或组织培养系统培养时，由于病毒感染细胞裂解，出现与噬菌斑类似的空斑或称蚀斑。如果是肿瘤病毒，细胞不是被溶解，而是生长速率增加，导致受感染细胞堆积起来形成类似于菌落的感染病灶。

（3）枯斑　一些植物病毒会在茎、叶等植物组织上形成一个个褪绿或坏死的斑块称枯斑或坏死斑。

2. 血凝现象及干扰现象

血凝现象是指许多病毒能吸附于一定种类哺乳动物或禽类的红细胞表面而产生凝集的现象。如流感病毒、天花病毒等。可根据病毒凝集的血细胞种类及凝集条件不同而鉴定病毒。

两种不同的病毒同时或先后感染同一宿主细胞时，一种病毒抑制另外一种病毒增殖的现象，称为病毒的干扰现象。如乙型脑炎病毒能干扰脊髓灰质炎病毒，流感病毒能干扰西方型马脑炎病毒的增殖等。若在某一组织细胞培养物中同时加入接种物及可被干扰的病毒，若后者被抑制，则可间接判断接种物中存在可干扰后者的病毒。

3. 细胞病变效应

细胞病变效应是指病毒在细胞内增殖及其对细胞产生损害的明显表现，例如细胞发生凝缩、团聚、肿大，细胞融合形成多核现象，细胞脱落、裂解，细胞内出现包涵体等。用于细胞培养的标本一般以细胞病变效应作为病毒感染的指标。

细胞病变是特定的病毒与细胞相互作用的结果，不同病毒感染同一细胞时可能呈现不同的细胞病变效应，同一病毒在不同的细胞上也可引起不同的效应。此外，培养液成分、温度、病毒感染时细胞年龄等也会对细胞病变效应（CPE）产生影响。

（1）细胞融合现象　细胞融合现象（phenomenon of cell fusion）是指由于病毒感染宿主细胞而出现的多核细胞现象。其发生决定于病毒和细胞的种类，也受病毒数量、温度、离子强度等因素的影响。如仙台病毒可在 Hela 细胞、猪肾继代细胞内引起细胞融合，但不能在人的二倍体成纤维细胞中诱发融合现象。

（2）包涵体　某些细胞在感染病毒后，出现于细胞质或细胞核内的，在光镜下可见的，大小、形态和数量不等的小体称为包涵体。

包涵体可以是病毒粒子的聚集体，如昆虫核型多角体病毒、质型多角体病毒的包涵体和腺病毒的包涵体；也可以是病毒结构蛋白与感染有关的蛋白质等病毒组分的聚集体，如人类巨细胞病毒的致密体等。

由于不同病毒包涵体的大小、形状、组分以及存在于宿主细胞中的部位均不同，所以包涵体可用于病毒的快速鉴别和某些病毒疾病的辅助诊断指标。例如，烟草花叶病毒与马铃薯Y 病毒的形态极其相似，但它们的包涵体形态截然不同，前者为三角形，后者为矩形；狂犬病病毒在病犬大脑海马角、小脑、延及的神经细胞的细胞质内形成嗜酸性圆形或卵圆形的内基氏小体（Negri），可用 Seller 氏染色法染色镜检。

4. 其他鉴定方法

利用电镜技术及热、紫外线、脂溶剂等理化因子对病毒感染性的作用，病毒组分的分子量、沉降系数、核酸类型等的测定，也可用于病毒的鉴定。建立在抗原抗体特异性反应基础上的免疫学方法也是病毒鉴定的一类常用方法。此外，通过分子杂交、序列测定、PCR 技术等分子生物学方法鉴定病毒也有重要意义。

四、病毒的分类与命名

自从发现病毒以来，分离出的病毒的种类与日俱增，过去多以所致疾病来命名病毒。如致口蹄疫的病毒，命名为口蹄疫病毒；致鸡瘟的病毒命名为鸡瘟病毒；致肝炎的病毒命名为肝炎病毒等。以后又有所谓嗜神经病毒、嗜上皮病毒、全嗜性病毒等名称。1966 年在国际微生物学代表会上成立了国际病毒分类委员会（International Committee on Taxonomy of Virus，ICTV），病毒的分类和命名由该委员会统一进行。病毒按科、属、种分类，其基本原则如下：

① 根据核酸类型将病毒分为 DNA、RNA、DNA/RNA 逆转录病毒三类。

② 根据形态结构可以分科和属，其主要分类依据是病毒衣壳的对称性，有无包膜，衣壳装配部位及壳粒数，病毒粒子大小，核酸的分子量，病毒对脂溶剂的敏感性等。

③ 根据病毒的免疫学性质分型。

病毒的命名一直都很混乱，科、属的命名多以所致病（如痘病毒科，禽痘病毒属）或形态结构（如嵌沙病毒科，嵌沙病毒属）或分离地点（如布尼安病毒科，布尼安病毒属）等特点为依据。

目前认为有 24 科感染人和动物，其中 DNA 病毒中有 7 科，RNA 病毒中有 15 科，逆转录病毒中有 2 科。在外文中，科名的词尾为 -viridae，属名的词尾为 *-virus*；种的命名，多以所致疾病（如猪瘟病毒，狂犬病病毒）或分离地点（如新城疫病毒，裂谷热病毒）为依据。

另外将类病毒、拟病毒、朊病毒归在亚病毒类。其中类病毒科的词尾为"viroidae"、属名词尾是"viroid"。

 ## 阅读材料　亚病毒

凡是核酸和蛋白质两种成分中，只含其中之一的分子病原体，称为亚病毒，包括类病毒、拟病毒、朊病毒 3 类。在亚病毒中，类病毒和朊病毒能独立复制，拟病毒必须依赖辅助病毒进行复制。

一、类病毒

类病毒（viroid）是一类只含 RNA 一种成分、专性寄生在活细胞内，具有感染性的分子病原体。目前只在植物体中发现。类病毒的化学组成与结构比病毒更为简单，仅仅是一个没有蛋白质外壳的、游离的环状 ssRNA 分子，分子量约十万，为已知最小病毒分子量的 1/10 左右。

这种 RNA 能在敏感细胞内自我复制，不需要辅助病毒，其结构和性质都与已知病毒不同，故名类病毒。马铃薯纺锤形块茎病类病毒（PSTV）是发现的第一个类病毒，它是 359 个核苷酸组成的单链环状 RNA 分子，是由高度碱基配对的双链区与未配对的环状区相间排列而成的杆状构型。

类病毒 RNA 能自我复制，但不能编码蛋白质，迄今已知的类病毒只存在于高等植物中，其核酸都是 RNA 型，如马铃薯纺锤形块茎病类病毒、柑橘裂皮病类病毒（CEV）、鳄梨白斑类病毒（ASBV）等。

类病毒的传染力很强，但大多数呈不显性感染。Singh 氏等（1973 年）发现 11 个科的 138 种植物能够感染类病毒，但只有茄科和菊科的 12 种植物呈现症状。类病毒感染的第二个特点是潜伏期很长，马铃薯在感染后几个月甚至第二代才出现块茎呈纺锤形的症状，严重减产。

二、拟病毒

拟病毒（virusoid）又称类类病毒、壳内类病毒或卫星病毒（satellite virus），是指一类包裹在真病毒粒中的有缺陷的病毒。拟病毒极其微小，一般仅由裸露的 RNA（300～400 个核苷酸）或 DNA 组成。被拟病毒"寄生"的真病毒又称为辅助病毒，拟病毒则成为了它的卫星。拟病毒的复制必须依赖辅助病毒的协助。同时，拟病毒也可干扰辅助病毒的复制和减轻其对宿主的病害，因此，正在研究将它们应用于生物防治中。

拟病毒首次在绒毛烟的斑驳病毒（VTMoV）中分离得到。VTMoV 是一种直径为 30nm 的二十面体病毒，在其核心中除含有大分子线状 ssRNA（RNA-1）外，还含有环状 ssRNA（RNA-2）及其线状形式（RNA-3），后两者即为拟病毒。实验证明，环状 RNA-2 或其线状形式 RNA-3 单独不能复制，但与 VTMoV 基因组 RNA-1 共存时可感染和复制。

目前已经在许多植物病毒中发现了拟病毒，例如苜蓿暂时性条斑病毒（LTSV）、莨菪斑驳病毒（SNMV），和地下三叶草斑驳病毒（SCMoV）。近年来，在动物病毒中也发现了拟病毒，例如，所谓丁型肝炎病毒，其实就是一种拟病毒（含 ssRNA），它的宿主即辅助病毒式乙型肝炎病毒（HBV）。

三、朊病毒

朊病毒（prion）是一类具有侵染性并能在宿主细胞内复制的小分子无免疫性疏水蛋白质。如人的库鲁病（Kuru）、羊瘙痒病（scrapie）、牛海绵状脑病（spongiform encephalopathp）、雅氏病（CJD）等病的病原体均为朊病毒。

1982 年，美国科学家 S. B. Prusiner 在研究羊瘙痒病病原体时发现，经紫外线辐射、高温等能使病毒失活的因子处理后该病的病原体仍有活性，而 SDS、尿素、苯酚等蛋白变性剂则能使之失活，因此认为，这种病原体是一种蛋白质侵染颗粒，即朊病毒。Prusiner 因此而获得 1998 年诺贝尔生理学和医学奖。将羊瘙痒病病原接种到仓鼠脑内传代，分离到相对分子质量约 $2.7 \times 10^4 \sim 3.0 \times 10^4$ 的特殊蛋白，定名为朊病毒蛋白（PrP）。由于该蛋白来源于羊瘙痒病，故用 PrPsc 表示。现在认为，人和动物基因组 DNA 中有编码 PrP 的基因，PrP 是细胞基因表达的产物，这种细胞基因正常表达的 PrP 称做 PrPc。PrPc 与 PrPsc 为同分异构体，但 PrPsc 含较多的 β 折叠和较少的 α 螺旋。至于 PrPc 是如何转化为 PrPsc 的，有人认为 PrPsc 进入细胞后与 PrPc 结合，形成 PrPsc-PrPc 复合物，导致 PrPc 构型改变，转变为 PrPsc，PrPsc 又分别与 PrPc 结合，如此往复进行，导致 PrPsc 呈指数增加。

如今，朊病毒引起的疾病是继癌症、艾滋病之后对人类提出的又一巨大挑战。总之，朊病毒的本质，其致病机理和繁殖方式等问题还有待于进一步阐明。

模块四　常见的动物病毒

一、猪瘟病毒

猪瘟病毒（Hog cholera virus，HCV）属于黄病毒科的瘟病毒属，是猪瘟的病原体，可以引起各种年龄的猪只发病。病的特征为急性、热性、高度接触性的传染病。该病毒感染后发病率极高，死亡率有时高达 80%～100%，对养猪业造成极为严重的危害。

猪瘟病毒是 ssRNA 病毒，其病毒粒子呈圆形，直径为 38～44nm，核衣壳是立体对称二十面体结构，氯化铯中浮密度 1.15～1.17g/mL，有包膜。在细胞质内复制。不能凝集红细胞，与牛腹泻病毒有相关抗原。该病毒对乙醚敏感，对温度、紫外线、化学消毒剂等抵抗力较强。

猪瘟病毒能在猪胚或乳猪脾、肾、骨髓、淋巴结、白细胞、结缔组织或者肺组织的细胞中培养，但在这些细胞上不产生明显病变。可利用鸡新城疫病毒强化试验（END 试验）测定猪瘟病毒，作为诊断猪瘟的一种方法。感染猪瘟病毒疫苗后，均可获得坚强免疫力。目前，我国使用的中国株猪瘟兔化弱毒苗，在世界上是一种较好的疫苗。

二、猪繁殖与呼吸综合征病毒

猪繁殖与呼吸综合征病毒（porcine reproductive and respiratory syndrome virus，PRRSV）属动脉炎病毒科（Arteriviridae）动脉炎病毒属（*Arterivirus*），是引起猪繁殖与呼吸综合征（PRRS）的病原，可引起母猪发育障碍与呼吸症状等，往往导致群体繁殖障碍，是目前养猪业中主要疫病之一。

猪繁殖与呼吸综合征病毒是有包膜的小 ssRNA 病毒，其病毒粒子呈球形，直径为 50～

60nm，含有 20～35nm 的核衣壳，在氯化铯中浮密度为 1.19g/mL；对高温、乙醚、氯仿敏感；不凝集鸡、哺乳动物和人的 O 型红细胞。

该病毒在猪肺巨噬细胞内生长迅速且致细胞病变，有些毒株可在 CL-2621 传代细胞或 Marc-145 细胞上生长并致细胞病变。

目前国内已成功研制成功猪繁殖与呼吸障碍综合征灭活疫苗和弱毒疫苗，预防接种是控制本病的有效途径。

三、禽流行性感冒病毒

禽流行性感冒病毒（avian influenza virus，AIV）属于正黏病毒科、流感病毒属。其易感动物包括鸡、火鸡、鹌鹑、鸽、鹅、野鸡、珍珠鸡、燕鸥等。禽流感就是由禽流行性感冒病毒（avian influenza virus，AIV）引起的一种呼吸系统、全身性败血症等多种病症的禽类烈性传染病。禽流感的爆发流行给养禽业造成很大的经济损失。禽流感已经被国际兽疫局（OIE）定为 A 类传染病，并被列入国际生物武器公约动物类传染病名单。

禽流感病毒典型病毒粒子呈球形，也有的呈杆状或丝状，直径约 80～120nm。含 ssRNA，核衣壳呈螺旋对称，外有包膜、纤突。纤突分为血凝素（HA）和神经氨酸酶（NA）两类。禽流感病毒能凝集多种动物的红细胞，这种凝集现象可被特异性的血清所抑制。该病毒对高温、紫外线、甲醛、乙醚等敏感，合成去污剂、肥皂和氧化剂也可使病毒灭活。

禽流感病毒可在鸡胚中生长，经尿囊腔接种 9～11 日龄鸡胚，接种后 35～37℃培养，6～72h 病毒生长达最高峰。第一代即达到较高的血凝滴度，有些毒株可使鸡胚死亡。多数毒株可在鸡胚肾、鸡胚成纤维细胞中生长，并形成空斑。

疫苗接种是控制和扑灭禽流感的一种较有效手段，但必须在严格限制和控制条件下实施，以防 AIV 扩散。目前，我国已研究成功 H9 亚型 AIV 油乳剂灭活苗。

四、鸡新城疫病毒

新城疫病毒（newcastle disease virus，NDV）属于副黏病毒科（Paramyxoviridae）腮腺炎病毒属（*Rubulavirus*）。该病毒主要危害鸡、珠鸡和火鸡，在被侵袭的鸡群中迅速传播，强毒株可使鸡群全群毁灭。弱毒株仅引起鸡群呼吸道感染和产蛋量下降，但可迅速康复。人类可因接触病禽和活毒疫苗而引起结膜炎或淋巴腺炎，但很快便康复。

新城疫病毒是 ssRNA 病毒，有包膜。病毒颗粒具多形性，有圆形、椭圆形和长杆状等。成熟的病毒粒子直径 100～400nm。包膜为双层结构膜，由宿主细胞外膜的脂类与病毒糖蛋白结合衍生而来。包膜表面有长 12～15nm 的刺突，具有血凝素、神经氨酸酶和溶血素。病毒的中心是 ssRNA 分子与附在其上的蛋白质衣壳粒，缠绕成螺旋对称的核衣壳，直径约 18nm。成熟的病毒是以出芽方式释放至细胞外。

新城疫病毒对外界环境的抵抗力较强，55℃作用 45min 和直射阳光下作用 30min 才被灭活。病毒在 4℃中存放几周，在 −20℃中存放几个月或在 −70℃中存放几年，其感染力均不受影响。在新城疫暴发后 8 周之内，仍可在鸡舍、蛋巢、蛋壳和羽毛中分离到病毒。病毒对乙醚敏感。大多数去污剂能将它迅速灭活。氢氧化钠等碱性物质对它的消毒效果不稳定。3％～5％来苏尔、酚和甲酚 5min 内可将裸露的病毒粒子灭活。在 37℃的孵卵器内，用 0.1％福尔马林熏蒸 6h 便可把它灭活。

新城疫病毒的所有毒株都能凝集多种禽类和哺乳类动物的红细胞。大多数毒株能凝集公牛和绵羊的红细胞。在病毒的血凝试验中，鸡的红细胞最为常用。

该病毒可在 9～12 日龄的鸡胚绒毛尿囊膜上和尿囊腔中培养，大多数毒株也可在兔、猪、犊牛和猴的肾细胞以及鸡组织细胞等继代或传代细胞中培养。鸡胚的成纤维细胞、鸡胚和仓鼠的肾细胞常用于新城疫病毒的培养。

对新城疫病的免疫防治，应以预防接种为主要措施。接种用的疫苗有两大类，一类为灭活疫苗，另一类为弱毒苗。目前灭活疫苗主要有：新城疫油乳剂灭活苗；新城疫-传染性法氏囊-减蛋综合征油乳剂联苗；新城疫-传染性法氏囊-传染性鼻炎油乳剂联苗；新城疫-传染性支气管炎；新城疫-肾型传染性支气管炎等多种联苗。弱毒苗主要有传统的Ⅰ系（Mukteswar）、Ⅱ系（B株）、Ⅲ系（F株）、Ⅳ系（Lasata）等弱毒疫苗。

五、鸡传染性法氏囊病病毒

鸡传染性法氏囊病病毒（infetious bursal disease virus，IBDV）是引起鸡传染性法氏囊病（IBD）的病原体。本病毒主要侵袭 3～10 周龄的雏鸡，尤其是 4 周龄内的小鸡。病鸡群的死亡率达 5%～30%。本病毒损害的器官主要是法氏囊，引起法氏囊充血、出血和坏死，并引起腿部肌肉出血及肾脏尿酸盐沉积等病变。鸡感染法氏囊病毒后，常继发其他传染病而死亡。

传染性法氏囊病病毒是一种无包膜结构的正二十面体病毒，其核衣壳由 dsRNA 和蛋白质组成，直径约 70nm，呈六边形。除完整的病毒粒子外，还常见无核酸结构的病毒空衣壳。本病毒在被感染的细胞胞质内复制，并在胞质中形成包涵体和由大量的病毒粒子组成的结晶体。本病毒对乙醚、氯仿和胰蛋白酶都有抵抗力，对 pH 的变化不敏感。对热的耐受性很高。本病毒最有效可行的培养方法是鸡胚培养。

自然感染或人工接种本病毒的母鸡，可使雏鸡获得高滴度的母源抗体，使其对本病毒具有被动免疫力。目前，已有通过鸡胚或组织培养细胞传代法驯化而成的弱毒疫苗，采用滴鼻或饮水的方法进行免疫接种。灭活苗有鸡传染性法氏囊病囊毒油乳剂灭活菌、鸡传染性法氏囊病细胞毒加氢氧化铝胶灭活菌、鸡传染性法氏囊病鸡胚毒油乳剂灭活菌等经肌肉或皮下注射的灭活菌。

技能训练 33 抗噬菌体菌株的选育

一、实验目的

1. 认识噬菌体，学习并掌握噬菌体的分离技术。
2. 掌握选育抗噬菌体菌株的原理和一般方法。

二、实验原理

噬菌体的侵染经常给发酵工业带来极大的威胁和危害，选育对噬菌体有抵抗能力的菌株是防止噬菌体污染的重要措施之一。噬菌体具有专一的寄生性，侵染敏感细胞后可引起寄主细胞的裂解，并释放大量的子代噬菌体，所以在培养有敏感菌株的琼脂平板上可形成空斑，表明有噬菌体存在。可从下水道、阴沟、河道淤泥等处采样分离噬菌体。

用于抗噬菌体菌株的选育方法主要有自然选育法和诱变法，有时两者联合使用。自然选育法是将常见的污染噬菌体与生产菌株混合培养，淘汰掉绝大多数敏感菌株。将不被裂解的菌株增值后再加入噬菌体，由此反复淘汰后可获得不受噬菌体感染的菌株。诱变法按常规诱变方法进行，并由此获得抗性菌株，此法可有效地避免溶源菌株的产生。

三、实验器材

1. 样品：味精厂阴沟水。
2. 培养基：牛肉膏蛋白胨培养基（液体、半固体和固体培养基）（参考附录Ⅲ-1），谷氨酸棒杆菌种子培养基（附录Ⅲ-21）。

3. 设备及其他：真空泵，细菌漏斗，抽滤瓶，离心机，试管，三角瓶，离心管，培养皿等。

四、实验方法

1. 采样

采集味精厂阴沟水。

2. 富集培养

将水样用灭菌细菌漏斗抽滤备用。取滤液 5mL 放入 500mL 灭菌三角瓶中，加入对数生长期谷氨酸棒杆菌菌液及牛肉膏蛋白胨液体培养基，32℃振荡培养 24h。培养物以 3000r/min 离心 30min，取上清液，作为噬菌体增值液。用 pH 7.0 0.1‰蛋白胨水溶液以 10 倍稀释法适当稀释，取后 3 个稀释度的稀释液用以分离。

3. 噬菌体的分离纯化

融化固体、半固体培养基，先倒底层固体培养基平板，凝固后，分别取上述 3 个浓度的稀释液 0.5mL 加入融化后并冷却至 50℃的半固体培养基中，再加入 0.5mL 谷氨酸棒杆菌菌液，摇匀，倾注于上述平板上，待凝固后于 32℃恒温培养 24h。观察平板中噬菌斑的形成，挑取形态、大小一致的噬菌斑数个，用 pH 7.0 0.1‰蛋白胨水溶液进行适当稀释，再次以上述双层平板法分离，如此反复进行大约 5 次，当噬菌斑形态大小稳定一致时，则表示该噬菌斑可作为一个噬菌体的纯株应用。

4. 噬菌体效价测定

将噬菌体液用 0.1‰蛋白胨水溶液逐级稀释 $10^{-6} \sim 10^{-8}$，用双层平板法测定噬菌斑数目，然后计算每毫升噬菌体液中所含噬菌体数。

5. 噬菌体样品浓缩

(1) 液体浓缩法　将谷氨酸棒杆菌接种到种子培养基内，32℃震荡培养 24h 后，加噬菌体样品 2mL 继续培养，待菌体消失后，再加入对数期菌液 5mL 继续培养，如此重复 3 次，将培养物以 3000r/min 离心 30min，取上清液，经细菌漏斗过滤除去菌体。经效价测定后加入 0.1‰蛋白胨水溶液，冰箱保存。

(2) 固体浓缩法　用 0.1‰蛋白胨水溶液将噬菌体液作一定稀释后，取稀释液 0.1mL、谷氨酸棒杆菌菌液 0.2mL 与 15mL 牛肉膏蛋白胨半固体培养基混合后，倒入已有底层培养基的平皿 15~20 只，32℃培养 16~24h 后，取斑斑相连的平皿刮下噬菌斑，捣碎加 0.1‰蛋白胨水溶液 5~10mL，浸泡 15min，3000r/min 离心 30min，取上清液，经细菌漏斗过滤除去菌体。经效价测定后加入 0.1‰蛋白胨水溶液，冰箱保存。

6. 抗噬菌体菌株选育

(1) 菌悬液的制备　将谷氨酸棒杆菌接种到种子培养基内，32℃震荡培养 24h，取 20mL 培养液，3000r/min 离心 30min 收集菌体，将菌体用 0.1mol/L pH 6.0 的磷酸缓冲液离心洗涤 2 次，最后将菌体充分地悬浮于 20mL 0.1mol/L pH6.0 的磷酸缓冲液中，调整细胞浓度为 10^8 个/mL。

(2) 诱变处理　精确称取 4mg 亚硝基胍（NTG），加入 2~3 滴胺甲醇溶液，于水浴中充分溶解后加入 4mL 谷氨酸棒杆菌菌悬液（使 NTG 终浓度为 1mg/mL），充分混合后，32℃恒温水浴中振荡处理 30min，立即稀释 1000 倍以终止 NTG 的诱变作用。

(3) 培养　在 500mL 三角瓶中装种子培养基 50mL，灭菌后冷却，接入经亚硝基胍诱变处理过的谷氨酸棒杆菌稀释液，32℃振荡培养 24h，加入已知效价的噬菌体液（10^8 以上）

2mL 继续培养。由于谷氨酸棒杆菌在噬菌体作用下引起裂解，培养液由混浊变清，再继续培养，由于有抗性细胞繁殖的结果，培养液又由清变浊，将此液接入新鲜种子培养液中，再加噬菌体进行感染，如此反复多次后进行平板分离。

（4）液体摇瓶复筛　在 500mL 三角瓶中装种子培养基 50mL，灭菌冷却后接入初筛获得的抗性菌株，30℃振荡培养 24h 后再接入 2mL 噬菌体样品，同时做一空白对照，定时观察菌体是否被吞噬，如生长速度与对照基本相仿，则表示该菌株具有抗噬菌体性能。

五、结果与讨论

1. 详细描述噬菌体分离过程中噬菌斑的形态变化。

2. 谷氨酸棒杆菌抗噬菌体突变株选育过程中的注意事项有哪些？

技能训练 34　病毒的鸡胚培养

一、实验目的

1. 了解动物病毒鸡胚培养的意义及用途。

2. 掌握病毒鸡胚培养的基本方法。

二、实验原理

鸡胚培养是用来培养某些对鸡胚敏感的动物病毒的一种培养方法，此方法可用以进行多种病毒的分离、培养，毒力的滴定，中和实验以及抗原和疫苗的制备等。

鸡胚培养的技术比组织培养容易成功，也比接种动物来源容易，无饲养管理及隔离等的特殊要求，且鸡胚一般无病毒隐性感染，同时它的敏感范围很广，多种病毒均能适应，因此，是常用的一种培养病毒的方法。

各种病毒接种鸡胚均有其最适宜的途径，故应注意选择，见表 9-2。本实验用痘苗病毒和鸡新城疫病毒接种鸡胚。痘苗病毒适宜于在绒毛尿囊膜上生长，经培养后，产生肉眼可见的白色痘疱样病变，似小结节或白色小片云翳状。鸡新城疫病毒适宜接种在尿囊腔和羊膜腔内，生长后，鸡胚全身皮肤出血点，以脑后最显著。

表 9-2　几种常见病毒用鸡胚培养的接种途径

病　　毒	接　种　途　径			
	羊膜腔	尿囊腔	绒毛尿囊膜	卵黄囊
流行性感冒病毒	＋＋＋＋	＋＋＋＋	＋	＋
腮腺炎病毒	＋＋＋＋	＋		
流行性乙型脑炎病毒			＋＋	＋＋＋
森林脑炎病毒				＋＋＋
淋巴球性脉络丛脑膜炎病毒			＋＋	
狂犬病毒			＋＋	
天花病毒	＋	＋	＋＋＋	
痘苗病毒				＋＋＋
单纯疱疹病毒			＋＋＋	＋
带状疱疹病毒			＋	
鹦鹉热病毒	＋	＋	＋	＋＋＋＋
鸡新城疫病毒	＋＋＋＋	＋＋＋＋	＋	
脱胶病病毒			＋＋＋＋	
黄热病病毒			＋＋	

注：表中＋＋＋＋，＋＋＋，＋＋，＋代表应用该接种途径时，鸡胚组织对病毒敏感性的强弱。

三、实验器材

1. 病毒：痘苗病毒（vaccinia virus），鸡新城疫病毒（newcastle distase virus）。

2. 仪器或其他用具：孵卵器，检卵灯，齿钻，磨壳器，钢针，蛋座木架，注射器，2.5％碘酒，70％乙醇，镊子，剪刀，封蜡（固体石蜡加 1/4 凡士林，溶化），无菌培养板和无菌盖玻片等。

3. 白壳受精卵（自产出后不超过 10d，以 5d 以内的卵为最好）。

四、实验方法

1. 准备鸡胚

孵育前的鸡卵先用清水洗净以布擦干，放入孵卵器进行孵育（37℃，相对湿度为45％～60％），鸡卵每日翻动 1～2 次，孵育至第 4d，用检卵灯观察鸡胚发育情况，未受精卵，只见模糊的卵黄黑影，不见鸡胚的形迹，这种鸡卵应淘汰。活胚可看到清晰的血管和鸡胚的暗影，比较大一些的还可以看见胚动。随后每天观察一次，对于胚动呆滞或没有运动的，血管昏暗模糊者，即可能是已死或将死的鸡胚，要随时加以淘汰。生长良好的鸡胚一直孵育到接种前，具体胚龄视所拟培养的病毒种类和接种途径而定。

鸡卵孵化期间，箱内应保持新鲜空气流通，特别是孵化 5～6d 后，鸡胚发育加快，氧气需要量增大，如空气供应不足，会导致鸡胚大量死亡。鸡胚的结构模式及鸡胚接种途径见图 9-16 和图 9-17。

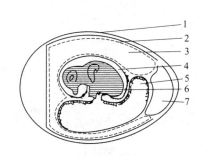

图 9-16　鸡胚的结构模式图

1—卵壳；2—绒毛尿囊膜；3—尿囊腔；4—羊膜腔；
5—卵黄囊；6—鸡胚胎；7—卵白

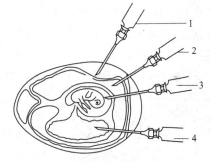

图 9-17　鸡胚的各种接种途径

1—绒毛尿囊膜接种；2—尿囊腔接种；3—羊膜
腔接种；4—卵黄囊接种

温馨提示： 应选择健康、无母源抗体并已受精的白色鸡卵；于产后 10d 内（5d 内更好）入孵；孵育前的鸡卵不宜高温保存，需保存于 4～20℃（以 10℃条件下最好）；孵育时如卵壳干净则不必擦洗，因擦洗会去掉受精鸡卵外壳上的胶状覆盖物的保护，反而容易导致细菌污染，如有粪便污染而非洗不可时，可清水冲洗干净后用 3％来苏尔或 0.1％新洁尔灭浸泡消毒 10～15min。

2. 接种（绒毛尿囊膜接种，尿囊腔接种，羊膜腔接种）

（1）绒毛尿囊膜接种

① 将孵育 10～12d 的鸡胚放在检卵灯上，用铅笔勾出气室与胚胎略近气室端的绒毛尿囊膜发育好的地方（图 9-18）。

② 用碘酒消毒气室顶端与绒毛尿囊膜记号处，并用磨壳器或齿钻在记号处的卵壳上磨开一个三角形或正方形（每边

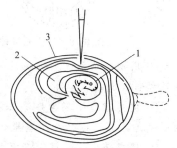

图 9-18　绒毛尿囊膜接种

1—鸡胚胎；2—羊膜腔；
3—绒毛尿囊膜

5～6cm）的小窗，不可弄破下面的壳膜，在气室顶端钻一小孔。

③ 用小镊子轻轻揭去所开小窗处的卵壳，漏出壳下的壳膜，在壳膜上滴加一滴生理盐水，用针尖小心划破壳膜，切忌伤及紧贴在下面的绒毛尿囊膜，此时生理盐水自破口处流至绒毛尿囊膜，以利两膜分离。

④ 用针尖刺破气室小孔处的壳膜，再用橡皮乳头吸出气室内的空气，使绒毛尿囊膜下陷形成人工气室。

⑤ 用注射器通过小窗的壳膜窗孔滴 0.05～0.1mL 痘苗病毒液于绒毛尿囊膜上。

⑥ 在卵壳的小窗周围涂上半凝固的石蜡，作成堤状，立即盖上消毒盖玻片。也可用揭下的卵壳封口，将卵壳盖上，接缝处涂以石蜡，但石蜡不能过热，以免流入卵内。将鸡卵始终保持人工气室在上方的位置进行 37℃ 培养，48～96h 观察结果。温度对痘苗病毒病灶的形成影响显著，应严格控制培养温度在 37℃，高于 40℃ 的培养温度鸡胚不能产生典型病灶。

（2）尿囊腔接种

① 将鸡胚在检卵灯上照视，用铅笔画出气室与胚胎位置，并在绒毛尿囊膜血管较少的地方作记号（图 9-19）。

② 将鸡胚竖放在蛋座木架上，钝端向上。用碘酒消毒气室蛋壳，并用钢针在记号处钻一小孔。

③ 用带 18mm 长针头的 1mL 注射器吸取鸡新城疫病毒液，针头刺入孔内，经绒毛尿囊膜入尿囊腔，注入 0.1mL 病毒液。

④ 用石蜡封孔后于 37℃ 孵卵器孵育 72h 观察结果。

（3）羊膜腔接种

① 将孵育 10～11d 的鸡胚照视，画出气室范围，并在胚胎最靠近卵壳的一侧做记号（图 9-20）。

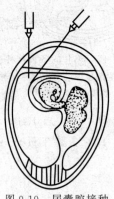
图 9-19　尿囊腔接种

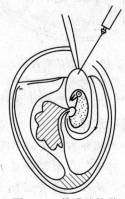
图 9-20　羊膜腔接种

② 用碘酒消毒气室部位的蛋壳，用齿钻在气室顶端磨一个三角形、每边约 1cm 的裂痕，注意勿划破壳膜。

③ 用灭菌镊子揭去蛋壳和壳膜，并滴加灭菌液体石蜡一滴于下层壳膜上，使其透明，以便观察，若将鸡胚放在检卵灯上，则看得更清楚。

④ 用灭菌尖头镊子，两页并拢、刺穿下层壳膜和绒毛尿囊膜没有血管的地方，并夹住羊膜从刚才穿孔处拉出来。

⑤ 左手用另一把无齿镊子夹住拉出的羊膜，右手持带有 26 号针头的注射器，刺入羊膜

腔内，注入鸡新城疫病毒液 0.1mL。针头最好用无斜削尖端的钝头，以免刺伤胚胎。

⑥ 用绒毛尿囊膜接种法的封闭方法将卵壳的小窗封住，于 37℃ 孵卵器内孵育 48～72h 观察结果，保持鸡胚的钝端朝上。

鸡胚接种病毒的操作过程及使用器械应严格无菌，尽可能在无菌工作台上进行。

温馨提示：禽胚的接种方法有绒毛尿囊膜接种、尿囊腔接种、羊膜腔接种、卵黄囊接种、脑内接种、静脉接种、去鸡胚卵接种。收获在原则上是接种什么部位，则收获该部位材料。至于选用何种接种方法，应考虑所接种病毒的最适感染部位、最佳接种胚龄和获得最大的病毒滴度等。在禽胚的所有接种方法中，最常用的接种方法是尿囊腔接种，其次是绒毛尿囊膜接种、卵黄囊接种和羊膜腔接种。

3. 收获（收获绒毛尿囊膜，收获尿囊液，收获羊水）

（1）收获绒毛尿囊膜 绒毛尿囊膜接种法收获绒毛尿囊膜。具体操作是：用碘酒消毒人工气室上卵壳，去除窗孔上的盖子。将灭菌剪子插入窗内，沿人工气室的界限剪去壳膜，露出绒毛尿囊膜，再用灭菌眼科镊子将膜正中夹起，用剪刀沿人工气室边缘将膜剪下，放入加有灭菌生理盐水的培养皿内，观察病灶形状。然后或用于传代，或用 50% 甘油保存于 −20℃ 以下。

（2）收获尿囊液 尿囊腔接种法收获尿囊液。具体操作是：将 37℃ 孵育 72h 的鸡胚放在冰箱内冷冻半日或一夜，使血管收缩，以便得到无胎血的纯尿囊液。用碘酒消毒气室处的卵壳，并用灭菌剪刀除去气室的卵壳。切开壳膜及其下面的绒毛尿囊膜，翻开到卵壳边上。将鸡卵倾向一侧，用无菌吸管吸出尿囊液，一个鸡胚约可收获 6mL 尿囊液，收获的尿囊液暂存于 4℃ 冰箱，经无菌试验合格后于 −30℃ 长期贮存。收获尿囊液时勿损伤血管，否则病毒会吸附在红细胞上，使病毒滴度显著下降。收获完毕后，观察鸡胚，看有无典型的病理症状。

（3）收获羊水 羊膜腔接种法收获羊水。具体操作是：按收获尿囊液的方法消毒，去壳，翻开壳膜和尿囊膜。先吸出尿囊液，再用镊子夹住羊膜，以尖头毛细血管插入羊膜腔，吸出羊水，放入无菌试管内，每鸡胚可吸 0.5～1.0mL。经无菌试验合格后，保存于 −20℃ 以下低温中。收获完毕后，观察鸡胚的症状。

温馨提示：

① 实验用病毒材料均可能引起人感染或污染环境，务必严格消毒灭菌；

② 要严格无菌操作，小心谨慎，防止带毒液体外溢；

③ 实验结束后，相关用具、台面和病毒废液要严格消毒灭菌；

④ 操作者需用消毒液洗手后方可离开实验室。

五、实验结果与讨论

1. 描述痘苗病毒在鸡胚绒毛尿囊膜上培养后，所出现的病变状况。

2. 描述鸡新城疫病毒接种鸡胚培养后，鸡胚所出现的变化。

 技能训练35 病毒的血凝及血凝抑制试验

一、实验目的

1. 掌握病毒的血凝（HA）和血凝抑制（HI）试验的原理和操作方法。

2. 掌握血凝和血凝抑制效价的判定。

二、实验原理

有些病毒（如鸡新城疫病毒）能凝集某些动物的红细胞，这种现象虽非抗原抗体反应，但可利用病毒的这一特性通过红细胞凝集试验来检查样品中是否有病毒的存在，或测定病毒的滴度。而病毒的红细胞血凝现象又能被相应的特异性抗体（抗血清）所抑制，因此可以通过病毒的血凝抑制试验测定抗体的效价，也可以用已知的抗血清鉴定未知的病毒。在本实验中，用四单位病毒做标准，来检测血清的效价。

三、实验器材

1. 病毒：鸡新城疫Ⅳ系（Lasota株）疫苗毒种。

2. 稀释液：0.85%生理盐水。

3. 鸡1%红细胞悬浮液：由健康来航公鸡羽根静脉采血迅速置于装有抗凝血剂（3%柠檬酸钠溶液）的离心管中，用生理盐水洗涤3次，每次以3000r/min离心10min，将血浆、白细胞等充分洗去，根据沉淀的红细胞体积，用pH 7.0的生理盐水稀释成1%悬浮液。

4. 被检血清：取健康公鸡鸡血（最好是做过鸡新城疫疫苗免疫的公鸡）接入培养皿中，盖好皿盖，放入37℃恒温箱中2～3h，取出放入4℃冰箱中1h，取出吸取血液上析出的黄色液体，即为血清，取出后放入冰箱冷冻保存待用。

5. 鸡新城疫阳性血清。

6. 仪器或其他用具：离心机，恒温箱，冰箱，微量移液器，96孔板，滴头，微量振荡器。

四、实验方法

1. 红细胞凝集试验

主要是测定病毒的红细胞凝集价，用于确定红细胞凝集抑制试验所用病毒的稀释倍数。具体操作参见表9-3。

表9-3 病毒血凝试验示例　　　　　　　　　　　　　　　单位：μL

孔号 项目	1	2	3	4	5	6	7	8	9	10	11	12
稀释液	50	50	50	50	50	50	50	50	50	50	50	50
病毒液	50	→50	→50	→50	→50	→50	→50	→50	→50	→50	→50	→弃
病毒液稀释倍数	1:2	1:4	1:8	1:16	1:32	1:64	1:128	1:256	1:512	1:1024	1:2048	对照
红细胞	50	50	50	50	50	50	50	50	50	50	50	50
作用时间与温度	振荡器上振荡1～2min,18～22℃作用20～30min											
结果(举例)	凝集	凝集	凝集	凝集	凝集	凝集	凝集	凝集	不凝	不凝	不凝	不凝

① 首先用微量移液器向每个孔内加入生理盐水50μL。

② 用倍比稀释法稀释病毒：用微量移液器取病毒液50μL，加入第一孔。反复抽吸4次后，吸出50μL加入第二孔。在第二孔反复抽吸后，吸出50μL加入第三孔。如此连续稀释至第十一孔后吸出50μL弃去。第十二孔不加病毒液，为红细胞空白对照。

③ 再用微量移液器，每孔中加入1%红细胞悬浮液50μL。

④ 振荡96孔板，18～22℃作用20～30min后观察结果。观察结果时不要振荡96孔板。

⑤ 结果观察：如果被检样品中有病毒的存在，就会出现红细胞凝集现象，红细胞出现凝集反应者，凝集成片或碎片，呈伞状铺于孔底；不凝集的红细胞沉积于孔底，呈一小圆点，将96孔板倾斜，可以看到沉积于孔底的红细胞沿倾斜面呈线状流动。

⑥ 结果判定：凝集价是指病毒出现完全凝集的最大稀释倍数。参见表9-3举例为第8

孔，此病毒液的血凝效价为 1：256。即病毒稀释到 1：256 时，每 50μL 中含 1 个血凝单位的病毒（1 单位病毒）。凝集孔数越高，病毒凝集效价越高。

温馨提示： 在血凝抑制试验时，病毒抗原液 50μL 内须含有 4 个血凝单位。若 HA 试验测出第 8 孔为病毒凝集价，那么倒数第一孔中含有 2 个单位的病毒，倒数第二孔中含有 4 个单位的病毒，则应将原病毒液做成 256/4＝64 倍的稀释，即 1mL 病毒抗原加稀释液定容至 64mL。

2. 红细胞凝集抑制试验

具体操作参见表 9-4。

表 9-4　病毒血凝抑制试验示例　　　　　　　　　　　　　　　　单位：μL

项目 \ 孔号	1	2	3	4	5	6	7	8	9	10	11	12
稀释液	50	50	50	50	50	50	50	50	50	50	50	—
被检血清	50	→50	→50	→50	→50	→50	→50	→50	→50	→50	→弃	50
血清稀释倍数	1：2	1：4	1：8	1：16	1：32	1：64	1：128	1：256	1：512	1：1024	病毒对照	血清对照
4 单位病毒	50	50	50	50	50	50	50	50	50	50	50	50
作用时间与温度	振荡器上振荡 1～2min,18～22℃作用 20min											
红细胞	50	50	50	50	50	50	50	50	50	50	50	50
作用时间与温度	振荡器上振荡 1～2min,18～22℃作用 20～30min											
结果（举例）	不凝	不凝	不凝	不凝	不凝	不凝	凝集	凝集	凝集	凝集	凝集	不凝

① 配制 4 单位病毒液。

② 首先用微量移液器向 1～11 孔内各加入稀释液 50μL。

③ 用倍比稀释法稀释被检血清：用微量移液器吸取被检血清 50μL，加入第一孔。反复抽吸 4 次后，吸出 50μL 加入第二孔。在第二孔反复抽吸后，吸出 50μL 加入第三孔。如此连续稀释至第十孔后吸出 50μL 弃去。血清稀释倍数依次为 （1：2）～（1：1024）。第 12 孔加入新城疫阳性血清 50μL，作为血清对照。

④ 再用微量移液器，向 1～12 孔内各加入 4 单位病毒液 50μL。

⑤ 振荡 96 孔板，18～22℃作用 20min 后观察结果。

⑥ 每孔再加入 1‰红细胞悬浮液 50μL。振荡 96 孔板，置于 18～22℃作用 20～30min 后观察结果。观察结果时不要振荡 96 孔板。

⑦ 结果观察及判定：能将 4 单位病毒凝集红细胞的作用完全抑制的血清最高稀释倍数，称为血清的红细胞凝集抑制效价。用被检血清的稀释倍数或以 10 为底 2^n 的对数 （$\lg 2^n$）表示。如表 9-4 中举例，该血清的红细胞凝集抑制效价为 1：64 或血凝抑制效价为 6($\lg 2$)。

五、实验结果与讨论

1. 观察血凝试验现象，并根据完全凝集最高稀释度判定病毒凝集效价。

2. 观察血凝抑制试验现象，并根据完全凝集抑制最高稀释度判定血清的红细胞凝集抑制效价。

3. 血凝和血凝抑制试验有何实际应用价值？

📖 复习参考题

一、名词解释

病毒粒子、前噬菌体、裂解量、溶源菌、噬菌斑、空斑、枯斑、血凝现象、干扰现象、细胞融合现象、病毒效价、病毒感染单位、亚病毒、类病毒、卫星病毒、卫星RNA、朊病毒。

二、选择题

1. 组成病毒粒子核心的化学物质是（　　　）

A. 糖类　　　　　　　B. 蛋白质　　　　　　　C. 核酸　　　　　　　D. 脂肪

2. 病毒粒基本结构是（　　　）

A. 核心　　　　　　　B. 衣壳　　　　　　　C. 核衣壳　　　　　　　D. 包膜

3. T4噬菌体属于（　　　）

A. 螺旋对称　　　　　B. 立方体对称　　　　　C. 复合对称　　　　　D. 复杂对称

4. 噬菌体的外形有（　　　）

A. 球形　　　　　　　B. 蝌蚪形　　　　　　　C. 丝状　　　　　　　D. 以上都是

5. 溶源菌遇到同一种噬菌体或与之密切相关的噬菌体时表现为（　　　）

A. 抗性　　　　　　　B. 免疫性　　　　　　　C. 再次溶源化　　　　D. 裂解

三、问答题

1. 什么是病毒？其基本特征有哪些？

2. 试述病毒的形态、结构与化学成分。

3. 试图示大肠杆菌的T4噬菌体的典型构造，并简述其增殖过程。

4. 试述病毒增殖的一般过程。

5. 什么是病毒的一步生长曲线？它可分几期？各期有何特点？

6. 什么是烈性噬菌体？什么是温和噬菌体？温和噬菌体有哪几种存在方式？

7. 溶源菌有哪些特点？如何检出？

8. 认识各种理化因素对病毒的作用，对生产实践有何意义？举例说明。

9. 分离培养病毒常用什么方法？

10. 病毒鉴定的方法有哪些？

11. 病毒的包涵体是什么？有何实际意义？

第十单元　免疫学技术

模块一　免疫的概念、功能和类型

一、免疫的概念

免疫学的研究范围，以往一直被局限于传染病的特异性预防、诊断和治疗。随着免疫学理论及实践的发展，现已证实，有很多免疫现象与微生物无关，如动物的血型、同种异体器官移植反应、过敏反应、自身免疫及肿瘤免疫等。可见免疫的概念实际上已大大超过了抵抗感染的范围。

免疫发源于抵抗微生物感染的研究，但现代免疫的概念已不再局限于该范围，而是指动物（人）机体对自身和非自身的识别，并清除非自身的大分子物质，从而保持机体内、外环境平衡的一种生理学反应。执行这种功能的是机体的免疫系统。

二、免疫的基本功能

1. 抵抗感染

免疫能预防各种病原微生物及其毒素进入机体，清除侵入机体的各种病原微生物。免疫功能正常时，能充分发挥对病原微生物的抵抗力，但免疫功能亢进时，可引起变态反应。免疫功能低下时，可造成病原微生物的反复感染。

2. 免疫监视

机体正常细胞在化学的、物理的和病毒等致癌因素作用下，可变成异常细胞，免疫监视功能就是严密监视这种异常细胞的出现，一旦出现就立即给予识别，并调动免疫系统在其尚未发展之前将其"歼灭"。但是当机体免疫功能底下时，异常细胞大量增殖，从而出现肿瘤。

3. 自身稳定（免疫稳定）

清除衰老和被破坏的组织细胞，去除代谢和损伤所产生的废物，保证机体正常细胞的生理活动。使机体各部门都精确地执行正常功能，但如果自身稳定功能异常，把自身抗原看作外来抗原也可引起自身免疫病。

免疫功能是机体的一种正常生理功能，其最终作用是保护机体，防止有害物质对机体的侵害，以保持机体内环境的稳定、正常，维护机体生理功能的正常运行。免疫功能是由免疫系统来执行的，所以，把机体免疫系统称作"生命卫士"。免疫功能严重缺损，对机体的危害是严重，甚至致命的。因此，免疫作为机体的一种正常生理功能，像其他生理功能一样既有正常表现，对机体有有利的一面；也可有异常表现，对机体造成伤害而致病的一面。

根据免疫应答的基本过程，要完成免疫，需有以下条件和过程。

① 刺激免疫应答的物质：抗原。

② 执行免疫应答的物质基础：免疫系统。

③ 完成和执行免疫功能的手段：通过非特异性免疫和特异性免疫两种方式。

④ 效应：清除抗原，免除疾病。

三、免疫的类型

免疫可概括为两大类：一类是天然非特异性免疫，即先天性免疫；另一类为后天获得的特异性免疫，即为获得性免疫。

1. 先天性免疫

先天性免疫是动物生下来就具有的免疫，它是在动物进化过程中建立起来的天然防御机能，是一种可以遗传的生物学特性。

先天性免疫具有"种"的特点，动物种类不同，易感性不同，如牛不感染马鼻疽，马不感染牛瘟，猪不感染鸡新城疫等。先天性免疫具有相对的稳定性，在大多数情况下，甚至将大量的病原微生物注入动物体内，也不能使其感染。例如将大量鸡新城疫病毒注入猪体内，也不能使其发病。但是当环境条件改变，动物体质衰弱，这种稳定性也会遭到破坏。例如鸡一般情况下不感染炭疽杆菌，如人为地使鸡体温降至 37℃，炭疽杆菌即可在鸡体内繁殖，引起传染而发病。

先天性免疫也存在于动物种内的某些品系及某些个体。易感动物种内的个别品系对某些病原微生物却具有特殊抵抗力，如有的品系的小白鼠能抵抗肠炎沙门菌感染。在品系选育中，往往选择出抗病力强的品系及个体。

2. 获得性免疫

人们从小就有打预防针的经验。这样做的科学道理就是让人们的身体对某些疾病具有获得性免疫的能力。获得性免疫是个体出生后，在生活过程中与病原体及其毒性代谢产物等抗原分子接触后产生的一系列免疫防御功能。这种免疫功能是在出生后才形成，并且只对接触过的病原体有作用，故也称后天获得性免疫或特异性免疫。获得性免疫不能遗传给后代。

获得性免疫根据抗原刺激物的来源，可分为天然获得性免疫和人工获得性免疫；根据机体免疫的形成来分，又可分为自动免疫和被动免疫。

（1）自动免疫　是动物直接受到病原微生物及产物刺激后，由动物本身所产生的免疫。

① 天然自动免疫　动物机体自然感染传染病痊愈后或隐性感染后而获得的免疫。如：人感染天花病愈后，猪感染猪瘟耐过后，均有很强的免疫力，有时甚至终身免疫。

② 人工自动免疫　动物由于接种了疫苗或类毒素等生物制品后产生的免疫。其持续时间长短，因疫苗的种类、性质及机体反应等因素而不同，一般说来自动免疫的免疫期较长。

（2）被动免疫　是依靠已经免疫的其他动物机体输给的抗体，而获得的免疫。

① 天然被动免疫　动物在胚胎发育时期，通过胎盘、卵黄或出生后通过吃初乳，被动地获得母源抗体所形成的免疫。天然被动免疫的时间短，往往在 2～4d 内消失。

② 人工被动免疫　给机体注射高免血清或高免卵黄（抗体）后而获得的免疫。其免疫力产生迅速，注射后立刻产生免疫力，但持续时间很短，一般 1～2 周，多用于治疗或紧急预防。

模块二　非特异性免疫

一、非特异性免疫的构成

机体的免疫应答包括非特异性免疫应答和特异性免疫应答。非特异性免疫是指机体生来具有的能防御及消除病原体及其他异物侵害的性能，它作用的对象无选择性，故称非特异性免疫。

非特异性免疫力主要包括机体的生理防御屏障作用、炎症及吞噬作用和正常体液因素等。

1. 防御屏障作用

防御屏障是动物机体在生理状态下，具有的组织结构，包括皮肤和黏膜等构成的外部屏障和多种重要器官中的内部屏障。它们对病原微生物的侵入起阻挡作用。

（1）皮肤及黏膜　是构成机体的第一道防线。健康完整的皮肤及黏膜具有强大的阻挡病原微生物入侵的作用。皮肤的汗腺分泌的乳酸及不饱和脂肪酸，有一定的杀菌作用。黏膜除了机械阻挡外，腺体分泌液中含有溶菌酶及杀菌物质，对黏膜表面起着化学屏障作用。此外，气管、支气管上皮细胞纤毛的有节律地向上摆动，能阻止异物的侵入及将异物排除。消化道中的胃酸和胆汁均具有杀菌作用，亦可阻止病原体的侵入。侵入皮肤黏膜的病原体，将被阻留在淋巴结中。淋巴结可以固定微生物，阻止它们向周围及深部组织扩散，并动员杀菌物质将病原杀灭，因而当局部感染时该部位淋巴结肿大。

（2）血脑屏障　由脑毛细血管壁、软脑膜和胶质细胞等组成，能阻止病原微生物和大分子毒性物质由血液进入脑组织及脑脊液，是防止中枢神经系统感染的重要防御机构。幼小动物的血脑屏障发育尚未完善，容易发生中枢神经感染。如仔猪易发生的伪狂犬病，婴儿易发生的流行性脑炎。

（3）血胎屏障　是由母体子宫内膜及血管和胎儿绒毛膜及血管所形成的胎盘构成，是保护胎儿免受感染的防卫结构。不过，这种屏障是不完全的，如猪瘟病毒感染怀孕母猪后可经胎盘感染胎儿。

2. 炎症及吞噬作用

动物机体内广泛分布着各种各样的吞噬细胞，包括网状内皮系统的巨噬细胞和血液中的中性多核白细胞、单核细胞都具有吞噬功能，可将侵入体内的病原微生物吞噬消化，在抗传染中具有一定作用。某些细胞内寄生的细菌如结核杆菌、布氏杆菌及某些病毒等，虽然被吞噬却不能被杀灭，仍可在细胞中生存及繁殖，从而被吞噬细胞带到身体其他部位造成传染过程的扩大。

病原体一旦突破机体屏障而侵入体内，机体中各种吞噬细胞及体液因素则趋向病原入侵部位，围歼病原，往往在病原体侵入部位出现炎症反应。在炎症区内积聚大量体液防御因素，细胞死亡崩解后释放的抗感染物质（溶菌酶）等，都可有效地杀灭病原微生物。局部的炎症表现为该部位的红肿和组织损伤，这是由于机体的各种杀菌物质和吞噬细胞在与病原微生物作斗争中所产生的，在吞噬细胞受到破坏，死亡崩解后，从而引起炎症部位化脓。

3. 正常体液因素

健康动物血液及组织液内含有的补体、干扰素、备解素，均具有一定的抑菌作用，对细菌、病毒感染呈现一定的抵抗力。

（1）补体　是正常人和动物血清及组织中含有的一组具有酶活性的蛋白质，它包括九大类（C1～C9）近20种球蛋白，故称为补体系统。当抗原抗体复合存在时，补体可被激活，表现出溶菌和杀菌作用。动物体内补体含量较为稳定，不因免疫而增高。补体除了在抗原抗体结合物中参与细胞和细菌溶解外，也是在机体自身稳定和保护性反应中清除异物的重要物质，可在许多免疫病中造成组织损伤。

（2）干扰素　动物机体细胞在病毒或其他干扰素诱生剂的作用下，可产生一种低分子量的可溶性糖蛋白，这种物质叫干扰素。当这种物质进入其他未感染细胞时，可诱导细胞产生能抑制病毒复制的抗病毒蛋白质。干扰素不仅具有光谱的抗病毒作用，而且能抑制一些细胞内感染细菌、真菌，并有抗肿瘤的作用。干扰素还具有调节机体免疫的功能。

（3）其他体液因素　健康动物血液和组织液中含有溶菌酶、备解素、碱性多肽等物质，这些物质都具有一定程度的抑制及杀灭微生物的作用。溶菌酶能破坏细胞壁肽聚糖的合成，对革兰阳性菌及部分阴性菌具有抑制及杀灭作用。正常血清中的备解素是一种 β-球蛋白，它与镁离子及补体系统等共同构成机体的备解系统，不仅对革兰阴性菌及少部分阳性菌具有杀灭作用，也能杀灭某些病毒，如鸡新城疫病毒、流感病毒等。

二、影响非特异性免疫的因素

上述的防御屏障、吞噬作用、体液因素等，都是构成非特异性免疫的重要因素。但这些防御手段在不同种类、年龄的动物，对不同的微生物作用往往不同。

1. 遗传因素

不同种类的动物或同一种类中的不同个体对病原微生物的易感性和免疫力不同。这是由于一些动物机体对某些入侵的病原微生物生长繁殖缺乏适宜条件，或存在抑制因素，使病原微生物不能在机体中繁殖足够的数量，不能破坏机体生理机能，造成传染。免疫的这种种间、品系间或个体的差异，是由遗传基因所控制的。如家禽的体温高达 41℃ 以上，不适宜炭疽杆菌的生长，故不能致病。

2. 年龄因素

不同年龄的动物对病原微生物易感性和免疫反应性也不同。在自然条件下，有不少传染病仅发生于幼龄动物，例如幼小动物易患大肠杆菌病而布氏杆菌病主要侵害性成熟的动物。老龄动物的器官组织功能及机体的防御能力趋于低下，因此容易得肿瘤或反复感染。

3. 环境因素及应激作用

自然环境因素如气候、温度、湿度等对机体有一定影响。例如，寒冷能使呼吸道黏膜的抵抗力下降；营养极度不良，往往使机体的抵抗力及吞噬细胞的吞噬能力下降。因此，加强管理和改善营养状况，可以提高机体非特异性免疫力。

应激反应是指机体受到强烈刺激时，如剧痛、创伤、烧伤、过冷、过热、饥饿、疲劳等，而出现以交感神经兴奋和垂体-肾上腺皮质分泌增加为主的一系列的防御反应，引起机能与代谢的改变，表现为淋巴细胞转化率和吞噬能力下降，因而易发生感染。

三、非特异性免疫的增强剂

1. 微生物疫苗制剂

卡介苗，即结核杆菌，本来是用于给儿童接种以预防结核病的。但常常用于癌症病人的辅助治疗。这是因为卡介苗是一种免疫刺激剂，它能激活体内巨噬细胞的免疫活性，增强它们的吞噬功能，促使淋巴因子的释放，进而提高对肿瘤细胞的杀伤作用。

革兰阳性厌氧小棒状杆菌是一种非特异性免疫的激活剂，能诱导淋巴系统组织的高度增生，增强巨噬细胞的吞噬活力、黏附力等，增强机体对各种抗原的免疫反应，促进抗体合成。

2. 生物制剂类增强剂

例如，转移因子（TF）是从脾脏中提取的一类低分子肽与核苷酸的复合物，具有传递免疫信息、激发免疫细胞活性、调节免疫功能、增强机体非特异性细胞免疫功能等作用。

3. 化学免疫增强剂

一种合成的驱虫药——左旋咪唑，有增强细胞免疫，能使受抑制的吞噬细胞和淋巴细胞功能恢复正常，从而增强对细菌、病毒、原虫或肿瘤的抗御作用。

4. 中草药免疫增强剂

不少中草药可增强非特异性免疫，提高机体抵抗各种微生物感染的能力。黄芪、党参、灵芝等能提高单核-吞噬细胞系统，有类似卡介苗的作用；当归、白术、黄芩、红花等有一定的刺激机体增强免疫功能的作用。这些药物均为非特异性免疫增强剂。

模块三 特异性免疫

特异性免疫是个体在生活过程中通过隐性感染或预防接种等方式，使抗原与免疫系统的细胞相接触后而获得的防卫机能。指机体针对某一种或某一类微生物或其产物所产生的特异性抵抗力。

一、免疫系统

免疫系统是机体执行免疫应答及免疫功能的一个重要系统。免疫系统由免疫器官和组织、免疫细胞（如造血干细胞、淋巴细胞、抗原提呈细胞、粒细胞、红细胞等）及免疫分子（如免疫球蛋白、补体、各种细胞因子和膜分子等）组成（图 10-1）。

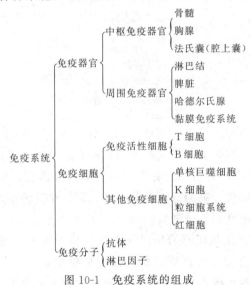

图 10-1 免疫系统的组成

1. 免疫器官

机体执行免疫功能的组织结构称为免疫器官。根据发生和作用的不同，免疫器官分为中枢免疫器官和外周免疫器官两大类。

（1）中枢免疫器官 中枢免疫器官在胚胎早期出现，是免疫细胞发生、分化、发育和成熟的场所。人或其他哺乳类动物的中枢免疫器官包括骨髓和胸腺，禽类特有的中枢免疫器官是法氏囊。

① 骨髓 骨髓是各种血细胞和免疫细胞发生和分化的场所，是机体重要的中枢免疫器官。骨髓中的多能干细胞具有很大的分化潜力，在骨髓微环境中首先分化为髓样干细胞和淋巴干细胞，前者进一步分化成熟为粒细胞、单核细胞、树突状细胞、红细胞和血小板；后者则发育为各种淋巴细胞（T 细胞、B 细胞、NK 细胞）的前体细胞（图 10-2）。哺乳动物 B 细胞的前体细胞在骨髓中分化为成熟的 B 淋巴细胞，参与体液免疫，因此，骨髓既是中枢免疫器官，也是周围免疫器官。

② 胸腺 是胚胎期发生最早的淋巴组织，出生后逐渐长大，青春期后开始逐渐缩小，

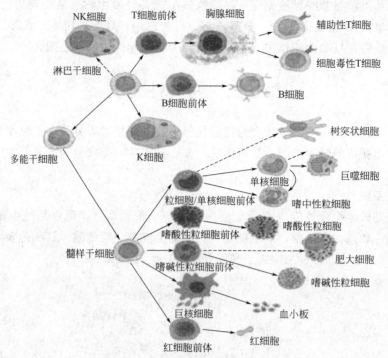

图 10-2　造血干细胞的分化过程

以后缓慢退化，逐渐被脂肪组织代潜，但仍残留一定的功能。胸腺是 T 细胞分化成熟的场所，T 细胞的分化成熟是在胸腺上皮细胞产生的数种胸腺肽类激素诱导下完成的。

③ 法氏囊　法氏囊又称腔上囊，为禽类所特有的淋巴器官，位于泄殖腔背侧，并有短管与之相连。法氏囊形似樱桃，鸡为球形椭圆状囊，鹅、鸭法氏囊呈圆筒形囊；性成熟前达到最大，以后逐渐萎缩退化直到完全消失。

法氏囊是诱导 B 细胞分化和成熟的场所。来自骨髓的淋巴干细胞在法氏囊诱导分化为成熟的 B 细胞，然后经淋巴和血液循环迁移到外周免疫器官，参与体液免疫。某些病毒感染（如传染性法氏囊病病毒）或者某些化学药物（如注射睾丸酮等）均可使法氏囊萎缩。如果鸡群感染了传染性法氏囊病病毒，由于法氏囊受到损伤，其免疫功能被破坏，可导致免疫接种的失败。

（2）外周免疫器官和组织　外周免疫器官是成熟 T 细胞、B 细胞等免疫细胞定居的场所，也是产生免疫应答的部位。外周免疫器官包括淋巴结、脾脏和黏膜免疫系统等。

① 淋巴结　是体内重要的防御关口，沿着淋巴管的路径分布。是淋巴细胞定居和增殖的场所，免疫应答的发生基地，淋巴液过滤的部位，淋巴细胞再循环的重要组成环节。

② 脾脏　是机体最大的免疫器官，含大量 B 细胞，少量 T 细胞，除具有与淋巴结相似的功能外，还有造血和清除自身衰老的血细胞和免疫复合物的功能。

③ 哈德尔氏腺　禽类特有的外周免疫器官，能够接受抗原刺激，分泌特异性抗体，通过泪液进入呼吸道，参与上呼吸道的局部免疫。

④ 黏膜免疫系统　是由分布在呼吸道、消化道、泌尿生殖道以及外分泌腺等黏膜组织内的淋巴组织和免疫活性细胞共同形成的一个完整的免疫应答网络。能够接受黏膜表面侵入抗原的刺激而产生免疫应答，大量产生分泌性 IgA 抗体，分布在黏膜表面起黏膜免疫保护

作用。

2. 免疫细胞

凡参与免疫应答的细胞统称为免疫细胞。包括 T 细胞、B 细胞、K 细胞、NK 细胞、粒细胞和单核巨噬细胞系统的细胞等。

在免疫细胞中，受抗原刺激后，能特异性地识别抗原决定簇，并能通过分化增殖，发生特异性免疫应答，产生抗体或淋巴因子的细胞称为免疫活性细胞。主要指 T 细胞和 B 细胞两大群，分别参与细胞免疫和体液免疫反应。

（1）T 淋巴细胞　即胸腺依赖淋巴细胞，亦可简称 T 细胞。T 细胞产生的免疫应答是细胞免疫，细胞免疫的效应形式主要有两种：与靶细胞特异性结合，破坏靶细胞膜，直接杀伤靶细胞；另一种是释放淋巴因子，最终使免疫效应扩大和增强。

（2）B 淋巴细胞　亦可简称 B 细胞。来源于骨髓的多能干细胞，在禽类是在法氏囊内发育生成，故又称囊依赖性淋巴细胞或骨髓依赖性淋巴细胞。B 细胞受抗原刺激后，分化增殖为浆细胞，合成抗体，发挥体液免疫的功能。

（3）NK 细胞　NK 细胞（natural killer cell，自然杀伤细胞）是与 T、B 细胞并列的第三类群淋巴细胞。NK 细胞数量较少，在外周血中约占淋巴细胞总数的 15%，在脾内约有 3%～4%。NK 细胞可非特异直接杀伤靶细胞，这种天然杀伤活性既不需要预先由抗原致敏，也不需要抗体参与。NK 细胞杀伤的靶细胞主要是肿瘤细胞、受病毒感染的细胞、较大的病原体（如真菌和寄生虫）、同种异体移植的器官、组织等。

（4）抗原递呈细胞　能摄取、加工处理抗原，并将抗原递呈给淋巴细胞的一类免疫细胞，如树突状细胞、单核巨噬细胞等。此类细胞能辅助和调节 T 细胞、B 细胞识别抗原并对抗原产生应答，又称辅助细胞。

3. 免疫分子

（1）细胞因子　是指由免疫细胞（单核巨噬细胞、T 细胞、B 细胞、NK 细胞等）和某些非免疫细胞（血管内皮细胞、表皮细胞、成纤维细胞等）经刺激而合成、分泌的一类生物活性物质。多属于小分子多肽或糖蛋白，作为细胞间信号传递分子，主要介导和调节免疫应答和炎症反应，刺激造血功能，并参与组织修复等。

（2）黏附分子　是指由细胞产生，介导细胞与细胞间或细胞与细胞外基质间相互接触和结合的糖蛋白。它分布于细胞表面。黏附分子以配体-受体相结合的形式发挥作用，导致细胞与细胞间、细胞与基质间或细胞-基质-细胞之间的黏附，参与细胞的信号转导与活化、细胞的伸展和游动、细胞的生长与分化。因而黏附分子在炎症、血栓形成、肿瘤转移、创伤愈合等重要生理和病理过程中发挥重要作用。

二、抗原

1. 抗原的概念

抗原是一种能够刺激机体的免疫系统产生特异性抗体或致敏淋巴细胞（又称效应细胞），并能与相应抗体或致敏淋巴细胞在体内、体外发生特异性结合的物质。

2. 抗原的基本特性

根据抗原的概念可以看出抗原具有两种基本特性。

（1）免疫原性　即抗原刺激机体免疫系统产生免疫应答的过程。该过程包括：抗原进入机体后，刺激淋巴细胞活化、增殖、分化，产生抗体或免疫效应细胞。

（2）反应原性　指抗原分子与免疫应答产物（抗体或免疫效应细胞）发生特异性结合的

性质。

同时具有这两种特性的物质称为完全抗原，一般说的抗原即完全抗原，如细菌、病毒、异种动物血清和大多数蛋白质等。

只具有免疫反应性，而单独使用不能刺激机体产生免疫应答的物质（即不具有免疫原性），为不完全抗原或半抗原。如大多数的多糖、某些小分子的药物（如青霉素）和一些简单的有机分子，它们本身无免疫原性，不能刺激机体产生抗体或免疫效应细胞，但能与已产生的抗体发生特异性反应。当半抗原与载体蛋白（或具有免疫原性的载体）结合后可成为完全抗原，进入机体后可刺激免疫系统产生免疫应答。

3．构成完全抗原的条件

（1）异物性　亲缘关系越远的物质，免疫原性越强。如马血清对人是强抗原，对驴则是弱抗原，说明种系关系越近的物质，其免疫原性也越弱。如鸭血清蛋白对鸡呈弱免疫原性，而对兔则表现为强免疫原。

（2）大分子胶体性　通常相对分子质量在 10000 以上，分子量越大、颗粒越大，表面抗原决定簇就越多，化学结构也愈稳定；大分子的胶状物质，不易被机体破坏或排除，在体内存留时间较长，有利于持续刺激机体产生特异性免疫。

（3）化学组成要有复杂的空间结构　仅分子量大，若是结构简单的聚合物，不一定具有免疫原性，还要求有一定复杂的化学结构和化学组成。在蛋白质分子中，凡含有大量芳香族氨基酸，尤其是含有酪氨酸的蛋白质，其免疫原性更强，如蛋白质分子中含有 2%的酪氨酸，即具有良好的免疫原性。而以非芳香族氨基酸为主的蛋白质，其免疫原性弱。蛋白质和多糖抗原，凡结构复杂的，免疫原性强，反之则较弱。其复杂性是由氨基酸和单糖的类型及数量等决定的，如聚合体蛋白质分子较简单可溶性蛋白质分子的免疫原性强，结构复杂的多糖，如细菌的细胞壁、荚膜等，均具有较强的免疫原性。

（4）要有特异性化学基团　抗原的特异性是由分散于抗原分子上具有免疫活性的化学基团决定的。此化学基团曾称为抗原决定簇或称抗原决定基，现称为表位，它对诱发机体产生特异性抗体起决定性作用。

（5）进入机体的剂量和途径　具有免疫原性的物质进入机体后能否诱导免疫系统产生免疫应答，还受抗原的剂量、免疫的途径、免疫间隔的时间等多种因素的影响（图 10-3）。

（1）剂量　剂量—不足／过多　均不能引起免疫应答

（2）途径

多数抗原—经→非口途径—皮内／皮下／肌肉／静脉／腹腔→进入机体→才具有抗原性

某些抗原→经口途径→也具有抗原性（如某些细菌、病毒等微生物抗原）

图 10-3　抗原进入机体的剂量和途径

（6）免疫佐剂的使用　免疫佐剂是指先于抗原或与抗原混合或同时注入动物体内，能非特异性增强机体对抗原特异性免疫应答的一类物质，也可称为免疫增强剂、抗原佐剂。常用的免疫佐剂有氢氧化铝胶、钾明矾、弗氏佐剂、蜂胶等。

免疫佐剂的作用机制主要包括：

① 增加抗原的体积，使抗原容易被抗原递呈细胞摄取；

② 延长抗原在体内的存留期，增加与免疫细胞接触的机遇；

③ 诱发抗原注射部位及局部淋巴结炎症，有利于刺激免疫细胞的增殖。

三、抗体

1. 抗体的概念

抗体是机体免疫活性细胞受抗原刺激后，在血清和体液中出现的一种能够与相应抗原发生特异性反应的免疫球蛋白。含免疫球蛋白的血清常称为免疫血清或抗血清。免疫球蛋白以"Ig"表示。从人、小白鼠等血清中先后获得五种类型的免疫球蛋白。1968 年世界卫生组织统一命名为免疫球蛋白 G、A、M、D 和 E，简称 IgG、IgA、IgM、IgD 和 IgE（图 10-4）。

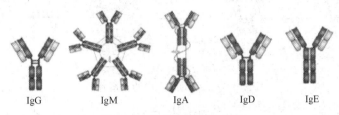

| IgG | IgM | IgA | IgD | IgE |

图 10-4 免疫球蛋白的类型

2. 抗体的结构

各类免疫球蛋白的基本结构都由一至几个单体组成。例如 IgG 单体的基本结构有四条肽链，其中两条长链称为重链（heavy chain，简称 H 链），两条短链称为轻链（light chain，简称 L 链）。两条 H 链之间由双硫键和非共价键相连，L 链分别以双硫键连接在相应的 H 链上，从而构成对称的 T 形或 Y 形分子。

每条重链或轻链又分为两个部分：多肽链氨基端（N 端）和多肽链羧基端（C 端）。轻链 N 端的 1/2 与重链 N 端的 1/4，这个区约有 118 个氨基酸，其氨基酸排列顺序随抗体种类不同而变化，称为可变区（variable region，简称 V 区）；轻链 C 端的 1/2 与重链 C 端的 3/4，这个区的氨基酸排列顺序比较稳定称为稳定区（constant region，简称 C 区）（图10-5）。

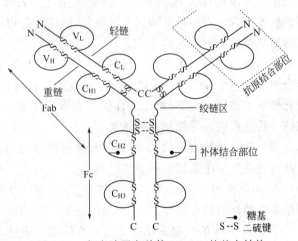

图 10-5 免疫球蛋白单体（IgG）的基本结构

3. 免疫球蛋白的酶解片段

（1）木瓜蛋白酶的水解片段 用木瓜蛋白酶消化免疫球蛋白，可将 IgG 重链间二硫键近氨基端切断，水解后得两个游离的 Fab 段（抗原结合片段）和一个 Fc 段（结晶片段）。每一 Fab 段含有一条完整的轻链和部分的重链。Fc 段含有两条重链的剩余部分。Fab 段具有抗体活性，其与抗原的特异结合点位于该段 V_L 及 V_H 的可变区（图 10-6）。Fc 段无抗体活性。Ig 的特异性抗原多数存在于 Fc 段上。

（2）胃蛋白酶的水解片段 用胃蛋白酶水解，可将 IgG 重链间二硫键近羧基端切断，得到一个具有双价抗体活性的 $F(ab')_2$ 段。$F(ab')_2$ 段的特性与 Fab 段完全相同。至于切断后剩余的 pFc' 段，已水解为低分子，不呈现任何生物活性（图 10-7）。

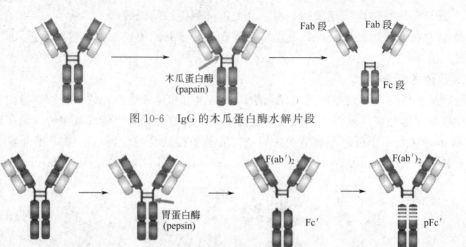

图 10-6　IgG 的木瓜蛋白酶水解片段

图 10-7　IgG 的胃蛋白酶水解片段

4. 抗体的双重性

抗体是免疫球蛋白，但就其对异种动物来说又是很好的抗原。在免疫球蛋白分子上既有抗原结合部位又有抗体结合点（抗原决定簇），它既是抗体又是抗原，即所谓双重性。例如，用提纯的鸡 IgG 免疫异种动物羊，就可产生羊抗鸡 IgG 抗体称为抗抗体。抗抗体在免疫标记技术实践中有重要意义。

5. 抗体的功能

（1）识别并特异性结合抗原　一种抗体只能与其相应的抗原呈特异性结合，与不相应抗原不能结合，这就是免疫球蛋白与血清中正常球蛋白的根本区别。抗体与其特异性抗原决定簇的接合部位是在 V 区 Fab 段。完全抗原分子表面有许多抗原决定簇，是多价的，能与较多的抗体结合，在体外形成可见的抗原-抗体复合物。应用此现象，可进行多种血清学试验，以诊断某些疾病和鉴定微生物。

（2）激活补体　抗体只有与抗原结合后，才具有激活补体的作用。研究发现，未与抗原结合的 IgG 分子呈"T"性，与抗原结合后，抗体的铰链区发生转动，变为"Y"形。构型变化使原来被掩盖的 Fc 段上补体结合点暴露出来，才能与补体结合。激活补体引起了靶细胞的一系列反应，导致细胞溶解死亡。

（3）结合细胞表面的 Fc 受体　抗体可以通过与多种细胞表面具有的抗体 Fc 段的受体结合并通过受体细胞发挥各种不同的作用。

① 调理作用　IgG、IgA 等抗体的 Fc 段与中性粒细胞、巨噬细胞上的 Fc 受体结合，从而增强吞噬细胞的吞噬作用。

② 依赖抗体的细胞介导的细胞毒性作用　表达 Fc 受体的细胞通过识别抗体的 Fc 段直接杀伤被抗体包被的靶细胞。抗体的这种作用称为依赖抗体的细胞介导的细胞毒性作用（简称 ADCC）。

③ 介导变态反应　IgE 的 Fc 段可与肥大细胞和嗜碱性粒细胞表面的高亲和力受体结合，促使这些细胞合成和释放组织胺、5-羟色胺等生物活性物质，它们具有相似的生物活性，可作用于皮肤、血管、呼吸道、消化道等效应器官，引起平滑肌痉挛、毛细血管扩张、血管通透性增加、腺体分泌增加等现象，称为 I 型变态反应。

（4）通过胎盘　灵长目动物、人类以及家兔的 IgG 是唯一可通过胎盘从母体转移给胎儿的抗体。IgG通过胎盘的作用是一种重要的天然被动免疫，对新生儿抗感染有重要作用。

四、机体的免疫应答

免疫应答是指动物机体免疫系统受到抗原刺激后，免疫细胞对抗原分子的识别并产生一系列复杂的免疫连锁反应和表现出一定的生物学效应的过程。这一过程包括抗原递呈细胞（巨噬细胞等）对抗原的处理、加工和递呈，抗原特异性淋巴细胞即T、B淋巴细胞对抗原的识别、活化、增殖、分化，最后产生免疫效应分子——抗体和细胞因子以及免疫效应细胞，并最终将抗原物质和再次进入机体的抗原物产生清除效应。

参与机体免疫应答的核心细胞时T、B淋巴细胞；巨噬细胞等是免疫应答的辅佐细胞。表现形式为体液免疫和细胞免疫，分别由B、T淋巴细胞介导，免疫应答的主要场所是外周免疫器官及淋巴组织。

1. 免疫应答的基本过程

免疫应答的全过程是有机的系统的过程，为了描述方便，人为地将其划分为相应的三个阶段，即：致敏阶段、反应阶段和效应阶段。

（1）致敏阶段　是抗原物质进入体内，抗原递呈细胞对其识别、捕获、加工处理和递呈，以及T、B细胞对抗原的识别阶段。

（2）反应阶段　反应阶段是T细胞或B细胞受抗原刺激后活化、增殖、分化的阶段。诱导产生细胞免疫时，活化的T细胞分化、增殖为淋巴母细胞，而后再转化为致敏T淋巴细胞。诱导产生体液免疫时，抗原则刺激B细胞分化，增殖为浆母细胞，而后成为产生抗体的浆细胞。T、B细胞在分化过程中均有少数细胞中途停止分化而转变为长寿的记忆细胞（T记忆细胞及B记忆细胞）。记忆细胞贮存着抗原的信息，在体内可生活数月、数年或更长的时间，以后再次接触同样抗原时，便能迅速大量增殖成致敏淋巴细胞或浆细胞。

（3）效应阶段　效应阶段是致敏T淋巴细胞或浆细胞分泌的抗体发挥免疫效应的阶段。

2. 体液免疫

抗原进入机体后，经过加工处理，刺激B细胞，B细胞转化为浆母细胞、前浆细胞，再增殖发育成浆细胞。浆细胞针对抗原的特性，合成及分泌特异的免疫球蛋白，不断排出细胞外，分布于体液中，发挥特异性的体液免疫作用。

（1）抗体产生的一般规律　对同一种抗原，初次免疫应答与再次免疫应答产生免疫球蛋白的速度、数量和持续时间不同。即初次免疫应答产生免疫球蛋白的速度缓慢，滴度较低，持续时间较短；再次免疫应答产生免疫球蛋白的速度快，滴度高，持续时间长（图10-8）。这是由于在体内存留有免疫记忆细胞，当再次受到抗原刺激时，免疫细胞迅速反应，加快分化增殖，迅速产生抗体。

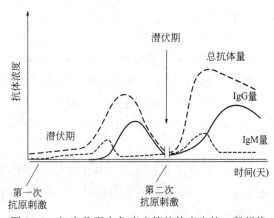

图 10-8　初次及再次免疫应答抗体产生的一般规律

（2）影响抗体产生的因素　影响抗体产生的因素很多，有抗原和机体两个方面。

① 抗原的性质　由于抗原的物理性状、化学结构和毒力的不同，对机体刺激的强度不

一样，因此机体产生抗体的速度和持续的时间也就不同。一般地说，活菌苗比死菌苗免疫效果好，因为活菌苗抗原性比较完整。制造死菌苗必须选用毒力强、抗原性良好和当地流行菌株作为种毒。

此外，利用联苗时，要注意各种抗原之间的相互影响。例如，二联病毒疫苗，就要注意两种病毒之间是否存在干扰现象。

② 抗原的用量　在一定的限度内，抗体的产量随抗原用量的增加而相应地增加。但抗原量过多，超过了一定的限度，抗体的形成反而受到抑制，这种现象称为"免疫麻痹"。呈现"免疫麻痹"的动物，经过一定时间，待大量抗原被分解清除后，麻痹现象可以解除。和上述情况相反，如果抗原剂量太少，也不能刺激机体产生抗体。所以在进行预防接种时，疫苗的用量必须严格按照规定取用。

③ 抗原的注射途径　抗原注射途径的不同，抗原在体内停留的时间和接触的组织也不同，因而产生不同的结果。在实践中，接种途径的选择应以能刺激机体产生良好的免疫反应为原则，一般按说明书规定的进行。

④ 免疫的次数和间隔时间　一般菌苗需间隔 $7\sim10d$，注射 $2\sim3$ 次，类毒素注射 2 次，间隔 6 周。但注射弱毒疫苗，由于活微生物可以在局部适当繁殖，能比较长久地在机体内存在，起到加强刺激的作用，一次注射即可达到目的。

⑤ 佐剂的使用　将佐剂和疫苗同时免疫接种机体，能够非特异地增强抗体反应的强度和延长反应的时间。

⑥ 机体方面　机体的年龄因素（例如新生动物），对于许多抗原的刺激，不形成免疫应答，或者反应比较微弱。其原因可能是免疫系统尚未完全成熟，或受母源抗体的抑制。另外，机体的健康状态、神经系统和营养等也能影响免疫球蛋白的产生。

3. 细胞免疫

(1) 细胞免疫的概念　细胞免疫又称为细胞介导免疫。T 淋巴细胞接受抗原的刺激后，分泌、增殖形成致敏的淋巴细胞或者效应细胞；当再次与相同的抗原接触时，合成和释放多种具有免疫效应的物质，直接杀伤或激活其他细胞杀伤破坏抗原或靶细胞，发挥其免疫作用，称为细胞免疫。

(2) 细胞免疫的效应

① 抗感染作用　致敏淋巴细胞释放出一系列发挥细胞毒作用的淋巴因子，与细胞一起参与细胞免疫，能够杀灭抗原和携带抗原的靶细胞，使机体得到抗感染的能力。

② 抗肿瘤免疫　肿瘤细胞抗原被机体 T 淋巴细胞识别，产生可直接破坏肿瘤细胞的细胞毒性 T 细胞。同时释放淋巴因子，也可杀伤破坏肿瘤细胞，同时动员机体免疫器官，监视异常的突变细胞的出现。

③ 发生迟发型变态反应　某些淋巴因子作用于机体局部产生炎症应答。反应部位血管通透性增高，巨噬细胞聚集于感染处，机体在消灭病原体的同时，引起局部组织损伤、坏死、溃疡等变态反应。

④ 同种异体组织移植排斥反应　由于供体与受体的组织相容性抗原不同而发生反应，供体抗原刺激受体 T 淋巴细胞产生毒性 T 细胞，同时释放淋巴毒素等因子，引起移植组织细胞损伤及排斥。

阅读材料　揭开新生儿溶血病的秘密

新生儿溶血病是指由血型抗体所致的免疫性溶血性贫血，它是由母婴血型不合所致。据统计，在所有分娩中大概有20％～30％的几率会出现母婴血型不合。也就是说，这些母亲分娩出的孩子都有可能患上新生儿溶血病，概率之高使孕妈妈担忧不断。那么，新生儿溶血病到底是怎么一回事呢？

新生儿溶血病是指母婴血型不合引起的同族免疫性溶血。其中以ABO血型不合最常见（母O型，胎儿A或B型最多）。ABO血型的分类主要是按照红细胞上有无A、B血型抗原来分的，即红细胞上只有A抗原的称为A型，红细胞上只有B抗原的称为B型，红细胞上无A、B抗原的称为O型，红细胞上有A和B抗原的称为AB型。ABO血型不合溶血病常发生在母亲血型为O型，父亲血型为A型、B型或AB型。胎儿的血型是由父母方各传一种基因组合而决定的，故胎儿的血型可能与母亲不同。如O型血的妈妈怀了由父亲方遗传而来的A型血的胎儿，由于O型血妈妈体内没有A抗原，当A型胎儿红细胞进入妈妈体内时，会刺激妈妈体内产生抗A抗体，抗A抗体进入宝宝体内形成抗原抗体复合物就会引起宝宝的红细胞破坏而溶血。

ABO血型不合临床溶血症状较轻，个别较重，主要表现为黄疸、肝脾肿大、贫血等。症状轻的进展缓慢，全身状况影响小；严重的病情进展快，出现嗜睡、厌食，甚至发生胆红素脑病或死亡。新生儿溶血病的治疗原则主要为减缓溶血的过程、降低血中胆红素含量、纠正贫血等。常用的治疗方法主要有药物治疗、蓝光治疗、换血治疗。

 ## 技能训练36　琼脂双向免疫扩散试验

一、实验目的

1. 掌握琼脂双向免疫扩散试验的原理和方法。

2. 掌握琼脂双向免疫扩散试验的结果分析及其实践意义。

二、实验原理

将对应的抗原与抗体放在琼脂凝胶板中的相应孔内，可各自向凝胶中自由扩散。当二者相遇时发生特异性反应，在浓度比例合适处形成可见的白色沉淀线。根据抗原与抗体的性质、纯度和比例的不同，沉淀线的形状、位置和数量不一。

三、实验器材

1. 试验标本：禽流感琼扩抗原，禽流感阳性血清，待检鸡血清；兔抗猪IgG，猪血清，鸡血清，兔血清、牛血清、羊血清等；小鹅瘟琼扩抗原，小鹅瘟抗血清；鸡传染性法氏囊病琼扩抗原（或待检法氏囊组织浸提液），鸡传染性法氏囊病阳性血清。

2. 试验试剂：生理盐水，8.5％ NaCl溶液，琼脂粉。

3. 试验器材：移液器，滴头，载玻片，平皿，打孔器，针头，酒精灯等。

四、实验方法

本试验可用已知抗体检测样品中的抗原，也可用已知抗原检测血清样品中的抗体。

1. 琼脂板制备

称取1g琼脂粉，加入100mL生理盐水或8.5％ NaCl溶液（禽类），煮沸使之溶解。待溶解的琼脂温度降至60℃左右时倒入平皿中，厚度为2～3mm。

2. 打孔

用打孔器在琼脂凝胶板上按7孔梅花图案打孔，孔径约3～5mm，中心孔和周围孔间的距离约为3～5mm。挑出孔内琼脂凝胶，注意不要挑破孔的边缘。

3. 封底

在火焰上缓缓加热，使孔底琼脂凝胶微微融化，以防止孔底边缘渗漏。

4. 加样

用移液器将样品加入孔内，注意不要产生气泡，以加满为度。

(1) 血清流行病学调查：将禽流感琼扩抗原置于中心孔，周围1、3、5孔加禽流感阳性血清，2、4、6孔分别加待检鸡血清，每加一个样品应换一个滴头。

(2) 抗血清效价测定：将猪血清（抗原）加入中心孔，将兔抗猪IgG（抗体）作2倍比稀释，即1:2、1:4、1:8、1:16、1:32等，分别加入周围孔中。或者是将小鹅瘟琼扩抗原加入中心孔，周围孔加入1:2、1:4、1:8、1:16、1:32等稀释的小鹅瘟抗血清。

(3) 抗原检测：将兔抗猪IgG（抗血清）加入中心孔，将待测抗原（猪血清、鸡血清、兔血清、牛血清、羊血清等）置于周围孔中。或者是将鸡传染性法氏囊病阳性血清加入中心孔，周围孔加鸡传染性法氏囊病琼扩抗原（或待检法氏囊组织浸提液）。

5. 反应

将琼脂凝胶板加盖保湿，置于37℃恒温箱，24～48h后，判定结果。

6. 结果判定

(1) 血清流行病学调查：待检孔与阳性孔出现的沉淀带完全融合者判为阳性。待检血清无沉淀带或所出现的沉淀带与阳性对照的沉淀带完全交叉者判为阴性。

(2) 抗血清效价测定：以出现沉淀带的血清最高稀释倍数为抗血清的琼扩效价。

(3) 抗原检测：兔抗猪IgG与猪血清孔之间有明显沉淀带，与其他血清孔之间不形成沉淀带。鸡传染性法氏囊病阳性血清与鸡传染性法氏囊病琼扩抗原孔之间出现沉淀带，如与组织浸提液孔之间出现沉淀带，说明该法氏囊组织中有鸡传染性法氏囊病病毒抗原。

五、结果与讨论

1. 画出各个孔之间的沉淀线位置、数量、形态，并予以简单的说明。

2. 说出琼脂双向免疫扩散试验的操作方法和应用范围。

 ## 技能训练37 凝集试验

颗粒性抗原（细菌、螺旋体、红细胞等）与相应抗体结合后，在有适量电解质存在下，抗原颗粒可相互凝集成肉眼可见的凝集块，称为凝集反应或凝集试验。参与凝集反应的抗原称为凝集原，抗体称为凝集素。

细菌或其他凝集原都带有相同的负电荷，在悬液中相互排斥而呈现均匀的分散状态。抗原与相应抗体相遇后可以发生特异性结合，形成抗原抗体复合物，降低了抗原分子间的静电排斥力，此时已有凝集的趋向，在电解质（如生理盐水）参与下，由于离子的作用，中和了抗原抗体复合物外面的大部分电荷，使之失去了彼此间的静电排斥力，分子间相互吸引，凝集成大的絮片或颗粒，出现了肉眼可见的凝集反应。根据是否出现凝集反应及其程度，对待测抗原或待测抗体进行定性、定量测定。

凝集反应包括直接凝集反应和间接凝集反应两大类，本实验主要介绍直接凝集反应。

一、玻片凝集试验

(一) 实验目的

1. 了解凝集试验的原理。

2. 掌握玻片凝集试验的操作方法和结果的判断。

(二) 实验器材

1. 试验标本：沙门菌诊断血清，鸭沙门菌24h培养物，大肠杆菌24h培养物。

2. 试验试剂：生理盐水。

3. 试验器材：毛细吸管，接种环，玻片。

（三）实验方法

1. 将玻片分成 3 格，在第三格内加一滴生理盐水，在第一、二格内各加一滴沙门菌诊断血清。

2. 用接种环自斜面培养物上挑取少量鸭沙门菌置于第三格内混匀，随即再取一环置于第一格内混匀。

3. 接种环灭菌后取大肠杆菌混匀于第二格，静置 2～3min。

4. 结果观察：第一格内形成白色块状凝集物，第二、三格内均无凝集物形成。

（四）实验结果及讨论

1. 在什么情况下可以选择玻片凝集试验？

2. 凝集试验的原理是什么？

二、试管凝集试验

（一）实验目的

1. 掌握试管凝集试验的操作方法。

2. 掌握试管凝集试验的结果判定及判定标准。

（二）实验器材

1. 试验标本：布氏杆菌病试管凝集抗原，布氏杆菌病阳性血清，布氏杆菌病阴性血清。

2. 试验试剂：生理盐水。

3. 试验器材：试管架，刻度吸管等。

（三）实验方法

1. 取小试管 8 支，依次编号，每管内加入 0.5mL 生理盐水（表 10-1）。

表 10-1　试管凝集试验加样程序　　　　　　　　　　　　单位：mL

管号 项目	1	2	3	4	5	6	7	8
生理盐水	0.5	0.5	0.5	0.5	0.5	0.5	0.5	0.5
布氏杆菌病阳性血清	0.5 →	0.5 →	0.5 →	0.5 →	0.5 →	0.5 →	0.5 →	弃去
1：20 布氏杆菌抗原	0.5	0.5	0.5	0.5	0.5	0.5	0.5	0.5
血清稀释度	1：2	1：4	1：8	1：16	1：32	1：64	1：128	对照
结果	＋＋＋＋	＋＋＋＋	＋＋＋＋	＋＋＋	＋＋＋	＋＋	－	－

2. 吸取布氏杆菌病阳性血清 0.5mL 于第一管，连续吹吸 3 次，充分混匀后，吸出 0.5mL 加入第二管，同样方法混匀后吸取 0.5mL 于第三管。依此类推，连续稀释到第七管，最后从第七管吸出 0.5mL 弃去，第八管为阴性血清对照管。

3. 吸取 1：20 布氏杆菌病试管凝集抗原，于各管内加 0.5mL。各管摇匀后，置于 37℃ 24h，观察结果。

4. 结果判定：以产生明显凝集（＋＋）的血清最高稀释度作为其效价。按下列凝集程度记录结果。

＋＋＋＋：出现大的凝集块，液体透明，为 100％凝集。

＋＋＋：有明显凝集片，液体较透明，为 75％凝集。

＋＋：有可见凝集片，液体不甚透明，为 50％凝集。

－：液体均匀混浊，无凝集，不凝集。

（四）实验思考

1. 在什么情况下可以选择试管凝集试验？

2. 如何判断试管凝集试验的结果？

技能训练 38　酶联免疫吸附试验

一、实验目的

1. 通过试验，掌握酶联免疫吸附试验（ELISA）的基本原理及操作要点。

2. 了解猪群猪瘟抗体监测的意义。

二、实验原理

酶联免疫吸附试验（enzyme linked immunosorbentassay，ELISA）是目前发展最快，应用最广泛的一种免疫学检测技术。其基本过程是将抗原或抗体吸附于固相载体上，在载体上进行免疫酶染色，底物显色后以肉眼或酶标仪检测结果。通过酶与底物作用呈现颜色的深度，进行定量或定性分析。本试验将抗原抗体反应的特异性与酶的高催化活性相结合，使测定方法达到很高的敏感性，且特异性强，可用于生物活性物质的微量检测及疾病诊断，广泛应用于整个生命科学领域。

酶联免疫吸附试验的方法有多种，有间接法、双抗体夹心法、竞争抑制法等，本试验用间接法作例。

三、实验器材

1. 试验标本：猪瘟病毒抗原，兔抗猪 IgG 酶标抗体，待检血清，猪瘟阳性血清，猪瘟阴性血清。

2. 试验试剂：0.01mol/L PBS（pH 7.2），0.01mol/L PBST（含 0.01% 吐温 20），2mol/L H_2SO_4，pH 9.6 碳酸盐缓冲液（包被液），邻苯二胺（OPD），3% H_2O_2，柠檬酸盐缓冲液。

3. 试验器材：酶标板，酶联检测仪（酶标仪），微量加样器，滴头。

四、实验方法

1. 包被

用碳酸盐缓冲液稀释猪瘟病毒抗原至 1μg/mL，以微量加样器每孔加样 100μL，置湿盒内 37℃包被 2~3h。

2. 洗涤

以 PBST 冲洗酶标板，共洗 5 次，每次 3min。

3. 加待检血清

每孔加 100μL PBS，然后在酶标板的第 1 孔加 100μL 待检血清，以微量加样器反复吹吸几次混匀，吸 100μL 加至第 2 孔，依次倍比稀释至第 10 孔，剩余的 100μL 弃去，置湿盒内 37℃作用 2h。

4. 洗涤

以 PBST 冲洗酶标板，共洗 5 次，每次 3min。

5. 加酶标抗体

以 PBS 将兔抗猪 IgG 酶标抗体稀释至工作浓度，每孔加 100μL，置湿盒内 37℃作用 2h。

6. 洗涤

以 PBST 冲洗酶标板，共洗 5 次，每次 3min。

7. 加底物显色

取 10mL 柠檬酸盐缓冲液，加 OPD 4mL 和 3‰ H_2O_2 100 μL，每孔加 50μL，置湿盒内避光显色 10min。

8. 终止反应

每孔加 2mol/L H_2SO_4 溶液 100μL 终止反应。

9. 结果判定

以酶标仪检测样品的 OD 值（波长 490nm），先以空白孔调零，当 OD≥2.1 即判断为阳性。

注意：每块 ELISA 板均需在最后一排的后 3 孔设立阳性对照、阴性对照和空白对照。

五、实验结果及讨论

1. 酶联免疫吸附试验为什么说是一种比较敏感的血清学方法？

2. 酶联免疫吸附试验操作时应注意哪些事项？如何判定结果？

📖 复习参考题

一、名词解释

免疫、先天性免疫、获得性免疫、补体系统、黏膜免疫系统、免疫活性细胞、免疫原性、反应原性、抗体的双重性、免疫应答

二、问答题

1. 如何理解"免疫"的概念？机体的免疫反应有何功能？

2. 试述哪些因素构成机体的非特异性免疫。

3. 机体的中枢免疫器官和周围免疫器官都有哪些？它们各自具有什么功能？

4. 何谓抗原？构成抗原的基本条件是什么？

5. 何谓抗体？简述免疫球蛋白的基本结构

6. 试述抗体产生的一般规律。说明哪些因素影响抗体的产生。

附录Ⅰ 微生物学实验技能综合测试

技能测试题一 细菌形态的观察

一、测试目的
1. 考查学生的无菌操作。
2. 考查学生对细菌简单染色过程的掌握情况。
3. 考查学生使用显微镜（尤其是油镜）的熟练程度。

二、测试内容
在规定的 10min 内，对大肠杆菌（或金黄色葡萄球菌）进行制片，要求各步骤正确；并正确使用油镜来观察染色结果。

三、实验器材
1. 菌种：大肠杆菌（或金黄色葡萄球菌）。
2. 染色液：复红（或结晶紫，美蓝）染色液。
3. 仪器或其他用具：显微镜，酒精灯，载玻片，接种环，双层瓶（内装香柏油和乙醇-乙醚混合液），擦镜纸，蒸馏水等。

四、微生物学实验技能测试评分表
细菌形态的观察——技能测试评分表，见表Ⅰ-1。

技能测试题二 培养基的制备

一、测试目的
1. 考查学生对培养基制备过程的掌握情况。
2. 考查学生使用高压灭菌锅的熟练程度。

二、测试内容
在规定的 120min 内，制备牛肉膏蛋白胨琼脂斜面培养基。要求培养基制备过程完整，各步骤正确。

三、实验器材
1. 溶液或试剂：牛肉膏，蛋白胨，NaCl，琼脂，1mol/L NaOH，1mol/L HCl，蒸馏水。
2. 仪器或其他用具：试管，白瓷缸，玻璃棒，牛角匙，天平，量筒，电炉，精密 pH 试纸（pH 5.5~9.0），培养基分装器，棉塞，牛皮纸，麻绳，记号笔，高压灭菌锅等。

四、微生物学实验技能测试评分表
培养基的制备——技能测试评分表，见表Ⅰ-2。

技能测试题三 细菌的分离纯化

一、测试目的
1. 考查学生无菌操作的熟练程度。

2. 考查学生单菌落法分离微生物的能力。

二、测试内容

1. 倒平板。

2. 对混合菌液进行单菌落划线分离实验，做 1 个平板，要求无杂菌生长，以获得单个纯菌落为合格。

3. 对混合菌液进行稀释平板法（混菌法）分离实验。每个稀释度仅做 1 个平板（最高稀释倍数为 10^{-6}）。并选 10^{-1} 稀释度的菌液，涂布 1 个平板。将上述平板置于适当温度培养 48h，要求无杂菌生长，以获得单个纯菌落为合格。

三、实验器材

1. 菌种：大肠杆菌和金黄色葡萄球菌混合菌液。

2. 培养基：牛肉膏蛋白胨琼脂培养基。

3. 仪器或其他用具：无菌平皿，微波炉，酒精灯，接种环，无菌吸管，玻璃涂布器，恒温箱等。

四、微生物学实验技能测试评分表

细菌的分离纯化——技能测试评分表，见表 I-3。

表 I-1 细菌形态的观察——技能测试评分表

考 核 内 容	分 值	扣分说明	得 分
1. 标准的无菌操作过程	20 分		
取菌前接种环的灭菌	5 分		
取菌时,斜面管口处于火焰无菌区域内	5 分		
无菌操作取菌时,手法正确、熟练	5 分		
取菌后接种环的灭菌	5 分		
2. 正确完成细菌简单染色步骤	30 分		
涂片(蒸馏水、取菌量合适、涂抹均匀)	5 分		
干燥(干燥、固定不能合二为一)	5 分		
固定(温度不宜过高)	8 分		
染色(染液选择、染色时间合适)	4 分		
水洗(不能对着涂片部位冲洗)	5 分		
干燥方法正确	3 分		
3. 制片效果	5 分		
能选择较好的视野进行观察	1 分		
菌体分布均匀(考察一个视野)	1 分		
密度合适	1 分		
染色效果好	2 分		
4. 正确使用显微镜	35 分		
10×物镜取放标本	3 分		
10×物镜调光(如电光源、聚光器、虹彩光圈等)	8 分		
10×物镜找视野	5 分		
100×物镜加香柏油,调焦(注意侧看)	8 分		
视野均匀,明暗合适,对比度适合	2 分		
使用完毕,各部分还原(物镜、聚光器、载物台)	4 分		
用擦镜纸、擦镜液正确擦拭物镜	5 分		
5. 良好的实验习惯	10 分		
过程整洁,有条不紊	5 分		
整理实验用品和实验台	5 分		
总　　　计	100 分		

表 I-2　培养基的制备——技能测试评分表

考 核 内 容	分　值	扣 分 说 明	得　分
1. 培养基的配制	40 分		
准确称量（牛肉膏、蛋白胨的特殊性，琼脂加量）	10 分		
加水溶化（加热）	5 分		
定容	5 分		
调 pH 值（避免回调）	5 分		
分装（装液量正确，试管口无培养基）	5 分		
加棉塞，包牛皮纸，活结捆扎	5 分		
标记培养基名称、配制日期及配制者姓名	5 分		
2. 高压蒸汽灭菌过程	40 分		
检查水位，加水量正确	5 分		
物品放置正确	5 分		
加盖，对称拧紧螺栓	5 分		
排气操作正确（开、关放气阀；放气时间合适）	10 分		
调压（0.1MPa）	5 分		
计时正确，灭菌时间合适	5 分		
降压至 0MPa，开盖取物	5 分		
3. 摆斜面	10 分		
趁热摆斜面	5 分		
斜面长度不超过试管总长 1/2	5 分		
4. 良好的实验习惯	10 分		
过程整洁，有条不紊	5 分		
整理实验用品和实验台	5 分		
总　计	100 分		

注：本测试过程由于时间有限，省略无菌检查操作。

表 I-3　细菌的分离纯化——技能测试评分表

考 核 内 容	分　值	扣 分 说 明	得　分
1. 标准的无菌操作过程	12 分		
酒精擦手	3 分		
瓶口与火焰中部同一高度，与火焰距离合适	3 分		
取菌前接种环灭菌	3 分		
取菌后接种环灭菌	3 分		
2. 倒平板	6 分		
培养基温度降至 50℃左右进行操作	3 分		
倒平板方法正确、熟练	3 分		
3. 混合菌液单菌落划线分离实验	10 分		
无菌操作取菌液	3 分		
划线方法正确、熟练	5 分		
未划破培养基	2 分		

续表

考 核 内 容	分　值	扣 分 说 明	得　分
4. 稀释平板法(混菌法)分离实验	12 分		
10 倍梯度稀释方法正确、熟练	8 分		
菌液、培养基加量及加入顺序正确	2 分		
菌液和培养基混匀操作正确	2 分		
5. 涂布平板法分离实验	6 分		
菌液的加入及加量正确	2 分		
涂布操作正确、熟练	4 分		
6. 培养	10 分		
倒置培养	5 分		
恒温箱使用,培养温度(37℃)的调节	5 分		
7. 实验结果	36 分		
无杂菌污染(划线法、混菌法、涂布法各 4 分)	12 分		
平板上无成片菌生长(混菌法、涂布法各 3 分)	6 分		
平板上所长菌落数与预期数接近(混菌和涂布法各 3 分)	6 分		
获得单个纯菌落(划线法、混菌法、涂布法各 4 分)	12 分		
8. 良好的实验习惯	8 分		
过程整洁,有条不紊	4 分		
整理实验用品和实验台	4 分		
总　　计	100 分		

附录Ⅱ 染色液的配制

1. 吕氏碱性美蓝染液

美蓝 0.6g，95％乙醇 30mL，0.01％ KOH 溶液 100mL。

将美蓝溶解于乙醇中，然后与 KOH 溶液混合。

2. 草酸铵结晶紫染液

甲液：结晶紫 2.0g，95％乙醇 20mL；

乙液：草酸铵 0.8g，蒸馏水 80mL。

用时将 20mL 甲液与 80mL 乙液混合，静置 48h 后使用。此液可贮存较久。

3. 齐氏石炭酸复红染液

碱性复红饱和酒精溶液（每 100mL 的 95％酒精中加 3g 碱性复红） 10mL；

5％石炭酸水溶液（溶化的石炭酸 5mL 加入 95mL 蒸馏水中） 90mL；

将上述两种溶液混合后过滤即成。

4. 卢戈碘液

碘片 1g，碘化钾 2g，蒸馏水 300mL。

先将碘化钾加入 3～5mL 的蒸馏水中，溶解后再加碘片，用力摇匀，使碘片完全溶解后，再加蒸馏水至足量（如直接将碘片与碘化钾加入 300mL 的蒸馏水中，则碘片不能溶解；另外，革兰碘溶液不能久藏，一次不宜配制过多，应加注意）。

5. 番红复染液

2.5％番红纯酒精溶液 10mL，蒸馏水 90mL，混合即成。

6. 0.05％美蓝染液

美蓝 0.05g，pH6.0 的 0.02mol/L 磷酸缓冲液 100mL，将美蓝溶于磷酸缓冲液中即成。

7. 乳酸石炭酸棉蓝染色液

石炭酸 10g，乳酸（相对密度 1.21） 10mL，甘油 20mL，蒸馏水 10mL，棉蓝（cottonblue） 0.02g。

将石炭酸加在蒸馏水中加热溶解，然后加入乳酸和甘油，最后加入棉蓝，使其溶解即成。

附录Ⅲ 常用培养基配方

1. 牛肉膏蛋白胨琼脂培养基（培养细菌用）

牛肉膏 3～5g，蛋白胨 10g，NaCl 5g，琼脂 15～20g，水 1000mL，pH 7.2～7.4。

121℃灭菌 20min。

2. 高氏（Gause）Ⅰ号琼脂培养基（培养放线菌用）

可溶性淀粉 20g，KNO_3 1g，NaCl 0.5g，K_2HPO_4 0.5g，$MgSO_4$ 0.5g，$FeSO_4$ 0.01g，琼脂 20g，水 1000mL，pH 7.2～7.4。

配制时，先用少量冷水将淀粉调成糊状，倒入煮沸的水中，在火上加热，边搅拌边加入其他成分，溶化后补足水分至 1000mL。121℃灭菌 20min。

3. 麦芽汁琼脂培养基（培养酵母菌用）

（1）取大麦或小麦若干，用水洗净，浸水 6～12h，置 15℃阴暗处发芽，上盖纱布一块，每日早、中、晚淋水一次，麦根伸长至麦粒的两倍时，即停止发芽，摊开晒干或烘干，贮存备用。

（2）将干麦芽磨碎，一份麦芽加四份水，在 65℃水浴锅中糖化 3～4h，糖化程度可用碘液滴定测定。

（3）将糖化液用 4～6 层纱布过滤，滤液如混浊不清，可用鸡蛋白澄清，方法是将一个鸡蛋白加水约 20mL，调匀至生泡沫时为止，然后倒入糖化液中搅拌煮沸后再过滤。

（4）将滤液稀释至 5～6°Bé，pH 约 6.4，加入 2%琼脂即成。

121℃灭菌 20min。

4. 察氏（Czapek）培养基（培养霉菌用）

$NaNO_3$ 2g，K_2HPO_4 1g，KCl 0.5g，$MgSO_4$ 0.5g，$FeSO_4$ 0.01g，蔗糖 30g，琼脂 15～20g，水 1000mL，pH 自然。

121℃灭菌 20min。

5. 马铃薯培养基（简称 PDA 培养基）（培养真菌用）

马铃薯 200g，蔗糖（或葡萄糖）20g，琼脂 15～20g，水 1000mL，pH 自然。

马铃薯去皮，切成块煮沸 30min，然后用纱布过滤，再加糖和琼脂，溶化后补水至 1000mL。121℃灭菌 30min。

6. 马丁（Martin）琼脂培养基（分离真菌用）

葡萄糖 10g，蛋白胨 5g，KH_2PO_4 1g，$MgSO_4 \cdot 7H_2O$ 0.5g，1/3000 孟加拉红（rosebengal，玫瑰红水溶液）100mL，琼脂 15～20g，蒸馏水 800mL，pH 自然。

112℃灭菌 30min。

临用前向每 100mL 培养基中加入 1%链霉素溶液 0.3mL，使其终浓度为 $30\mu g/mL$。

7. 淀粉琼脂培养基

蛋白胨 10g，NaCl 5g，牛肉膏 5g，可溶性淀粉 2g，琼脂 15～20g，蒸馏水 1000mL，pH 7.2。

121℃灭菌 20min。

8. 油脂琼脂培养基

蛋白胨 10g，NaCl 5g，牛肉膏 5g，香油或花生油 10g，1.6％中性红水溶液 1mL，琼脂 15～20g，蒸馏水 1000mL，pH 7.2。

121℃灭菌 20min。

注：①不能使用变质油；②油和琼脂及水先加热；③调好 pH 后，再加入中性红；④分装时，需不断搅拌，使油均匀分布于培养基中。

9. 明胶培养基

牛肉膏蛋白胨液 100mL，明胶 12～18g，pH 7.2～7.4。

在水浴锅中将上述成分溶化，不断搅拌。溶化后调 pH 7.2～7.4。112℃灭菌 30min。

10. 石蕊牛奶培养基

牛奶粉 100g，石蕊 0.075g，水 1000mL，pH 6.8。

112℃灭菌 15min。

11. 蛋白胨水培养基

蛋白胨 10g，NaCl 5g，蒸馏水 1000mL，pH 7.6。

121℃灭菌 20min。

12. 糖发酵培养基

蛋白胨水培养基 1000mL，1.6％溴甲酚紫乙醇溶液 1～2mL，pH 7.6，另配 20％糖溶液（葡萄糖、乳糖、蔗糖、麦芽糖）各 10mL。

制法：①将上述含指示剂的蛋白胨水培养基（pH7.6）分装于试管中，在每个试管内放一倒置的小玻璃管，使充满液体；②将分装好的蛋白胨水培养基和 20％糖溶液分别灭菌，蛋白胨水 121℃灭菌 20min，糖溶液 112℃灭菌 30min；③灭菌后，每管以无菌操作分别加入 20％的无菌糖溶液 0.5mL（按照每 10mL 培养基加入 20％的糖液 0.5mL，制成 1％的浓度）。

配制用的试管必须洗干净，避免结果混乱。

13. 葡萄糖蛋白胨水培养基

蛋白胨 5g，葡萄糖 5g，K_2HPO_4 5g，蒸馏水 1000mL，pH 7.0～7.2。

112℃灭菌 30min。

14. 麸曲培养基

麸皮 7g，玉米面 1g，$(NH_4)_2SO_4$ 0.04g，NaOH 0.08g，水 10mL，混合均匀，装入 250mL 三角瓶中。121℃灭菌 30min。

15. 豆芽汁蔗糖（或葡萄糖）培养基

黄豆芽 100g，蔗糖（或葡萄糖）50g，水 1000mL，pH 自然。

称取新鲜黄豆芽 100g，放入烧杯中，加水 1000mL，煮沸约 30min，用纱布过滤。用水补足原量，再加入蔗糖（或葡萄糖）50g，煮沸溶化。121℃灭菌 20min。

16. 酪素培养基

KH_2PO_4 0.36g，$MgSO_4 \cdot 7H_2O$ 0.5g，$ZnCl_2$ 0.014g，$Na_2HPO_4 \cdot 7H_2O$ 1.07g，NaCl 0.16g，$CaCl_2$ 0.002g，$FeSO_4$ 0.002g，酪素 4g，Trypticase 0.05g，琼脂 20g，pH

6.5～7.0。

121℃灭菌 20min。

17. 麸曲培养基 2

冷榨豆饼 55g，麸皮 45g，水 90～100mL，充分润湿混匀，每 300mL 三角瓶装湿料 20g。

121℃灭菌 40min。

18. 麦芽汁酵母膏培养基

麦芽粉 3g，酵母浸膏 0.1g，水 1000mL。

121℃灭菌 20min。

19. 乳糖胆盐蛋白胨培养基

蛋白胨 20g，猪胆盐（或牛、羊胆盐）5g，乳糖 10g，0.04％溴甲酚紫水溶液 25mL，水 1000mL，pH 7.4。

制法：将蛋白胨、胆盐与乳糖溶于水中，校正 pH，加入指示剂，分装，每瓶 50mL 或每管 5mL，并倒置放入一个杜氏小管，115℃灭菌 15min。

注：双倍或三倍乳糖胆盐蛋白胨培养基是指除水以外，其余成分加倍或取三倍用量。乳糖发酵管是指除不加胆盐外，其余同乳糖胆盐蛋白胨培养基。

20. 伊红美蓝琼脂培养基

蛋白胨 10g，乳糖 10g，K_2HPO_4 2g，2％伊红水溶液 20mL，0.65％美蓝水溶液 10mL，琼脂 20g，水 1000mL，pH 7.1。

制法：将蛋白胨、磷酸盐和琼脂溶于水中，校正 pH 后分装。121℃灭菌 15min 备用。临用时加入乳糖并熔化琼脂，冷至 50～55℃，加入伊红和美蓝溶液，摇匀，倾注平板。

21. 种子培养基（适用于谷氨酸棒杆菌）

葡萄糖 25g，玉米浆 9g，尿素 5g，K_2HPO_4 1g，$MgSO_4$ 0.4g，$FeSO_4$ $2×10^{-5}$ g，$MnSO_4$ $2×10^{-5}$ g，水 1000mL，pH 6.7。

121℃灭菌 20min。

22. 三糖铁培养基

蛋白胨 20.0g，牛肉膏 3.0g，乳糖 10.0g，蔗糖 10.0g，葡萄糖 1.0g，六水硫酸亚铁铵 0.5g，酚红 0.025g 或 5g/L 溶液 5mL，氯化钠 5.0g，硫代硫酸钠 0.5g，琼脂 12.0g，蒸馏水 1000mL。

除酚红和琼脂外，将其他成分加入 400mL 蒸馏水中，搅拌均匀，静置约 10min，加热煮沸至完全溶解，调至 pH 7.4±0.1。另将琼脂加入 600mL 蒸馏水中，搅拌均匀，静置约 10min，加热煮沸至完全溶解。

将上述两溶液混合均匀后，再加入酚红指示剂，混匀，分装试管（12mm×100mm），每管约 2～4mL，高压灭菌 121℃ 10min 或 115℃15min，灭菌后置成高层斜面，呈橘红色。

23. 乳酸细菌培养基（MRS）

蛋白胨 10.0g，牛肉膏 10.0g，酵母膏 5.0g，柠檬酸氢二铵 2.0g，葡萄糖 20.0g，吐温 80 1.0mL，乙酸钠 5.0g，磷酸氢二钾 2.0g，硫酸镁 0.58g，硫酸锰 0.25g，琼脂 20.0g，蒸馏水 1000mL，pH 6.2～6.6。121℃灭菌 15min。

24. PTYG 培养基

胰蛋白胨 5g，大豆蛋白胨 5g，酵母粉 10g，葡萄糖 10g，吐温 800.1mL，琼脂 15～20g，L-半胱氨酸盐酸盐 0.05g，盐溶液 4mL，水 1000mL。

制法：将以上成分加入到蒸馏水中，加热使完全溶解，调 pH 至 6.8～7.0，分装于三角瓶中，115℃灭菌 30min。其中盐溶液制备：无水氯化钙 0.2g，K_2HPO_4 1.0g，KH_2PO_4 1.0g，$MgSO_4 \cdot 7H_2O$ 0.48g，Na_2CO_3 10g，NaCl 2g，蒸馏水 1000mL，溶解后备用。

附录Ⅳ 试剂和溶液的配制

1. 3%酸性乙醇溶液

浓盐酸 3mL，95%乙醇 97mL。

2. 中性红指示剂

中性红 0.04g，95%乙醇 28mL，蒸馏水 72mL。

中性红 pH 6.8（红色）～pH 8（黄色），常用浓度为 0.04%。

3. 淀粉水解试验用碘液（卢戈碘液）

碘片 1g，碘化钾 2g，蒸馏水 300mL。

先将碘化钾溶解在少量水中，再将碘片溶解在碘化钾溶液中，待碘片全溶后，补足水分即成。

4. 溴甲酚紫指示剂

溴甲酚紫 0.04g，0.01mol/L NaOH 7.4mL，蒸馏水 92.6mL。

溴甲酚紫 pH 5.2（黄色）～pH6.8（紫色），常用浓度为 0.04%。

5. 溴麝香草酚蓝指示剂

溴麝香草酚蓝 0.04g，0.01mol/L NaOH 6.4mL，蒸馏水 93.6mL。

溴麝香草酚蓝 pH 6.0（黄色）～pH7.6（蓝色），常用浓度为 0.04%。

6. 甲基红（M.R.）试剂

甲基红（methyl red）0.04g，95%乙醇 60mL，蒸馏水 40mL。

先将甲基红溶于 95%乙醇中，然后加入蒸馏水即可。

7. V.P. 试剂

硫酸铜 1.0g，蒸馏水 10mL，浓氨水 40mL，10%KOH 950mL。

将硫酸铜溶于蒸馏水中（微加热可加速溶解），然后加入浓氨水，最后加入 10%KOH 溶液。混匀后使用。

8. 吲哚试剂

对二甲基氨基苯甲醛 2g，95%乙醇 190mL，浓盐酸 40mL。

9. 碘原液

碘 2.2g，碘化钾 0.4g，加蒸馏水定容至 100mL。

10. 标准稀碘液

取碘原液 15mL，加碘化钾 8g，加蒸馏水定容至 200mL。

11. 比色稀碘液

取碘原液 2mL，加碘化钾 20mg，加蒸馏水定容至 500mL。

12. 0.2%可溶性淀粉液

称取 0.2g 可溶性淀粉，先以少许蒸馏水混合，再徐徐倾入煮沸蒸馏水中，继续煮沸 2min，冷却，加水至 100mL。

13. **磷酸氢二钠-柠檬酸缓冲液 pH 6.0**

称取 $Na_2HPO_4 \cdot 12H_2O$ 11.31g，柠檬酸 2.02g，加水定容至 250mL。

14. **标准糊精液**

称取 0.3g 糊精，悬浮于少量水中，再倾入 400mL 沸水中，冷却后，加水稀释至 500mL。

附录Ⅴ 常用的微生物学名

A		M	
Absidia sp.	梨头霉	*Measles virus*	麻疹病毒
Agaricus sp.	伞菌	*Meliola* sp.	小煤炱菌
Alternaria sp.	链格孢	*Micrococcus lysodeikticus*	溶壁微球菌
Aspergillus candidus	亮白曲霉	*Mortierella isabellina*	深黄被孢霉
Aspergillus flavus	黄曲霉	*Mucor mucedo*	高大毛霉
Aspergillus janus	两形头曲霉	N	
Aspergillus japonicus	日本曲霉	*Neurospora* sp.	脉孢菌
Aspergillus nidulans	构巢曲霉	P	
Aspergillus niger	黑曲霉	*Penicillium chrysogenum*	产黄青霉
Aspergillus oryzae	米曲霉	*Penicillium citreo-viride*	黄绿青霉
Aspergillus repens	匍匐曲霉	*Penicillium funiculosum*	绳状青霉
Azotobacter chroococcum	园褐固氮菌	*Penicillium urticae*	荨麻青霉
B		*Pichia* sp.	毕赤酵母
Bacillus megaterium	巨大芽孢杆菌	*Proteus vulgaris*	普通变形杆菌
Bacillus subtilis	枯草芽孢杆菌	*Pseudomonas fluoroscens*	荧光假单胞菌
Bacillus thuringiensis	苏云金芽孢杆菌	*Pseudomonas putida*	恶臭假单胞菌
C		*Pythium aphanidermatum*	瓜果腐霉
Candida lipolytica	解脂假丝酵母	R	
Candida tropicalis	热带假丝酵母	*Ralstonia eutropha*	真氧产碱杆菌
Candida utilis	产朊假丝酵母	*Rhizopus negricans*＋3.2045	黑根霉＋3.2045
Claviceps purpurea	麦角菌	*Rhizopus negricans*－3.2046	黑根霉－3.2046
Clostridium acetobutylicum	丙酮丁醇梭状芽孢杆菌	*Rhizopus stolonifer*	匍枝根霉
Corynebacterium pekinense(Asl·299)	北京棒杆菌	*Rhodotorula rubra*	深红酵母
D		rubella virus,RV	风疹病毒
Diplococcus pneumoniae	胸膜肺炎双球菌	S	
E		*Saccharomyces cerevisiae*	啤酒酵母(酿酒酵母)
Erysiphe graminis	麦类白粉菌	*Salmonella typhi*	伤寒沙门杆菌
Escherichia coli	大肠杆菌	*Saprolegnia* sp.	水霉
F		*Sarcina lutea*	藤黄八叠球菌
Fusarium avenaceum	燕麦镰刀菌	*Serratia marcescens*	黏质沙雷菌
Fusarium equiseti	木贼镰刀菌	*Shigella dysenteriae*	志贺痢疾杆菌
Fusarium flavum	黄色镰刀菌	*Sindbis virus*	辛得毕斯病毒
Fusarium moniliforme	串珠镰刀菌	*Staphylococcus aureus*	金黄色葡萄球菌
Fusarium sp.	镰刀菌	*Streptococcus lactis*	乳链球菌
G		*Streptomyces microflarum*	细黄链霉菌
Gaffkya tetregena	四联高夫克氏菌	T	
Geotrichum candidum	白地霉	*Thermu thermophilus*	嗜热栖热菌
Gibberella saubinetti	小麦赤霉菌	*Thermus flavus*	黄栖热菌
H		U	
Hansenula anomala	异常汉逊酵母	*Ustilago zeae*	玉米黑粉菌
Helminthosporium sp.	长孺孢	V	
I		vaccinia virus	痘苗病毒
Influenza virus A	甲型流感病毒	vesicular stomatiti svirus,VSV	水泡性口炎病毒
L			
Lactobacillus plantarum	植质乳酸杆菌		
Lentinus edodes	香菇		

注：引自杨文博主编《微生物学实验》(化学工业出版社，2004)。

附录Ⅵ 洗涤液的配制与使用

一、洗涤液的配制

洗涤液分为浓溶液与稀溶液两种，配方如下。

1. 浓溶液

重铬酸钠或重铬酸钾（工业用）	50g
自来水	150mL
浓硫酸（工业用）	800mL

2. 稀溶液

重铬酸钠或重铬酸钾（工业用）	50g
自来水	850mL
浓硫酸（工业用）	100mL

配法：将重铬酸钠或重铬酸钾先溶解于自来水中，可慢慢加温，使溶解，冷却后徐徐加入浓硫酸，边加边搅动。

配好后的洗涤液是棕红色或橘红色，应贮存于有盖容器内。

二、原理

重铬酸钠或重铬酸钾与硫酸作用后形成铬酸（chronic acid）。铬酸的氧化能力极强，因而此液具有极强的去污作用。

三、使用注意事项

1. 洗涤液中的硫酸具有强腐蚀作用，玻璃器皿浸泡时间太长，会使玻璃变质，因此切忌到时忘记将器皿取出冲洗。其次，洗涤液若沾污衣服和皮肤应立即用水洗，再用苏打水或氨液洗。如果溅在桌椅上，应立即用水洗去或湿布抹去。

2. 玻璃器皿投入前，应尽量干燥，避免洗涤液稀释。

3. 此液的使用仅限于玻璃和瓷质器皿，不适用于金属和塑料器皿。

4. 有大量有机质的器皿应先行擦洗，然后再使用洗涤液，这是因为有机质过多，会加快洗涤液失效。此外，洗涤液虽为很强的去污剂，但也不是所有的污迹都可清除。

5. 盛洗涤液的容器应始终加盖，以防氧化变质。

6. 洗涤液可反复使用，但当其变为墨绿色时即已失效，不能再用。

参考文献

［1］ 沈萍. 微生物学. 北京：高等教育出版社，2000.

［2］ 武汉大学，复旦大学生物系微生物教研室. 微生物学. 北京：高等教育出版社，1987.

［3］ 周德庆. 微生物学教程. 第 2 版. 北京：高等教育出版社，2002.

［4］ 杨汝德. 现代工业微生物学. 广州：华南理工大学出版社，2001.

［5］ 黄秀梨. 微生物学. 第 2 版. 北京：高等教育出版社，2003.

［6］ 刘志恒. 现代微生物学. 北京：科学出版社，2002.

［7］ 蔡信之，黄君红. 微生物学. 北京：高等教育出版社，2002.

［8］ ［英］J 尼克林，［英］K 格雷米-库克，R 基林顿. 微生物学. 第 2 版. 林稚兰译. 北京：科学出版社，2004.

［9］ 东秀珠，蔡妙英. 常见细菌系统鉴定手册. 北京：科学出版社. 2001.

［10］ 陆承平. 兽医微生物学. 北京：中国农业出版社，2001.

［11］ 郑晓冬. 食品微生物学. 杭州：浙江大学出版社，2001.

［12］ 张青葛，菁萍. 微生物学. 北京：科学出版社，2004.

［13］ ［美］普雷斯科特等. 微生物学. 第 5 版. 沈萍译. 北京：高等教育出版社，2003.

［14］ 岑沛霖，蔡谨. 工业微生物学. 北京：化学工业出版社，2000.

［15］ 储炬，李友荣. 现代工业发酵调控学. 北京：化学工业出版社，2002.

［16］ 马绪荣，苏德模. 药品微生物学检验手册. 北京，科学出版社，2000.

［17］ 杜连祥，路福平. 微生物学实验技术. 北京：中国轻工业出版社，2005.

［18］ 杨文博. 微生物学实验. 北京：化学工业出版社，2004.

［19］ 陶文沂. 工业微生物生理与遗传育种学. 北京：中国轻工业出版社，1997.

［20］ 岑沛霖. 生物工程导论. 北京：化学工业出版社，2004.

［21］ 诸葛健，王正祥. 工业微生物实验技术手册. 北京：中国轻工业出版社，1994.

［22］ 何国庆. 食品微生物. 北京：中国农业大学出版社，2004.

［23］ 杜连祥. 乳酸菌及其发酵制品生产技术. 天津：天津科学技术出版社，1999.

［24］ ［日］根井外喜男编. 微生物学保存法. 金连缘译. 北京：上海科技出版社，1982.

［25］ 沈萍，陈向东. 微生物学实验. 第 4 版. 北京：高等教育出版社，2007.

［26］ 吴剑波. 微生物制药. 北京：化学工业出版社，2002.

［27］ 赵斌，何绍江. 微生物学实验. 北京：科学出版社，2001.

［28］ 中国科学院微生物研究所. 菌种保藏手册. 北京：科学出版社，1980.

［29］ 王建龙，文湘华. 现代环境生物技术. 北京：清华大学出版社，2001.

［30］ 陆承平. 兽医微生物学. 北京：中国农业出版社，2001.

［31］ 崔治中. 兽医免疫学. 北京：中国农业出版社，2004.

［32］ 李决. 兽医微生物学及免疫学. 第 2 版. 成都：四川科学技术出版社，2005.

［33］ 杨汉春. 动物免疫学. 第 2 版. 北京：中国农业大学出版社，2003.

［34］ 刑钊，乐涛. 动物微生物及免疫学. 郑州：河南科学技术出版社，2008.

［35］ 陈慰峰，金伯泉. 医学免疫学. 北京：人民卫生出版社，2004.

［36］ 邢钊，张健，范琳. 兽医生物制品实用技术. 北京：中国农业大学出版社，2000.

［37］ 黄青云. 畜牧微生物学. 第 4 版. 北京：中国农业出版社，2003.

［38］ 李莉. 微生物基础技术. 北京：化学工业出版社，2016.

［39］ 于淑萍. 应用微生物技术. 第 3 版. 北京：化学工业出版社. 2015.

参考文献